NCS 기반 [필기 및 실기 예상문제 수록]
3D프린터운용기능사 필기
핵심이론 및 문제집

메카피아 노수황 / 지이엠플랫폼 권현진 공저

제대로 길을 알려주마!

NCS
국가직무능력표준

대분류	중분류	소분류	세분류
19 전기·전자	**03** 전자기기 개발	**11** 3D프린터 개발	**02** 3D프린터용 제품제작

능력단위

03 제품 스캐닝 [2수준]
04 엔지니어링 모델링 [3수준]
05 출력용 데이터 확정 [2수준]
06 3D 프린터 SW 설정 [2수준]
07 3D 프린터 HW 설정 [2수준]
08 제품출력 [2수준]
09 후가공 [4수준]
11 넙스 모델링 [2수준]
12 폴리곤 모델링 [2수준]
13 3D 프린팅 안전관리 [2수준]

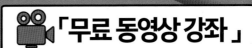

「무료 동영상 강좌」

NCS 기반 동영상 강좌 무료 지원
HRD 콘텐츠 네트워크 www.hrdbank.net
NCS 기반 동영상 강의-19.전기전자

유튜브에서 [NCS 3D 프린터용 제품제작] 검색
[NCS 직무특강] 무료 동영상 강의 지원

▶ [NCS]3D프린터용제품제작   🔍

NAVER	HRD콘텐츠네트워크 ▼
NAVER	메카피아 ▼

CRAFTSMAN
3D PRINTER
OPERATION

피앤피북

NCS 기반 3D프린터운용기능사 필기 핵심이론 및 문제집

인쇄 2018년 11월 5일
발행 2018년 11월 9일

지은이 노수황 권현진
발행인 최영민
발행처 피앤피북
주소 경기도 파주시 신촌2로 24
전화 031-8071-0088
팩스 031-942-8688
전자우편 pnpbook@naver.com
출판등록 2015년 3월 27일
등록번호 제406-2015-31호

정가 : 30,000원

ISBN 978-11-87244-33-2 93550

이 도서의 국립중앙도서관 출판예정도서목록(CIP)은 서지정보유통지원시스템 홈페이지(http://seoji.nl.go.kr)와 국가자료공동목록시스템(http://www.nl.go.kr/kolisnet)에서 이용하실 수 있습니다.(CIP제어번호: CIP2018035356)

NCS 기반
3D프린터운용기능사 필기
핵심이론 및 문제집

피앤피북

3D프린터운용기능사 완벽 가이드

과학기술정보통신부는 관련 산업계 및 교육계 등의 요청으로 지난해부터 국가기술자격 신설을 추진해 왔으며 고용노동부와 협력을 통해 지난해 말 국가기술자격법 시행규칙을 개정하여 시행 근거를 마련하고 올해 7월 자격검정시험의 시행과 자격증 발급 등의 업무를 수행하기 위하여 한국산업인력공단을 검정 위탁기관으로 선정하였다.

한국산업인력공단은 평생능력개발, 국가직무능력표준, 국가자격시험, 외국인고용지원, 해외취업 및 숙련기술장려 등 기업과 근로자의 인적자원개발을 지원하는 사업을 종합적으로 수행하고 있는 공공기관으로 공단은 3D프린터운용기능사, 3D프린터개발산업기사 등 올해 새롭게 만들어진 국가기술자격 종목을 대상으로 첫 수시검정 시험을 시행한다고 밝혔다.

2018년 12월 수시 기능사 1회 필기시험이 예정된 신설 국가기술자격증으로 올해 처음 실시되는 종목인 [3D프린터운용기능사]는 3D 프린터 운용에 필요한 전반적인 관련 지식을 기반으로 ▶3D스캐너 ▶디자인 및 엔지니어링 모델링 ▶3D 프린터 S/W 및 H/W 설정 ▶ 제품출력 ▶후가공 및 장비유지보수 ▶안전관리 등의 직무 수행 능력을 평가한다.

보다 상세한 필기 및 실기 시험 등 자격의 취득 정보 관련해서는 한국산업인력공단에서 운영하는 큐넷(www.q-net.or.kr)에서 확인하기 바란다.

필기시험에 필요한 기초 과목은 국가직무능력표준(NCS)의 학습모듈 분야별 검색에서 [19.전기ㆍ전자]–[중분류 : 03. 전자기기개발]–[소분류 : 11. 3D 프린터개발]–[세분류 : 02.3D 프린터용 제품제작]으로 들어가면 관련 [능력단위별 학습모듈]을 무료로 다운로드 받을 수 있다. (NCS 국가직무능력표준 www.ncs.go.kr)

2018년 11월 말 현재 기개발된 직무명 '3D 프린터용 제품제작'의 능력단위와 학습모듈은 [시장조사], [제품기획], [제품 스캐닝], [디자인 모델링], [엔지니어링 모델링], [출력용 데이터 확정], [3D 프린터 SW설정], [3D 프린터 HW설정], [제품출력], [후가공]의 10가지 항목인데 필기 시험 출제기준의 주요 항목에는 1. 제품 스캐닝, 2. 넙스 모델링, 3. 엔지니어링 모델링, 4. 3D 프린터 SW 설정, 5. 3D 프린터 HW 설정, 6. 출력용 데이터 확정, 7. 제품출력, 8. 3D 프린터 안전관리의 항목으로 공지되어 있음을 확인할 수 있다.

따라서 큐넷에서 공지하는 최신의 필기 및 실기시험 출제 기준을 파악하여 해당되는 학습모듈명을 찾아 다운로드하여 이론 및 필기시험에 대비하기 바라며, 학습모듈의 경우 현재 2015년도에 개발된 것으로 관련 산업기술의 발전 동향에 따라 추후 업데이트 될 가능성도 있으므로 참고하기 바란다.

본 서에서는 학습모듈이 개발된 이후 발전된 부분에서 좀 부족하다고 느끼는 부분에 대한 내용을 현장실무를 통해 얻은 기술지식을 토대로 이론적인 부분을 보강하였으며 필기 및 실기 시험 모의평가 문제는 집필진이 관련 업종에 종사하면서 습득한 교육경험 등을 정리하여 모의 예상 문제로 구성한 것이다.

앞으로 3D 프린팅 관련 산업이 더욱 발전하고 교육계나 현장에서의 활용이 많아질수록 능력단위별 더욱 다양한 지식이 축적되어 문제의 내용이나 수준이 올라갈 것으로 생각된다.

특히 실기시험의 경우 현재 마땅한 가이드나 정보가 거의 없는 상태라 자격 시험을 준비하는 사람들에게 많은 문의를 받아 왔다.

실기시험은 약 4시간에 걸쳐 과제 도면을 해독하여 3D 모델링 작업을 하거나 주어진 제품을 실측한 후 3D 모델링 작업하여 도면으로 출력하여 제출하고, 또 3D 프린터 출력용 파일(STL, G-Code 등)로 변환해서 제출하라는 요구사항 등이 주어질 것으로 예상된다.

또한 모델링 작업 이외에 시험장에 설치된 3D 프린터로 수험자가 직접 제품출력을 실시하는 방안도 유력해 보이지만 3D 프린터의 특성상 출력시간에 제약이 있고 장비의 조건에 따라 다양한 문제점들이 노출될 수도 있을 것으로 예상한다.

현재 3D프린터운용기능사와 3D프린터개발산업기사는 국가기술자격의 시행에 앞서 많은 이들이 노력하여 파일럿 테스트를 마친 상태이며, 국가기술자격과 시장의 간극을 해소하고 자격 취득자들이 산업현장에서 요구하는 역량의 보유여부를 제대로 평가하기 위해 더욱 노력하고 있는 상황으로 앞으로 교육계의 요구나 여러 가지 제반 조건에 따라 시행착오를 겪으며 차차 정착해 나갈 것으로 믿는다.

모쪼록 본서가 3D프린터운용기능사 시험을 준비하는 수험생들에게 미약하나마 도움이 되길 희망하며 앞으로 지속적으로 개정해 나가면서 관련 자격제도가 안정적으로 정착해 나아가는데 작은 힘이 될 수 있도록 노력할 것이다.

앞으로 3D 프린팅 분야의 국가기술자격 제도 시행으로 산업 현장에 필요한 인재 육성이 더욱 확대되길 희망하며 관련 자격 취득자의 취업 연계 등에 있어 큰 도움이 될 수 있길 바란다.

2018년 11월 저자 일동

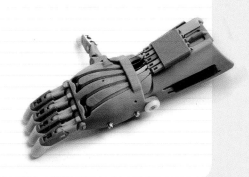

PART

1

3D 프린팅의 개요와
작업장 안전관리

01 4차 산업혁명과 3D 프린팅 기술

인더스트리(Industry) 4.0은, 유럽 최고의 경제부국이자 주요 선진국 가운데 제조업 비중이 가장 높은 것으로 알려진 독일이 2009년 경제 위기를 겪으면서 제조업의 중요성을 다시 한번 깨닫고 제조업 강국 유지를 위한 대책으로 찾은 묘책이다.

전 세계에서도 손꼽히는 기술 선진국인 독일의 메르켈 총리의 지시로 탄생한 전략으로, 자국 제조업이 직면한 문제를 정보통신기술(ICT)을 접목하여 대응하고자 향후 제조업 주도권을 지속하기 위해 구상한 차세대 산업혁명을 지칭하며, ICT와 제조업의 융합을 통한 경쟁력 유지가 핵심이다. 또한 독일은 주요 제조정책 중의 하나로 핵심기술을 지닌 생산기지를 반드시 자국 내에 둔다는 정책으로 중국이나 동남아 등 신흥 제조국가들의 저렴한 인건비나 생산체제 등과의 경쟁에서 우위를 점할 수 있는 전략을 찾으려 노력하면서 ICT와 제조업의 융합으로 인더스트리 4.0을 탄생시켰다.

일례로 독일의 유명 스포츠용품 제조사인 아디다스가 1993년 해외로 생산기지를 옮긴 지 23년 만인 지난 2016년 9월 자국으로 컴백하여 스마트 공장을 구축한 것을 들 수 있다. 정보기술과 로봇 등을 활용해 개인 맞춤형 신발을 제조하는 이 공장은 2017년 본격적으로 가동되며 독일 정부가 야심차게 추진하는 4차 산업혁명인 '플랫폼 인더스트리 4.0'의 한 사례가 된다. 스마트 팩토리가 독일 내 제조업에 도움이 될 수 있지만, 관련 일자리가 없어지거나 줄어들 수 있다는 우려를 불식시키고자 관리 인력 교육 프로그램에도 적극적이라고 한다.

일본이나 독일처럼 중소기업들이 허리 역할을 든든하게 하고 있는 산업구조와 달리, 현재 대기업 위주의 산업구조로 구성되어 있는 우리나라에서도 강점이 있는 ICT와 우수한 인력, 세계 최고 수준의 인터넷 인프라를 융합하여 한국형 4차 산업혁명 구축에 박차를 가하고 있는 실정이다.

4차 산업혁명(Fourth Industrial Revolution) 시대를 맞이하여 기존의 유망한 일자리가 줄어들거나 없어지면서 디지털장의사, 드론 운용사, 3D 프린터 운용사, 곤충 컨설턴트, 핀테크 전문가 등 지금까지는 없었던 새로운 일자리가 생겨나는 등 사회 전반에 걸쳐 많은 변화가 매우 빠른 속도로 현실화되고 있다. 4차 산업혁명의 주요 키워드로 **스마트 팩토리**, **사물 인터넷**(IoT), **인공지능**(AI), **가상현실**(VR), **모빌리티**, **빅데이터**(Bic Data), **3D 프린팅**, **드론**, **로봇**, **클라우드**, **커넥티드 카**(Connected Car), **자율주행차**, **공유 경제**, **스마트팜** 등이 언급되고 있으며 이러한 키워드들은 **정보통신기술**(ICT)과의 **융합**으로 기존에 없었던 새로운 가치를 창출해내며 보다 빠르게 우리 일상 생활 속으로 파고 들고 있다.

인터넷 기반의 지식정보 혁명이라고 할 수 있는 3차 산업혁명과 연속성을 갖는 4차 산업혁명의 주요 특징 중 하나는 **초연결성과 초지능성**을 들 수 있다. 우리가 영화 속에서 먼 미래에나 생길 일로 예측했던 인간의 지능을 훨씬 뛰어넘는 지능형 로봇과 사물들이 컴퓨터와 소프트웨어 등의 비약적인 발전을 통해 모든 것이 스마트폰으로 연결되어 가는 시대로 접어든 것이다. 그 중에서도 **인더스트리 4.0, 스마트 팩토리** 등의 발전과 함께 3D 프린팅 기술도 점점 정밀화되고 고속화, 다양화, 대형화, 맞춤화되어 가면서 사용 가능한 소재가 거의 무한대로 발전해 감에 따라 미래 산업에 커다란 혁신과 기여를 할 것이라고 생각한다.

4차 산업혁명(Fourth Industrial Revolution)은 독일의 **인더스트리 4.0**에서 출발하여 지난 2016년 1월 스위스 다보스에서 개최된 세계경제포럼(WEF · 다보스포럼)을 통해 한국에도 소개되었다. 얼마 전 구글 딥마인드의 인공지능(AI) 알파고가 한국의 유명 프로기사 이세돌 9단에게 승리하면서 더욱 많은 관심을 받으며 4차 산업혁명은 우리 사회를 뒤흔드는 용어가 되었다.

독일 Bosch사의 디렉터인 Stefan Ferber는 차세대 제조업에서 IoT의 중요성에 대해 다음과 같이 설명한다. "인더스트리 1.0은 제조업의 기계적 지원도구의 발명 즉 기계화, 인더스트리 2.0은 헨리 포드가 개척한 대량생산, 인더스트리 3.0은 전자 및 통제 시스템의 공장 배치, 즉 부분 자동화가 가장 중요한 요인이었으며, 인더스트리 4.0은 제품, 시스템, 기계장치 사이의 커뮤니케이션이 가장 중요한 특징이다." 이 말은 완전자동화, 지능형 네트워크화를 뜻하며 인더스트리 4.0은 '**사물 인터넷**(IoT : Internet of Things)'을 통해 제조설비장치와 제품 간의 상호 정보교환이 가능한 제조업의 완전한 자동생산체계를 구축하고 전체 생산과정을 최적화하는 4세대 산업생산 시스템인 '**스마트 공장**(Smart Factory)'의 구축이 중요하다는 이야기이다.

인더스트리 4.0은 사이버 세계와 현실 세계를 연결하는 '사이버 물리 시스템(CPS : Cyber-Physical System)'을 강조하며, 다양한 물리, 화학 및 기계공학적 시스템(물리 시스템 : physical systems)을 컴퓨터와 네트워크 시스템(사이버 시스템 · cyber systems)에 연결해 공장이 자율적, 지능적으로 제어되는 것이다.

글로벌 기업들은 중국이나 인도, 베트남 같은 국가에 값싼 노동력을 찾아 공장을 건설하고 대량생산을 하여 가격경쟁에서 우위를 점해왔던 시대에서 벗어나, 점점 커져 가는 개인맞춤형 요구사항을 반영하기 위한 제조방식의 변화를 꾀하고 있다. 또한 대량생산 체제 수준 이하의 원가로 생산하는 것을 목표로 동시에 높은 수익성 확보가 중요한 시대로 접어든 것이다. 이는 기존의 대량생산 방식만으로는 중국, 인도, 베트남 등 인건비가 저렴한 나라와의 가격경쟁은 더 이상 불가능하기 때문이다.

개인 맞춤형 생산은 표준화된 제품의 대량생산 방식 이후 추진되고 있는 대량 맞춤화(mass customization)의 다음 단계로서, 대량 맞춤화는 사전에 개발된 모듈을 조합하여 다양한 유형의 제품을 대량 생산하는 반면, 개인 맞춤형 생산은 개인이 제안하고 요구하는 개별 디자인까지 수용할 수 있게 되는데 이때 3D 프린팅 기술이 주요한 역할을 하게 될 것이다.

이미 2014년 '백악관 메이커 페어'에서 버락 오바마 대통령이 '혁신(innovation)'이라는 수식어를 여러 번 사용하면서 극찬한 미국 기업 로컬모터스(Local Motors)는 기존의 자동차 제조 공장의 규모보다 훨씬 작은 '초미니 공장(Microfactory)'에서 3D 프린팅 기술로 전기자동차를 제작하고 있으며 IBM이 개발한 인공지능 컴퓨터 '왓슨(Watson)'을 차량에 도입했고, 영국의 레니쇼(Renishaw)는 3D 프린팅 기술로 티타늄

소재로 자전거의 프레임과 부품을 생산해내고 있다. 또한 미국의 GE는 이미 많은 언론을 통해 소개된 바와 같이 항공기용 부품을 3D 프린터로 맞춤 제작하고 있는 상황이다.

1959년 최초로 지멘스 브랜드의 귀걸이형 보청기를 발명한 청각전문그룹 지반토스(Sivantos)의 지멘스 보청기도 3D 프린팅 기술을 접목하여 2016년 하반기부터 순차적으로 3D 프린팅 기술에 기반한 더욱 정교한 고객 맞춤형 보청기를 보급한다고 한다. 사람들마다 모두 다른 귓속 모양을 3D 스캔 기술을 통해 데이터로 저장하여 모델링 작업을 한다. 보청기의 외형 교체나 추가 주문 제작시 귓본을 새로 채취할 필요가 없어 시간과 비용을 절약할 수 있으며, 개인 작업자의 숙련도와 컨디션에 따라 품질이 달라지는 수제작 공정에 비해 균일한 품질의 제품을 유지할 수 있다는 장점이 있다고 한다.

그림 1-1 **FFF 방식 3D 프린터로 출력한 치과기공소용 치아**

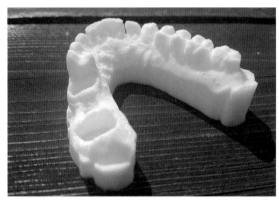

그림 1-2 **FFF 방식 3D 프린터로 출력한 투명 교정장치**

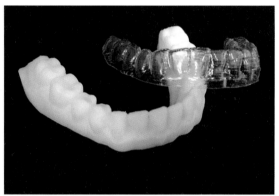

그림 1-3 **DLP 방식 3D 프린터로 출력한 임플란트 가이드**

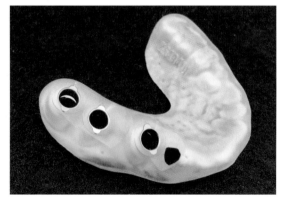

그림 1-4 **3D 프린팅 보청기**

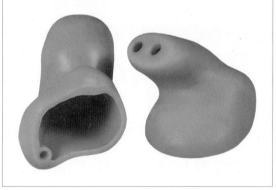

이처럼 3D 프린팅 기술은 의료 분야에서도 활발히 활용되고 있는데, 치과용 보철, 임플란트 뿐만 아니라 의수, 의족 등도 저렴한 가격으로 제작하여 내전이나 불의의 사고로 인해 팔다리를 잃은 사람들에게 보급하고 있다.

그림 1-5 **3D 프린팅 의족**

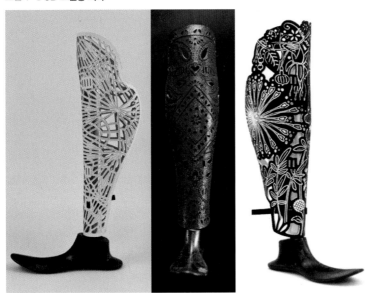

출처 : ⓒ https://www.alleles.ca

캐나다의 스튜디오 Alleles Design에서 만드는 아름다운 이 의족은 3D 프린터로 제작을 한 뒤에 수작업을 거쳐 완성이 되는데 개인 취향에 따라 다양한 디자인을 선택할 수가 있다고 한다.

그림 1-6 **3D 프린팅 의수**

출처 : https://www.bistandsaktuelt.no/

e-NABLE 프로젝트는 전 세계의 많은 사람들에게 '도움의 손'을 공유하기 위한 열정적인 자원 봉사자들의 글로벌 3D 프린팅 의수 제작 네트워크이다. 위 사진 속의 소년은 네덜란드의 8살 된 루크(Luke)라는 친구 인데 태어났을 때부터 왼손을 사용할 수 없었다고 한다. 이에 그의 아버지 그레그(Gregg)가 아들을 도울 수

있는 해결책을 찾던 중 e-NABLE 프로젝트를 알게 되어 네덜란드의 보급형 3D 프린터 제조사인 얼티메이커사의 Ultimaker2 3D 프린터를 이용하여 아들에게 여러 가지 기능적인 손을 만들어 주었다고 한다.

현재 3D 프린팅 시장을 주도하는 소재가 플라스틱 계열이지만, 향후 3D 프린팅 시장의 주도권은 금속(비철금속) 소재가 될 것으로 전망하고 있다. 이런 3D 프린팅 기술은 이제 특정 산업 분야의 전유물이 아니라 교육계를 비롯하여 사회 전반에 걸쳐 누구나 사용할 수 있는 디지털 페브리케이션 도구로서 점점 자리잡아 가고 있는 추세이다.

그림 1-7 e-NABLE 3D 프린팅 의수

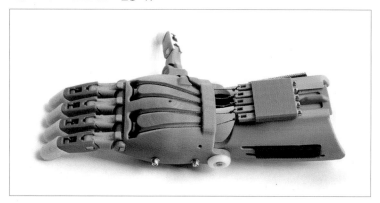

출처 : https://www.reuters.com

3D 프린팅 기술과 적층가공의 개요

우리가 실생활에서 사용하는 제품을 제조하는 방식은 크게 세 가지로 분류할 수 있는데 첫 번째는 주조(Casting)를 하거나 금형(Mold)을 제작해서 대량으로 제조하는 방식이 있고, 두 번째는 봉이나 판재류 등의 원소재를 범용공작기계나 정밀수치제어 장비로 절삭가공하여 후처리하는 방식이 있으며, 마지막으로 '추가하고 더하는 방식' 즉 3D 프린팅(3D Printing)을 말하는데 정식 명칭은 Additive Layer Manufacturing(ALM)이라고 한다. 말 그대로 레이어(Layer)를 추가하면서 쌓아올리는 제조 방식으로 일반적으로 줄여서 Additive Manufacturing(AM) 또는 Additive Fabrication(AF)이라고도 불린다.

제조업체들의 공장에는 제품 제작을 하기 위한 다양한 공작기계가 구비되어 있으며 주로 구멍을 뚫는데 사용하는 드릴링 머신, 평면이나 홈을 절삭가공하는 밀링 머신 및 정밀가공에 필요한 CNC(컴퓨터 수치 제어) 머신, 연삭작업을 하는 그라인딩 머신 등의 범용 공작기계들이 있다. 이러한 공작기계들은 전용 공구를 사용해 재료를 절삭하거나 가공하고, 연삭숫돌에 의한 정밀한 다듬질 가공 등을 하는데 우리가 과일의 껍질을 칼로 깎아내듯이 절삭할 때 반드시 버려지는 칩(Chip)을 발생시키며 부품을 완성해나가는 가공 방식이다.

그림 1–8 **CNC 밀링 가공**

그림 1–9 **대량 생산용 금형**

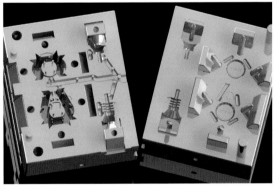

반면에 3D 프린팅 제작 방식은 절삭가공시 발생하는 칩과 같이 버려지는 재료의 낭비가 거의 없이 소재를 한층 한층씩 적층해가며 제작하는 조형 기술로 지금까지 알고 있었던 가공 방식과는 다른 새로운 개념의 제조 프로세스라고 할 수 있다. 또한 3D 프린터는 입체 조형물을 한 번에 제작할 수 있는 디지털 제조 기계로 프린팅 기술방식에 따라서 사용 가능한 재료(고체, 액상, 분말 기반 등)도 다양하다. 현재는 저가형 개인용 데스크탑 3D 프린터가 각광을 받고 있지만 전문 산업용 3D 프린터는 아직까지 수입산이 대부분이며 보통 수천만 원대에서 수억 원 이상을 호가하는 장비들도 많다.

3D 프린팅은 다양한 3차원 모델링 소프트웨어(3D CAD)를 이용하여 디자인한 데이터를 해당 3D 프린터

에서 출력 가능한 파일 형식으로 변환시켜 실물로 만져 볼 수 있는 입체 조형물을 만들어내는 제조 방식을 말한다.

그림 1-10 **저가형 FFF 방식 3D 프린터(카르테시안형)**

출처 : https://www.lulzbot.com/

그림 1-11 **저가형 FFF 방식 3D 프린터(델타형)**

출처 : http://www.afinibot3dprinter.com/

일반적으로 3D 프린팅은 총 3단계의 프로세스로 제작이 되는데 맨 처음 단계는 3D CAD를 이용하여 모델링 작업을 하고 파일을 stl 포맷 등으로 저장하고 슬라이서(Slicer)에서 불러 들여 G-Code로 변환시키고, 3D 프린터에 데이터를 입력하여 출력을 실시한 후 출력물의 표면을 매끄럽게 마무리하는 등의 후처리 과정을 거치게 되는 것이 보통이다.

특히 보급형 3D 프린터로 출력한 후 후처리 작업을 하는 이유는 아직까지 PLA나 ABS와 같은 열가소성 소재를 사용하는 적층 방식의 저가형 3D 프린터 출력물은 모델의 특성에 따라 지지대를 제거한 부위나 출력물 특유의 레이어 흔적이 표면에 발생하는데 절삭가공이나 금형제작 방식과는 다르게 다소 표면조도가 거칠게 나온다는 특성이 존재하기 때문이다.

3D 프린터는 제조사들마다 사용하는 기술 방식과 소재에 따라 차이가 있는데, CNC 같은 공작기계와 같이 원소재를 절삭가공하여 제품을 만드는 방식이 아니라 고체, 액상, 분말 기반의 3D 프린팅용 전용 소재를 고온이나 레이저, UV 등으로 녹여 굳혀가며 한 층씩 쌓아 올리며 제품을 제조하는 기술이라고 간단하게 정의할 수 있다.

우리가 사무실에서 흔히 볼 수 있는 잉크젯이나 레이저 프린터의 경우 종이에 인쇄를 하기 위해 프린터 헤드에서 잉크를 분사해 가며 인쇄하듯이, 3D 프린터는 디지털화된 3차원 조형 디자인 데이터를 2차원 단면으로 자르고 재구성하여 소재를 한 층씩 쌓아가면서 인쇄하는 원리이다.

그림 1-12 **출력물의 후처리**

철이나 알루미늄 같은 금속과 비금속의 소재를 자르고 깎아서 칩(chip)을 발생시키며 제품을 만드는 전통적인 제조방식을 **절삭가공**(Subtractive Manufacturing)이라고 부르는 반면, 3D 프린팅은 모델의 단면을 한 층 한 층씩 쌓아 가면서 조형을 완성하는 디지털 프로토타이핑 방식으로 흔히 **적층가공**(Additive Manufacturing)이라고 부른다.

금형을 이용한 대량생산 방식이 아닌 기존의 밀링, 선반, 연삭 등과 같은 절삭가공 장비에서는 치수의 정밀도나 제품 표면의 거칠기면에서 우수한 장점이 있지만 내부가 비어있거나 제품의 형상이 아주 복잡한 물체를 하나의 기계에서 한 번에 완성하는 일은 어렵다.

하지만 3D 프린팅 기술은 소재를 한 층씩 쌓아가며 제작하는 방식이기 때문에 속이 비었다거나 구조가 아무리 복잡하든지 간에 상관없이 제작이 가능하고 소재를 적층하는 과정에서 발생하는 재료의 낭비도 거의 없다는 장점이 있는 혁신적인 제조방식이다.

비록 현재는 절삭가공에 비해 치수 정밀도나 표면거칠기, 강도 등이 떨어지지만 사용가능한 소재가 지속적으로 발전하고 3D 프린팅 기술도 날로 발전해 가고 있으므로 앞으로 이러한 문제들도 빠르게 개선될 것이라고 본다.

전통적인 제작방법이었던 절삭가공의 경우 재료를 자르고 깎는 데 많은 힘이 들었다. 초기에는 가공을 하면서 일일이 사람이 수치를 재고 오류를 측정하여 다시 가공하는 방법으로 작업하였는데 행여나 잘못될 경우 재료를 버리고 처음부터 다시 가공해야 하는 일이 수 없이 많았을 것이다.

이후 점점 복잡한 형태의 제품제작이 요구되고 원하는 치수만큼 엄격한 공차를 관리하며 소재를 정밀하게 가공하는 것이 기술의 척도가 되면서 절삭가공은 결국 수치제어(NC, Numerical Control)의 기술로 발전하게 되고 여기에 컴퓨터가 덧붙여진 CNC(Computerized Numerical Control) 분야로 발전하기에 이르른다. 아직도 이런 방식은 전 세계적으로 제조분야의 가장 핵심적인 생산방식이며 장비 또한 매우 고가고, 장비를 제대로 다루기 위해서는 산업현장에서 전문지식과 경험을 쌓은 숙련된 기술자가 필요하다.

TIP▶ CNC(Computerized Numerical Control) : 컴퓨터 수치제어, 부품을 제작하는 기계인 공작기계를 자동화 한 것이 NC 공작기계인데 NC 공작기계는 정밀한 부품을 가공할 수는 있지만 내장된 기능과 방법이 고정되어 간혹 오작동을 일으키기도 함. CNC 공작기계는 컴퓨터를 내장하여 프로그램을 조정할 수 있어 오작동을 크게 줄일 수 있음.

물론 3D 프린터도 수억 원 이상을 호가하는 고가의 장비가 있지만 현재 출시되고 있는 보급형 3D 프린터의 경우 여러 가지 편의 사양을 갖추었다 해도 앞서 언급한 CNC 장비에 비해 상대적으로 저가에 속한다. 또한 누구나 모델링만 할 수 있고 데이터만 있다면 비숙련자나 일반인도 손쉽게 가정이나 사무실에서 제품을 제작할 수 있으며 비싼 돈을 들여 외주가공이나 금형을 제작하지 않고도 얼마든지 상상 속의 아이디어를 디지털 방식으로 즉시 구현할 수 있다는 커다란 장점은 아주 매력적인 일이다.

이것은 단순히 제품의 제작이 쉬워졌다는 문제가 아니며, 3D 프린터의 등장과 발전으로 지금까지 인류가 의존해 왔던 생산방식을 근본적으로 뒤집는 '혁명적인 변화'라고 불리우는 가장 큰 이유라고 말할 수 있을 것이다.

3D 프린터는 이미 1980년대 초반에 일본과 미국에서 개발되어 상용화되기 시작했는데 처음에는 일부 기업이나 연구소에서 제한적으로 사용되었다. 그 당시에는 '3D 프린터'라는 말 보다는 **신속조형기술**(RP, Rapid Prototyping System)이란 용어로 관련 업계에서 사용하였고 장비의 가격 또한 일반인이 접근하기 힘들 정도로 비쌌으며, 장비의 크기도 상당히 커서 설치 공간도 많이 차지하였다고 한다.

이 시기에 RP 시스템은 **프로토타입**(Prototype)의 시제품 모형 제작용으로 많이 사용되었는데 그 이유는 금형을 제작하는 과정에 소요되는 시간과 비용이 문제가 되었기 때문인 것이다. 따라서 제품을 본격적으로 대량생산하기 이전에 다양한 설계 및 제품디자인 변경을 시도하면서 원하는 제품을 만들어 사전에 확인해 볼 수 있다는 장점 때문에 RP 시스템이 각광을 받기 시작한 것이며, 이것이 현재 3D 프린팅의 효시였다고 이해하면 될 것이다.

일반적으로 개인이나 기업에서 어떤 제품을 만들어 대량생산하고자 할 때, 처음에는 제품을 기획하고 설계하여 금형을 제작하기 전에 시제품을 만들어 보게 된다. 이 시제품을 이용하여 각종 테스트를 실시하게 되고 그 과정에서 디자인의 결함이나 치수의 오류 등과 같은 문제점을 발견하게 되면 수정보완하는 과정을 거쳐 최종적으로 상품화를 위한 대량생산을 결정하게 된다.

자동차의 경우를 예로 들자면 신차 개발에만 상당한 개발비와 기간이 소요되는 경우가 일반적인데, 어느 정도 검증되어 개발된 차를 모터쇼 같은 곳에서 대중들에게 공개하고 다양한 고객의 반응을 모아 최종적인 완성품을 만들게 되며 이러한 시제품 제작에 막대한 비용과 인력, 그리고 시간이 투자되곤 하는 것이다. 하지만 3D 프린터를 이용해 엔진과 같은 주요 부품과 자동차 바디 같은 외형의 제작을 손쉽게 할 수 있다고 가정하면 이에 따른 시간의 절약과 비용의 절감은 바로 기업의 이윤으로 직결될 것이다. 따라서 예전에는 3D 프린팅 기술이 신속히(Rapid) 시제품(Prototype)을 만들 수 있는 기술이라 불렸던 것이며, 이것이 산업적인 측면에서 3D 프린터의 비중이 앞으로 더욱 커질 수 밖에 없는 이유 중의 하나일 것이다.

또한 지속적으로 발전하며 진화하고 있는 지금의 3D 프린팅 기술은 단순하게 시제품을 제작하는 용도에 국한되지 않고 앞으로는 3D 프린터로 제작한 출력물을 다양한 분야에서 직접 사용이 가능한 제품을 제조하는 방향으로 급속도로 진화해 나갈 것이다.

TIP **시제품**(Prototype) : 본격적인 대량생산 및 상품화에 앞서 성능을 검증하고 개선하기 위해 사전에 미리 제작해보는 제작물의 모형을 의미함

적층 가공의 일반적 용어 해설

• **적층 가공(Additive Manufacturing; AM)** : 절삭 가공(subtractive manufacturing) 및 조형 가공(formative manufacturing) 방법의 반대 개념으로써, 3D 모델 데이터로부터 출력물을 만들기 위해 소재를 녹여서 겹겹이 층(layer)을 쌓아 제작하는 방식

• **적층 가공 시스템(Additive Manufacturing System)** : 출력물 제작을 위한 제작 사이클을 완료하기 위해 필요한 장비, 장비 제어 소프트웨어, 출력 소프트웨어 및 주변 부속품 등을 포함하는 적층 가공 시스템

• **다단계 공정(Multi-step Process)** : 첫 번째 공정에서는 기본적인 기하학적 모양을 제작하고, 나머지 공정에서는 사용되는 소재(금속, 세라믹, 폴리머 또는 복합)의 기본적 특성에 따라 출력물을 굳히는 것과 같이, 두 가지 이상의 공정을 통해 제작되는 적층 가공 공정

• **직접 용착(Directed Energy Deposition)** : 소재에 집중적으로 열에너지를 조사(照射)하여 녹이고 결합시키는 방식의 적층 가공 공정
  – 적용 장비 : LENS(Laser Engineered Net Shaping), DMT(Direct Metal Transfer)

• **소재 압출(Material Extrusion)** : 장비 헤드에 장착된 노즐 또는 구멍을 통하여 소재를 선택적으로 압출시키는 방식의 적층 가공 공정
  – 적용 장비 : FDM(Fused Deposition Modeling), FFF(Fused Filament Fabrication)

• **적층 가공 파일 형식(Additive Manufacturing File Format)** : 출력물의 색상, 소재, 격자, 텍스처, 짜임 및 메타데이터 등의 3D 표면 기하학이 포함된 적층 가공 모델 데이터를 전달하는 파일 형식

03 3D 프린팅의 기본 원리와 출력 프로세스

3D 프린팅의 기본 출력 원리는 조형 방식에 따라 차이가 있지만 디지털화된 3차원 제품 디자인 파일을 출력용 파일로 변환하고 모델의 2차원 단면을 연속적으로 재구성하여 한 층씩 인쇄하면서 적층하는 개념의 제조 방식으로, 3D 프린터로 출력하기 위해서는 우선 3D 모델링 파일이 필요하며, 이 모델링 파일을 3D 프린터에서 제공하는 전용 슬라이싱 소프트웨어에서 G-Code로 변환한 후 프린터에서 출력을 실행하면 원하는 모델을 얻을 수 있는 것이 기본적인 원리라고 할 수 있다.

그림 1-13 **3D 프린팅의 기본 프로세스**

❶ 대상 물체
❷ 3D 모델링
❸ 모델 슬라이싱
❹ 3D 프린팅
❺ 완성(후처리 등)

TIP G-code : G 프로그래밍 언어 혹은 RS-274 규격은 대부분의 수치제어에서 사용되는 프로그래밍 언어로 G코드는 수치제어 공작기계가 공구의 이송, 실제 가공, 주축의 회전, 기계의 움직임 등 각종 제어 기능을 준비하도록 명령하는 기능으로 어드레스로 'G'를 사용하므로 간단히 'G기능'이라고도 함

그림 1-14 **슬라이서 프로그램에서 오픈한 모델**

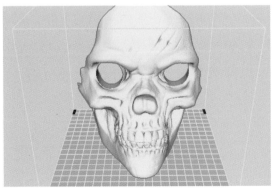

그림 1-15 **3D 프린터로 출력 중인 모델**

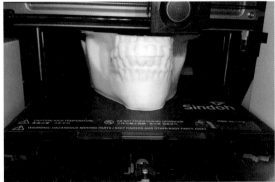

그림 1-16 **출력이 완료된 모델**

그림 1-17 **후처리를 실시한 모델**

위와 같이 3D 프린팅의 적층가공법을 이용하면 전통적인 절삭가공 방식에서는 한번에 제작이 불가능한 복잡한 형상의 모델도 별도의 추가 공정없이 한 번에 출력할 수 있다는 커다란 장점이 있다.

1.1 보급형 FFF 방식 3D 프린터의 출력 프로세스

전용 슬라이싱 소프트웨어에서 변환된 G-code의 값에 따라 소재를 녹여 압출하기 시작하면서 정해진 경로를 따라 압출기 헤드가 X축과 Y축으로 이동하며 베드 바닥에 최초의 레이어를 출력하고 나면 Z축이 하강하고 그 위에 새로운 레이어를 적층하는 작업을 반복적으로 실행하며 하나의 모델을 완성해 나간다. 이런 원리에 의해 3D 프린팅은 범용 공작기계 한 대에서 가공하여 완성물을 만들기 힘든 복잡한 구조나 비정형적인 형상의 모델 또는 내부가 비어있는 형상의 모델들도 한 번에 출력이 가능한 것이다.

일반적인 3D 프린터의 출력 과정

① 3D CAD에서 3D 모델링 작업 또는 3D 스캐너로 스캔하여 데이터 생성

② 3D CAD에서 데이터를 stl, obj 등의 파일 형식으로 포맷 변환

③ 변환된 stl 파일의 무결점 체크(Meshmixer, NetFabb 등 오류 검출 소프트웨어 사용)

④ 슬라이서(Slicer)에서 stl, obj 파일을 G-code로 변환 저장

⑤ G-code를 3D 프린터에 입력하여 출력 실시

그림 1-18 **Meshmix와 오류 검출 예**

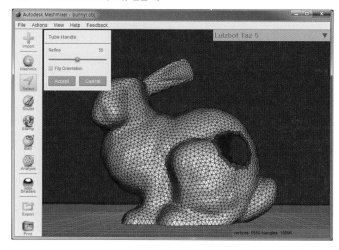

3D 프린팅의 요람 렙랩 프로젝트(RepRap project)

앞장에서도 잠시 언급한 '렙랩 프로젝트'는 영국에서 처음 시작된 3D 프린터의 개발과 공유를 위한 커뮤니티로서 지금처럼 전 세계적으로 3D 프린터가 대중화되는데 지대한 공헌을 한 비영리 단체로 오픈소스 프로젝트이다.

렙랩에서는 개방형 디자인을 지향하며 이 프로젝트에서 진행하는 모든 디자인을 누구나 사용할 수 있도록 자유 소프트웨어 사용권인 GNU GPL로 배포되고 있다.

스트라타시스사가 용융 적층 모델링(FDM, Fused Deposition Modeling)기술로 1989년에 획득한 특허 US 5121329호가 지난 2009년 10월 만료됨에 따라 그 이전까지는 꿈도 꾸지 못했던 수많은 분야에서 이 기술을 이용할 수 있게 되고, 바야흐로 개인 제조 혁명이 시작되는 기폭제가 되면서 전 세계 각지에서 이른 바 '메이커 운동(Maker Movement)'이 시작되고 개인들도 3D 프린팅 기술을 활용할 수 있게 된다.

이제 30여년이 좀 넘는 역사를 가진 3D 프린팅 기술이 지금처럼 대중화가 될 수 있었던 것은 3D 프린팅 기술의 핵심 특허가 만료된 덕분으로 지난 2014년을 기준으로 3D 프린팅 업계의 선구자 역할을 하던 미국의 3D 시스템즈와 스트라타시스 등이 보유하고 있던 특허 중 약 90여 건이 만료되었으며, 만료된 특허 기술 분야는 FDM, SLS, SLA 등 다양하며 FDM 기술의 특허 만료 덕분에 지금처럼 많은 3D 프린터 개발 업체가 등장하게 된 것이다.

RepRap.org는 FDM 특허 기간이 만료되기 몇 해 전에 당시 영국 배스(Bath) 대학교 강사로 있던 아드리안 보이어(Adrian Bowyer)박사가 2004년 자신의 논문(돈 안드는 복지, Wealth without money)을 통해 하나의 아이디어를 발표하였는데 이 아이디어는 스스로 복제하며 생산을 할 수 있는 기계, 즉 3D 프린터에 대한 개발이었으며 이 기계만 있으면 개인들도 누구나 소자본으로 생산할 수 있는 능력을 갖출 수 있다는 주장이었다.

렙랩은 2005년 3월 처음으로 RepRap 블로그가 시작되어 현재에 이르고 있으며 FDM이라는 기술 용어에 상표권 사용 문제가 발생할 소지가 있기 때문에 프린팅 기술 방식을 FFF(Fused Filament Fabrication)라 부르고 있으며 현재 상업화되어 출시중인 국내외의 많은 보급형 3D 프린터 제조사들이 이 기술방식으로 호칭하고 있는 배경이다. 3D 시스템즈사의 경우에도 2014년 초 퍼스널 3D 프린터인 Cube 시리즈를 선보인 바 있는데 프린팅 기술을 FDM이나 FFF 방식이 아닌 PJP(Plastic Jet Printing)방식으로 호칭하였다.

2007년 렙랩 프로젝트에서 공개한 다윈(Darwin)은 최초의 오픈소스형 3D 프린터였으며 그 후 2009년 보다 개선된 렙랩 모델인 렙랩 멘델(Mendel)이나 렙랩 혁슬리(Huxley)가 공개되며 렙랩 프로젝트를 통해 오픈소스 기반의 3D 프린터 혁명이 시작되게 된 것이고, 자기 복제 기능을 갖고 있는 '프로토타입의 빠른 재생산(Replicating Rapid Prototype)'을 지향하고 있으며 다가오는 미래의 소셜 매뉴팩처링 시대에 새로운 트랜드로 자리잡아 개인 제조의 혁명과 조화를 이루어 나가는 데 큰 역할을 한 것이다.

만약 렙랩이나 아두이노와 같은 오픈소스(open source)나 오픈플랫폼(open platform)이 존재하지 않았더라면 3D 프린터 기술이 지금과 같이 빠른 속도로 대중화될 수 없었을 것이며, 앞으로도 10~20년 이상의 시간이 더 필요했을지도 모를 일이다.

그림 1-19 아드리안 보이어 교수와 다윈(Darwin)

렙랩에서는 3D 프린터 제작에 필요한 도면과 하드웨어 및 소프트웨어 정보가 모두 오픈소스로 공개되어 있다. 소프트웨어에 리눅스가 있다면, 3D 프린터에는 렙랩이 있다고 해도 과언이 아닐 정도로, 현재 개인이 직접 제작하는 거의 모든 3D 프린터 디자인은 렙랩의 오픈소스에 기초하고 있다는 것이 사실이다.

렙랩 3D 프린터의 재밌는 점은 자가복제(Self-replicating)가 가능하다는 점으로 스태핑 모터나 냉각팬과 같은 요소를 제외한 여러 가지 부품을 렙랩 3D 프린터를 이용해 또 다른 방식의 3D 프린터를 복제하고 만들 수 있다는 것이다. 3D 프린터가 또 다른 3D 프린터를 복제해내고, 그 3D 프린터가 또 다른 3D 프린터를 복제하고 마치 무언가 생물학적으로 번식한다는 느낌이 나는데, 그래서 모델 이름도 멘델(Mendel)이라고 명한 것 같다.

한편 렙랩 오픈소스 진영에서 유명했던 데스크탑 3D 프린터 제조사 메이커봇(MakerBot)은 창업한지 4년여 만에 약 2만여 명의 사용자를 확보하였고 3D 프린터 사용자들에게 유명한 싱기버스를 운영하던 중 스트라타시스사에 인수되어 지금에 이르고 있다.

테드(TED)라는 이름의 유명한 지식공유 컨퍼런스를 이끌고 있는 영국의 작가 크리스 앤더슨은 3D 프린터에 대해 이렇게 말했다.

"3D 프린터는 기술혁명이 아니라 사회적 혁명이다. 3D 프린터는 개개인에게 필요한 사물을 직접 생산할 수 있는 능력을 부여한다. 이것이 혁명이다."

오늘날 점점 보편화 되어가고 있는 3D 프린팅 제조 기술 방식은 신속 제조 기술(Rapid Manufacturing Techniques), 디지털 제조(Digital Manufacturing), 직접 디지털 제조(Direct Digital Manufacturing), 빠른 프로토타이핑(Rapid Prototyping), 데스크탑 제조(Desktop Manufacturing) 등과 유사한 용어로 사용되고 있다.

국내외에서도 활발하게 실시되고 있는 3D 프린팅을 통한 이론과 실습 교육은 새로운 교육방향으로 현재 초 · 중 · 고등학교를 비롯하여 대학교 및 직업훈련기관 뿐만 아니라 민간 학원에서까지 창의교육용 도구로 널리 활용되고 있다.

3D 프린팅 교육은 단순하게 도화지 위에 드로잉한다거나 물감을 이용하여 그림을 그리는 것만이 아닌 자신만의 디자인 컨셉을 가지고 실제 제품을 만들어내기 까지 일련의 디지털 제조 과정을 경험할 수 있다는 장점을 지니고 있는데, 예를 들어 한글을 네모칸이 그려진 공책에 연필로 쓰는 교육에 한글의 자음과 모음을 가벼운 3D 프로그램으로 게임하듯이 모델링하고 자신이 모델링한 글자들을 3D 프린터를 활용하여 출력하여 글자를 조합해 가며 한글의 원리를 이해할 수 있는 교육이 조기에 병행된다면 아이들의 디지털 지식 능력을 한층 더 업그레이드 시킬 수 있지 않을 까 하는 생각을 해 본다.

비단 한글 이외에 알파벳도 마찬가지이며 나아가 태극기나 우리나라 지도, 문화재 같은 것들도 교육에 잘만 활용하면 주입식 교육에 지친 아이들의 스트레스를 풀어 주고 보다 흥미롭게 수업에 참여하게 될지도 모를 일이다.

그림 1-20 **3D 프린팅 이름표**

그림 1-21 **3D 프린팅 학교(인하공업전문대학)**

그림 1-22 **3D 프린팅 자동차 실린더 엔진**

그림 1-23 **3D 프린팅 손목 보호대**

그림 1-24 **3D 프린팅 다보탑**

그림 1-25 **3D 프린팅 동력전달장치**

또한 인터넷 상에는 다양한 유무료 플랫폼들이 있으며 디자인을 하지 못하는 이들도 무료로 다운로드 받을 수 있는 3D 파일은 무궁무진하다. 여러 가지 오픈소스들을 이용하여 교육에 활용한다면 소요되는 시간을 절약하고 보다 효율적인 학습을 할 수 있기에 3D 프린터는 그 어떤 교구보다 다재다능한 능력을 갖춘 디지털 도구라고 할 수 있다.

06 3D 프린팅 기술의 발전 과정

3D 프린터를 맨 처음 발명한 사람이 어느 나라의 누구냐는 질문을 받을 때 우스갯소리로 우리나라는 이미 고려시대 때부터 3D 프린팅 기술이 존재했다고 농담을 하곤 한다. 3D 프린팅의 원리와 개념을 누구나 이해하기 쉽도록 설명하고자 하는 말인데 우리 선조들이 컴퓨터와 같은 정밀한 손기술을 이용하여 도자기를 빚을 때 재료를 잘 반죽하여 맨 아래부터 한층 한층씩 반죽을 쌓아 올려가며 반복적으로 적층하고 무늬를 조각하고 색을 칠하여 가마에 구어 멋진 도자기를 만들어가는 방식을 연상한다면 좀 더 쉽게 이해할 수가 있지 않을까 해서이다. 아마도 대부분의 사람들은 우리의 전통적인 도자기를 빚는 기술과 3D 프린팅 기술을 연관시켜 머릿속에 그려본다면 상당수는 그 원리를 금방 이해하고 고개를 끄덕이게 될 것이다.

FDM/FFF 방식의 3D 프린터는 열가소성 필라멘트를 주 재료로 사용하고 있는데 스풀(Spool)에 감겨진 필라멘트의 직경은 보통 1.75~2.85mm 정도이며 약 180~300℃ 사이의 열에 녹으면서 압출된다. 이때 녹아서 압출되는 굵기는 인간의 머리카락 굵기와 비슷한 두께로 얇은 층을 이루며 쌓이게 되는 것이다.

레이어 적층 시뮬레이션

그림 1-26 레이어 1층

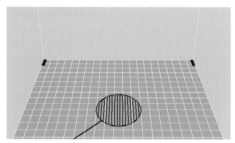

그림 1-27 레이어 200층

그림 1-28 레이어 500층

그림 1-29 레이어 754층

위 그림은 3D 프린터로 도자기를 적층 제작하는 과정을 각 레이어 별로 시뮬레이션한 것으로 이 모델은 총 754개의 레이어로 이루어져 있는 것을 알 수 있는데 결국 그 만큼의 레이어가 반복적으로 적층되어 완성된다는 의미이다.

서두에서도 언급했듯이 3D 프린팅은 최근 들어 갑자기 생겨난 기술이 아니며 2014년도부터 언론에 연일 보도되면서 이슈가 되기 시작하였고 관련 교육 또한 급증하기 시작했다. 지금부터 연도별로 3D 프린팅 기술에 관한 주요 이슈가 되는 사항을 정리한 발전사를 살펴보면서 오늘날 3D 프린터가 어떤 과정을 거쳐 급속도로 발전하게 되고 4차 산업혁명을 이야기할 때 빼놓지 않고 언급되는 것일까 한번 알아보도록 하겠다.

1980년

4월 12일 당시 일본 나고야시 공업 연구소의 연구원으로 재직 중이던 히데오 코다마(小玉秀男)가 광경화성 수지에 적외선을 쐬어 조형하는 기술인 '입체 도형 생성 장치'를 개발하여 세계 최초로 특허(특 56-144478)를 출원하고 1981년도에 일본 내 학회지와 미국의 잡지에 논문을 발표한다. 하지만 코다마는 이 기술에 대한 특허를 처음 출원한 사람이었지만 신청 마감 기한을 놓쳐버려 거부당했다고 하며, 현재 코다마는 나고야의 국제특허사무소에서 변리사 업무를 하고 있다고 한다.

그림 1-30 1980년 4월 특허 출원에 사용한 도면

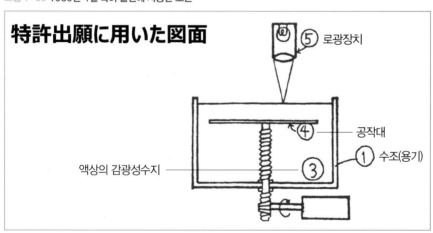

그림 1-31 1980년 4월 제1회 실험

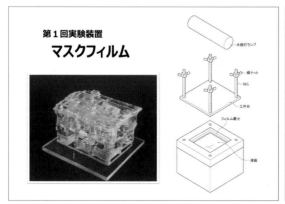

그림 1-32 1980년 12월 제2회 실험

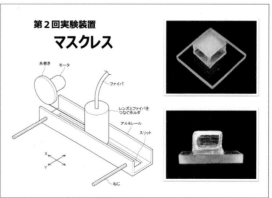

이어 히데오 코다마(小玉秀男)는 '기능성 포토폴리머(Photopolymer) RP system'에 관한 실험검증결과 보고서를 1981년 4월 자국 전자통신학회지에 발표했다.

당시 히데오 코다마가 근무하던 나고야시 공업연구소는 지역 중소기업들의 제조기술 향상 및 연구개발 지원 등을 위해 설립된 연구소로 이곳에서 근무하던 코다마가 3D 시스템 기술을 최초로 착안하게 된 계기는 출장 차 방문했던 두 곳의 기술 박람회에서 서로 다른 방식의 두 가지 기술을 본 후였다고 한다.

1977년, 첫 번째 박람회에서 본 기술은 현재 고등학교에서도 배울 정도로 일반화가 되어 가고 있는 기술인데 당시만 해도 만능제도기를 이용해 자를 가지고 설계 도면을 제도하던 것을 컴퓨터를 이용해 입체적으로 모델링하는 것이 가능한 3차원 CAD 기술이었다고 한다. 그리고 두 번째 방문한 박람회에서 본 기술은 반도체 가공 공정의 하나인 포토 레지스트(감광성수지) 기술에 대한 것이었으며, 이후 레이저 빔 같은 광원을 조사하면 순식간에 빛을 쪼인 부분만을 경화시켜 단단한 형태의 제품으로 만들어내는 '광경화성수지'를 이용한 조형기술이 탄생되었던 것이다. 이 보고서의 주된 내용은 '모델의 단면에 해당하는 부분을 빛에 노출시켜 한 층(Layer)씩 파트(Part)를 쌓아가면서 솔리드 형상을 조형하는 것'이라고 한다.

지금으로부터 약 36년여 전에 세계 최초로 고안되었던 이 기술은 당시 그 기술적 가치를 인정받지 못하고 그만 사장되어버리고 만 기술이라고 알려져 있다.

그림 1-33 **전자통신학회 발표 자료**

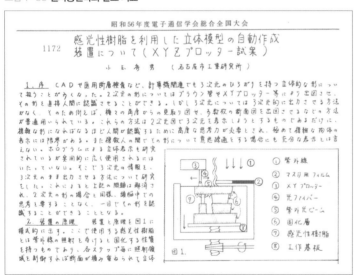

코다마의 영문 논문은 1981년 미국 물리학회지 11월호에 'Review of Scientific Instruments'에서 '포토 레지스트를 이용하여 3차원 플라스틱 모델을 자동으로 생성하는 방법'이라는 제목으로 게재되었다.

이 논문은 광조형 장치와 3D 프린터의 역사를 논하는 데 있어서 필수 자료로서 광조형기술의 원리를 학문적으로 설명하고 통나무 집처럼 완성된 모형 사진도 붙어 있다. 이 모형의 크기는 7cm×5cm×5.4cm이며 제작에 4시간 30분 정도 소요되었다고 한다.

결국 적층기술은 1980년대 초반 최초로 일본에서 발명되었지만 컴퓨터와 3차원 CAD 소프트웨어 분야에서 상대적으로 약했던 이유로 관련 산업계에서 개발 및 상용화에 실패하고 미국에 3D 프린팅이라는 혁신적인 제조방식의 주도권을 넘겨주고 이 새로운 개념의 제품개발에 뒤쳐질 수 밖에 없었던 것이다.

 TIP **小玉 秀男**(코다마 히데오) : 1950년 7월 22일 생으로 현재 일본에서 변리사로 활동 중이며, 세계 최초로 광조형장치를 발명하였다.

1982년

코다마의 논문이 게재된 직후인 1982년 8월 미국 3M사의 연구원 앨런 허버트가 코다마의 고안과 거의 유사한 원리로 광조형될 수 있다고 연구 결과를 발표했다.

1983년

지금은 USB나 스마트폰 등의 출현으로 거의 사라져버린 CD와 캠코더가 일반 대중에게 소개된 흥미로운 시기였는데 미국의 찰스 홀(Charles W. Hull)이라는 엔지니어가 STL 파일 형식을 개발하고 프로토타입 시스템을 선보이게 된다.

1986년

'조형에 의한 3차원 물체의 제조 장치'(미국 특허 No. 4575330)라는 기술로 미국의 찰스 홀(Charles W. Hull)이라는 엔지니어가 원천특허를 획득하게 되었는데 홀이 광조형 방식의 아이디어를 구상한 것은 1980년 Ultra Vilot Products사(UVP)에 입사한 직후였으며 1983년도에 3D 시스템즈의 홍보지 the Edge[6]에 기재되어 있다. 최초의 상업용 RP 시스템은 1987년 SLA-1이 개발되어 수많은 테스트와 개선을 거친 후에 1988년에 출시되었으며 이후 UVP사의 이사였던 레이몬드와 함께 3D 시스템즈라는 회사를 공동으로 설립하고 본격적인 3D 프린터 개발을 시작하여 현재에 이르고 있다.

그림 1-34 **Charles W. Hull과 SLA-1 3D 프린터**

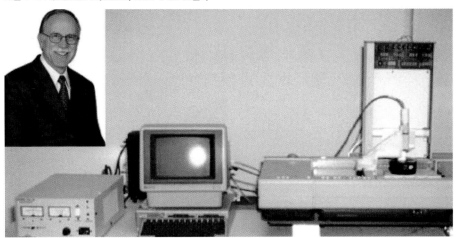

1987~1989년

지금의 광경화성수지 조형기술의 시초인 SLA(Stereolithography) 방식의 3D 프린터 'SLA-250'을 세계 최초로 출시하며 상용화에 성공한 이래 3D 프린팅 시장은 본격적인 무한 가능성의 미래 단계로 진입하는 계기를 맞이하게 된다.

역시 미국의 Helisys사에서 '라미네이션으로부터 일체 오브젝트를 형성하기 위한 장치 및 방법'이라는 기술 특허(미국 특허 No. 4752352)를 획득했는데 바로 LOM(Laminating Object Manufacturing) 방식이다.

그리고 1988년 같은 해 현재는 미국 스트라타시스(Stratasys)의 이사회 의장인 스캇 크럼프(Crump ; S. Scott)가 자신의 딸을 위해 물총에 폴리에틸렌과 양초 왁스를 섞어 글루건에 담고 분사해 한층 한층 쌓으며 개구리 장난감을 만든 것이 그 시초라고 전해지고 있다. 이후 이 제작 기술은 적층가공(Additive Manufacturing) 또는 3D 프린팅이라 불리는 기술의 초석이 되었으며 현재 '생산의 민주화'로 대변되는 'DIY(Do Iy Yourself) 제조 시대를 이끌 핵심 기술로 주목을 받게 되었는데 이 기술은 오픈소스 렙랩(RepRap) 모델을 기반으로 전 세계의 수많은 개발자들이 사용하고 있다.

1987년 텍사스 대학에서 근무하던 칼 데커드(Carl Deckard)는 '선택적 소결 부품의 제조 방법 및 장치'라는 기술 특허(미국 특허 No. 4863538)를 출원하여 1989년에 특허를 취득하였는데 이후 DTM Inc.에 판매된 이후 2001년 3D 시스템즈사에 인수합병된다.

한편 1989년 독일에서는 레이저 분야 전문가인 한스 랑어 박사(Dr Hans Lange)가 EOS Gmbh를 설립하였으며 레이저 소결 분야에 집중하여 오늘날 산업용 프로토 타이핑 시장에서 인정받고 있다.

1990년

독일의 EOS Gmbh는 SLS 방식의 RP 시스템인 STEREOS 400 Laser Sterolithography 시스템을 출시한다. 또한 이 기술은 금속분말을 사용하는 DMLS(Direct metal laser sintering)의 개발로 이어지게 된다.

1992년

미국의 스캇 크럼프(Scott Crump)가 '3차원 물체를 생성하는 장치 및 방법'(미국 특허 No. 5121329)이란 기술로 특허를 획득했는데 이 기술이 바로 유명한 용융적층모델링(FDM : Fused Deposition Modeling) 기술이다. 같은 해 3D 시스템즈사에서는 MJM(MultiJet Modeling) 기술(미국 특허 No. 5141680)로 특허를 획득한다.

  스캇 크럼프 : 미국 Stratasys 공동 설립자 겸 회장으로 FDM(Fused Deposition Modeling) 기술의 발명가

1994~1995년

독일 EOS Gmbh에서 RP 시스템의 일대 전환점이 될 수 있는 플라스틱 분말(Plastic Powder)을 소재로 하는 레이저 소결(Laser Sintering) 방식의 EOSINT P 350 모델과 세계 최초로 금속 분말(Metal Powder)에 레이저 소결 방식을 적용한 DMLS(Direct Metal Laser Sintering) 방식의 EOSINT M 250 모델을 출시한다.

1995년도에 EOS Gmbh는 플라스틱 분말과 금속 분말 소재에 이어 주조용 모래에 '**직접 레이저에 의한 소결 방식**'의 장비인 EOSINT S 장비를 출시하여, 다양한 산법 분야에서 적용할 수 있는 기술을 소개하며 이를 통하여 Rapid Prototyping application을 최적화하는 새로운 레이어 메뉴팩쳐링(Layer Manufacturing)기술을 보유한 기업이 되었으며, EOSINT는 Rapid Tooling을 위한 Die & Mold를 Metal & Steel로 직접 제작하므로 기존의 RP Application의 영역을 넘어 서게 되었다고 할 수 있다.

  **한스 랑어 박사** : EOS GmbH는 1989년 Hans J. Langer와 Dr. Hans Steinbichler가 설립한 Electro Optical Systems으로 산업용 DMLS 분야의 선두 기업 중의 하나

1997년

미국의 Z Corporation사에서 MIT의 잉크젯 기술을 기반으로 첫 번째 3DP 방식의 상업용 3D 프린터인 Z402 시스템을 출시하였는데 Z402는 석고분말 기반의 소재와 수성 액체 바인더를 사용하여 모델을 조형하는 방식으로 기술이 발전하여 현재는 컬러 프린팅이 가능하며 3D 피규어 등의 제작에 많이 사용하고 있는 방식의 시초이다.

2000~2004년

이스라엘의 Object Geometries사에서 폴리젯(PolyJet) 방식의 Quadra Tempo라는 3D 프린터를 발표한다. 이듬해인 2001년 독일의 Envisiontec Gmbh에서 DLP(Digital Light Processing)방식의 3D 프린터인 Perfactory 시리즈를 출시하는데 종래의 3D 프린팅 방식인 레이저와 잉크젯 프린트 헤드를 사용하던 방식에서 벗어나 DLP라는 기술을 적용하여 주목을 받게 된다. 또한 2004년도에는 지금처럼 3D 프린터가 대중들에게 널리 알려지는데 지대한 공헌을 한 렙랩(RepRap)프로젝트가 시작된 시기였다. 이 오픈소스 프로젝트는 FDM 데스크 탑 3D 프린터의 확산과 더불어 많은 제조업체들이 등장할 수 있는 지대한 역할을 하였다.

2005~2007년

미국 Z Corporation사에서 첫 고선명 컬러 3D 프린터인 Spectrum Z510 모델을 출시하였으며 공유와 개방의 3D 프린팅 커뮤니티인 렙랩 프로젝트에서 오픈소스 기반의 자기복제 3D 프린터를 공개하면서 대중들의 관심을 받기 시작하였다.

그림 1-35 Spectrum Z510 3D 프린터

2007년에는 이스라엘의 Objet Geometries사에서 더욱 다양한 소재(Multimaterial)로 출력이 가능한 상업용 3D 프린터인 Connex 500 모델을 발표하는데 이 시기에는 렙랩 프로젝트에서 스트라타시스사의 FDM 3D 프린터인 Dimension 모델로 부품을 복제하여 제작한 '다윈(Darwin)'이라는 오픈소스 방식의 3D 프린터를 공개하기에 이르른다. 또한 지금은 전 세계를 대상으로 출력물 서비스를 실시하고 있는 기업인 쉐이프웨이즈(Shapeways)가 네덜란드에서 창업을 하였는데 2014년에는 뉴욕을 기점으로 하여 글로벌 3D 프린팅 서비스를 실시하고 있다.

그림 1-36 RepRap Darwin 3D 프린터

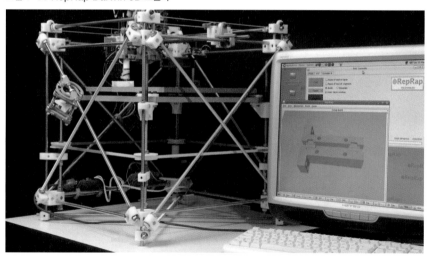

출처 : http://reprap.org/wiki/Darwin

그 후 스트라타시스는 2003년경 보다 소재의 강도가 높은 FDM 재료를 개발하면서 래피드 매뉴팩처링(Rapid Manufacturing)이 빠르게 전개되었으며, 2009년 FDM 기술의 기본 특허 만료와 더불어 오픈소스 프로젝트인 렙랩(RepRap)을 기반으로 성장한 메이커봇(MakerBot)사에서 저가형 데스크탑 3D 프린터인

리플리케이터(Replicator)를 출시하면서 대중들의 많은 관심을 받게 되었다.

그림 1-37 Replicator Original 3D 프린터

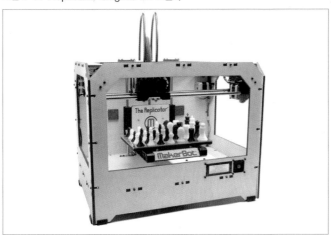

2008~2012년

2008년 미국의 Z Corporation사에서는 3세대 3D 프린팅 기술인 3DP(3D Printing) 방식의 컬러 출력이 가능한 ZPrint 650을 출시하며 대중적인 분말 기반 소재를 사용하는 3D 프린터를 출시하는데 2011년에 Z Corporation사는 3D 시스템즈에 인수합병된다. 현재는 컬러 출력이 가능한 실사적인 3D 출력물 제작 등에 많이 사용되고 있는 ProJet 시리즈로 개선하고 제품명을 바꾸어 판매하고 있다.

그림 1-38 Z Corporation 3D 프린터 ZPrint 650

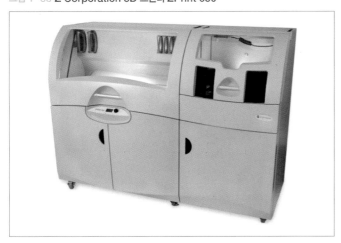

한편 2009년 초반 설립된 메이커봇(MakerBot)사는 회사 설립 후 3~4년여 만에 3세대에 이르는 메이커봇 프린터를 전 세계에 약 2만 2천여 대를 판매했다고 한다. 이후 메이커봇사는 2013년도 중반에 미국의 스트라타시스사에 6억 400만 달러에 인수 합병되었으며 한때는 오픈소스를 활용한 하드웨어 개발의 선두주자로 많은 커뮤니티들의 지지를 받았으나 합병 이후 상업적으로 변화된 모습에 기존 오픈소스 기술 개발의 협

력자이던 일부 커뮤니티들로부터 거센 비난을 받기도 했다고 한다.

상업용 데스크탑 3D 프린터 제조사로 미국에 메이커봇이 있다면 유럽에는 네덜란드에 기반을 둔 얼티메이커(Ultimaker) BV 라는 회사가 유명하다. 지난 2010년 9월 이후 개인용 데스크탑 3D 프린터 시장은 메이커봇의 씽오매틱(Thing-O-Matic)이 주도해왔으며, 이 제품은 컴퓨터 상의 디자인을 현실 속의 실물로 제작해내는 CNC 장비로 이후 3인의 네덜란드 엔지니어가 이 씽오매틱의 아성에 도전하여 얼티메이커(Ultimaker)라는 데스크탑 3D 프린터를 선보이게 된다.

그림 1-39 메이커봇 Replicator+ 3D 프린터

그림 1-40 Ultimaker Original 3D 프린터

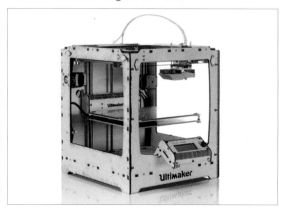

얼티메이킹은 2011년 마틴 엘스만(Martijn Elserman), 에릭 드 브루진(Erick de Bruijn), 시얼트 위니아(Siert Wijnia)가 설립하였으며 이들은 원래 오픈소스 렙렙(RepRap) 프로젝트에 참여했다가 독립하여 그 해 5월 그들의 첫 번째 3D 프린터인 프로토박스 얼티메이커(protobox Ultimaker)를 출시한다.

이후 몇 개월 간의 개발과정을 거쳐 얼티메이커 오리지널(Ultimaker Original)을 키트 형태로 제작하였으며, 2018년 현재는 얼티메이커 S5(Ultimaker S5)를 선보이고 있으며, 메이커봇의 3D 프린터가 검은색의 외관으로 제작되는 것에 비해 얼티메이킹의 3D 프린터는 흰색으로 제작되는데 한때 오픈소스 업계의 양대 거물이었던 두 업체가 서로 보이지 않는 대립을 하고 있다는 느낌이 들기도 한다.

한편 국내에서도 서서히 3D 프린터가 대중들에게 알려지기 시작하게 되는데 그 계기는 지난 2009년 10월경 '강호동의 스타킹'이라는 TV 프로그램에서 방영되어 소개된 적 있는 3D 프린터인 미국 ZCorporation사의 ZPrinter® 450이고, 이후 11월 방송을 통해 유명 연예인의 얼굴 모형을 프린팅하여 출연진과 시청자들에게 많은 호기심을 불러 일으켰으며, 재미있는 상황을 연출하며 일명 '도깨비 프린터'로 유명세를 탄 적이 있었지만 지금처럼 사회적인 이슈가 되지는 못했다.

현재 3D 시스템즈사에 인수된 ZCorporation사의 ZPrinter® 450은 Color 3D Printer로 디지털 데이터에서 적층 방식으로 3D 실물 모형을 만들어내는 고가의 장비이며 잉크젯 프린트 방식으로 파우더(분말)와 바인더(교결제)를 한층씩 분사하여 한번에 한층씩 모델을 제작하며 이 과정은 모든 층이 출력되고 해당 부품이 제거될 준비가 완료될 때까지 반복하며 출력을 진행한다.

이 프린터는 해상도가 300×450 dpi에 파트당 고유 색상 수로 18만 색상을 지원하며 분사구수만 604개인 장비로 일반인들이 쉽게 접근하기 어려웠던 비교적 고가의 3D 프린터이었으며, 3D 시스템즈사에서는 현재 대형 풀 CMYK 컬러를 지원하는 ProJet CJP 860 Pro 모델까지 선보이고 있다.

그림 1-41 **ProJet CJP 860 Pro**

그림 1-42 **CJP 860 Pro 출력물**

출처 : https://ko.3dsystems.com/

또한 3D 시스템즈사는 2011년도부터 2013년도 사이에 무려 24건의 인수합병을 통해 다양한 라인업과 기술 특허를 보유하게 되었다고 하며, 2012년도 말에는 미국 스트라타시스사가 이스라엘 3D 프린터 기업 Object Geometries사를 인수합병한다.

2013~2015년

2013년도 초 미국의 버락 오바마 대통령이 연두 국정연설을 통해 "**3D 프린팅이 기존 제조 방식에 혁명을 가져올 잠재력을 가지고 있다**(3-D printing that has the potential to revolutionize the way we make almost everything)"고 하며 3D 프린팅을 '**거의 모든 것을 제조하는 방법의 혁신**'으로 언급하면서 3D 프린팅에 대한 관심을 전 세계적으로 더욱 고조시키며 국내에서도 커다란 이슈로 부상하게 되었다. 현재 미국은 익히 알려진 바와 같이 세계 3D 프린팅 업계를 리드하는 양대 산맥인 3D 시스템즈와 스트라타시스가 있는 기술 강국이다.

2014년 2월에는 3D 시스템즈사가 보유하고 있던 선택적 레이저 소결(SLS : Selective Laser Sintering) 방식의 주요 핵심 특허가 만료되고, 나사(NASA)는 3D 프린터를 우주 공간에 가져가서 3D 프린터로 출력한 모델을 지구로 보내기도 한다.

2015년 초에는 중국의 한 건설업체에서 3D 프린터를 이용해 5층짜리 아파트를 제작하여 세계적으로 큰 화제가 되기도 했다.

GE(General Electric)는 2017년 12월말 3D 프린팅에 블록체인 기술을 적용한 특허를 미국에서 출원한 바 있는데 블록체인(Block Chain)은 데이터를 '블록'이라고 하는 작은 형태의 연결고리 기반으로 여러 곳에 데이터를 분산시켜 저장할 수 있어 임의로 수정하는 것이 불가능하고 누구나 변경 결과를 열람할 수 있는 분산 컴퓨팅 기술 기반의 데이터 위변조방지 기술로 알려져 있다.

3D 프린팅에 사용되는 디지털 데이터는 그 특성상 무단으로 복사, 배포, 편집, 위변조 등을 할 수 있기 때문에 3D 프린터의 활용이 늘어날수록 데이터 보안에 대한 이슈들도 커질 것으로 예상된다.

2018년 HP에서 Metal Jet Printer를 선보였는데 기존 프린팅 방식 대비 50배 이상 생산적이라고 하며 금속사출성형(MIM, Metal Injection Moulding)에서 사용하는 금속 소재를 사용한다는 장점이 있고 고품질의 기능성 금속 파트를 생산할 수 있다고 한다.

그림 1-43 **HP Jet Fusion 4200 3D 프린터**

출처 : https://3dcent.com/portfolio/jet-fusion-4200/

미국의 자동차 기업 GM은 오토캐드로 유명한 Autodesk사의 AI기반의 Generative Design 소프트웨어를 자동차 설계에 도입하였는데 이 융합기술은 미래 자동차의 각 파트들을 더욱 가볍고 효율적으로 제작하기 위해 어떤 방식으로 디자인하고 개발할지에 대해 많은 발전을 가져올 것으로 예상된다. 앞으로는 인공지능 기술을 활용하여 디자인하는 시대가 올 것으로 예측되며 엔지니어가 설정한 파트의 강도, 무게 등의 기본 제약사항을 기반으로 기존 파트보다 가볍고 더 강한 여러 개의 부품을 하나의 모듈 형태로 만들 수가 있게 될 것이다.

지금까지 3D 프린터의 발전사에 대해 연도별로 정리하여 주요 이슈들에 대해서 간략하게 살펴 보았다.

한편 국내에서도 2009년 스트라타시스가 보유하고 있던 특허 기술인 FDM 특허의 만료와 더불어 보급형 데스크탑 3D 프린터를 제조하는 개인이나 기업들이 등장하기 시작하였으며, 초기 렙랩(RepRap)기반의 오픈소스를 활용한 조립형 3D 프린터에서 진화하여 현재는 다양한 모델들이 제조사별로 출시되고 있는 상황이며 제품의 가격 또한 개인들도 크게 망설이지 않고 구입할 수 있는 가격대인 백만원 미만대에서 삼백만원대 이하로 떨어져 일선 교육기관이나 디자인 사무실 등에 설치되어 활용하는 것을 흔히 볼 수 있는 시대가 열렸다.

현재 국내 기술로 제작하여 판매하는 보급형 데스크탑 3D 프린터들은 주로 열가소성 수지(PLA, ABS 등) 재료를 사용하는데 이는 원래 FDM(Fused Deposition Modeling)방식 기반의 기술에서 나온 것이다. 얇은 직경(보통 1.75mm, 2.85mm)을 가진 플라스틱 와이어를 스풀(Spool)에 둥글게 말아놓은 형태의 필라멘트(Filament)라고 부르는 소재를 고온으로 녹여가며 압출하여 아래부터 위로 한 층씩 쌓아나가는 방식(FFF, Fused Filament Fabrication)으로 프린터 가격이 상대적으로 저렴하지만 적층방식의 특성상 출력물 표면이 조금 거친 편이고 치수 정밀도가 제한적이라는 단점이 있는 방식이다.

하지만 3D 프린터 가격이 상대적으로 저렴하고 각종 편의 기능이 속속 추가되고 있기 때문에 누구나 쉽게 도전해 볼 수 있으며 나만의 아이디어를 모델링하여 현실에서 만져보고 확인할 수 있는 실물로 출력이 가능하다는 것이 가장 큰 장점이다.

유명한 미래학자인 제러미 리프킨은 "3차 산업혁명은 누구나 기업가가 되어 혁식전 아이디어를 제품으로 만드는 것이다. 3D 프린터는 3차 산업혁명의 주인공이다"라고 극찬했을 정도인데 이 책을 통하여 3D 프린팅 산업에 대해 좀 더 흥미를 갖고 독자 여러분 스스로 즐겁고 재미있는 여행이 될 수 있길 바란다.

그림 1-44 **FDM 3D 프린터용 필라멘트**

그림 1-45 **FFF 3D 프린터용 필라멘트**

07 3D 프린팅 기술의 장단점

3D 프린터라는 용어가 지금처럼 대중화되기 이전에는 서두에서 밝힌 것처럼 산업용으로 일부 기업이나 전문가들만이 사용하던 RP System(신속조형시스템)이 이미 있었는데 RP System은 지금처럼 분야를 막론하고 폭넓게 활용할 수 있는 3D 프린터가 아니라 고가의 전문화된 산업용 장비였던 것이다.

이 RP System은 장비의 크기나 기술방식, 사용하는 소재도 FFF 방식의 보급형 데스크탑 3D 프린터와는 다르며, 제조사마다 적용하는 기술방식도 많고 역사도 오래된 것이었다. 당시에는 3D 프린터라는 명칭은 잘 사용하지 않았으며 급속조형, 적층조형 또는 래피드 프로토타이핑(Rapid Prototyping)이란 용어로 불렸다.

TIP 래피드 프로토타이핑(Rapid Prototyping) : 어떤 제품 개발에 있어 필요한 시제품(prototype)을 빠르게 제작할 수 있도록 지원해주는 전체적인 시스템을 의미하는 용어

1980년대 초중반부터 여러 가지 RP System 관련 기술들의 특허가 등록되기 시작하고 본격적인 상업용 제품들이 출시되기 시작했다. 그러다가 2009년 미국의 스트라타시스사가 보유하고 있었던 FDM 기술의 기본 특허가 만료됨에 따라 3D 프린팅의 요람이었던 '랩랩 프로젝트'에 의한 오픈소스 형태의 저가형 3D 프린터가 속속 공개되기 시작하면서 지금처럼 일반 가정이나 사무실의 책상 위에 올려놓고 손쉽게 사용할 수 있는 데스크탑 형태의 3D 프린터가 등장했다. 이로서 3D 프린터라는 용어가 업계 전반에 걸쳐 폭넓게 사용할 수 있는 계기가 된 것이다.

흔히 말하는 3D 프린터는 컴퓨터로 모델링한 데이터를 사용하는 프린터의 종류에 따라 파일을 변환하여 제품을 제작하는 디지털 장비 중의 하나이다. 조형기술 방식에 따라 차이가 있지만 크게 분류한다면, ABS나 PLA와 같은 고체 상태의 플라스틱 소재를 녹여 압출하면서 한층씩 적층하는 방식이 있고, 빛에 민감한 반응을 하는 액체 상태의 소재를 자외선이나 UV, 산업용 레이저와 같은 광원으로 경화시켜가면서 적층하는 방식이 있다. 이는 플라스틱 분말이나 금속 분말 등의 소재를 기반으로 한 조형 방식의 차이인데, 어느 방식이나 기본적인 개념은 3D CAD 프로그램에서 생성한 모델링 데이터를 변환하여 층층히 쌓아올리는 유사한 원리의 제작 방식으로 **적층가공**(Additive Manufacturing)이라고도 부르는 것으로 이해하면 된다.

현재의 2D 프린터는 프린터 기능 이외에 복사, 스캔, 팩스 전송 등 다양한 편의 기능이 복합되어 있고, 용지가 끼인다거나 하는 문제도 거의 없을 정도로 사용자의 편의성이 대폭 향상되었다. 기술 또한 비약적으로 발전하여 안정화 되어 있다고 할 수 있다. 앞으로 3D 프린터도 기술발전이 급속도로 이루어져 지금보다 더욱 안정적으로 사용할 수 있는 소재도 다양해지고 고질적인 문제인 출력속도도 대폭 향상될 것이며 누구나 쉽게 운영할 수 있도록 사용자의 편의성이 더욱 증대될 것이라는 점은 누구도 부인하지 않을 것이다.

또한, 3D 프린팅 기술의 장점으로 비용의 절감 뿐만 아니라 제조공법에 있어서도 환경친화적인 방식을 들수 있다. 예를 들어 우리가 늘 휴대하고 있는 스마트폰의 케이스를 제작한다고 가정했을 때 전통적인 절삭가공 방식에서는 원소재를 절단하고 공구로 깎아내어 만들다보니 소재의 낭비가 심할 수 밖에 없지만, 3D 프린팅은 절삭가공 방식보다 소재의 낭비가 상대적으로 적게 발생하여 비교적 환경친화적인 제조방식이라고도 할 수 있다.

3D 프린터의 기본 개념

① 3D 프린터의 기본 메커니즘은 컴퓨터 수치제어 공작기계와 유사
② X, Y, Z의 3축을 가진 CNC 장비나 조각기, 레이저 마킹기 연상
③ 3D 프린팅은 주로 고체, 액체, 분말(금속, 비금속 파우더) 기반의 소재를 사용
④ 기술방식에 따라 열용해적층형, 광조형, 잉크젯형, 분말소결형, 분말고착형, 라미네이티드형 등으로 구분

CNC(컴퓨터 수치제어)장비와 3D 프린팅의 비교

항 목	CNC (컴퓨터 수치제어기술)	3D 프린팅 (신속조형기술)
가공 방식	• 2D 도면 • 절삭가공(Subtractive Manufacturing)을 통한 형상 제작	• 3D CAD 모델링 데이터가 반드시 필요함 • 한 층(Layer)씩 적층가공(Additive Manufacturing)하며 형상 제작
사용하는 재료	• 금속, 비철금속, 플라스틱, 목재, 석재 등 매우 다양함	• 조형 기술방식에 따라 다소 한정적이지만 소재의 한계가 거의 없음 • 열가소성 플라스틱, 광경화성수지, 왁스, 고무, 금속분말, 비철금속분말, 종이 등
제품 형상 구현	• 절삭공구의 간섭으로 복잡한 형상의 가공이 불가 • 절삭가공시 발생하는 칩(Chip) 처리가 필요하고 절삭유를 공급해야 함	• 복잡하고 형상이 난해한 제품 제작 가능 • 출력시 에러만 없다면 버려지는 소재가 거의 없어 경제적이며 다소 친환경적
정밀도 표면거칠기 완성도	• 치수정밀도 우수 • 표면거칠기 우수 • 완성도 우수	• 적층방식 특성상 치수정밀도가 우수하지 않음 • 곡면부 계단형 단차 발생 • 기술방식에 따라 후처리가 필요
기술 숙련도 작업장 환경	• 숙련된 기술자 필요 • 공장 및 부대 설비 필요	• 비숙련자도 손쉽게 사용 가능 • 가정이나 사무실에서 설치 사용 가능
보조 장치	• 지그 및 고정구 필요	• 기술방식에 따라 서포트(support) 제거 등 후가공 및 후처리 작업 필요
특징	• 평면 가공시 제작 속도 빠름 • 사무실 환경에 부적합 • 정밀가공이나 워킹목업 제작에 사용	• 조형 속도가 상대적으로 느림 • 동시에 다른 형상과 크기의 제품 제작 가능 • 기술방식에 따라 일반적인 러프 목업 제작 가능

CNC vs 3D 프린터

3D CAD를 이용하여 모델링한 파일이나 3D 스캐너로 스캐닝한 데이터만 있으며 얼마든지 3D 프린터를 이용해서 다양한 작업을 할 수 있다. 3D 프린팅은 생활용품, 산업디자인 목업, 패션, 의료, 교육, 예술, 미술, 캐릭터, 공예, 건축, 자동차, 기계, 우주 항공 분야 등 우리 실생활 속에 활용되지 않는 곳이 거의 없을 정도로 다양한 분야에서 응용할 수 있다는 커다란 장점이 있습니다. 또한 사용 공간의 제약이 특별히 없으며 공작기계처럼 숙련된 기술자가 아니더라도 누구나 손쉽게 접근이 가능하며 동시에 여러 가지 모델의 조형도 가능한 유능한 도구이다.

제조 현장에서의 3D 프린팅 기술은 크게 4가지의 활용 사례로 분류할 수가 있는데 기존에는 시제품 제작에 주력하던 사례에서 벗어나 현재는 일부 공장의 생산용 지그 또는 실제 1회성으로 사용할 용도의 부품 제작까지 아주 다양한 분야에서 활용을 하고 있다.

그림 1-46 **소형 CNC 밀링머신** 그림 1-47 **보급형 FFF 3D 프린터** 그림 1-48 **산업용 FDM 3D 프린터**

출처 : https://www.rolanddga.com/ 출처 : https://store.zortrax.com/M200 (Stratasys F123 시리즈)

3D 프린팅 기술의 4가지 주요 활용

① 컨셉(개념) 모델링 (Concept Modeling)

시제품을 제작하여 부품 간의 조립시 발생할 디자인 오류를 사전에 찾아내어 검토 기간의 단축이나 전시용 축소 모델의 제작과 금형을 제작하기 전에 제작하여 설계 검증 실시

② 기능성 테스트 (Functional Test)

짧은 제품 개발 사이클 요구에 따른 디자인 오류 수정 기간의 단축으로 실 사이즈 파트 제작을 하여 어셈블리 테스트, 기능성 테스트를 통해 신속한 확인 및 수정 작업으로 비용 절감과 개발 기간의 단축 효과

③ 생산에 필요한 툴 제작 (Manufacturing Tools)

양산을 하는 공장에서 실제 지그를 제작하여 사용하거나 시제품 또는 금형의 성능을 개선하고 검증하기 위한 방식으로 활용

④ 다품종 소량 생산 (End-Use Products)

개인 맞춤형 또는 고객 주문형 제품의 종류가 다양해지면서 다품종 소량 생산 방식의 수요가 증가하고 기존에 사용하던 부품의 일부분을 3D 프린팅 파트로 대체

3D 프린팅의 가장 큰 장점을 꼽는다면 우선 디자인 가변성이 좋고 기존의 전통적인 절삭가공 방식으로는 절대 제작이 어려운 형상을 가진 제품의 효율적인 구현과 제조업에 있어 공정을 단축시킬 수가 있다는 것이다. 개인별 1:1 맞춤 제작이 필요한 보청기나 의족, 의수, 임플란트, 신발, 안경 등과 같이 대량 생산이 필요 없는 개인 맞춤형 디자인 제품의 생산이 용이하다는 점은 3D 프린팅 기술이 가진 훌륭한 장점이라고 생각한다.

요즘은 다품종 소량생산(Small quantiy batch production)이라고 해서 계속해서 소비자의 입맛에 맞는 제품을 만드려는 추세인데 3D 프린팅이 가능해지기 시작하면서 한발 더 앞으로 나아가 초고객화(Hyper Customization)가 가능하게 되었다. 예를 들어 우리가 늘 신고 다니는 신발의 경우 현재는 제조사들이 일정한 치수대로 만든 규격화된 신발을 선택할 수 밖에 없다.

250mm, 260mm 등의 표준화 된 사이즈 밖에 없었는데 내 발에 꼭 맞는 255.5mm의 신발 주문도 가능해진다는 이야기이다. 또한 개인마다 발의 독특한 형태도 맞춤 제작할 수 있고 많은 수량이 아니라 오직 해당 고객만을 위한 세상에 단 하나 밖에 없는 나만의 제품을 생산하여 공급하는 것이 가능해진다는 이야기이다.

또한 소재의 낭비를 줄이고 강도나 기능을 향상시킨 제품 생산이 가능하고 부품 제조에 들어가는 인건비나 조립비, 물류비 등이 상대적으로 경감이 되며 용도에 따른 개별생산이 가능하다는 것도 큰 이점이다.

하지만 무엇보다 3D 프린팅의 가장 큰 장점이라고 말할 수 있는 부분은 바로 제작공정의 간소화로 인해 주문자 맞춤형 제조가 가능하며 장비와 재료만 준비되면 언제든지 제품으로 출력해 낼 수 있으므로 다양한 고객들의 까다로운 요구 조건에 적합한 맞춤 제작이 가능하다는 점이다.

반면에 3D 프린팅 산업의 발전에 따라 그만큼 부작용과 문제점도 따를 것이라고 본다. 특히 금속과 같은 소재를 사용할 수 있는 3D 프린터가 앞으로 대중화되고 3D 스캐닝 기술이 더욱 발전된다고 하면, 우리 실생활에 사용할 수 있는 다양한 기능성 제품을 만들 수 있다는 장점이 있지만 불법무기의 제작이나 타인의 저작권을 침해한 제품의 제조 및 유통, 열쇠나 지문 등의 불법 복제, 디자인의 무단 도용, 폐기물 처리, 환경 오염 문제, 안전 문제 등이 발생할 수도 있을 것이다.

만약 3D 스캐닝을 이용하여 타인의 디자인을 복제하거나 총기나 칼, 불법 약물 제조 등에 악용될 소지가 있어 우리의 건강과 안전을 위협하게 될지도 모른다. 개인용 3D 프린터의 확산에 따라 앞으로는 디자인의 보호를 위하여 원저작자가 저작물의 활용 범위와 조건을 지정하는 CCL 방식이 모델링 공유 플랫폼 사용자들 사이에서 더욱 확산될 전망이다.

2012년 3D 모델링 데이터 공유 사이트인 싱기버스(thingiverse.com)의 한 사용자가 개인용 3D 프린터로 플라스틱 소총 부품을 제작할 수 있는 파일을 올려 화제가 된 적이 있으며 이후 일부 3D 프린팅 된 부품과

기존 부품을 조립해 실제 작동하는 총을 만드는데 성공하기도 했다. 이렇듯 총기까지는 아니더라도 자칫 흉기가 될 수도 있는 것들도 누구나 가정이나 사무실에서 개인용 3D 프린터를 사용해서 얼마든지 만들 수 있는 시대가 도래한 것이다.

한편 우리 정부에서도 2017년 3월 미래창조과학부 등 관계부처 합동으로 '2017년도 3D 프린팅 산업 진흥 시행계획을 확정하고 신규 수요창출, 기술경쟁력 강화, 산업확산 및 제도적 기반 강화 등에 총 412억 원의 예산을 투입하기로 했다고 발표하였다. 이번 시행계획은 2016년 12월 시행된 삼차원프린팅산업진흥법(제5조)에 의거해 수립한 3D 프린팅산업 진흥 기본계획의 4대 전략 12대 중점과제의 금년도 추진내용을 보다 구체화한 것으로 앞으로 3D 프린팅 기술경쟁력 강화를 위한 각종 기술개발 지원을 하고, 아울러 3D 프린팅 국가 기술자격 신설, 산업 분야별 재직자 인력 양성, 초·중학교 현장 활용 수업모델 개발·보급 등을 통해 3D 프린팅 전문인력을 양성하고 현장 교육을 강화한다고 하니 기대가 된다.

또한 2018년 말부터 3D 프린터 관련 국가기술자격증의 시행도 예정돼 있는데 실효성이 있는 제도로 자리를 잡아나갈 수 있기를 현업 종사자 중의 한 사람으로서 고대한다.

하지만, 4차 산업혁명과 3D 프린팅 관련 산업이 주목받으며 무분별하게 도입하고 있는 만큼 현장에서는 역기능에 대한 우려의 목소리도 나오고 있다. 또한 현재 큰 이슈로 지적되고 있는 부분이 지적재산권 침해와 유해성, 안전성에 관한 문제이다. 완제품뿐만 아니라 디테일한 세부 디자인까지 스캔이나 디자인을 통해 얼마든지 복제할 수 있기 때문에 타인의 지적재산권 침해 논란과 저작권 분쟁도 증가할 것으로 우려된다.

나아가 3D 프린팅 산업이 우리나라의 고부가가치 신산업으로 성장하고 발전해 나가기 위해서는 이와 같은 분쟁의 소지가 없도록 관련 부처에서는 철저하고 체계적인 대비책 마련과 관련 법규, 제도 등의 수립과 개선이 필요하다.

앞으로 누구나 손쉽게 사용할 수 있는 3D 프린터가 우리 사회에 유익한 분야로 널리 이용될 수 있도록 제대로 활용되기를 간절히 바라는 바이다.

그림 1-49 **3D 프린팅 총**

그림 1-50 **3D 프린팅 열쇠**

적층제조(AM)를 위한 DfAM의 개요

제품 디자인, 설계 엔지니어링, 제조업 분야에서 3D 프린팅 기술이 가지는 의미는 실로 위대하다고 할 수 있으며 일찍이 3D 프린팅은 기존의 전통적인 산업의 패러다임을 바꿀 것이라는 큰 기대를 한 몸에 받아 왔다.

아이디어 구상에서 시제품 제작, 제품 양산까지의 복잡하고 길었던 제조 프로세스가 놀라울 정도로 대폭 단축되는 것은 물론 디자인과 설계의 관점이 180도로 달라져 기존에 볼 수 없었던 획기적인 디자인의 적용이 가능해지고 최적화 설계를 통한 파트의 경량화, 고강성 구조의 구현, 복잡한 형상의 제품을 별도의 조립 과정 없이 원스톱으로 생산 가능하거나 다양한 복합소재의 동시적용이 가능한 것은 오직 3D 프린팅 기술로만 가능하며 이런 혁신적 설계 방법을 직접 생산에 적용하는 것이 가능하다. 이를 DfAM이라고 하며 3D 프린팅 기술의 장점을 극대화할 수 있는 설계 및 엔지니어링 접근 방법이라고 할 수 있다

DfAM(Design for Additive Manufacturing)은 기존의 DfM(Design for Manufacturing)에서 보다 진보된 개념으로, 기존의 설계와 제조 과정에서 마주치는 여러 가지 공정상의 제약들을 해결하고 극복하는 솔루션을 제공할 수 있다는 점에서 큰 의미가 있다.

TIP DfM(Design for Manufacturing) : DfM은 제조가 용이한 방식으로 제품을 설계하는 엔지니어링으로 제조 프로세스를 고려하여 부품, 기기의 설계를 하는 것을 말한다. 부품의 수를 감소시키고, 제조공정이나 조립이 용이하고 측정 및 검사시험도 쉽도록 전체의 공수나 Cost를 낮춰 신뢰성이 높은 제품을 만들기 위한 설계로 생산성 설계라고도 한다.

차세대 제조혁명을 이끌 기술로 DfAM(Design for Additive Manufacturing)이라는 설계 기술에 주목하고 있다. DfAM은 파라메트릭 및 생성적 디자인, 최적화, 격자 구조나 생체 모방과 같은 용어가 합쳐진 설계기법으로 기능, 성능, 제품 수명주기, 정확도는 적층제조(AM) 기술에 최적화되어 반복성 및 균일한 출력 품질을 보장한다.

제조사와 엔지니어가 일상의 물건에서 보다 복잡하고 파라메트릭한 생성적인 모양을 만들 필요성을 인식함에 따라 무게의 절감과 재료의 소비를 줄이기 위해 디자이너와 아티스트는 이 접근 방법의 경계를 인식하고 새로운 제품 개발에 집중해야 한다.

위에서 언급한 **생성적 디자인**(generative design)이란 용어는 사물에 대한 깊은 문제 의식과 통찰력을 가지고 생각하는 것에서부터 출발한다. 예를 들자면 지금까지 나온 것보다 더 가볍고 더 튼튼하고 실용적인 제품 개발에 대한 문제 의식을 기반으로 하여 설계의 방향을 잡고 최적의 소프트웨어를 활용하여 사용자의 요구에 맞는 디자인을 결정할 수 있게 된다.

생성적 디자인은 컴퓨터 연산의 비약적인 발전과 공학기술의 발전으로 알고리즘의 활용과 더불어 모니터

상에서 즉시 시각적인 확인이 가능해졌다. 생성적 디자인은 인공지능 소프트웨어와 클라우드 연산 능력을 활용한 클라우드 컴퓨팅이 필요하고, 엔지니어나 건축가가 기본 매개변수만 정하면 수천 개의 설계 옵션을 생성시킬 수 있는 디자인을 말하는 것이다.

우리 인간은 자연 속에서 아이디어를 얻으며 우리 실생활 속에 이로운 경이로운 결과물을 끊임없이 모방하며 창조해내왔다. 인간의 호기심은 자연 속에 존재하는 피조물들이 가진 기술을 모방하면서 과학기술이 발전해왔다고 해도 과언이 아닐 것이다.

건축계에서는 이미 대중화되기 시작한 BIM(빌딩 정보 모델링)과 파라메트릭 디자인(Parametric Design)은 가상의 세계에 디지털 정보로 구현한 건축물을 기반으로 하여 디지털 건축 세계에서 실제 지어질 건물과 유사한 재료와 공간적인 특성을 가진 가상의 스페이스를 마련하여 환경과 기후 등을 미리 체험할 수 있게 도와줌으로써 통합적인 피드백을 사전에 확인하는 것이 가능해짐에 따라 현실에서 부딪히게 되는 많은 문제들을 상당 부분 해결할 수 있는 기반이 될 수 있다.

인간의 대표적인 모방 기술로 항공기술과 조선기술을 들 수 있는데 새처럼 하늘을 자유롭게 날아다니고 물고기처럼 자유롭게 바다를 항해하는 것은 인류의 오랜 꿈이었으며 이런 욕망이 인간의 호기심을 자극하고 결국 비행기와 배, 잠수함 등을 개발해 낸 것이다.

라이트 형제가 수많은 시행착오 끝에 그들이 만든 비행기를 타고 인류 최초로 하늘을 나는 데 성공하는데 라이트 형제가 모방한 비행기술은 대머리 독수리라고 한다. 대머리 독수리는 양쪽 날개를 활짝 펼치며 부지런히 움직여 높이 날아 오르고, 한쪽 날개를 아래로 내려 방향을 바꾸고, 날갯짓을 천천히 하면서 날개를 오므려 나뭇가지에 사뿐히 내려앉는 모습으로 비행을 하는데 이것을 보고 비행원리를 밝혀냈다고 한다.

그들이 밝혀 낸 비행에 필요한 세 가지 중요한 원리는 상승력(lift, 비행기를 들어 올리는 힘), 추진력(thrust, 비행기가 앞으로 나갈 수 있게 하는 힘), 조종력(control, 비행기의 방향을 조절하는 힘)이었다.

현재 첨단 우주항공기술과 해양조선기술은 결국 자연과 융합하여 발전한 기술로 자유롭게 날아다니는 새를 모방하여 세계 곳곳을 누비며 비행할 수 있도록 만든 항공기가 그 대표적인 사례라는 것은 누구나 알고 있는 사실이다.

아래 내용은 삼성뉴스룸에서 연재하는 세상을 잇(IT)는 이야기에서 인용하였는데 삼성전자 뉴스룸이 직접 제작한 기사와 사진은 누구나 자유롭게 사용할 수 있도록 공지하고 있는 점을 밝힌다.

실제로 비행기의 날개 형상과 프레임의 디자인은 새의 날개와 유사한 부분이 많은데 새 날개 뼈의 겉은 단단한 반면에 그 내부는 거의 비어 있어 가볍다고 한다. 하지만 내부는 아주 복잡한 형상의 격자 구조로 이루어져 있어 외부로부터의 충격이나 하중에도 견딜 수 있는 구조적인 특성을 지니고 있는데 이러한 특성은 비행기의 날개와 동체, 자동차의 차체, 건축물 골조 등의 경량화, 강화 구조 설계 등에 널리 적용되고 있다.

지구상의 모든 생명체가 변화하는 기후나 환경 등의 영향에 맞춰 점진적으로 진화하듯 설계나 디자인이 반복적으로 진행되는 게 DfAM의 특징이다. 앞서 예로 든 새의 날개 뼈 역시 새가 하늘을 자유롭게 날 수 있는 최적의 방식으로 더 가벼우면서도 더 강한 형상을 갖기 위해 계속해서 진화한 결과라 할 수 있다.

그림 1-51 DfAM 기술이 적용된 자동차 시트

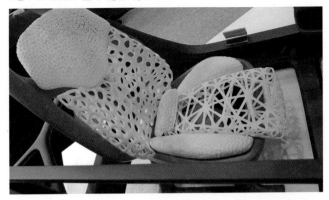

생성적 디자인은 이전까지 일반적으로 쓰이던 규칙기반(rule-based) 설계 방식과 달리 매우 복잡한 설계 문제를 환경의 한계(경계) 조건과 함께 수학적으로 표현할 수 있다. 그중에서도 기계 부품이나 구조물 설계 시 수학적 계산으로 최적의 형상을 유추해내는 데 쓰이는 방법을 가리켜 위상최적화(topology optimization) 방식이라고 한다. 질량, 즉 재료를 공간 상에 어떻게 분포시켜야 가벼우면서도 강한 구조를 만들 수 있는지 컴퓨터로 모의실험(simulation) 하는 방식이다.

생성적 디자인이나 위상최적화 방식이 제시하는 해답은 이상적이지만 막상 현실에선 구현하기 어려운 경우가 많다. 조류의 뼈나 소라 껍데기처럼 자연이 만들어낸 환상적이고 미려한 구조를 사람의 손으로 만들어내려 한다면 많은 시간과 정성이 들 것이다. 그렇다면 지금까지 알려진 제조 공법 중에 어떤 기술이 이런 최적화된 생성적 구조를 한 번에 만들어낼 수 있을까?

이 대목에서 바로 생각할 수 있는 기술이 3D 프린팅이다. 3D 프린팅 기술이 4차 산업혁명 시대에 더욱 주목을 받고 있는 것은 '생성적 디자인의 결과를 가장 쉽고 빠르게 실현시키는 방법'이란 사실에서 찾을 수 있다.

3D 프린팅은 재료를 첨석해가며 구조물을 만들어내는 방식이란 의미에서 '적층제조(Additive Manufacturing)'라고도 불린다. 적층제조 공법을 사용하면 다양한 소재를 동시에 첨석할 수 있을 뿐 아니라 소라껍데기와 같이 아무리 복잡한 형상이라도, 위치나 방향에 상관없이 만들어낼 수 있다(물론 사용하는 기술 방식에 따라 적용되는 소재의 종류와 구현되는 형상의 제약이 존재하긴 한다).

생명체가 세포를 분화시키며 성장하고 진화하는 방식과 매우 유사하다. 다시 말해 생성적 디자인의 개념이 3D 프린팅에서 구현 가능한 기술과 완벽히 호환되는 순간, 이전까지 존재했던 제조 활동에서의 제약은 거의 대부분 사라진다고 볼 수 있다. 따라서 DFAM은 3D 프린팅 기술이 가진 장점을 극대화하여 제품개발이나 제조에 최대한 활용하는 방법인 것이다.

3D 프린팅은 일찍이 "기존 산업의 패러다임을 바꿀 기술"이란 기대를 한 몸에 받아왔다. 실제로 3D 프린팅 기술을 사용하면 아이디어 고안에서부터 제품 생산까지의 과정이 놀라울 만큼 단축된다. 또한 디자인·설계 관점이 180도 달라져 전에 없이 획기적인 디자인을 적용할 수 있게 된다.

또한 최적화 설계를 통한 초경량·고강성 구조의 구현이 가능하고 형상이 복잡한 제품의 '조립 없는 원스톱(one-stop)' 생산, 다양한 복합 소재의 동시 적용 등이 가능해진다. 이처럼 3D 프린팅 기술이 혁신적 설계법의 생산, 적용을 견인하는 매력적인 디지털 페브리케이션 툴이라고 할 수 있는 것이다.

이처럼 3D 프린팅 기술의 장점을 극대화할 수 있는 설계·엔지니어링 접근법이 바로 DFAM이다. DFAM은 DFM(Design For Manufacturing)에서 진일보한 개념으로, 기존 설계·제조 공정에서 부딪히게 되는 제약사항을 극복하는 솔루션을 제공한다는 점에서 커다란 의미가 있다.

출처 : 삼성뉴스룸 https://news.samsung.com/kr/ 작성자 : 김남훈

3D 프린팅 시장의 영향력은 산업계 및 실생활의 전 분야에 걸쳐 급격히 커질 전망이다. 성장 폭이 특히 두드러지는 건 자동차 산업을 들 수 있는데 DfAM 기술을 사용하면 복잡한 기능과 형상의 부품 모듈을 별도의 조립 공정을 거치지 않고 일체형으로 만들 수 있기 때문이다. 내부 구조가 복잡한 고강성 · 초경량 부품 설계와 제작을 통해 에너지 효율 개선에도 기여할 수 있다.

그림 1-52 **서포트**

서포트

한편 3D 프린팅이 가지고 있는 가장 큰 장점 중의 하나로, 하나의 출력물이 최종적으로 완성되기까지 버려지는 재료의 낭비가 거의 없다는 것을 들었다. 이는 제품 디자인 시에 가급적 서포트(지지대)와 같이 출력 후 버려야 하는 출력보조물이 생기지 않도록 설계해야 하는 것이야말로 적층제조방식에서 인식해야 할 중요한 기술이라고 생각한다.

특히 FFF 방식이나 SLA, DLP 방식의 3D 프린터를 한번이라도 사용해 본 사람이라면 지지대(서포트)라는 것을 이해하고 있을 것이다. 허공에 떠 있는 부분이나 돌출되어 나온 부분에 생성해주는 중요한 출력 보조물인데 이것은 결국 완성물을 얻고 나면 버려지는 쓰레기이다.

이러한 불필요한 서포트가 없어도 출력이 되고 기능상이나 강도상에 문제가 없도록 설계하여 가뜩이나 플라스틱과의 전쟁으로 몸살을 앓고 있는 지구 상에 생활 쓰레기가 발생하지 않도록 디자인하는 것도 아주 중요하다고 할 수 있을 것이다.

SECTION 09 3D 프린팅 기술의 안전과 유해물질

이처럼 3D 프린터가 각광을 받으며 사용자가 계속 증가 추세에 있는데 이에 따른 안전과 출력물 및 소재와 관련된 유해물질 같은 것도 생각해 볼 필요가 있다.

다양한 3D 프린팅 방식 중에 가장 많이 사용하고 누구나 쉽게 접근이 가능한 재료압출방식인 FFF/FDM 방식에서 사용하고 있는 소재인 필라멘트에 대해서 생각해보자.

참고로 아래에 기술하는 내용은 필자의 개인적인 견해임을 사전에 밝혀 두며 일부 저가형 수입품 및 제조사에서 생산하는 소재에서 발생할 수 있는 안전위해 부분에 대해 사용자들이 스스로 경각심을 가질 수 있도록 안내하는 것이다.

FFF/FDM 방식에서 많이 사용하고 있는 ABS 필라멘트 소재의 경우 아크릴로니트릴, 부타디엔, 스타이렌 등이 결합된 고분자 물질로 환기시설이나 국소 배기장치 등이 제대로 갖추어지지 않은 사무실이나 가정에서 혹은 교실에서 출력시 유해한 물질이 방출될 수 있다.

또한 출력용으로 많이 사용하는 친환경소재로 알려진 PLA의 경우 옥수수같은 농작물을 원료로 하여 제작이 된다고 하는데 식용 옥수수가 아닌 유전자조작으로 대량 생산된 것을 원료로 사용한다거나 필라멘트 제조시 첨가하는 색상을 내는 안료의 경우 환경이나 인체에 유해한 것은 아닌지 한번 의심해 볼 필요성이 있다.

그림 1-53 **커피찌꺼기를 재활용한 필라멘트**

실제 소재별 배출물질 분석 시험 결과에서는 ABS 소재보다 PLA류의 소재를 사용하는 경우 유해물질의 배출농도가 현저히 낮은 것으로 나타났다고 한다.

다만 일부 PLA 소재의 경우에도 기능성 원료가 첨가된 PLA는 첨가제 사용으로 인해 다른 유해물질들이 포함될 수 있으므로 소재의 선택시 제품 원료에 대한 물질안전보건정보(MSDS)를 확인할 필요가 있다.

물질안전보건정보는 안전보건공단 홈페이지(www.kosha.or.kr)에서 확인할 수 있다.

TIP▶ **PLA**(Polylatic acid) : 기본 중합체(base polymer) 중 락트산의 함유율이 50% 이상인 합성수지제
물질안전보건정보(MSDS) : 전 세계에서 시판되고 있는 화학물질의 특성을 설명한 명세서로서 화학물질의 유해위험성, 응급조치요령 등 16가지 항목에 대한 정보를 제공

이런 사항들은 필라멘트 제조사들이 포장박스 등에 성분 구성 표시를 의무적으로 하고 출력물을 폐기하는 경우 처리 방법도 제시하여야 한다고 생각한다.

소재를 선택하는 경우 친환경 원료의 PLA 소재, KC 인증마크 및 기타 친환경 인증 소재를 사용할 것을 권장하며 아무런 성분표시가 없는 소재의 사용은 유의해야 한다.

가급적 어린 학생들을 교육하는 공간에서 사용하는 3D 프린터는 오픈형이 아닌 밀폐형(박스형, 챔버형)을 권장하며 장비 내부에 헤파필터가 내장되어 있고 친환경 원료 소재나 인증 소재를 사용하고 물질안전보건정보(MSDS)를 확인해 볼 것을 추천한다.

2013년 Stephens 등의 연구 결과에 따르면 FDM 방식 프린터에서 초미세먼지가 검출되었다고 하며 특히 산업용 프린터의 경우 접착제 분사 방식(MJ), 광중합 방식(PP)에서 이용되는 접착제, 고형화제(SLA, DLP)에서 중금속이 발생할 수 있는 것으로 보고되고 있다(Oskui 등, 2016).

3D 프린터가 아무리 좋은 디지털 장비라고 할지라도 출력에 사용되는 재료, 접착제(결합제, 소결제), 고형화제에서 미세먼지의 발생뿐만 아니라 휘발성 유기화합물과 중금속이 우리 실내환경에 배출되어 사용자나 실내 근무자의 건강에 악영향을 미칠 가능성이 있다.

광중합방식 3D 프린팅에서 주의할 사항은 액상 소재의 출력시 발생하는 특유의 냄새나 유해가스 등에 의한 질식 및 안전사고 위험을 들 수 있다. 특히 아이들이나 반려동물들이 접근하지 못하도록 세심한 주의를 기울여야 하며 플라스틱 통에 들어 있는 액상의 소재를 마신다거나 냄새를 맡지 않도록 주의해야 할 것이다.

그리고 출력물 회수시 알코올로 세척하는 경우가 많은데 이때 반드시 안전장갑이나 안전 마스크를 착용하고 취급해야 하며 화재나 흡입에 의한 질식사고의 예방에 주의를 기울여야 할 것이다.

1. 광중합방식 3D 프린팅 기술의 주요 방식과 사용 소재

광중합방식에서 사용하는 소재 중의 하나인 UV 광경화성 수지란 자외선(Ultraviolet, UV), 전자선(Electron Beam, EB) 등 빛에너지를 받아 가교/경화하는 합성유기재료를 말하며 산업에서는 UV 경화성 수지를 많이 사용한다.

(1) 올리고머(Oilgomer) : 베이트수지, 수지의 물성을 좌우하는 중요 성분으로 주로 아크릴 화합물 적용

(2) 모노머(Monomer) : 올리고머의 반응성 희석제로 사용되어 작업성 부여와 함께 가교제의 역할

(3) 광중합개시제(Photoinitiator) : 자외선 흡수 중합 개시 역할, 단독 혹은 2~3종류 희석사용, 독성을 야기할 수 있으므로 함량 조절 필요

(4) 첨가제 : 용도에 따라 표면조절제, 착색제, 광안정제, 광증감제, 소포제, 증점제, 중합금지제 등 첨가

2. UV 광경화성 수지의 구성 성분

구성 성분	라디칼 중합 타입	카티온 중합 타입
올리고머	• 폴리에스테르 아크릴레이트 • 에폭시 아크릴레이트 • 우레탄 아크릴레이트 • 폴리에테르 아크릴레이트 • 실리콘 아크릴레이트	• 자환식 에폭시수지 • 글리시딜에테르 에폭시수지 • 에폭시 아크릴레이트 • 비닐에테르
모노머	• 단관능성 혹은 다관능성 모노머	• 에폭시계 모노머 • 비닐에테르류 • 환상 에테르류
광중합개시제	• 벤조인에테르류 • 아민류	• 디아조늄염 • 요오드늄염 • 술포늄염 • 메탈노센화합물
첨가제	• 접착 부여제 • 충전재 • 중합 금지제 등	• 실란커플링제

UV 경화성 수지용 경화물의 특성

모노머 종류	특성	모노머 종류	특성
1관능성 모노머	희석성, 밀착성, 유연성, 저수축성	에폭시아크릴레이트	접착성, 내열성, 내약품성
2관능성 모노머	희석성, 유연성, 내굴곡성, 연화성	우레탄아크릴레이트	강인성, 유연성, 내굴곡성
다관능성 모노머	경화성, 가교성, 내마모성, 내후성	불포화폴리에스테르수지	저가, 경화속도 느림
인함유 모노머	수용성, 금속 밀착성 개량제	폴리에스테르아크릴레이트	경도, 내오염성 양호
		폴리에테르아크릴레이트	유연성 양호
		불포화아크릴수지	내후성, 내약품성, 내오염성

3. UV 경화성 수지의 선택시 고려사항

제조사나 공급자와 충분한 상담을 통해 최적의 제품을 선택한다. 특히 휘발성유기화합물(VOC)을 함유한 제품은 피부접촉이나 호흡기 흡입을 통해 신경계에 장애를 일으키는 발암물질로 벤젠이나 포름알데히드, 톨루엔, 자일렌, 에틸렌, 스틸렌, 아세트알데히드 등을 포함하고 있다.

1) 경화 후 완제품의 경도, 내후성, 접착강도 등 물리적 특성

2) 도막의 두께

3) 광개시제의 흡수 파장 영역

4) 초기 색상 및 황변성

5) 냄새

6) 안료 및 염료 사용 유무

7) 사용되는 UV Lamp의 종류와 파장

8) 독성

9) 제품 원가 등

4. 출력물 세척과 취급시 주의사항

1) DLP나 SLA 등의 방식은 액상 레진을 사용하기 때문에 출력 완료 후 조형물에 묻은 레진을 세척해야 하는데 일반적으로 알코올을 사용하여 세척을 진행한다(탈지작업). 알코올의 종류에는 3가지가 있으며 출력물에 알맞는 적당한 제품을 선택하여 사용하는 것이 보통인데 가격이 저렴한 제품으로 큰 통에 담긴 것을 보관해두고 출력소에서 사용하기도 한다. 하지만 알코올은 인화성이 높은 물질로 보관시에 상당한 주의를 요하며 특히 화재 등의 위험이 따르므로 반드시 안전사고를 미연에 방지해야만 한다.

2) 출력시 사용한 레진이나 서포트 재료를 하수구나 쓰레기통 등에 무단으로 버릴시 환경 오염의 주범이 될 수 있으므로 안전물 취급관리법에 따라야 한다. 또한 광경화성 수지로 출력한 출력물을 아이들이나 반려 동물의 음식용 그릇이나 물 그릇 등의 용도로 사용하는 것을 제한하는 것이 좋다.

3) 출력물 세척시 알코올이 들어 있는 분무기로 출력물 표면에 분무하여 표면에 남아있는 레진과 찌꺼기를 제거하는 경우 안전장갑과 안전마스크 등을 하고 출력물을 아래 방향으로 하여 남아있는 알코올을 제거한다.

그림 1-54 **DLP 출력물 세척**

출력물 세척시
안전 장갑과 안전 마스크 착용이 필수이다.

5. 광중합방식 3D 프린팅시 발생되는 대표적인 유해물질의 특성 및 독성

물질	물리화학적 특성	독성	카티온 중합 타입
안티몬 (antimony) (Sb)	비중 : 6.69 밀도 : 6.69 g/mL 냄새 : 마늘냄새 끓는 점 : 2562℃	• 안티몬 피부염 환자에서 비출혈, 후두염 및 인두염이 나타났으며 다양한 안티몬 먼지는 폐자극 및 기침을 유발. 동물에서 안티몬 투여 시 치명적인 독성인 심부전으로 사망 • 돌연변이유발성과 세포독성이 살모넬라 돌연변이성 생물학적 검증연구에서 보여지지만 표본의 70% 이상이 세균이나 진균에 감염되어졌다. 3원자가 안티몬은 세균에서 DNA 손상을 유발 • 안티몬삼염화물, 오염화물, 삼산화물은 고초균 rec 분석에서 DNA를 손상시키지만 에임스 살모넬라/ 미세소체 분석에서는 모두 돌연변이원이 아님	IARC (목록에 없음) ACGIH A2 (인체발암물질로 의심됨)

[참고]

미국 로버트 모리스대 환경과학과 다니엘 쇼트 교수팀이 3D 프린팅용 소재의 MSDS(물질안전보건자료)를 검토한 결과를 살펴보자(doi:10.1108/RPJ-11-2012-0111). 다양한 재료 가운데 특히 일부 SLA 프린터에 쓰이는 광경화성 액체 수지에는 안티몬이 포함돼 있었다. 안티몬(원소 기호 Sb, 원자번호 51)은 유해 중금속으로, 중독 증상이 비소 중독과 비슷하고 적은 양으로도 사람을 사망에 이르게 할 수 있다. 광경화성 액체 수지 안에 든 '광개시제'에 안티몬이 포함돼 있다.

광개시제란 광경화성 액체 수지의 고분자 끝에 달려 있는 물질로, 레이저 빛이 광개시제를 자극해야 경화 반응이 시작된다. 안티몬 이외에도 광개시재에 함유된 물질 중 발암물질이 많다고 알려져 있으니 취급에 반드시 주의해야 한다.

다음은 '3D 프린팅 유해물질이 건강에 미치는 영향'이라는 논문의 내용을 인용한 것으로 3D 프린팅 사용시 한번 쯤은 경각심을 가져볼 만한 사항으로 판단되어 소개한다.

3D 프린팅 배출 물질 및 건강위해 관련 문헌 주요 결과

No.	제목	주요 결과	출처
1	3D 프린팅(ME방식-FDM) 작업 환경의 유해물질 배출 현황조사	• 원재료의 함량보다 출력물에서 VOCs 방출량이 높음 • 소재(ABS, PLA)에서 styrene와 polylactic acid 검출 • 유해 중금속은 검출한계 이하 • 현장평가에서 TVOCs와 HCHO 실내공기질관리기준 초과	(사)한국전자정보통신산업진흥회 (2016)
2	3D 프린터와 3D 이용 제품의 위해성평가(Risk assessment of 3D printers and 3D printed products)	• FDM 3D 프린팅에서 발생되는 입자상물질(분진)과 휘발성물질 배출에 따른 건강위해성 평가 • 휘발물질로 lactide (PLA), styrene (ABS), caprolactam (nylon)으로 제시하며, 호흡기 및 눈 자극의 영향을 제시	EPA, Denmark (2017)

3	데스크탑 3D 프린팅의 노출평가 (An exposure assessment of desktop 3D printing)	• 3D 프린팅 작업 2곳 (환기상태 고려)에서 초미세먼지(ultrafine)가 $10^3 \sim 10^3$ particles/cm^3 발생 • 초미세먼지(ultrafine)의 폐 및 심혈관 영향을 고려할 때, 제어방법이 필요함을 제시	Journal of Chemical Health & Safety (2017)
4	BJ방식 3D 프린터에서 방출되는 총휘발성유기화합물과 미세입자에 대한 특성(Characterization of particulate matters and total VOC emissions from a binder jetting 3D printer)	• FDM 3D 프린터에서 초미세입자 방출은 ABS 소재 $(1.9 \times 10^{11} min^{-1})$가 PLA$(2.0 \times 10^{10} min^{-1})$ 소재보다 높았음	Building and Environment (2015)
5	3D 프린터 가동 중 방출되는 나노입자 및 가스상 물질 (Emissions of Nanoparticles and Gaseous Material from 3D Printer Operation)	• 3D 프린터에서 TVOCs와 미세먼지(PM2.5, PM10)의 농도가 미국 EPA 품질기준을 초과	Environmental Science & Technology (2015)
6	데스크탑 3D 프린터에서 방출되는 초미세입자 (Ultrafine particle emissions from desktop 3D printers)	• FDM 3D 프린터의 입자개수 농도는 PLA 보다 ABS에서 $33 \sim 38$배 높았음 • ABS 소재의 경우 TVOCs 최대 농도가 453.3 ppb를 나타냄	Atmospheric Environment (2013)
7	클린룸에서 데스크탑 3D 프린터 가동 중 발생되는 초미세입자 방출량 조사(Investigation of Ultrafine Particle Emissions of Desktop 3D Printers in the Clean Room)	• 입자 크기의 대부분은 $10\mu m$(PM_{10}) 미만으로 나타남 • 입자 크기가 작을수록 높은 입자 농도 발생 (0.25 $\mu m \sim 0.28\ \mu m$ 크기에서 가장 높은 농도 측정)	Procedia Engineering (2015)
8	3D 프린터 출력물 독성평가 및 저감평가(Assessing and Reducing the Toxicity of 3D-Printed Parts)	• FDM(소재압출 방식 : 폴리머 필라멘트 소재 사용) 3D 프린터 및 SLA(광조형 방식 : 광경화성 액상레진 소재 사용) 3D 프린터를 사용하여 출력물을 수생독물학에서 널리 사용되는 제브라피쉬(zebrafish)의 배아(embryo)에 노출시킨 후, 배아의 생존률, 부화 및 발달장애를 평가 • FDM, STL 프린터 출력물 모두 제브라피쉬 배아에게 일정 부분 유독성을 보임 • SLA 프린터 출력물에서 더 높은 유독성 확인	Environmental Science & Technolohy (2016)
9	데스크탑 3D 프린터에서 방출량 및 사무실 실내공기질에 대한 방출 평가 특성(Characterization of emissions from a desktop 3D printer and indoor air measurements in office settings}	• 초미세 에어로졸(UFA) : ABS보다 PLA에서 더 높았음 (PLA : 2.1×10^9 vs. ABS : 2.4×10^8 particles/min.) • 총휘발성유기화합물 : 주요 방출 VOC는 ABS의 경우 스티렌(49 %), PLA의 경우 메타크릴산메틸(37 %)로 확인됨 • 환기 불가한 작은 사무실 : 초미세 에어로졸 및 농도가 크게 증가하였음(UFA : 970 → 2,100/cm^3, TVOC : 59 → 216 $\mu g/m^3$).	

No.	제목	주요 결과	출처
10	데스크탑 3D 프린터에서 방출되는 미세입자 방출특성(Emission of particulate matter from a desktop three-dimensional (3D) printer)	• 3D 프린터에 사용되는 소재와 색상에 따라 미세입자 방출량 결과 값이 상이하게 나타났으며, 장비 Source 상태(개폐상태)에 따라 방출량 결과 값에 영향을 주었다. • ABS 소재가 PLA 소재에 비하여 더 큰 입자를 방출함 • 필라멘트 색상에 따라서 기하평균 입자크기, 총 입자(TP)수 및 질량 방출량 등이 상이함	Journal of Toxicology and Environmental Health (2016)

3D 프린팅시 발생되는 유해물질의 특성 및 독성

물질	물리화학적 특성	독성	비고
미세먼지 (fine particle) (PM10, PM2.5)	• 미세먼지는 같은 공기역학적 직경과 농도가 같아도, 구성성분(금속, 산화물, 유기탄소, 원소탄소 등)에 따른 물리화학적 특성이 다름	호흡기 계통, 특히 폐에 위해를 주는 것으로 나타나고 있으며 사망률의 증가를 초래하는 것으로 보고되고 있음. 호흡에 의해 폐포로 흡입되어 침전된 후 모세혈관을 통해 혈액으로 전달되어 인체장기에 축적됨으로써 천식, 호흡기 질환, 심폐질환 및 각종 질병의 원인이 되어 인체건강에 직·간접적인 피해를 유발. 입자의 크기가 작아짐에 따라 폐포 깊숙이 침투될 뿐 아니라 동일한 농도 대비 표면적이 급속히 증가하므로 입자가 중금속 성분을 함유하고 있을 때 그 중금속의 농축 정도역시 급격히 증가함	WHO 발암물질로 규정
포름알데히드 (form-aldehyde) (HCHO)	• 비중 : 0.815 • 밀도 : 1.08g/mL (25℃) • 색상 : 무색투명 • 냄새 : 톡쏘며 숨막히는 냄새 • 끓는점 : -21℃	• 환경적 및 직업적 노출이 건강에 미치는 영향은 건축자재로부터 나오는 포름알데히드 증기 때문이고, 두통, 오심, 눈이나 코, 인후의 작열감, 피부발진, 기침, 가슴 조임 등의 증상. • 민감한 사람의 경우에는 0.1ppm 이하의 농도에서도 반응이 일어날 수 있음. DNA와 단백질 교차결합, DNA와 DNA의 교차결합과 DNA의 절단을 야기함. 포름알데히드의 섭취는 저혈량성 쇼크를 유발할 수 있음	IARC A (인체발암물질) NTP K (인체발암물질)
아세트알데하이드 (acet-aldehyde) (C_2H_4O)	• 비중 : 0.78 • 밀도 : 1.5g/mL • 색상 : 무색의 액체 • 냄새 : 자극적인 냄새 • 끓는점 : -123℃	단기 노출 시 눈과 호흡기, 피부에 약한 자극성이 있으며, 중추신경계에 영향을 미칠 수 있음. 장기혹은 반복 접촉 시 피부염을 일으키며 호흡기에 영향을 미칠 가능성이 있음. 인체 발암 가능성이 있음. 유해성 위험성 분류상 급성 독성(경구) 구분4(삼키면 유해함), 피부 부식성/피부 자극성 구분2, 심한 눈 손상성/눈 자극성 구분2(피부와 눈에 심한 자극을 일으킴), 생식세포변이원성 구분2(유전적인 결함을 일으킬 것으로 의심됨), 발암성 구분2, 특정표적장기 독성(1회 노출) 구분1(졸음 또는 현기증을 일으킬 수 있음), 특정표적장기 독성(1회 노출) 구분3(마취작용), 특정표적장기 독성(반복 노출) 구분1에 해당되는 물질	IARC B2 (인체발암가능 물질) NTP R (인체발암물질로 충분히 예측됨)

스티렌 (styrene) (C_8H_8)	• 비중 : 0.906 • 밀도 : 0.90g/mL • 색상 : 밝은 황색을 띠거나 맑고 어두운색 • 냄새 : 날카롭고, 달콤하고 불쾌한 향 • 끓는점 : 145℃	스티렌은 눈, 피부, 점막을 자극할 수 있음. 귀독성, 신장독성, 간독성, 중추신경 억제작용이 있음. 노출시 증상은 오심, 피로, 두통, 조절기능 상실, 근육 약화, 숙취 느낌, 어지러움, 의식불명 등이 나타남. 말초 신경병증과 폐부종이 일어날 수 있음. 지속적 반복적 노출은 탈지 피부염(defatting dermatitis)을 일으킬 수도 있음. 용량 의존성 면역능력 조정을 유발할 수 있고, 세포 손상이 유발될 수도 있음. 생식기계 증상은 정자 감소증 및 비정상적인 정자 증가, 생리 주기 이상이 나타날 수 있음	IARC B2 (인체발암가능물질) ACGIH A4 (인체발암물질로 분류할 수 없음)
카프로락탐 (caprolactam) ($C_6H_{11}NO$)	• 비중 : 1.02 • 밀도 : 1,014g/mL • 색상 : 백색 • 냄새 : 불쾌한 향 • 끓는점 : 270℃	일부 사람에서 카프로락탐 먼지 5mg/m³에 짧게 노출된 후 위해반응이 나타날 수 있음. 카프로락탐 노출은 눈, 피부, 점막 자극과 피부 감작을 일으키며, 흡입 노출 후 호흡기 자극과 기침이 나타날 수 있음. 직업적으로 노출된 한 집단의 작업자들에서 기관지경련을 동반한 호흡기 감작이 발생함. 만성적으로 노출된 작업자에서 수면장애, 전신권태, 쉽게 피로함, 과민성 등 다양한 중추신경계 증상 및 식욕감퇴, 오심, 트림, 쓴맛, 상복부 불쾌감, 체중감소 등의 소화기계 증상이 보고됨. 실험동물에서 경구 대용량 투여 후 호흡촉진, 경증의 저혈압을 동반한 발작과 간, 신장 손상이 발생하였다. 실험동물에서 발암성의 증거는 발견되지 않음	IARC D (인체 발암물질로 분류할 수 없음)
디에틸렌 글리콜 모노부틸 에테르 (2,2 −butoxyethoxy −ethanol) ($C_8H_{18}O_3$)	• 비중 : 0.951 • 밀도 : 0.955g/mL • 색상 : 무색 • 냄새 : 약함 • 끓는점 : 230℃	심한 눈 손상성/눈 자극성이며, 평소 작업 중 사고로 소량을 마신 경우에는 신체 손상이 일어날 가능성이 거의 없음. 장기적 접촉시 홍반을 동반한 가벼운 피부 자극의 원인이 될 수 있음. ; 그렇지만, 많은 양을 마신 경우 손상이 올 수 있음. 동물의 혈액, 신장, 간에 영향을 미친다고 보고됨	IARC D (인체 발암물질로 분류할 수 없음)
메타크릴산메틸 (methyl methacrylate) ($C_5H_8O_2$)	• 비중 : 0.9337 • 밀도 : 0.9337g/mL • 색상 : 무색 • 냄새 : 황과 유사한 냄새, 달콤함, 자극적, 불쾌한 냄새, 톡쏘는 과일 향 • 끓는점 : 100.5℃	흡입과 복강 내 투여로 중등도의 독성이 나타나고 섭취 시 약한 독성을 나타냄. 피부, 눈, 코, 인후, 기관지 점막을 자극한다. 높은 농도로 노출 시 폐부종을 일으킬 수 있으며 어지러움, 과민증, 집중력 장애, 기억력 감소를 유발할 수 있음. 태아 발달에 장애를 줄 수 있다. 피부 알러지를 일으킬 수 있음	IARC D (인체 발암물질로 분류할 수 없음) ACGIH A4 (인체발암물질로 분류할 수 없음)
트리클로로에틸렌 (Trichloro −ethylene) (C_2HCl_3)	• 밀도 : 1.46g/mL (20℃) • 색상 : 투명, 무색 • 냄새 : 에테르냄새, 단 냄새, 클로로포름과 비슷한 특징적 냄새 • 끓는 점 : 61.2℃	트리클로로에틸렌의 흡입은 다행증, 환각 및 지각왜곡을 유발할 수 있다, 중독성이 있는 흡입 남용이 보고, 트리클로로에틸렌 증기는 코와 목에 자극을 줄 수 있음. 장기간 직업적 노출은 청력손실, 기억력손실, 피로, 홍조, 심전도 변화, 구토 및 신장과 간의 손상, 중추억제, 자극감, 뇌질환, 치매, 신경장애, 감각 이상 및 전신 경화증의 원인이 될 수 있음. 직업상 노출 후에 시각 장애, 동안신경 마비 및 삼차신경 마비가 보고	IARC A (인체발암물질) NTP R (인체발암물질로 충분히 예측됨)

물질	물성	건강 영향	발암성 분류
톨루엔 (toluene) (C_7H_8)	• 비중 : 0.8636 • 밀도 : 0.86g/mL • 색상 : 무색투명 • 냄새 : 자극성 냄새 • 끓는 점 : 111℃	톨루엔에 노출되면 중추 신경계에 가역성 및 비가역성 변화가 모두 일어남. 톨루엔 흡입이 랫드의 뇌 특정 부분에 있는 일부 특정 효소 및 글루타민산염 및 GABA 수용체 결합에 미치는 영향을 여러 가지 노출 조건을 사용하여 조사했음. 전달물질 합성 효소인 탈카르복실효소(GAD), 콜린 아세틸트렌스페라제(ChAT), 방향족 아미노산 탈카르복실효소(AAD)의 작용을 신경 활동의 영구적인 손실에 대한 표지로 사용함. 250 및 1,000ppm의 톨루엔에 노출된 지 4주가 지난 후 뇌 줄기의 카테콜아민 신경세포가 50% 감소했다. 500ppm의 톨루엔을 하루 16시간 동안 3개월간 흡입했을 때 활동의 일반적인 증가가 나타남. 이는 활동이 연관된 영역의 총 단백질 함량 감소로 인한 것으로 보임. 신경전달 글루타민산염 및 GABA 는 일부 영역만을 제외하고 대부분의 조사된 뇌 영역에서 결합이 증가하는 특정 수용체를 가지고 있었음. 1,000ppm에 4주 동안 노출된 후 소뇌 반구에서 신경아교 효소, 글루타민산염 합성효소의 활동이 증가했음. 시험 결과는 해당 영역의 아교세포가 증식했음을 암시했으며 이는 중추신경계 손상에 따르는 흔한 현상	IARC C (인체발암물질로 분류할 수 없음)
에틸벤젠 (ethyl benzene) (C_8H_{10})	• 비중 : 0.866 • 밀도 : 0.866g/mL • 색상 : 무색 • 냄새 : 방향성, 자극적 냄새, 달콤한 휘발유 유사 냄새 • 끓는 점 : 136.1℃	에틸벤젠에 유의한 농도로 노출되면 눈물분비 과다, 결막염, 코와 호흡기 자극, 가슴조임, 현기증, 조화운동불능, 두통, 과민성, 기능적 신경계 교란이 일어날 수 있음. 만성적 노출로 피로, 불면, 두통, 눈과 호흡기 자극을 일으킬 수 있으며 혼수를 유발할 수 있음. 매우 높은 농도에 노출되면 호흡 곤란을 일으키고 사망에까지 이를 수 있음	IARC 2B (인체발암가능 물질) ACGIH A3 (사람과의 상관성은 알 수 없으나 동물에게는 확실한 발암물질)
크롬 (chromium) (Cr)	• 비중 : 7.14 • 밀도 : 7.14g/mL • 냄새 : 무취 • 끓는 점 : 2642℃	IARC에서는 이 물질을 인간에게 발암성이 있는 물질로 분류하고 있음. 무수 크롬산은 포유류 세포에서 높은 정도의 염색체 이상을 유발함. 동물 실험 결과 이 물질은 인간에서의 생식, 발달에 독성이 있을 수 있음. 이 물질은 신장에도 영향이 있어 신장 손상을 유발할 수 있음. 이 물질은 안구, 피부, 기관지에 매우 자극적	무수크롬산 (IARC A ((인체발암물질))
비소 (arsenic) (As)	• 비중 : 5.778 • 밀도 : 5.73g/mL • 끓는 점 : 603℃	저용량에서 메스꺼움, 구토, 설사를 일으키고, 고용량에서 심장 박동 이상, 혈관 손상, 심한 통증을 일으켜 죽음에 이를 수도 있음. 비소가 들어있는 공기를 장기간 들이마시면 폐암에 걸릴 수 있으며, 비소로 오염된 물이나 식품을 장기간 섭취하면 방광암, 피부암, 간암, 신장암, 폐암 등에 걸릴 수 있음. 결막염, 목구멍과 호흡기 자극, 과다 색소침착, 습진성 알러지성 피부염 이후에 허약,식욕부진, 간비대, 황달, 위장관계 증상을 포함한 만성중독의 후유증이 일어남. 3가 비소(arsenite)가 5가비소(arse-nate)보다 독성이 강함. 100mg 이상 유기비소의 급성섭취는 현저한 독성. 200mg 또는 그 이상의 비소삼산화물은 성인에게 사망을 일으킬 수 있음	IARC A (인체발암물질) NTP K (인체발암물질)

카드뮴 (cadmium) (Cd)	• 비중 : 8.65 • 색상 : 백색 • 끓는 점 : 765℃	인체 발암성의 물질. 카드뮴과 카드뮴염은 독성이 매우 강함. 카드뮴 분진이나 연무를 흡입하면 목구멍 건조, 기침, 두통, 구토, 흉통, 극도 안절부절과 과민성, 폐렴, 기관지폐렴이 발생할 수 있음. 카드뮴 연무와 분진을 과도하게 흡입하면 잔류 폐용적이 증가해 환기능력이 낮아짐. 호흡곤란이 대표적 증상. 카드뮴화합물은 삼키면 구토를 통해 일부가 배출되기 때문에 흡입하는 경우보다 독성이 더 낮음. 섭취 시 타액분비, 질식, 심한 구역증, 지속적 구토, 설사, 복통, 시력불선명, 어지럼증 등이 나타나 간, 신장손상 및 사망할 수 있음. 카드뮴은 배출되지 않고 누적. 반복적장기간 노출되면 기침과 숨가쁨, 폐기능 비정상, 기포폐쇄, 폐섬유증을 동반하는 폐기종 유형의 비가역적 폐손상이 발생할 수 있음. 카드뮴은 칼슘대신 뼈 속으로 흡수되고 뼈 속의 칼슘, 인산 등의 염류가 유출되어 뼈가 약해지고 쉽게 부서질 수 있어 관절이 손상되는 이타이이타이병의 증세를 나타냄	IARC A (인체발암물질) NTP K (인체발암물질)
구리 (copper) (Cu)	• 비중 : 8.92 • 밀도 : 8.92g/mL • 냄새 : 무취 • 끓는 점 : 2562℃	심각한 독성은 500mcg/dL보다 더 높은 혈청 중 구리 수치와 관계가 있다. 치료를 하지 않았을 경우 성인의 추정 치사량은 10에서 20g임. 유전질환인 윌슨병(Wilson's disease)은 구리가 간이나 뇌 등에 축적됨으로써 구리를 세룰로플라스민 내로 이동시킬 수 없어 생기는 병인데, 신경, 정신, 간 등에 이상 증세를 보임. 구리 분진흡입은 상기도 자극의 원인이 되며, 인플루엔자와 비슷한 증상을 일으킴. 노출에 의해 위장관과 피부에 대한 효과뿐만 아니라 눈, 입, 코의 자극 또한 발생할 수 있음. 구리 분진 혹은 미세먼지의 경우 지속적 혹은 반복적 피부 접촉을 예방하기 위한 적절한 옷을 입음으로써 막을 수 있음	IARC (목록에 없음) ACGIH A4 (인체발암물질로 분류할 수 없음)
안티몬 (antimony) (Sb)	• 비중 : 6.69 • 밀도 : 6.69g/mL • 냄새 : 마늘냄새 • 끓는 점 : 2562℃	안티몬 피부염 환자에서 비출혈, 후두염 및 인두염이 나타났으며 다양한 안티몬 먼지는 폐자극 및 기침을 유발. 동물에서 안티몬 투여 시 치명적인 독성인 심부전으로 사망. 돌연변이유발성과 세포독성이 살모넬라 돌연변이성 생물학적 검증연구에서 보여지지만 표본의 70% 이상이 세균이나 진균에 감염되어졌다. 3원자가 안티몬은 세균에서 DNA 손상을 유발. 안티몬삼염화물, 오염화물, 삼산화물은 고초균 rec 분석에서 DNA를 손상시키지만 에임스 살모넬라/ 미세소체 분석에서는 모두 돌연변이원이 아님	IARC (목록에 없음) ACGIH A2 (인체발암물질로 의심됨)

출처 : 3D 프린팅 유해물질이 건강에 미치는 영향, 양원호/대구가톨릭대학교 산업보건학과

그림 1-55 **재료 분사 방식(MJ) 3D 프린팅에 사용하는 소재**

그림 1-56 **분말적층용융결합 방식(PBF) 3D 프린팅에 사용하는 소재**

그림 1-57 광중합 방식(PP) 3D 프린팅에 사용하는 소재

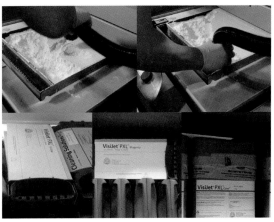
그림 1-58 접착제 분사 방식(BJ) 3D 프린터와 소재

이외에도 다른 기술방식의 소재의 취급과 사용 및 출력시에 세심한 주의를 기울여 안전한 작업이 될 수 있도록 하여야 하며 국내에서는 관련법에 따라 정보통신산업진흥원 주관으로 (사)안전보건협회 등에서 3D 프린팅 사업장을 영위하는 대표자 및 종사자들을 대상으로 3D 프린팅 산업안전교육을 연중실시하고 있으므로 관련 업종에 종사하는 사람들이라면 의무적으로 교육을 받길 권장한다.

또한 3D 프린팅 제품 및 서비스에 대한 분쟁소지를 예방하고 이용자 피해를 최소화하기 위해 '3D 프린팅 서비스사업 표준약관'이 제정되었으며, 3D 프린팅 서비스사업자 신고제도도 운영된다. 3D 프린팅 서비스사업자 신고서(신규, 변경, 폐업)의 접수 및 처리, 그리고 3D 프린팅 서비스사업자 신고제도 안내 책자 발간 및 배포가 이루어지고 있는데, 아래에 2018년 현재 시행되고 있는 3D 프린팅 서비스 상시 종사자 및 대표자에 대한 안전 교육 내용을 소개한다.

- **대상**
  - 삼차원 프린팅서비스사업 대표자
  - 삼차원 프린팅 장비 및 소재 등을 이용하여 조형물을 제작하는 종업원, 단 1개월 미만 일용직 근로자는 제외
    ※ 소규모 삼차원 프린팅서비스사업자(자본금 1억 원 이하 또는 5인 이하)도 안전교육 대상
- **교육 내용 및 시간**
  - 신규교육(대표자 8시간 이상, 종업원 16시간 이상)
  - 보수교육(대표자 2년마다 6시간 이상, 종업원 매년 6시간 이상)
  - 3D 프린팅 서비스사업 안전교육 세부내용 및 시간

구분	세부 교육 과목	교육 시간	
		대표자	종업원
1	삼차원 프린팅산업 관련 법령 및 제도에 관한 사항	2시간	4시간
2	삼차원 프린팅의 유해위험방지에 관한 사항	2시간	4시간
3	삼차원 프린팅 작업환경 및 작업자 보호에 관한 사항	2시간	6시간
4	그 밖에 삼차원 프린팅서비스사업의 안전보건에 관한 사항 등	1시간	2시간
5	안전한 작업환경 제공을 위한 대표자의 책임	1시간	–

10 3D 프린팅 작업장 환경

현재 국내에서는 학생들의 창의성 향상과 메이커 교육에 지대한 관심을 갖고 있으며 초중고를 비롯하여 대학교, 공공기관, 출력서비스 사업장, 상상공작소, 메이커스페이스 등에 3D 프린터 보급을 확대하고 있고, 이제는 개인들의 제작을 위한 가정에까지 확산되고 있는 실정이다.

하지만 이러한 저가의 보급형 3D 프린터의 사용 중에 발생하는 초미세먼지나 휘발성 유기화합물 등의 유해물질에 노출되고 있다는 연구논문이 해외를 중심으로 발표되기 시작하면서 3D 프린팅 작업장의 환경이나 장비의 사용과 소재의 취급 및 출력물의 후처리시 안전을 위한 부분에 많은 관심을 가지고 있다는 것은 다행스러운 점이다.

초미세먼지와 휘발성유기화합물은 필라멘트 소재의 종류에 따라 그 방출농도가 달라진다고 하며, 출력 완료 후에도 출력물 자체에서 일정 시간 동안 휘발성 유기화합물이 방출될 수 있으므로 3D 프린터가 설치된 작업공간에서는 초미세먼지나 휘발성유기화합물의 농도를 적절하게 유지하기 위한 관리나 조치가 필요하다.

소재 종류별 주요 오염물질 현황

소재 종류	주요 오염 물질	
ABS[1]	Styrene(CAS No[2]. 100–42–5)	
	Ethylbenzene(CAS No. 100–41–4)	
PC	Styrene(CAS No. 100–52–7)	
HIPS	Styrene(CAS No. 100–42–5)	
	Glycerin(CAS No. 56–81–5)	초미세먼지(공통)
TPU	Phenol(CAS No. 108–95–2)	
PLA	Lactide(CAS No. 95–96–5)	
Copper	Lactide(CAS No. 95–96–5)	
Nylon	Caprolactam(CAS No. 105–60–2)	
PVA	Glycerol monoacetate(CAS No. 106–61–6)	

[주]

(1) 스티렌과 아크릴로니트릴의 공중합체에 부타디엔계 고무가 분산된 물질의 함유율이 60% 이상인 합성수지제

(2) Chemical Abstract Service Number의 약자로 이제까지 알려진 모든 화합물, 중합체 등을 기록하는 번호, 미국 화학회 American Chemical Society에서 운영하는 서비스임

3D 프린팅 작업장은 가급적 환기가 잘되는 곳에 설치하고 적절한 풍량의 환풍기를 설치하여 3D 프린터를 작동하기 전, 후에 작동시킬 것을 권장한다. 또한 환풍기 작동시에는 외부 공기가 유입될 수 있도록 하며 자연 환기 방법을 병행하는 것이 좋다.

또한 전문 출력소나 장비가 많은 작업현장은 3D 프린터의 가동 장비 수에 따라 실내 온도가 높아지면서 상대적으로 습도가 낮아져 작업장 내 공기질이 나빠지는 경향이 있으므로 계절별 실내 적정온도를 유지할 필요가 있다.

출력하려는 제품의 특성상 장시간을 요하는 것도 있는데 이런 경우 화재발생 위험도 있을 수 있으니 특별히 유의해야 한다. 과학기술정보통신부에서 배포하는 [3D 프린팅 작업환경 쾌적하게 이용하기] 핸디북을 참조하면 많은 도움이 될 것이다.

11 FDM과 FFF 방식 3D 프린터의 차이점

앞장에서 3D 프린터의 출력 방식은 재료의 종류와 조형 방식에 따라 구분할 수 있다는 것을 기술하면서 크게 딱딱한 고체 원료를 사용하는 FDM(FFF) 방식과 재료의 형태가 액상(SLA, DLP, PolyJet)의 광경화성 수지나 분말 형태(SLS, CJP 등)의 소재를 사용하는 방식으로 분류하였다. 조형 방식은 열과 빛 그리고 접착제 등으로 구분할 수 있다고 했다. 이 장에서는 개인용 또는 취미용으로 가장 널리 사용하고 있으며 특히 교육기관에서 많이 사용되고 있는 보급형 FFF 3D 프린팅 방식에 대해서 좀 더 자세히 알아보고 교육기관에서 장비 도입시 선정 기준이나 자주 사용하는 기술 용어에 대해 살펴보도록 하겠다.

특히 산업용 전문 3D 프린터는 교육기관에서 유지관리나 소재 비용 등의 문제로 특별한 경우가 아니라면 보급형 3D 프린터를 여러 대 도입하여 마음껏 실습할 수 있는 교육장 환경을 갖추는 것이 더 좋다고 생각한다.

먼저 현재 보급형 3D 프린터에서 가장 많이 사용하는 조형 방식이며 개인용과 산업용 3D 프린터 모두 이 조형 방식을 적용한 제품이 다양하게 출시되고 있는 **용용 적층 조형**(Fused Filament Fabrication, FFF) 또는 열가소성 수지 압출 적층 조형 방식을 기반으로 하는 3D 프린터에 대해서 살펴보겠다.

이런 방식의 3D 프린터는 이 기술의 원조 특허 기술을 보유하고 있는 기업인 미국의 Stratasys사에서는 **용융 적층 모델링**(Fused Deposition Modeling, FDM)이라고 한 것을 기억하고 있을 것이다. 또한, FDM 기술은 상표권이 유효하므로 마음대로 사용해서는 안되며, 현재 Stratasys사에서는 FDM 3D 프린터의 라인업으로 Idea, Design, Production 시리즈를 출시하고 있는데, 보통 수천만 원에서 수억 원대에 이르는 산업용 고가 장비이다. 하지만 FDM 장비의 특성상 아무리 고가의 장비라 하더라도 조형 특성상 자동으로 풀 컬러 출력은 현재 지원되지 않는다는 단점이 있다.

그림 1-59 **Production series Fortus 380mc & 450mc**

출처 : © http://www.stratasys.co.kr/3d-printers/production-series/fortus-380-450mc

하지만 최근에는 FFF 방식에 CMYK 잉크젯 헤드를 결합한 컬러 프린팅 기술도 선보이고 있으며 이런 기술들이 상용화 수준에 도달한다면 기존의 고가형 CJP 기술과 경쟁하게 될 것으로 예측된다. 아래는 대만의 3D 프린터 제조 기업인 XYZPrinting사에서 IFA 2017에 선보인 바 있는 보급형 컬러 3D 프린터로 CMYK 색상 프로파일로 1,600만여 가지의 색조를 표현할 수 있다고 보도된 바 있다. 이 3D ColorJet 기술은 잉크젯 프린팅과 FFF의 조합으로 PLA의 레이어 사이에 컬러 잉크 방울을 혼합하여 분사하는 방식으로 이 기술의 장점은 본질적으로 혼합되지 않는 플라스틱을 결합하는 새로운 방법이다. 이미 1990년대 초반부터 사용해 온 기존 프린터 잉크 카트리지를 최대한 활용하려는 의도로 볼 수 있다.

그림 1-60 **Da Vinci Color 3D 프린터와 출력물**

원조 FDM 방식의 3D 프린터는 보급형 저가의 FFF 방식과 조형방식에 사용하는 소재에 차이가 있는데 우선 FDM 장비는 두 가지의 재료 즉, 모델 제작용 재료와 서포트용(수용성) 재료를 적층하여 완성된 모델에서 수용성 서포트 재료를 제거하면 원하는 3D 모델을 얻을 수가 있다는 것을 기억할 것이다.

FDM 3D 프린터에서 사용할 수 있는 재료는 12가지 정도의 열가소성수지이며, ABSi와 PC-ISO 같은 반투명 재료의 사용이 가능한 모델도 있다.

오픈 소스를 사용하거나 자체 개발하여 판매하는 FFF 방식은 다른 기술방식의 3D 프린터보다 사용법이 간편하고 장비도 비교적 간단하여 누구나 손쉽게 다룰 수 있다는 장점이 있다. 아래는 FFF 방식의 얼티메이커 3 듀얼 압출기 3D 프린터에서 지원하는 서포트용 수용성 재료인 PVA(Polyvinyl alcohol) 소재 및 장비이다.

그림 1-61 **Ultimaker 3**

그림 1-62 **Ultimaker PVA**

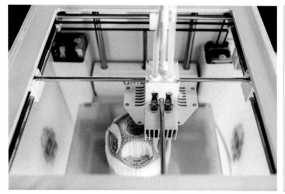

출처 : ⓒ https://ultimaker.com/

[참고] 열가소성 (heat plasticity)

어떤 재료에 열을 가하면 부드럽게 되고 어떤 형상으로 누르면 그 형상대로 찍히고, 열이 식으면 찍힌 형상대로 굳게 되는데 이것에 다시 열을 가하면 부드럽게 되어 또 다른 형상으로 찍어 모양을 바꿀 수가 있다. 이처럼 열과 힘의 작용에 따른 영구적 변형이 생기는 성질을 '열가소성'이라 한다. 현재 FDM 방식은 FFF 방식과 혼용하여 용어를 사용하는 사람이 많으며 FFF 방식의 3D 프린터에서도 수용성 소재를 사용할 수 있는 제품들도 등장하고 있는 추세이다.

12 오픈소스형 FFF 방식 3D 프린터의 단점

렙랩 오픈 소스나 타사의 오픈 슬라이서를 기반으로 하는 저가형 개인용 3D 프린터의 단점 중에 하나가 출력시 환경 즉, 주변 온도에 민감한 영향을 받는다는 것이다. 딱딱한 고체 상태의 소재인 필라멘트를 녹이기 위해서는 재료를 압출하여 분사하는 핫 엔드 노즐을 높은 온도로 가열하여 뜨거워진 노즐을 통해 압출된 재료가 주변 온도에 따라 너무 빨리 식게 되면 한 층(Layer)씩 적층되는 방식의 특성상 레이어 간 접착상태가 좋지 못하여 모델링 형태가 틀어져버리는 현상이 발생하기도 한다.

또한 압출된 소재가 반대로 너무 늦게 식는다면 레이어 간 접착 상태는 좋을지 모르지만 아이스크림이 녹아 흘러내린 듯 쌓이게 되어 원하는 결과물을 얻지 못할 수도 있다.

지금은 기술이 많이 향상되어 저가형 장비들도 많은 발전이 있었지만 아직도 일부 3D 프린터들은 기술적인 문제를 해결하지 못해 출력에 문제가 발생하는 것들이 있으니 참고하기 바란다.

그리고, 사용하는 재료마다 레이어 간 접착 상태가 불균일하게 되고, ABS 같은 재료를 사용시 발생하는 냄새나 유해한 성분, 모터와 기구 작동시 귀에 거슬리는 소음 등도 개방형 FFF 방식에서는 앞으로 해결해야 할 숙제인 것 같다.

한 두대 정도 사용하는 경우는 덜하지만 수십 대씩 갖추어 놓고 사용하는 출력전문기업이나 교육장에서의 소음은 작업환경에 있어 민감한 사항이 될 수도 있다.

최근 들어 출시되는 보급형 FFF 방식에서도 챔버(Chamber)라고 하는 일종의 케이스 형태로 디자인하고 있다. 주변 온도에 관계없이 프린팅시 내부 온도를 일정하게 유지시켜 주면서, 프린팅 룸 내부에 정화기능을 하는 필터 등을 설치하여, ABS 같은 소재의 출력시 발생하는 유해한 가스나 냄새를 방지해 주는 제품들도 있다. 현재 국내 제조사의 보급형 3D 프린터의 품질도 외산 대비 우수한 성능과 가성비를 보여주는 제품들이 있으니 참고하기 바란다.

FFF 방식은 초보자들도 비교적 쉽게 사용할 수 있으며 일반 사무실 환경에도 적합한 3D 프린터라고 하지만 열가소성 수지로 제작된 부품은 열, 화학약품, 습기나 건조한 환경 및 기계적 응력을 어느 정도 견딜 수 있어야 제품으로서 역할을 할 수 있다. 하지만 소재의 특성상 표면을 샌딩처리한다거나 버핑 등의 공정을 통해 거친면을 부드럽고 정밀하게 다듬질하는 후처리 작업과 연마 및 도장과 도색, 도금 등의 추가 가공을 통해 사용자가 원하는 품질을 기대할 수 있다.

그림 1-63 **PLA 출력물**

그림 1-64 **1차 후처리**

그림 1-65 **2차 후처리**

그림 1-66 **3차 완성**

[주]

스트라타시스의 원조 FDM 기술은 두 재료 즉, 모델용 재료 및 서포트용 재료를 사용하며 출력 완성된 모델에서 서포트를 제거하면 기능성 모델을 얻을 수 있다. 출력이 완료된 모델을 소형 WaveWash 서포트 세척 시스템에 담가두면 수용성 서포트가 용액에 녹으면서 점점 사라지게 된다. 이 방식은 현재 흔히 볼 수 있는 보급형 3D 프린터들에서는 많이 찾아볼 수 없으며 수용성 서포트 재료를 별도로 사용하지도 않는 것이 대부분이다. 한편 스트라타시스의 최신 장비에서는 PLA 소재를 사용할 수 있는 제품도 출시되었다.

FFF 방식 3D 프린터의 주요 기술 용어

① 오토 베드 레벨링(Auto Bed Leveling)

오토 베드 레벨링이란 조형물을 적층하는 조형판(베드, Bed)의 수평(기울기)을 사람의 손을 거치지 않고 장비 내에서 자동으로 정확한 수평 상태로 레벨을 맞추는 기능을 말한다. 수평이 제대로 맞지 않으면 3D 프린팅을 할 때 올바른 출력을 시작할 수 없기 때문에 기본적이고 중요한 기능이라고 할 수 있으며 오토 베드 레벨링은 센서 등을 이용하여 자동으로 베드를 수평으로 맞추는 것과 압출기의 노즐 높이를 최적의 상태로 맞추는 것으로 나눌 수 있다.

② 핫 엔드 노즐(Hot End Nozzle)

딱딱한 고체 상태의 필라멘트를 적정 온도(보통 190~250℃, 소재마다 차이가 다름)로 녹여 압출시켜주는 HOT-END 부분은 FFF 방식의 3D 프린터 구성 요소 중 핵심 부품으로서 이 부분이 원활하게 작동을 해 주어야 제대로 된 출력 가능하다. ABS나 PLA와 같이 서로 다른 성질의 재료를 번갈아가며 사용해도 노즐 구멍의 막힘없이 출력 가능한 제품이 좋으며, 노즐을 교체시에도 노즐을 따로 뚫어주어야 할 필요 없이 손쉽게 압출기의 교체가 가능한 것이 좋다. 또한 방열 설계로 장시간 사용해도 잔고장이 없이 오래 사용할 수 있도록 설계 제작된 제품이 좋으며 모듈 형태로 설계되어 착탈이 손쉬운 제품을 추천한다.

③ 압출(익스트루드, Extrude)

조형판 위에 재료를 적층시키는 과정을 말하며, 작은 노즐 구멍(보통 0.4mm)을 통해 딱딱한 플라스틱 재료가 가열되어 반용용 상태로 녹아 흘러내리며 압력이 가해진다.

④ 압출기(익스트루더, Extruder)

압출기는 프린팅 재료인 ABS나 PLA 소재의 필라멘트를 스테핑 모터를 이용하여 히트 블록(Heat Block)과 노즐(Nozzle)로 공급하고 녹여서 압출시키는 장치로서 스풀에 감겨 있는 필라멘트를 조금씩 당겨 공급하는 피더 부분을 총칭하기도 하는데, 재료가 투입되는 콜드 엔드(Cold end)와 플라스틱 재료를 녹여 압출하는 핫 엔드(Hot end) 부분으로 구성되어 있다.

⑤ 핫 엔드(Hot End)

플라스틱 필라멘트 등의 고체 원료를 가열해 녹이는 압출기(익스트루더)의 가장 '뜨거운 끝' 부분의 노즐을 말하며, 일반적으로 190~250℃ 정도까지 가열한다. 최근에는 300℃까지도 지원하는 노즐들이 소재에 맞추어 다양하게 출시되고 있다. 출력 중에는 함부로 손을 대면 화상 등의 위험이 있을 수도 있으니 주의해야 하며 특히 어린이들이 있는 가정이나 교실에서 사용 시에는 각별한 주의를 요한다.

⑥ 가열판(히트 베드, Heated Bed)

ABS와 같은 재료는 일정 온도를 지속적으로 유지시켜주어야 안정적인 출력이 가능하다. PLA 등의 재료를 사용시에도 가열판(Heat bed plate)은 필요하지만 PLA 전용 3D 프린터들 중에 히트 베드가 아닌 일반 베드나 경화유리를 사용한 것도 있으며 출력물을 용이하게 꺼내기 위하여 원터치 방식으로 쉽게 조형판을 분리 및 장착할 수 있도록 설계된 것이 좋다.

가열되는 압출기 노즐을 통해서 빠져나온 출력물 원료가 너무 빨리 냉각되어 수축되지 않도록 출력물 표면에 열을 가해주는 판(Plate)을 말하며, 적층시 빨리 수축이 되면 출력물의 뒤틀림이나 쓰러지는 현상 등이 발생하게 된다. 따라서 가열판을 사용하게 되면 일반적인 베드 사용시 보다 높은 완성도의 결과물을 얻을 수 있다. 특히 ABS 수지의 경우 가열판이 없는 상태에서 출력을 하게 되면 위와 같은 현상이 나타날 수 있으며, 보통 PLA 수지의 경우에는 이러한 현상이 상대적으로 적기 때문에 가열판이 없는 베드를 사용할 수 있는 것이다.

⑦ 래프트(Raft)

출력물 형상의 뒤틀림을 방지하거나 출력 중 베드에서 떨어지지 않도록 하기 위해 사용되는 바닥 보조물(Base structure)을 말하는데 래프트는 원래 뗏목이라는 뜻으로 출력물을 적층하는 베드 표면 위에 1~2층의 레이어로 압출해주어 모델의 바닥 지지 면적이 좁아 출력 중에 쓰러지지 않도록 일회성으로 압출시켜 모델과 잘 붙어있도록 해주는 기능을 말한다. 만약 래프트 없이 직접 베드에 적층하게 되면 나중에 베드면에 굳어버려 강한 접착력이 남아 있으므로 출력이 완료된 후 결과물을 떼어내기가 불편할 수도 있다. 어느 정도 사용하다보면 사용자 스스로 느끼게 될 것인데 보통 래프트는 조형물 바닥 접촉 면적이 작은 모델의 경우에 사용하며 출력 완료 후 니퍼나 펜치같은 공구를 이용해 조형물에서 떼어낸다. 이 기능은 출력물이 베드 바닥에서 쉽게 떨어지는 경우에 사용하며 출력물이 큰 경우 래프트의 출력 시간 또한 길어지므로 꼭 필요한 경우에만 사용하는 것이 좋다. 만약 래프트가 모델과 접착력이 커서 잘 떨어지지 않거나 강제로 분리했을 때 지저분한 자국이 발생할 수 있는데 래프트와 모델과의 붙는 정도의 설정값이 클수록 접착력이 커져 좋지 않게 된다.

그림 1-67 **래프트 예**

래프트

⑧ 스커트(Skirt)

출력을 시작하기 전에 노즐의 미세한 막힘, 찌꺼기 고착 등의 원인으로 필라멘트 압출량이 일정하지 않을 수도 있는데 스커트 기능은 출력물의 주위에 한층의 레이어를 시범으로 적층해주어 잘 나오고 있다는 것을 확인할 수 있는 바닥 보조물 중의 하나이다.

그림 1-68 **스커트 예**

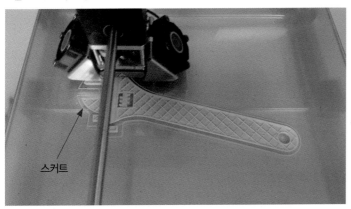

스커트

⑨ 서포트(Support)

FFF, FDM, SLA, DLP 등의 기술방식을 사용하는 3D 프린터에서는 모델의 특성에 따라 서포트(지지대)가 필요한 경우도 있고 그렇지 않은 경우도 있다. 최초 디자인을 할 때 부득이한 경우를 제외하고는 가급적 서포트가 생기지 않도록 고려할 것을 추천하는데 PLA나 ABS 같은 소재로 출력 후 서포트를 제거하게 되면 지저분한 자국이 생기고 출력시 서포트가 많으면 낭비되는 재료도 많게 되기 때문이다. FFF 3D 프린터의 출력 특성상 맨 아래 층에서부터 한층씩 쌓아 올려가며 형상을 적층하므로 출력하고자 하는 층의 아래에 이미 출력되어 있는 패턴이 없는 경우에는 소재를 허공에 쌓게 되어 원하는 형상을 제대로 만들 수가 없다. 이런 경우 지지대 기능을 사용하면 슬라이서에서 자동으로 생성해주므로 편리한 기능 중의 하나이다. 또한 서포트도 나중에 제거하여 버려지는 생활 쓰레기가 되므로 모델링시 고려하고 또한 불필요하게 내부를 많이 채우지 말고 기능상 무리가 없는 적정한 값으로 내부 채움 비율을 설정해 주는 것이 좋다.

그림 1-69 **서포트와 래프트**

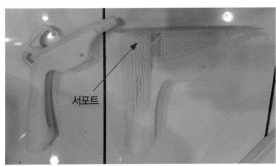

서포트

그림 1-70 **FFF 3D 프린터 출력물과 서포트**

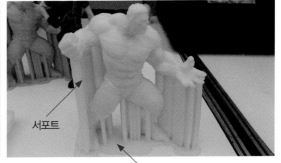

서포트

래프트

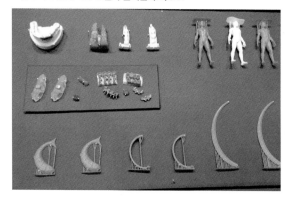 

하지만 분말(파우더) 재료를 기반으로 하는 SLS, CJP 등의 3D 프린터에서는 별도의 서포트가 필요없는데, 이는 조형되는 모델에 쌓여있는 분말 재료 자체가 서포트 역할을 해주기 때문이다.

그림 1-73 **분말 기반 CJP 3D 프린터 출력물**

 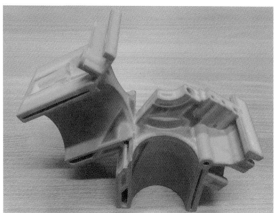

⑩ 내부 채움(Infill)

솔리드 형태 모델의 내측 부분을 채우는 정도를 말하는데 설정값이 높을수록 밀도가 높아지지만 그 만큼 출력 시간은 증가하게 된다. 슬라이서에 따라 다양한 패턴으로 만들어질 수 있어 꼭 필요한 경우가 아니라면 내부 속을 꽉 채워 출력하는 경우보다 적절한 값으로 설정하면 필라멘트도 절약하고 출력 시간도 단축할 수 있는 장점이 있다.

⑪ 내부 채움 정도(Infill Ratio)

내부 채움(Infill)에서 실제 단단한 물질이 차지하고 있는 비율을 의미하여 내부 채움 정도, 내부 채움 밀도 라고 하는데, 이 비율과 패턴이 출력 모델의 강성, 연신율, 항복 응력 등을 결정하게 된다. Infill %는 재료로 채워지는 모델의 내부 볼륨의 백분율을 나타내며 Infill pattern은 노즐이 모델의 내부를 채우기 위해 드로잉하는 패턴을 말한다.

그림 1-74 슬라이서 상의 내부 채움 밀도 15%인 경우   그림 1-75 슬라이서 상의 내부 채움 밀도 100%인 경우

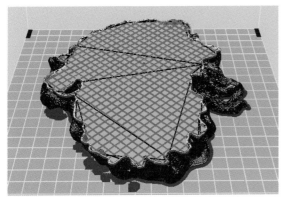 

아래 이미지는 MakerBot Replicator 3D 프린터로 Infill % 테스트를 실시한 결과이다.

- 프린팅 속도 : 60mm/s
- 레이어 높이 : 0.20mm
- 온도 : 195℃

- 채움 패턴 : 선형 패턴

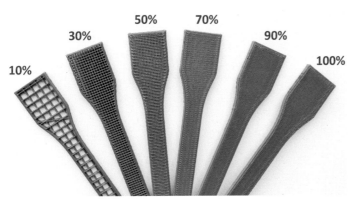

출처 : ⓒ http://my3dmatter.com/influence-infill-layer-height-pattern/

⑫ 베드(Bed)

3D 프린터에서 출력하는 실물이 적층되는 조형판을 말하며 얇은 사각형 플레이트와 같은 것이 바로 '베드'
이며 '빌드 플랫폼'이라고도 한다. 베드는 제조사에 따라 강화유리, 특수 열처리 베드, 특수 코팅 테이프를
붙인 베드 등 다양한 종류가 있다.

⑬ 지코드(G-code)

G코드는 NC 공작기계가 공구의 이송, 실제 가공, 공구 보정 번호, 스핀들의 회전, X, Y, Z축의 이송 등의
제어 기능을 준비하도록 하는 명령을 말한다. G-code는 STL 파일을 3D 프린터로 출력할 때 적층 피치의
세밀함과 출력물의 밀도 등 프린트 설정을 입력한 제어 코드로서 이 G-code 데이터를 이용하여 출력하는

것이다.

⑭ 노즐(Nozzle)

가열되어 융용된 필라멘트가 압출되어 나오는 작은 직경의 구멍이 있는 부품으로 일반적으로 구멍의 지름은 0.2, 0.3, 0.4mm 정도로 제작되어 있다.

⑮ 쿨링 팬(Cooling fan)

가열된 노즐을 식히지 않고 정밀하게 출력물에만 바람이 전달되도록 해야 빠른 속도로 압출기 헤드가 이동하면서 출력을 진행해도 고품질의 결과물을 얻을 수 있다. 정교한 기구설계의 위치(포지셔닝), 정밀도로 출력물의 부드러운 표면과 실제 치수에 가까운 조형성을 가지게 하는데 쿨링 팬(냉각 팬)은 녹은 재료를 적층 시에 빠르게 식혀서 출력물의 수축을 방지해주는 역할을 한다.

⑯ 최소 적층 두께(Minimum Layer Thickness)

최소 적층 두께는 모델의 Z축을 적층할 때 가장 얇게 쌓을 수 있는 레이어 두께를 말한다. 보통 0.02mm, 0.05mm, 0.1mm, 0.15mm 등의 수치로 표현하며 이 수치가 작을수록 좀 더 표면이 매끈한 출력물을 얻을 수 있는데 반해 출력 시간은 그만큼 더 많이 소요된다. 또한 제조사마다 부르는 용어에 조금씩 차이가 있는데 Layer Height, 적층 피치, 레이어 해상도, 레이어 두께라고도 한다.

그림 1-76 **적층 두께 비교, 왼쪽으로부터 0.2mm, 0.1mm, 0.05mm**

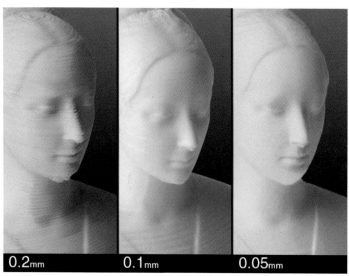

0.2mm   0.1mm   0.05mm

⑰ 최대 조형 크기(Maximum Build Size)

최대 조형 크기는 3D 프린터로 출력할 수 있는 모델의 최대 사이즈(X×Y×Z mm)를 말하며 제조사에 따라 모델링 사이즈(Modeling Size), 빌드 볼륨(Build Volume), 조형 크기 등으로 표기한다. 고가의 장비라고 해서 출력물 최대 조형 크기가 무조건 큰 것은 아니므로 제조사의 사양서를 반드시 참고하여 출력 가능 사이즈를 확인해야 한다.

그림 1-77 X, Y, Z축의 최대 조형 크기가 1m(1,000mm)가 넘는 대형 FFF 3D 프린터

출처 : ⓒ https://bigrep.com/bigrep-one/

⑱ 쉘 두께(Shell Thickness)

쉘 두께는 출력물의 외벽 두께(Wall thickness)를 말하는데 쉘 두께의 설정값이 클수록 출력물은 단단해지지만 그 만큼 출력 시간은 더 오래 걸리는 단점이 있다. 아래의 쉘 두께 설정값에 따른 외벽 두께의 차이를 슬라이서에서 시뮬레이션한 것을 참조하기 바란다.

| 그림 1-78 0.4mm | 그림 1-79 0.8mm | 그림 1-80 1.6mm | 그림 1-81 3.2mm |

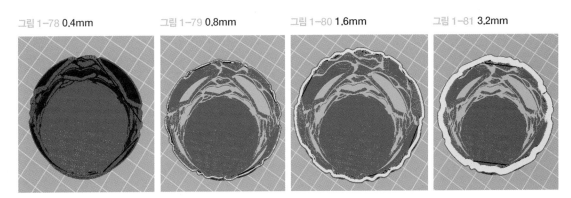

쉘 두께 설정값은 보통 레이어 두께 설정값의 배수로 세팅해주는 것이 좋다. 예를 들어 레이어 두께를 0.2mm로 설정했다면 쉘 두께는 0.8, 1.0mm 정도로 해준다.

그림 1-82 쉘 두께 이해

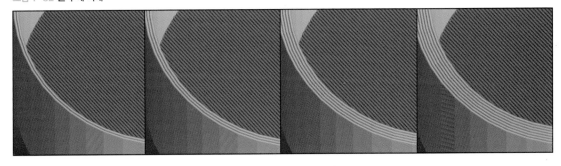

14 교육용 3D 프린터 선택 가이드

3D 프린터는 조형방식에 따라 그 종류도 다양하고 장비의 초기 도입 가격이나 사용가능한 소재의 종류, 장비 운용 방식에도 많은 차이가 있다. 고가의 3D 프린터를 도입하고도 장비를 거의 사용하지 않고 방치하는 경우를 목격할 수 있는데, 여러 가지 이유 중에 가장 큰 이유는 소재 구입비(유지관리비)가 만만치 않고 장비를 다루는 전문가가 별도로 없어 제대로 활용하지 못하고 무용지물이 되고 만 것이 아닌가라는 생각이 든다.

특히나 학생들 교육용이나 일반 취미용 및 개인사업자들이 3D 프린터를 도입하여 새로운 사업을 구상하거나 계획할 때 유의해야 할 사항에 대해서 알아보겠다. 이 부분은 필자의 단순한 개인적인 견해이며 특정 장비들에 대해 깎아내리는 내용은 아니므로 참조만 하길 바란다.

하이엔드급의 고가 장비들은 재료와 장비의 원천 특허 기술을 가지고 있는 일부 외국 기업이 독점하고 있는 상황이며, 국내에는 아직 FFF 방식의 3D 프린터나 DLP, SLA 방식 이외의 SLS, DMLS 등의 기술은 계속적인 연구개발 단계에 있다. 새로운 3D 프린터를 선택할 때 가장 이상적인 방법은 업데이트와 업그레이드가 쉽게 가능하고 충실한 사후관리를 통해 이미 많은 사용자를 확보하고 있으며, 항상 새로운 것을 개발하고 문제를 해결하는 데 앞장서는 제조사의 모델을 선택하는 것이 좋다. 그런 프린터가 무엇이냐고 묻는다면 사용자들마다 다양한 답변을 내놓을 것인데 그 이유는 딱히 정답이라는게 없기 때문일 것이다.

사용 용도에 가장 적합하다면 가격은 크게 문제가 되지 않을 것인데 개인적으로 제조사가 탄탄한지, A/S 정책은 양호한지, 사용자는 많은지 등을 꼼꼼히 따져 보고 도입할 것을 권장한다.

1. 조형 방식 및 3D 프린터 종류와 용도에 따른 선택

FFF 방식은 우선 사용이 편리하고 상대적으로 제품 가격이나 유지비가 저렴하다는 이점으로 많은 사람들이 관심을 갖고 자신의 용도에 알맞은 프린터를 검토한다. 교육용이나 간단한 러프 목업 제작, 캐릭터, 부품 제작 등 일반 개인 및 가정이나 사무실에서 손쉽게 사용하기에 적합하다. 대부분의 보급형 3D 프린터는 보통 ABS나 PLA 같은 플라스틱 소재를 사용하게 되므로 비교적 강도가 높은 구조물 등을 제작하는 데는 좋지만, 탄성이 필요하거나 잘 휘어져야 하는 연성이 필요한 구조물을 제작하기에는 적합하지 않다. 유연성을 가진 플렉시블 필라멘트를 사용할 수 있는 국산 보급형 3D 프린터들도 있으므로 참고하기 바란다.

SLA 또는 DLP 조형 방식의 프린터는 연성이 있는 레진을 소재로 사용하기 때문에 인체와 접촉하는 덴탈용이나 의료용 또는 캐릭터, 주얼리, 소형제품 제작용으로 사용하기에 적합하다고 한다. FFF 방식보다 정밀하여 디테일한 표현을 제작하기에는 좋지만 장비 가격이 FFF 보다 조금 비싸고 조형 작업시 소재를 경화시키는 과정에서 특유의 냄새도 발생하여 일반 가정에서 사용하는 용도보다는 주얼리, 덴탈, 피규어 등의 전문 산업용으로 많이 사용되고 있다. 하지만 사용하고 남은 소재의 폐기처리 등이 문제가 될 소지가 있다.

SLS, DMLS, CJP 방식은 금속, 나일론 등 다양한 소재의 사용이 가능하고 정밀한 출력물을 얻을 수 있으며 정밀 목업 제작, 정밀 부품, 기능성 부품, 컬러 피규어 제작 등의 전문 출력이 가능하다. 그러나 대부분 산업용 장비로 출시되고 있어 장비 사이즈도 크고 전력 소비 또한 많으며, 가격도 아직은 상당히 고가에 속해 선뜻 교육용이나 개인용으로 도입하기에는 무리가 따를 것이다.

2. 출력이 잘 되는가?

출력물의 품질은 3D 프린터 선택에 있어 가장 중요한 사항의 하나이다. 저가의 제품이나 사용자가 직접 조립해서 사용하는 KIT형태의 제품을 구입하고 나서 원하는대로 출력도 제대로 해보지 못하고 실패하는 경우가 종종 있다. 실제 제품에 대한 출력 비교 시연 동영상, 구매자들의 리뷰 등을 구입하기 전에 반드시 확인해보아야 하며, 사전에 내가 원하는 모델링 데이터로 출력물을 의뢰하여 샘플을 출력해 보고 구입 결정을 판단해 보는 것도 좋은 방법 중의 하나이다.

특히 교육기관에서 다수의 프린터를 도입하여 사용하는 경우에는 시장에서 품질을 인정받고 사후관리나 AS가 잘 이루어지며 사용자들의 호평을 받고 있는 장비 중에서 선택하는 것이 바람직할 것으로 생각된다.

3. 사용과 조작이 편리한가?

현재 여러 가지 저가형 3D 프린터에서 오픈소스 소프트웨어를 사용하다 보니 처음 사용하는 사람들에게 있어 내가 보유한 3D 프린터에 딱 맞는 최적화된 설정값을 얻는데 시행착오와 어려움을 겪을 수 밖에 없으며 이런 이유로 사용자의 3D 모델링 기술이나 조작 능력에 따라 동일한 모델의 출력에 있어서도 품질이 다르다는 말이 나오게 되는 것이다. 모델링 출력에 최적화된 전용 슬라이싱 소프트웨어를 지원하는 3D 프린터가 아무래도 조작이 간편하고 사용자 편의 기능 지원도 많아 모델링 교육 후 출력 실습을 하는 데 큰 문제가 없을 것이다.

필라멘트 공급시 버튼 하나만 누르면 자동으로 공급이 이루어진다든지, 한 대의 장비에서 보다 다양한 소재를 가지고 출력을 할 수 있다든지 하는 부분은 큰 장점으로 작용할 것이다.

4. 내구성이 있는가?

출력시 모터나 팬의 소음은 상당히 귀에 거슬리는 부분으로 구입 전 반드시 확인해보아야 하는 사항이며 출력 진행시 제품의 흔들림과 진동 발생 여부 또한 세심하게 살펴보고 각 사용 부품들의 재질이나 프레임의 견고함 등을 잘 확인해야 한다. 자칫하면 제대로 사용조차 해보지도 못하고 방치해 두는 상황이 연출될 수도 있기 때문이다.

특히 압출기 노즐 부분의 내구성은 중요한 요소이므로 구입 전 제조사에 문의하여 장단점을 잘 파악하는 것이 중요하다.

출력시 초기에 세팅해 둔 정밀도가 그대로 유지되는지가 관건인데 제품의 내구성 부분은 어느 정도 시간이 지나야 느낄 수 있는 부분이기 때문이다. 적층방식의 3D 프린터는 구조상 진동이 없을 수 없고 출력시간이 오래 걸리는 경우는 10시간 이상씩도 가동하게 되는데 지켜보지 않고 있다가 나중에 보면 출력물의 상태가 엉망인 경우도 간혹 발생한다. 따라서 진동으로 인한 풀림, 영점의 흐트러짐, 소재 품질의 균일성 등의 현상은 지속적인 고품질의 출력물을 얻는데 방해되는 요인이므로 3D 프린터 선택시 이런 사항들을 주의해서 확인해 보아야 할 것이다.

5. 원점(영점) 작업은 용이한가?

3D 프린터는 X, Y축(가로, 세로 운동) 그리고 Z축(상하운동)의 3축으로 구성되어 있다. 3D 프린터를 구입시에 주의해서 살펴보아야 하는 부분으로 X, Y축이 쉽게 흔들리거나 변형이 발생할 가능성이 있는지 직선 왕복운동을 하는 곳에 사용한 부품(예를 들어 축과 가이드 부시 등)이 정밀하고 내구성이 있는 것인지 직접 수동으로 움직여 보고 확인해 볼 것을 권장한다.

일부 저가형 프린터 중에서 X, Y축은 보통 별도로 영점 세팅을 하지 않지만 Z축은 영점 세팅을 하는 경우가 있는데 Z축의 영점은 Z축을 수평으로 맞추는 것으로 사용자의 편의성과 직결되는 부분이다.

일반적으로 조형물 베드의 모서리 네 귀퉁이 부분에 스프링에 끼워진 나사를 돌려가며 출력물 베드와 노즐의 높이를 수동으로 동일하게 맞추는 작업을 하는데 이 작업을 '베드 레벨링'이라고 하며 3D 프린터를 최초 설치시에나 이동 설치 후에 자석 수평계 등을 이용하여 수평 레벨이 정확히 맞는지 확인하고 나서 사용할 것을 추천한다.

현재 시판 중인 3D 프린터의 경우 수평을 잡는 방법으로는 수동 방식과 자동으로 수평을 잡아주는 오토 베드 레벨링 방식이 있다.

6. 재료의 가격이나 유지비는?

현재 국내에 판매되는 보급형 FFF 방식의 3D 프린터는 일반적으로 직경 1.75mm의 필라멘트 재료를 이용하지만 일부 보우덴 방식 모델들은 2.85mm나 제조사에서 공급하는 전용 소재와 필라멘트 카트리지를 사용해야만 하는 경우가 있다.

전용 소재만을 사용해야 하는 3D 프린터는 제조사에서 보증하는 범위 내에서 좋은 출력물을 기대할 수 있지만 그만큼 재료의 가격은 비쌀 수 밖에 없을 것이다. 또한 대부분 국내 제작이 아닌 수입을 해서 판매하는 경우가 대부분이기 때문에 유통 구조상 소비자가 실제 부담해야 하는 금액은 상승할 수 밖에 없을 것이다.

따라서 3D 프린터를 선택할 때 3D 프린터 자체의 가격도 중요한 사항이겠지만 앞으로 계속 사용하게 되는 재료의 종류나 가격 및 공급의 원활성 등을 꼼꼼하게 따져 구매하는 것이 현명할 것이라고 생각한다.

7. 출력물 사이즈와 장비 크기에 따른 선택은?

현재 시중에 나오고 있는 일반적인 3D 프린터의 출력물 조형 크기는 가로×세로×높이가 약 200~300mm 정도이다. 출력물의 최대 조형 크기가 작을수록 아무래도 가격이 저렴하고 클수록 가격이 비싸지므로 내가 필요로 하는 알맞은 사이즈의 장비를 선택하도록 한다.

장비도 일반 사무실이나 가정의 책상에 올려 놓을 수 있는 크기부터 냉장고만한 크기까지 다양한데 보급형의 경우가 아닌 전문가용이나 SLA, SLS, DLP 등의 산업용 프린터를 고려하는 경우에는 사전에 설치 공간이나 환기 시설 등을 확보해 두는 것이 좋다.

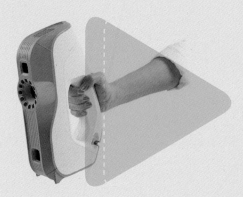

PART

2

3D 스캐닝과
3D 데이터 획득

스캔 방식에 따른 3D 스캐너의 원리

3D 스캐닝 기술은 사람이나 사물의 3차원 형상을 계측하여 3D 데이터를 얻을 수 있는 기술로 레이저 광선을 대상물의 외형에 조사(照射)하여 대상물을 스캔(Scan, 계측)하고 그 정보를 디지털화하려 3차원상의 좌표(X, Y, Z) 데이터를 얻는 기술이다. 이 작업을 반복적으로 수행하면 대상물 전체가 점군(Cloud point)으로 3D 데이터화 되는 것이다. 이 데이터를 원래 폴리곤이나 곡면 데이터로 변환하고 역설계(리버스 엔지니어링)나 검사, 측정 등의 분야를 중심으로 폭넓게 활용되고 있으며 최근에는 문화재 복원에도 큰 역할을 해 주목을 받고 있는 기술이다. 컴퓨터 기술의 발전과 더불어 3D 데이터는 4차 산업혁명 시대의 제품 제작과 복원에 있어 없어서는 안될 필수적인 존재가 되어가고 있다.

고정밀 3D 스캐너는 마이크로미터 단위로 아주 정밀하게 사물의 3D 데이터를 획득할 수 있다는 장점이 있지만 아직은 장비가 수천만 원대 이상의 고가이며 사용하는 전용 소프트웨어도 고가이기 때문에 개인이 접근하기에는 상당히 어렵다는 점은 아쉬운 부분이다.

그림 2-1 **3D 스캐너의 스캔(계측) 순서**

예를 들어 제품의 기획이나 개발의 과정에 있어서 도면이 존재하지 않는 목업(Mock-up) 등의 입체물에서 3D 데이터로 변환이 필요한 경우가 있다. 최근 들어 3D 프린터가 각광받기 시작하면서 주목을 받고 있는 제품 중의 하나가 바로 이 3D 스캐너이다. 그동안 정밀 3D 스캐너는 일부 특정 분야에서만 사용하던 고가의 장비였지만 이제는 일반 사용자들도 손쉽게 사용할 수 있는 보급형 3D 스캐너의 등장과 함께 가격도 많이 하락하고 있으며 사용하기 편리하고 손으로 들고 작업할 수 있는 핸드헬드(Handheld)형 제품들이 속속 등장하고 있는 추세이다. 측정기술에 있어 기초가 되는 삼각측량(Triangulation)의 측정원리를 이용한 스캐너는 삼각형의 원리에 따라 떨어진 지점까지의 거리를 계측하는 방법을 말하며 이런 삼각측량의 원리를 이용함으로써 멀리 떨어진 곳에 있는 물체의 3차원적 형상을 측정하는 것도 가능한 것이다.

3D 스캐닝은 의료, 자동차 및 부품 제조업, 산업 디자인, 건축 디자인, 의상 디자인, 캐릭터, 제품설계 및 로봇 분야, 완구 및 애니메이션, 영화, 광고 분야 등 우리 일상 생활 전반에 걸쳐 사용되지 않는 분야가 없을 정도로 2D에서 3D로 빠르게 전환시키는 촉매제가 될 것으로 예측되고 있다.

일반적으로 3D 스캐너는 접촉방식에 따라 크게 **접촉식**과 **비접촉식**으로 분류할 수 있다. **접촉식 3D 스캐너**는 대상물의 표면과 직접 접촉하는 프로브(Probe, 탐촉자)의 상대 이동 값으로 3차원의 데이터를 얻는 것을 의미하며 3축 머신에 Tracer Prove를 부착한 측정 방식의 CMM(Coordinate Measuring Machine)과 로봇 관절의 이동 좌표를 환산하여 곡면 분석 등에 사용하는 다관절 로봇 방식이 있다.

측정의 정확도와 정밀도가 우수한 편이지만 시스템이 복잡하고 다른 스캐닝 방식에 비해 측정 속도가 느리다는 단점이 있다. 또한 유지보수 측면이나 사용자의 입장에서 고려했을 때 전문 지식이 요구된다는 점과 진동이나 온도 등 사용 환경에 따라 민감하기 때문에 일반 사용자들에게는 제한적인 부분이 있다.

그림 2-2 **CMM**

출처 : © www.coord3-cmm.com

그림 2-3 **다관절 로봇**

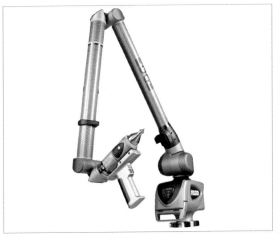

출처 : © www.faro.com

비접촉식 3D 스캐너(Non-Contact 3D Scanner)는 3차원 스캐너가 직접 빛을 피사체에 쏘는 여부에 따라 능동형과 수동형 스캐너로 분류할 수 있다. 보통 레이저 방식과 백색광 방식이 있는데 광학적으로 이미지 프로세싱을 하여 대상물에 직접 접촉하지 않고도 3차원 데이터를 얻는 방식을 말하며 산업계에서 많이 사용하는 능동형 스캐너를 3차원 스캐너라고 부르기도 한다.

레이저 스캐닝은 거리 관측 방식에 따라 TOF(Time of Flight) 방식, 위상차(Phase shift) 방식, Triangulation 방식 등으로 분류되는데 레이저 스캐너로부터 얻은 점군(Cloud point)으로부터 폴리곤 메쉬 모델(polygon mesh model), 서페이스 모델(surface model), 솔리드 CAD 모델(solid CAD model) 등을 생성할 수 있으며, 대부분의 활용분야에서는 서페이스 모델이나 CAD 모델이 주로 이용된다.

특히 레이저 스캐너의 주요 활용 분야로 건설이나 토목공학 분야의 공정 자동제어, 교량이나 플랜트 설비 설계나 도면 작업, 현장 모델링이나 설계 도면 작업, 공정 및 품질 관리, 도로 설계, 게임 산업, 분해 공학 (reverse engineering), 문화재 및 유적지 복원, 의학 분야, 품질 검증 및 제조 산업 분야, 제품 표면처리 분석 등 고정밀 3차원 모델 구축에서부터 의료, 제조, 게임 산업에 이르기까지 다양한 분야에서 활용될 수 있을 것으로 기대된다.

1. TOF(Time of Flight) 광대역 방식 스캐너

TOF 장치로 널리 알려진 레이저 펄스 기반의 스캐너는 빛의 이동 시간을 측정하여 거리를 계산해내는 간단한 개념을 기반으로 개발된 기술로서 레이저 신호의 변조 방법에 따른 TOF 원리를 이용하여 작동하는데 Time of Flight의 약자로 비행시간을 의미한다.

이는 빛(주로 레이저)을 대상 물체의 표면에 조사하여 그 빛이 대상물에 도달하고 다시 되돌아오는 시간을 측정하여 센서로부터 대상물과 측정원점 사이의 거리를 측정하는 방식으로 빛의 이동 속도가 매우 정확하고 안정적이라는 사실을 기반으로 하는 TOF 방식의 정확도는 시간을 얼마나 정확하게 측정할 수 있는가에 좌우되며 건물, 선박, 교량, 항공기 등 대형물 측정에 많이 활용된다.

출처 : ⓒ www.faro.com

2. 레이저 광선 방식(광절단법)

그림 2-4 **광 삼각법의 원리**

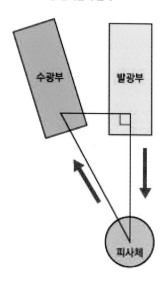

레이저 방식은 Laser 선(line)이나 점(dot)을 이용한 측정 방식으로 이러한 측정기는 측정이 어려운 검은색 재질이나 반사가 심한 제품의 측정에 적합하다.

레이저 광선을 물체에 조사하여 선으로 형상을 인식하는 것으로 데이터를 얻을 수 있는 스캔 방식이며, 물체에 조사된 레이저 광선의 반사광을 센서로 인식하고 물체까지의 거리를 반사각과 도달시간에 의해 계측한다.

저가형 핸드헬드 스캐너도 광 삼각법을 이용하며 피사체에 투사하는 레이저 발광부와 반사된 빛을 받는 수광부(주로 CCD) 그리고 내부 좌표계를 기준 좌표계와 연결해주는 시스템으로 구성되어 있으며 최근에는 기술의 발달로 인해 암실이 아닌 형광등 불빛 아래에서나 야외에서도 계측이 가능한 제품도 출시되고 있다.

3. 백색광 방식(패턴 광투영 방식)

스캔하고자 하는 대상물에 레이저를 조사하는 대신 프로젝터를 활용하여 QR코드와 같은 특유의 패턴광을 반복적으로 투영하고 투영된 영역의 변형 형태(각 라인 패턴의 위치 판별)를 파악해 데이터를 얻는 방법이다. 투영된 패턴광의 변형형태를 식별하는 것으로 대상물의 형상을 산출하고 데이터를 얻을 수 있는데 이 방식의 3D 스캐너는 전반적으로 고속 스캐닝이 가능하며 정밀도가 높은 것이 특징이지만 대상물에 투영한 패턴광을 식별할 수 없는 환경에서의 스캐닝은 어려운 편이다. 백색광 방식은 최근들어 많이 사용하는 방식으로 정확도가 높으며, 역설계나 제품 검사 등에 많이 사용하는 방식이며 요즘에는 할로겐을 사용하는 광원에서 LED 방식으로 바뀌고 있는 추세로 LED의 경우 램프의 수명 뿐만 아니라 재질에 대한 영향을 적게 받는다.

그림 2-5 LED 백색광 스캐너(TU-200)

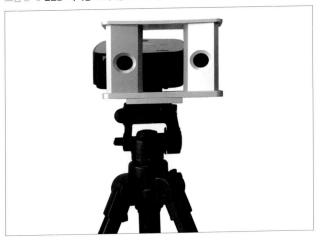

출처 : ⓒ http://onscans.com/

일반적으로 3D 스캐너는 스캔 방식에 따라서 Optical Scanner, Arm Scanner, CT Scanner, Hand held Scanner 등으로 분류하기도 한다. 이러한 다양한 스캐닝 솔루션을 제품의 크기와 정확도로 구분을 해보면, 광학방식은 Laser point를 이용하여 측정하는 방식으로 이러한 측정기는 기계 가공 중에 발생하는 Burr의 측정이나, 반도체와 미세 기구물의 측정에 적합하다. 이외에도 X-Ray를 이용하는 산업용 CT 스캐너는 과거에는 인체의 측정에 사용되어오다 최근 들어서는 산업용 제품 측정에 많이 사용되고 있는 방식으로 내부의 형상이 복잡하거나 혹은 절단이 불가능한 제품의 비파괴 검사용으로 사용되고 있다.

스캔 대상에 따른 3D 스캐너의 종류

3D 스캐너는 스캔 방식 뿐만 아니라 어떤 것을 대상으로 스캔하느냐에 따라서도 분류가 가능한데 크게 구분하면 산업용, 인체용 그리고 대형 구조물 등으로 나눌 수 있다.

1. 산업용 3D 스캐너

제품의 역설계, 검사 등의 다양한 산업 분야에서 사용되고 있으며 로봇 장착형 CMM 스캐닝과 같이 생산 라인과 현장에서 부품의 3D 자동 검사를 수행할 수 있도록 설계된 것도 있다.

출처 : © www.creaform3d.com

그림 2-6 **자동차 부품 스캔**

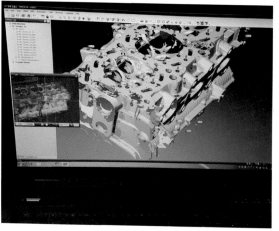

그림 2-7 **스캔 데이터**

2. 인체용 3D 스캐너

움직이는 사람이나 동물 등의 3차원 데이터를 얻는데 사용되고 있다. 흔히 공항 검색대에서 사용하는 것을 쉽게 볼 수 있고 용도에 따라서 의료용 전신 스캐너도 있으며 인체용(머리, 얼굴, 발, 허리, 등, 어깨 등의 스캔)으로 레이저 방식이 아닌 LED 백색광을 광원으로 하는 스캐너도 있다.

Artec Eva

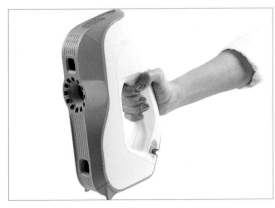

출처 : ⓒ www.artec3d.com

온스캔스의 IU-50

출처 : ⓒ http://onscans.com/

3D Body 스캐너

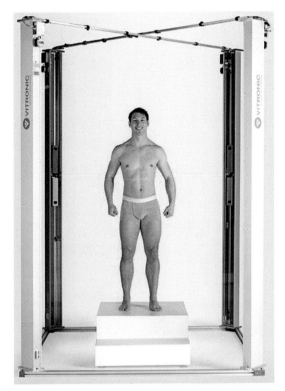

출처 : ⓒ http://www.vitronic.de/

위 그림 중 좌측 상단에 있는 Artec Eva 3D 스캐너는 가벼우면서 다목적으로 활용 가능한 휴대용 고정밀 핸드헬드 3D 스캐너로, 국내외에서도 많이 알려진 제품이다. 저가의 핸드 스캐너 대비 영화산업이나 게임산업 등에 활용되며 World War Z, 터미네이터 제네시스, 쥬라기월드 등 헐리우드 블록버스터 영화 제작에 사용된 바 있으며, 미국의 버락 오바마 대통령을 스캔하여 첫 번째 3D 초상화를 제작하는 데에도 사용되었다.

국내 시판가 약 2~3천만 원대의 이 스캐너는 백색광 기술기반 핸드헬드 3D 스캐너로 Artec Studio라는 전용 3D 스캔 데이터 처리 소프트웨어를 지원하고 있다.

특히 건축, 공학, 의학, 예술 분야 등의 학교 교육 현장에서 활용하면 여러 가지 신기술을 습득하고 활용의 기회를 넓히는 효과를 기대할 수도 있을 것이다.

3. 광대역 측정(Time of Flight) 방식

현장 발굴, 건물이나 선박 등의 구조 및 외관 등과 같은 대형물과 구조물 등의 측정 및 측량에 사용이 되고 있으며 스캐너의 크기도 소형화 되어 선보이고 있다.

그림 2-8 FARO FOCUS 3D

출처 : ⓒ http://www.faro.com

요즘은 문화재나 지형측량 등에 3차원 광대역 스캐너가 많이 활용되고 있는데, 문화재의 경우 초정밀 광학 스캐너를 사용하여 데이터의 품질을 높이고 있으며 획득한 데이터는 정확한 위치와 형태, 색상 정보를 포함하게 된다.

레이저 스캐닝을 통해 추출된 데이터는 전용 소프트웨어에서 후처리 과정을 거쳐야만 비로소 완전한 3차원 데이터로 변환이 가능하고 3차원 데이터는 일련의 작업 과정을 통해 2차원 도면으로 생성할 수 있다.

스캔한 데이터는 전용 스캐닝 소프트웨어에서 포인트 데이터로 불러들여 불필요한 데이터를 제거하고 다른 프로그램으로 전환 작업을 하며 스캐닝 소프트웨어에서 변환된 3차원 원시 데이터들을 병합 및 폴리곤으로 변환하여 고해상도 데이터, 웹용 데이터, CAM 데이터 제작 등을 위해 별도의 소프트웨어를 사용한다.

특히 광대역 스캐너는 대형 문화재나 유적지 등의 스캐닝에 적합하며, 3차원 스캔 데이터는 정사투영에 의해 원근감이나 높이 차 등의 왜곡을 제거한 이미지 추출이 가능하고 위치정보와 시각정보를 가지고 있기 때문에 CAD 도면화가 용이하다. 3차원 스캔데이터를 후처리한 결과물은 정사투영 이미지, 역설계 도면, 영상콘텐츠, 웹 3D 콘텐츠 등으로 활용이 가능하다.

03 카메라 사진에 의한 3D 스캐닝

스캐너가 없는 경우 스마트폰이나 카메라로 촬영한 사진을 이용하여 데이터를 얻는 방법이 있다. 디지털 카메라로 피사체를 중심으로 여러 방향의 각도에서 사진을 촬영하여 3D 모델링 데이터를 얻는 방법으로 촬영한 사진이 많을수록 정밀한 스캔 결과를 얻을 수 있지만 그만큼 데이터 용량이 커지고 이미지 처리 시간 또한 오래 걸린다는 단점이 있다. 오토데스크사의 123D Catch와 같은 무료 소프트웨어를 사용하면 여러 장의 사진을 자동으로 결합시켜서 3D 모델링 데이터를 얻을 수 있으며 간단하게 약 20여 장의 사진만으로도 스캔 결과를 얻을 수가 있다. 123D Catch는 안드로이드폰 및 아이폰이나 아이패드 앱, PC에서 사용할 수 있는 간편한 프로그램으로 사진이 앱을 통해 오토데스크 서버로 바로 전송되어 3D 모델이 완성되게 된다.

그림 2-9 **123D Catch**

출처 : © http://www.123dapp.com/catch

보다 정밀한 3D 데이어의 획득을 위해서 DSLR 카메라를 수십대 설치하여 사람이나 반려동물을 동시에 촬영하여 얻게 되는 사진을 가지고 별도의 그래픽 소프트웨어를 활용하여 실사적인 3D 데이터를 얻을 수 있다.

이렇게 해서 얻어진 섬세한 디테일의 3D 데이터는 3D 프린터의 출력 뿐만 아니라 게임이나 영화, 패션 산업 등에서 다양하게 활용할 수 있다.

고해상도 DSLR 카메라를 이용한 3D데이터 획득

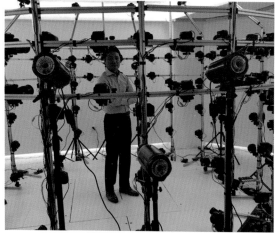 

BobbleShop 3D 스캐닝 & 피규어 제작 솔루션

모듈 카메라를 이용한 전신 포토 스캐닝 시스템

3D 레이저 크리스탈 제품

 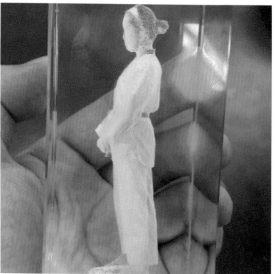

포토 스캐너를 이용하여 데이터를 획득한 후 디자이너가 머지, 리터치 등의 작업을 통해 더욱 세밀한 3D 데이터를 얻을 수 있는데 이렇게 해서 획득한 데이터는 SLA나 DLP 3D 프린터로 출력한 후 미적 감각을 지닌 작업자가 채색하여 결과물을 얻기도 한다.

Artec 3D Shapify Booth

Clone Scan 3D Photo Booth

키넥트에 의한 3D 스캐닝

키넥트(Kinect) 센서는 기본적으로 3개의 렌즈로 구성되어 있는데 가운데 렌즈는 RGB인식, 좌측은 적외선을 픽셀 단위로 쏘아 주는 방식으로 적외선 프로젝트라고도 부른다. 마이크로소프트에서 출시된 XBOX 360 콘솔 게임기에서 움직임을 감지하는 센서로 이스라엘의 프라임센스(PrimeSense)사에서 개발된 기술이라고 한다.

이 장치가 출시된 후 리눅스, Mac OS X 및 윈도우 운영체제의 PC에서도 실행이 가능한 드라이버가 개발되었으며 이후 내장된 리얼 센스 카메라를 3D 스캐너로 사용할 수 있도록 해주는 솔루션도 많이 공개되었다.

고가의 3D 스캐너를 사용하면 보다 정밀한 데이터를 얻을 수 있지만 일반적인 스캐너만으로는 완벽한 데이터를 얻기 힘들며 메쉬업 프로그램 등을 이용하여 불필요한 부분을 잘라내고 터지거나 뚫린 부분을 막아주거나 구멍을 채워넣고 손질하고 기타 잘못된 부분은 보정해서 사용해야 한다. 키넥트는 고가의 전문가용 스캐너를 도입하기 전, 또는 단순한 취미 생활을 즐기려는 사람나 교육용 등으로 활용시에 적합한 장치로 이해하면 될 것이다.

그림 2-10 **XBOX 360**

그림 2-11 **키넥트 구조**

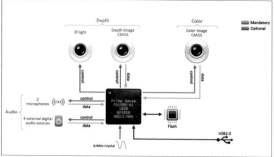

출처 : ⓒ https://www.ifixit.com/

보급형 3D 스캐너로 인물 스캔하고 출력하기

고가형이 아닌 수십만 원대의 저가형 3D 스캐너만으로도 사람이나 사물을 스캔하여 3D 프린터로 출력을 할 수가 있다. 3D Systems사의 Sense 스캐너는 수십만 원대로 구입이 가능하며 사람을 직접 스캔하고 스캔한 모델을 편집하고 보정하는 작업을 거쳐 STL 파일로 변환한 후 3D 프린터로 출력하는 과정을 살펴보겠다.

1. 바탕화면의 아이콘을 더블 클릭하여 프로그램을 실행하고 스캔할 대상을 선택한다. 사람이면 [Person], 사물이면 [Object]를 선택한다.

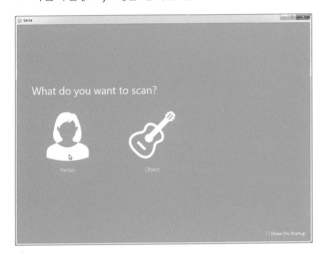

2. 상반신만 스캔할 경우에는 [Head], 전신을 스캔할 경우에는 [Full Body]를 선택한다. 여기서는 상반신을 선택해서 스캔해보도록 하겠다.

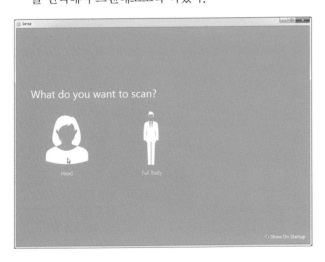

3. [Scan]의 처음 화면이 나타나면 스캐너로 모델의 초점을 맞춘다.

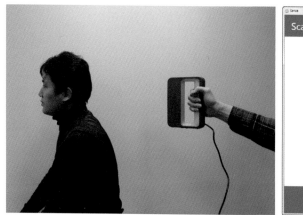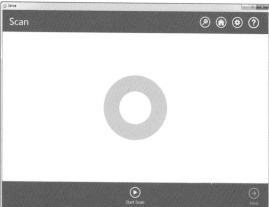

4. 모델이 화면의 도우넛 부분을 응시하고 움직이지 않고 있으면 초점이 잡히고 하단의 [Start Scan] 아이콘을 클릭하고 스캔을 시작한다.

5. 스캔이 시작되면 천천히 초점을 맞추어 스캐너를 돌려가며 모델을 스캔한다. 스캔이 완료되면 [Pause Scan] 아이콘을 클릭하여 스캔 작업을 마친 후 [Next] 버튼을 클릭한다.

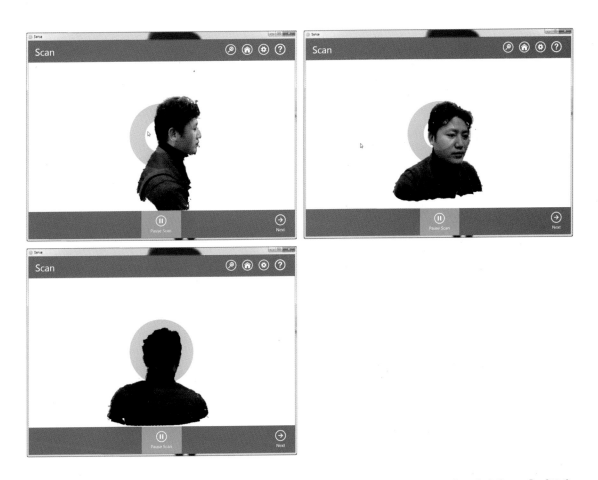

6. 스캔을 완료했다고 해서 바로 출력용 데이터로 사용하기에는 부족하다. Edit 기능에서 [Crop] 버튼을 클릭하여 불필요한 부분을 마우스로 드래그한다.

7. 불필요한 부분을 삭제하기 위해서 [Erase] 버튼을 클릭한 다음 마우스로 드래그해서 지워준다. 작업이 완료되면 [Next] 버튼을 클릭한다.

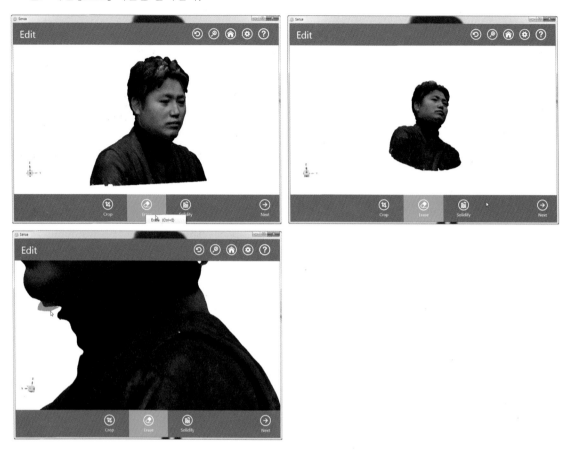

8. [Solidify] 아이콘을 선택하여 속이 비어있는 부분을 채워준다.

9. Enhance 화면에서 [Auto Enhance]를 클릭하여 스캔한 모델의 밝기 및 선명도를 향상시켜준다.

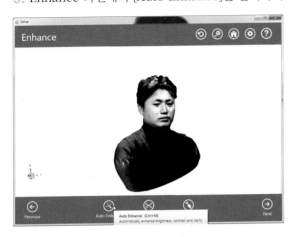

10. 이번에는 [Touch Up] 아이콘을 선택하여 스캔한 모델의 매끄럽지 못한 부분이나 지저분한 부분을 마우스로 드래그해서 부드럽게 보정작업을 해준다.

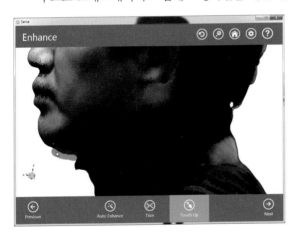

11. 3D 프린터로 출력하기 위해서 [Trim] 아이콘을 선택하고 잘라내고 싶은 부분을 드래그해서 반듯하게 잘라주고, 작업이 완료되면 [Next] 버튼을 클릭한다.

12. [Share] 화면으로 이동되면 [Save] 버튼을 클릭하고 STL 파일 형식 또는 OBJ 파일 형식으로 스캔 데이터를 저장한다.

13. 이제 변환된 STL 파일을 3D 프린터로 출력하기 위해서 슬라이서 프로그램을 실행하여 데이터를 G-code로 생성해준다.

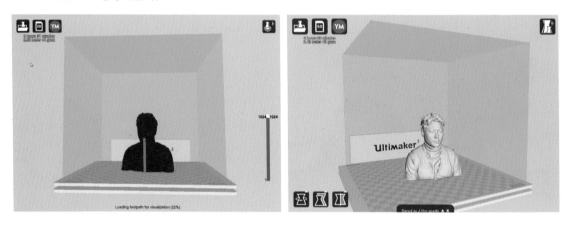

14. G-code를 SD 카드에 입력하여 3D 프린터로 출력한다.

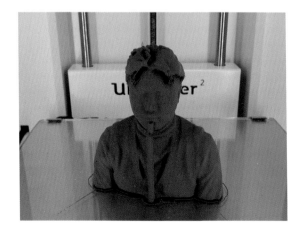

15. 출력된 결과물을 공구를 사용하여 불필요한 서포트를 제거해주면 모델이 완성된다.

출력물에 다양한 방법으로 도색을 하면 색다른 재미를 느낄 수가 있다.

3D 스캐너의 대중화와 지적재산권 문제

3D 프린터가 대중화되기 시작하면서 국내외에서 다양한 3D 플랫폼(Platform)들이 생겨나고 있으며 점점 전문화되고 다양화되기 시작하는 단계이다. 3D 프린터와 비교했을 때 상대적으로 가격이 비싼 정밀한 제품들은 대중 속으로의 진입이 더딘 편이지만 점차 3D 스캐너의 활용 분야 또한 폭 넓어지고 있으며 제품 가격도 하락하고 있는 추세이다. 현재 3D 스캐너는 편리한 사용성과 휴대성, 우수한 정확도로 점차 실 생활속에서도 그 활용범위를 넓혀가고 있는데, 스캐너의 정확도는 스캔 데이터와 실제 대상물과의 오차범위를 의미하며 수치가 작을수록 높은 정확도를 나타낸다. 스캔 정확도의 수치가 낮은 제품일수록 가격은 수천만 원에서 수억 원대를 호가하지만 3D 스캐너도 3D 프린터와 마찬가지로 저가형이면서 성능이 우수한 제품들이 속속 출시될 것으로 보이며 또한 제품 가격의 하락으로 일반인들도 손쉽게 접근할 수 있는 시대가 올 것이 분명하다.

3D 스캐너를 활용하여 문화재의 복원이나 다양한 콘텐츠의 제작이 가능하지만 저작권이나 상표권이 있는 피규어나 완구 및 액세서리 등을 3D 스캐닝을 하여 무단복제한 후 해당 제품의 모델링 데이터를 온라인 상에서 공유하게 된다면 3D 프린터를 이용하여 무분별하게 복제되어 유포될 가능성이 아주 높다.

저작권으로 보호받고 있는 제품들에 대해 3D 스캐닝하여 3D 프린터로 대량 재생산해서 판매한다면 분명 법적 분쟁이 발생할 소지가 다분하다. 이처럼 3D 스캐너가 대중화되는 이면에는 불법복제 등의 크고 작은 문제가 앞으로 걸림돌이 될 수도 있을 것이다.

출처 : www.3dsanstore.com

memo

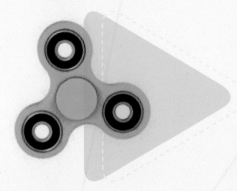

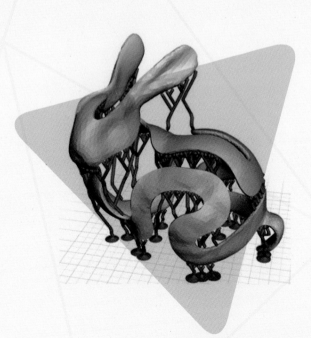

PART

3

3D 모델링 & 3D 프린팅의
활용과 지적재산권

엔지니어링 모델링과 디자인 모델링의 개요

3D 모델링은 '엔지니어링'을 위한 모델링과 '디자인'을 위한 모델링으로 크게 구분할 수 있다. 산업군별로 사용 용도나 프로그램의 기능에 따라 기업에 적합한 3D CAD 소프트웨어를 선택할 수 있는데 엔지니어링 모델링은 주로 기계, 건축, 항공, 조선 분야 등의 제조산업계에서 활용하며 NX, CATIA, CREO, SolidWorks, Inventor, SolidEdge, Fusion360, IronCAD, ICAD 등의 파라메트릭(Parametric) 기반의 3D CAD 프로그램이 국내에서 많이 사용되고 있다.

'파라메트릭'이란 기하학적 형상에 구속조건을 부여하여 설계 및 변경이 용이하게 만드는 방식을 말하는데 여기서 구속조건이란 객체들 상호 간에 관계를 부여하는 것으로써 동등, 평행, 일치 등의 조건을 의미한다.

보충 설명하면 파라메트릭이란 치수나 공식과 같은 파라미터(Parameter=매개변수)를 사용해 모델의 형상 또는 각 설계 단계에 종속 및 상호관계를 부여하여 설계 작업을 진행하는 동안 언제나 수정 가능한 가변성을 지니고 있는 것을 의미한다.

따라서 솔리드 모델링에서의 파라메트릭 요소에 해당하는 매개변수(치수, 피처 변수), 기하학적 형상(스케치 엔티티나 솔리드 모델의 면, 모서리, 꼭짓점)을 이용해 항상 설계 의도에 의해 수정 가능한 모델링을 하는 방식을 '파라메트릭 모델링'이라고 부른다.

1. 3D 엔지니어링 소프트웨어

엔지니어링 모델링 소프트웨어는 기업체에서 요구하는 제품의 형상 디자인과 부품 설계, 조립품, 조립 유효성 검사 및 시뮬레이션을 통해 디지털 프로토타입을 실현할 수 있으며, 제품의 오류를 최소화할 수 있는 기능을 갖추고 있다.

1.1 파트 작성(부품 모델링)

3D 엔지니어링 소프트웨어에서 파트는 하나의 부품 형상을 모델링하는 공간으로, 3D 엔지니어링 소프트웨어에서 형상을 표현하는 가장 중요한 요소이다. 우리가 일반적으로 3차원 형상을 모델링하는 곳이 바로 파트이다.

제조 업계에서 많이 사용되고 있는 3D 엔지니어링 소프트웨어의 파트 작성(부품 모델링) 기능은 크게 스케치 작성, 솔리드 모델링, 곡면 모델링 기능으로 나눌 수 있다.

스케치 작성

3D 엔지니어링 소프트웨어에서 가장 먼저 제작할 형상의 기본적인 프로파일(단면)을 생성하기 위해 스케치라는 영역에서 형상의 레이아웃을 작성하는 곳으로, 형상의 완성도를 결정하는 중요한 부분이다.

스케치는 통상적으로 2차원 스케치와 3차원 스케치로 구분이 된다. 2차원 스케치는 평면을 기준으로, 선, 원, 호 등 작성 명령을 이용하여 형상을 표현하는 것이며, 3차원 스케치는 3차원 공간에서 직접적으로 선을 작성하는 기능이다. 일반적으로는 2차원 스케치를 통해서 프로파일을 작성한다.

솔리드 모델링

솔리드 모델링이란, 3D 엔지니어링 소프트웨어에서 3차원 형상의 표면뿐만 아니라 내부에 질량, 체적, 부피 값 등 여러 가지 정보가 존재할 수 있으며 점, 선, 면의 집합체로 되어 있다.

솔리드 모델링은 앞서 스케치에서 생성된 프로파일에 각종 모델링 명령(돌출, 회전, 구멍 작성, 스윕, 로프트) 등을 이용하여 형상을 표현하는 것으로, 모든 3D 엔지니어링 소프트웨어에서 동일한 조건으로 모델링할 수 있다.

이처럼 솔리드 모델링은 와이어프레임과 서페이스 모델의 단점을 보완한 것으로 입체의 형상을 완전하게 표현할 수 있다. 서페이스 모델이 외형 위주의 '면들의 집합'이라고 한다면 솔리드 모델은 속이 꽉 채워진 '덩어리'의 개념이라고 할 수 있으며 대부분의 설계 엔지니어링 소프트웨어들이 솔리드 모델링 방식을 채택하고 있다.

1.2 조립품 작성(어셈블리 디자인)

파트 작성을 통해 생성된 부품을 조립하는 곳으로, 3D 엔지니어링 소프트웨어를 통해 부품간 간섭 및 조립 유효성 검사 및 시뮬레이션 등 의도한 디자인대로 동작하는지 체크할 수 있는 요소이다.

1.3 도면 작성

작성된 부품 또는 조립품을 도면화시키고, 현장에서 형상을 제작하기 위한 2차원 도면을 작성하는 요소이다. 일반적인 3차원 데이터에서는 3D 형상을 구성하는 최소 단위가 삼각형 또는 사각형이며 이것을 메쉬(Mesh)라고 했는데 3D 프린팅용 파일 형식 중 하나인 'STL' 데이터에서는 형상을 구현하는 최소 단위가 삼각형이며 이것을 **패싯**(Facet)이라고 한다.

특히 3D 프린터를 이용한 3차원 형상을 출력하고자 한다면, 솔리드 모델링 방법이나 곡면 모델링 방법 중 형상을 표현하기 좋은 방법으로 모델링 후, 솔리드로 이루어진 형상을 3D 프린터로 출력해야 정상적으로 출력이 된다.

현재 대부분의 3D 엔지니어링 소프트웨어에서는 솔리드 모델링과 곡면 모델링을 같이 수행할 수 있는 기능을 제공하고 있으며, 요즘은 Fusion360과 같이 하나의 프로그램에서 모델링 뿐만 아니라 시뮬레이션과 랜더링, CAM 기능 등을 통합하여 제공하는 프로그램도 등장하고 있는데 '하이브리드 CAD'라고도 부르기도 한다.

2. 3D 디자인 소프트웨어

한편 디자인 모델링은 주로 산업디자인, 제품디자인, 캐릭터디자인, 영상제작 등의 분야에서 활용되며 Rhino, Maya, Alias, ZBrush, 3DS Max, Blender 등의 프로그램을 많이 사용하고 있다.

폴리곤 모델링(Polygon Modeling)

폴리곤 모델링이란 폴리곤(삼각형이나 사각형)의 집합체로서 모델을 표시하는 방식으로 폴리곤 모델링의 기본 요소에는 물체를 이루는 가장 기본적인 구성요소인 점(Vertex), 점과 점을 연결하는 모서리(Edge), 면을 이루는 최소 단위인 면(Face)이 있다.

도형의 기본 구성은 점, 선, 면으로 이루어지는데 점과 점 사이를 연결한 것이 선이고, 이 선들이 모여 하나의 면을 구성한다. 가장 최소 단위인 삼각 폴리곤은 세 개의 점, 세 개의 선, 하나의 면으로 이루어져 있으며 여러 개의 폴리곤이 모여서 하나의 입체 형상을 생성할 수 있다.

폴리곤 모델링은 이와 같이 점(Vertex), 모서리(Edge), 면(Face)의 3가지 요소를 가지고 돌출시키고 끌어당기고 면을 나누는 방식으로 작업하는데 기본은 2D인 평면이다. 그러므로 수많은 폴리곤이 모여 하나의 지오매트리를 만드는 것은 할 수 있으나 평면이다보니 곡면 모델링하는 데는 한계가 있다.

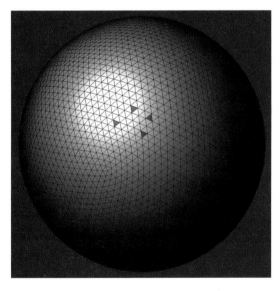

기본 단위인 폴리곤들이 하나로 묶여서 생성된 Sphere Geometry, 주황색으로 표시된 삼각형이 기본 단위인 폴리곤이다.

한 면이 생성되기 위해서 필요한 최소의 점 수는 바로 3개이다. 이 점 3개를 연결하면 삼각면이 생성되는데 이 삼각형의 폴리곤이 최소 폴리곤의 단위가 된다.

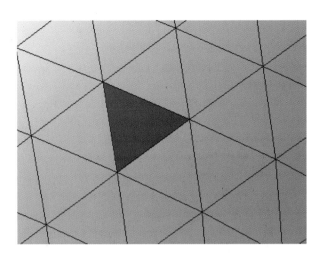

정리하면 폴리곤(Polygon) 모델링 방식이란 수학적인 면을 기초로 하여 만들어진 2D 면들이 모여서 하나의 3D 지오매트리(Geometry)를 구성하는 것을 말하는데 3차원 소프트웨어에서 프로그램화 되어 생성하는 가상의 오브젝트(Object)를 지오매트리(Geometry)라고 한다. 지오매트리(Geometry)의 구현 방식에 따라 폴리곤(Polygon) 방식과 넙스(Nurbs) 방식으로 구분된다.

3D 지오매트리는 3D 소프트웨어에서 가장 기본이 되는 오브젝트들이 구(Sphere), 상자(Box), 원기둥(Cylinder) 등을 들 수 있는데, 이런 기본적인 오브젝트도 단일 엘리먼트(Element)로 구성된 것이 아니라 기본 2D 폴리곤들이 모여 구성된 것을 말하며 폴리곤으로 구성된 3D 지오매트리를 폴리곤 메쉬(Polygon Mesh)라고도 한다.

폴리곤 디자인 소프트웨어란 정확한 치수나 물리적인 특징보다는 형상의 표현에 집중된 3D 그래픽 프로그램을 말하며 폴리곤(Polygon) 방식은 넙스 방식에 비해 데이터의 용량이 적고 데이터 처리 속도가 빠른 편이다.

넙스 모델링(NURBS Modeling)

비균일 유리 B-스플라인(Non-Uniform Rational Basis Spline)을 의미하는 NURBS는 표면을 디자인하고 모델링하는 산업 표준으로 복잡한 곡선이 많은 표면을 모델링하는 데 특히 적합한 방식이다. 넙스 모델링은 자유자재로 곡선의 표현이 가능하다는 특징이 있는데 폴리곤 모델링에서 구현하기에 손이 많이 가고 어려운 모델링을 마우스 조작과 몇 번의 명령어 실행으로 비교적 쉽게 형상을 구현할 수 있다는 장점이 있다.

또한 최고의 곡선을 나타낼 수 있는 SPLINE이기 때문에 이를 이용하여 각진 폴리곤보다 곡면, 유기체 모델링시에 유리하다는 점이 있다. 하지만 이러한 넙스 모델링의 가장 큰 단점은 모델링 데이터 용량이 너무 커진다는 것과 NURBS 자체에 방향성이 존재한다는 점 그리고 수정하기가 쉽지 않다는 점이다.

그림 3-1 마야(Maya) 넙스 모델링 작품 예

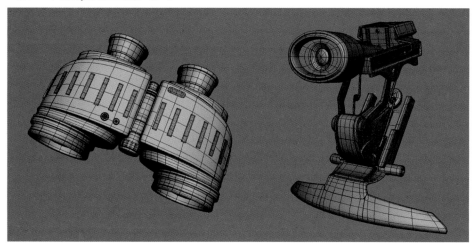

출처 : https://www.artstation.com/artwork/dRJlx

이외에도 모델링 방식에 따라 서피스 모델링, 스컬프트 모델링 등이 있는데 곡면(서피스, Surface) 모델링 이란, 3D 엔지니어링 소프트웨어에서 3차원 형상을 표현하는 데 있어서 솔리드 모델링으로 표현하기 힘든 기하 곡면을 처리하는 기법으로 솔리드 모델링과는 다르게 서피스 도구를 사용하여 생성할 수 있으며, 제품 개발이나 개념설계시 모델을 구현할 수 있다.

주로 산업 디자인 분야에 많이 사용되고 있으며, 곡면 모델링 기법으로 3차원 형상을 표현하고, 3D 엔지니 어링 소프트웨어에서 제공하는 기능으로 차후, 솔리드 형상으로 변경하여 완성한다.

스컬프트(Sculpt) 모델링이란 이름 그대로 마치 조각하듯이 또는 찰흙을 만지듯이 손의 감각대로 모델링하 는 것으로 타고난 손기술과 포토샵에서 브러시를 다루듯이 모델링과 컬러링을 다 할 수 있는 조각가, 공예 가, 화가처럼 손재주나 기질(기술)이 필요한데 대표적인 프로그램으로 스컬프트리스, 지브러시 등을 들 수 있다.

위에서 기술한 엔지니어링용과 디자인용 3D 소프트웨어 이외에도 초보자들이 비교적 접하기 용이한 간 단한 3D 모델링 소프트웨어에는 국산으로는 한캐드, 캐디안3D, 3D TADA 등이 있으며, 외산으로는 TinkerCAD, SketchUp 등이 있다.

> **[3D프린터운용기능사 작업형 실기 시험 참고 사항]**
>
> 현재 NCS 능력단위 및 학습모듈에는 [디자인 모델링]과 [엔지니어링 모델링]이 개발되어 있으며, [디자인 모델링]이 좀 더 세분화되어 [넙스 모델링], [폴리곤 모델링]의 능력단위로 구분되어 있다. 따라서 실기 시험 시 주어질 것으로 예상되 는 문제도면은 디자인 분야와 엔지니어링 분야로 출제될 수 있으니 참고하기 바란다.
>
> 특히 두 분야에서 많이 사용하는 3D CAD 프로그램이 다양하므로 실기 시험을 준비하는 경우 사전에 만반의 준비를 하여야 할 것이다.

3D 모델링 소프트웨어와 3D 프린팅용 파일의 이해

3D 프린터에 관심은 있거나 무언가 새로운 시도를 해보고 싶지만 3D 모델링, CAD 등에 대해서 초보자가 쉽게 배우기는 어려울 것이다. 그렇다고 언제까지 남들이 공유해 놓은 모델링 데이터만 내려받아 출력만 하는 것은 재료만 낭비하고 결국 사용 용도가 개인 취미생활에 지나지 않을 것이기 때문이다. 3D 프린터는 3D CAD에 관련한 지식이 없고서는 절대로 관련 비즈니스나 창업 같은 것을 하기에는 어렵겠지만 요즈음은 3D CAD나 3차원 모델링 관련하여 오픈된 이러닝이나 무료로 관련 교육을 실시하는 곳이 예전에 비해 상당히 많아졌으므로 시간과 노력만 투자한다면 초보자도 접근하기에 어렵지 않을 것이다.

3D 프린터에 사용하는 대표적인 3D CAD 파일 Export Format

파일 형식	주요 특징
.STL	가장 일반적이고 널리 사용되고 있는 format
.ZPR	Z Corporation사에서 설계, 색상과 질감 정보를 갖고 있는 것이 특징
.OBJ	색상과 질감 정보를 갖고 있는 것이 특징
.ZCP & .PLY	색상, 질감, 기하적 모양 정보를 갖는 3D 스캐너 데이터 포멧
.VRML	색상과 질감 정보 지원
.SKP	스케치업(SktechUp) native format
.3DS	색상과 질감 정보를 갖는 3D Studio Max의 format
.3DM	라이노(Rhino) native format
.AMF	STL 등 기존 format의 한계를 극복한 향후 표준이 될 것으로 예상되는 형식으로 복합 재료, 다양한 색상, 작은 파일 사이즈 등을 지원하는 것이 특징

3D 데이터를 준비하는 방법

방법	소프트웨어	장점	단점
3D 모델링	틴커캐드, 퓨전360, 솔리드웍스, 인벤터, 크레오, 카티아, NX, 솔리드엣지, 아이언캐드 등의 3차원 CAD 또는 3ds Max, Maya, Alias, Rhino 등 3차원 컴퓨터 그래픽 소프트웨어	개인이 직접 원하는 설계와 창의적인 디자인을 하여 나만의 모델링 데이터를 만들 수 있다.	고가의 3D CAD나 3D 컴퓨터 그래픽 관련 소프트웨어를 다룰 수 있는 능력이 필요하다.

3D 스캔	3D 스캐너 3D 스캔 데이터 보정용 전용 소프트웨어 역설계 소프트웨어	디테일한 모델링 작업을 하지 않아도 된다.	3D CAD로 설계한 데이터보다 정밀도면에서 떨어지고 실체가 있는 제품 등으로만 3D 데이터화할 수 있다.
3D 데이터 Free 다운로드	무료 공유 사이트에서 손쉽게 다운로드 가능 (단, 다운로드 받은 3D 데이터를 수정하는 경우는 위의 3D CAD나 3D 컴퓨터 그래픽 관련 소프트웨어가 필요하고 프로그램을 다룰 줄 아는 실무 능력이 필요)	3D 모델링 기술이나 별도의 장비가 필요 없다.	자신만의 독특한 아이디어나 구상을 실현하기 어렵다.

3차원 CAD 소프트웨어와 3차원 컴퓨터 그래픽 소프트웨어의 차이

기본적으로 3D 모델링을 하기 위해서는 3D CAD 소프트웨어나 3D 컴퓨터 그래픽(CG) 소프트웨어가 필요한데 둘 다 모델링과 디자인을 하기 위해서 사용하는 프로그램이지만 각 소프트웨어마다 특징이 있으며 구글 스케치업이나 오토데스크의 틴커캐드와 같은 무료 버전의 경우 기능상의 한계가 있으므로 보다 전문적인 모델링과 디자인을 하기 위해서는 고가(보통 수백만원에서 수천만원대)의 소프트웨어를 구입하여야 하므로 개인들보다는 주로 기업체에서 사용한다.

3D CAD 소프트웨어는 원래 기계, 자동차, IT기기, 건축, 조선, 플랜트 설계 등의 제조 산업 분야에 사용되는 설계 전용 소프트웨어로 정확한 치수를 넣은 정밀한 모델링이 가능한 툴이다. 큐브(cube)나 콘(cone) 등을 조합해 모델링 하는 소프트웨어가 많아 평면과 비교적 단순한 곡면 조합으로 구성된 물체를 모델링하는 데 적합하다. 예를 들어 기계설계, 스마트폰이나 명함 케이스, 장난감의 망가진 부분을 복제하는 경우엔 3D CAD 소프트가 적합한 것이다.

반면 3D 컴퓨터 그래픽 소프트웨어는 영화나 TV 속에 등장하는 터미네이터나 아바타, 트랜스포머 등과 같은 사실감 있는 컴퓨터 그래픽과 생동감 있고 실제같은 느낌의 컴퓨터 그래픽 애니메이션 등을 제작하기 위한 소프트웨어인데, 찰흙을 다듬는 식으로 모델링 할 수 있는 소프트웨어가 많다. 3D 컴퓨터 그래픽 소프트웨어는 복잡한 곡면을 가진 물체의 모델링을 위한 것으로 사람을 비롯한 캐릭터와 동물을 만들려면 3D CAD보다는 3D 컴퓨터 그래픽 소프트웨어가 편리한 것이다.

3D CAD 소프트와 3D 컴퓨터 그래픽 소프트웨어도 무료로 배포하는 소프트웨어부터 수백만 원대에서 수천만 원대를 호가하는 상업용 소프트웨어까지 다양한 소프트웨어가 있지만 3D 프린터로 출력하기 위해 3D 모델링을 하는 것이 목적이라면 굳이 값비싼 소프트웨어를 구입할 필요는 없다. 무료로 이용할 수 있는 소프트웨어나 몇 만 원에서 몇 십만 원이면 구입할 수 있는 소프트웨어라도 출력하는데는 충분하기 때문이다.

3D 프린트 출력 가능 파일을 생성하는 소프트웨어의 예

3D Studio Max®	MicroStation®
3DStudio Viz®	Mimics®
TinkerCAD	Fusion360
Alias®	Pro/ENGINEER
AutoCAD®	Raindrop GeoMagic®
Bentley Triforma™™	RapidForm™™
Blender®	RasMol®
CATIA®	Revit®
COSMOS®	Rhinoceros®
Form Z®	SketchUp®
Inventor	Solid Edge®
LightWave 3D®	SolidWorks
Magics e-RP™™	UGS NX™™
Maya®	VectorWorks®

3D CAD 프로그램에 따른 파일 형식

앞에서 잠깐 살펴보았듯이 3D CAD나 컴퓨터 그래픽 디자인 관련 소프트웨어가 다양하고 산업군 별로 많이 사용하는 소프트웨어의 종류도 조금씩 차이가 있는데 아쉽게도 국내 시장은 외산 소프트웨어들이 점령하고 있는 실정이다.

대부분의 CAD 소프트웨어는 개발사마다 자체 파일 형식이 있어 타 CAD와 호환이 되지 않는 경우가 많지만 제조업계에서는 고가의 CAD를 전부 구비하는 것은 곤란할 것이다. 최근에는 서로 다른 개발사의 CAD 사이에서 데이터를 열어볼 수 있도록 하고 있는 추세이다.

2D CAD의 대명사인 오토데스크사의 AutoCAD의 확장자는 .dwg이며 이 파일 형식이 업계에서는 사실상 표준으로 사용되고 있다. 컴퓨터 그래픽 디자인의 경우 웨이브프런트(Wavefront)의 .obj라는 파일형식(file format)이 표준으로 사용되고 있으며, 대부분의 3차원 컴퓨터 그래픽 소프트웨어는 이 파일 형식을 지원하고 있다.

또한 소프트웨어마다 파일 형식이 달라 타 CAD 프로그램에서는 열어볼 수가 없는 경우가 있는데 이런 경우에는 중간 파일 형식으로 변환하여 주면 열어보는 것이 가능하다.

중간 파일 형식에는 표준 규격인 IGES나 STEP 외에 DXF, BMI, SFX 등의 형식이 있으며 이미지의 경우 BMF, GIF, TIFF, JPEG 등의 래스터 데이터 형식, 3차원 CAD에서 커널 포맷형식이나 STL, VRML, XVL

와 같은 특정한 분야에서 사용하기 적합한 파일 형식들이 있다.

[주요 중간 파일 형식]

확장자 명칭	설명
.igs / .iges	3D CAD에서 중간 파일 형식으로 가장 많이 이용됨
.stp / .step	3D CAD에서 중간 파일 형식으로 많이 이용됨
.dxf	Autodesk사에서 개발한 2D CAD용 중간 파일 형식
.sat	ACIS 커널 파일 형식

[주]

- **IGES**(*.igs, *.iges) : **I**nitial **G**raphics **E**xchange **S**pecification
- **STEP**(*.stp, *.step) : **ST**andard for the **E**xchange of **P**roduct data
- **ACIS**(*.sat) : **A**lan, **C**harles, and **I**an's **S**ystem
- **AutoCAD**(*.dxf, *.dwg) : **D**rawing **EX**change **F**ormat, **D**ra**W**in**G**
- **STL**(*.stl) : **ST**ereo**L**ithography
  - 폴리곤 메쉬(polygon mesh)
  - 삼각형의 수를 조정 가능(품질 조정)
  - 텍스트 또는 이진수
- **VDAFS**(*.vda) : **V**ereinung **D**eutsche **A**utomobilindustrie **F**lächen **S**chnittstelle
- **VRML**(*.wrl) : **V**irtual **R**eality **M**odeling **L**anguage (**world**)

3D 프린팅 활용을 위한 공유 플랫폼

현재 기술의 진보와 더불어 보급형 3D 프린터의 기능과 성능도 점점 더 빠른 속도로 발전을 하고 있으며 장비 가격의 하락과 함께 개인 사용자들도 점차 많아지고 있는 추세이다. 또한 미래에는 3D 프린터로 인해 디자인, 제작, 유통 등의 분야에 혁신적인 변화가 올 것이라는 예상은 쉽게 예측할 수 있을 것이다. 기존의 방식으로 제작한다면 적지 않은 시간 낭비에 비용 부담까지 고려하지 않을 수 없지만 향후 보급형 3D 프린터에서 사용가능한 다양한 소재의 개발까지 가능해진다면 개인 제조 공장이 많이 생겨날 것이다. 3D 모델링이나 CAD는 기술이 필요한 부분으로 모델링에 약한 초보자라면 여기서 소개하는 무료 모델링 공유 플랫폼들을 한 번씩 방문하여 원하는 데이터를 검색해서 직접 출력해보길 바라며 국내에서도 3D 프린터라는 하드웨어 말고도 3D 컨텐츠 관련 생태계 구축이 시급하다고 할 수 있다.

싱기버스 (http://www.thingiverse.com/)

3D 프린터에 관심 있는 사용자라면 누구나 한번 씩은 이용해 본 경험이 있는 사이트일 것인데 렙랩 오픈소스를 기반으로 하여 크게 성장한 미국 MakerBot에서 운영하는 3D 모델링 & 디자인 공유 플랫폼이다. '개방과 공유를 통한 공동 발전'이란 취지의 컨셉으로 만들어진 이 온라인 커뮤니티는 기존의 전통적인 생산 방식에 익숙해져 있던 대중들이 막연하기만 했던 3D 프린터를 가지고 무얼할 수 있을까 고민할 필요없이 플랫폼에 올라와 있는 3D 프린팅용 데이터를 내려받아 직접 출력하거나 자신의 취향에 맞게 변형하여 다시 회원들과 공유하기도 한다.

싱기버스

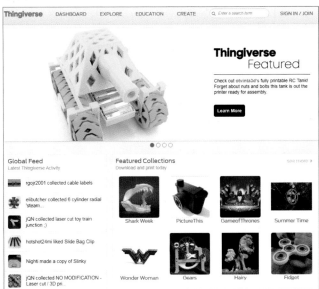

심지어 일부 3D 프린팅 출력 서비스 사업자들은 3D 프린터가 없는 사람들을 타겟으로 하여 싱기버스에 올라와 있는 모델을 유료로 출력을 해주는 서비스까지 생겨났을 정도이다.

마치 렙랩의 멘델처럼 끊임없이 복제하고 공유하면서 전세계인이 참여하는 거대한 플랫폼으로 성장했으며 MakerBot의 강력한 무기가 된 싱기버스에 올라와 있는 데이터들 중에는 놀라울 정도로 혁신적인 것도 있지만 재료만 낭비하고 실용성이 떨어지는 것들도 적지 않으니 사용자가 잘 판단해서 이용하기 바란다.

GrabCAD Community (http://grabcad.com)

GrabCAD의 워크벤치(Workbench)는 CAD 파일의 공유, 관리 및 협업 도구를 제공하는 유무료 솔루션으로 엔지니어들끼리 3D Library, Tutorial을 공유할 수 있고 프로젝트를 쉽게 관리할 수 있는 기능을 제공하는데 보안이 유지되어야 하는 프로젝트의 경우 클라이언트와 협업하는 엔지니어들만 공유가 가능하다. 또한, 체계적인 구조로 접근이 용이하며 스마트폰, 태블릿, PC 등에서도 언제든지 접속하여 데이터 확인이 가능하며 이 기능은 유료 회원의 등급(FREE, PROFESSIONAL, ENTERPRISE)에 따라 사용가능한 프로젝트 수와 용량에 제한을 받는다.

현재 GrabCAD의 Community에는 약 395만여 명의 멤버들과 215만여 개의 free CAD 파일이 공유되고 있으며 무료로 회원 가입만 하면 무제한 다운로드가 가능하다. 국내 엔지니어나 디자이너들이 흥미를 느끼고 방문하는 온라인 커뮤니티이다. Library에서는 중립 파일인 STEP, IGS, STL로 변환 외에 간단한 치수의 측정, Explode, Section 등의 처리도 가능하다. 또한 Tutorial에서는 엔지니어 상호 간 궁금한 사항들을 질문하고 답변해주는 공간으로 3D CAD 분야별로 카테고리가 잘 정리되어 있어 편리한 플랫폼이다.

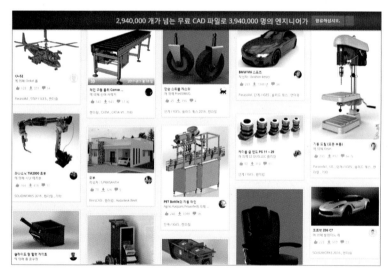

출처 : https://grabcad.com/library

YouMagine (https://www.youmagine.com/)

YouMagine은 MakerBot의 경쟁사인 얼티메이커 B.V.에서 운영하는 공유 플랫폼으로 현재 12,000여 개의 오픈소스 디자인 데이터가 공개되어 있으며 특히 얼티메이커 3D 프린터 사용자를 위한 CURA에 최적화된 데이터를 제공한다.

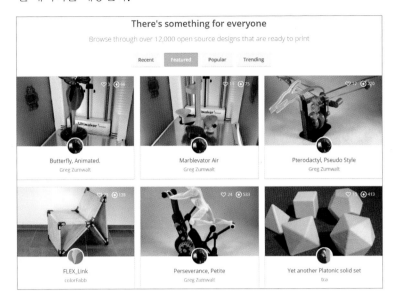

3D Warehouse(https://3dwarehouse.sketchup.com/)

3D Warehouse는 여러 가지 기능이 복잡하게 들어가 있어 성능은 뛰어나지만 배우기 어려운 3D CAD 프로그램들에 비해 비교적 간단하게 배워 사용할 수 있는 스케치업 기반의 3D 모델링 소스 공유 플랫폼이다.

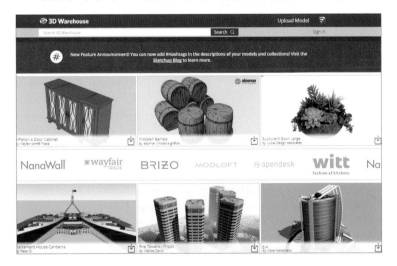

3Dupndown(http://www.3dupndown.com/)

3Dupndown은 국내 플랫폼으로 유료로 3D 파일을 업로드하여 수익을 창출할 수 있는데 다국어로도 지원이 되고 있다.

3DBANK(http://www.3dbank.or.kr/)

3D상상포털 3D뱅크도 국내 플랫폼으로 대부분 무료 파일 다운로드가 가능한데 맷돌이나 옹기그릇과 같은 우리 전통 문화재 같은 파일들도 업로드 되어 있다.

파프리카 3D(http://paprika3d.com/)

파프리카 3D도 국내 플랫폼으로 주로 피규어와 디자인 관련 파일들이 많이 있으며 무료와 유료로 제공이 되는 3D 프린팅 오픈마켓 플랫폼이다.

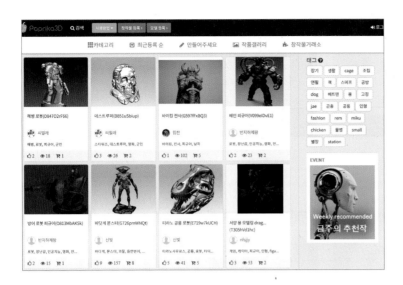

My Mini Factory(https://www.myminifactory.com/)

2013년에 시작한 My Mini Factory는 전 세계의 3D 디자이너가 파일을 업로드하여 3D 프린터 소유자가 무료로 다운로드 받을 수 있도록 디자인을 공유하고 있는 커뮤니티 플랫폼이다. 2018년 10월 현재 약 5만 5천여 개가 넘는 출력 가능한 모델과 12천여 명의 디자이너가 활동하고 있는데 월별 보고서를 통해 월간 다운로드 수와 인기있는 카테고리, 디자이너의 프로필 등을 공개하고 있다.

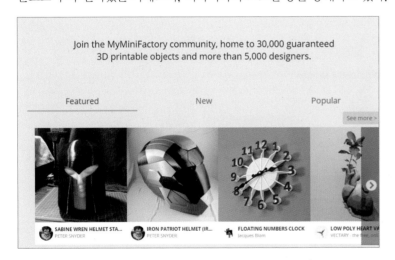

FAB365(https://fab365.net/)

팹365는 국내 3D 모델 마켓플레이스 플랫폼으로 3D 프린팅에 최적화된 고품질의 데이터를 유무료로 제공하고 있다. 콘텐츠 저작권자가 파일을 업로드하여 수익을 창출할 수 있으며, 3D 프린팅 사용자는 파일을 유무료로 내려받아 출력할 수는 있으나 상업적 용도로는 사용할 수 없다.

큐브무늬 미니 화분 미니 화분 ₩ 1000	**천정 조명 C (큐브 패턴)** 천정 조명 시리즈 ₩ 4000	**천정 조명 B** 천정 조명 시리즈 ₩ 6000

yeggi(http://www.yeggi.com/)

yeggi는 현재 165만 건이 넘는 3D 모델 데이터를 검색할 수 있으며, 3D 모델을 제공하는 3D 커뮤니티 및 플랫폼 등에서 데이터를 수집하여 제공하고 있는 3D 모델 검색 엔진으로 싱기버스나 pinshape, GRABCAD 등의 플랫폼으로 연결되는 특징이 있다.

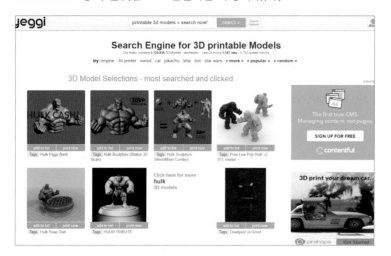

pinshape(https://pinshape.com/)

formlabs에서 운영하는 3D 프린팅 플랫폼인 pinshape는 디자이너와 제조업체들을 위한 플랫폼으로 7만여 개의 3D 프린팅 파일을 지원하고 있다.

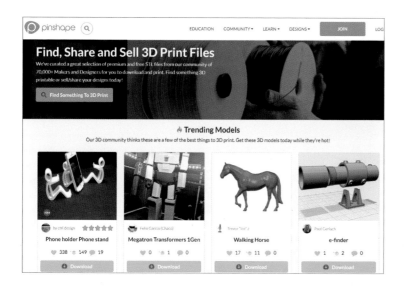

터보스퀴드(https://www.turbosquid.com/)

TURBOSQUID는 15만여 개의 3D 모델 데이터가 있는 사이트로 지원하는 파일 형식도 매우 다양하며 인체, 동물, 자동차, 선박 등 다양한 고품질의 유무료 데이터를 제공하고 있다.

터보스퀴드의 무료 모델

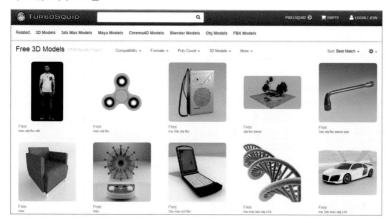

터보스퀴드의 유료 모델

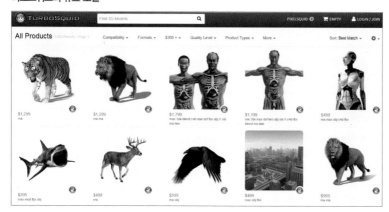

yobi3D(https://www.yobi3d.com/)

yobi3D는 무료 3D 모델 검색 엔진으로 모델별로 다양한 파일 형식을 지원하며, 해당 파일을 3D로 돌려보며 확인할 수 있고 모델을 다운로드 받기 위해서는 다운로드 소스에 연결된 사이트(예 : sketchfab.com, design3dmodel.com 등)로 이동해야 한다.

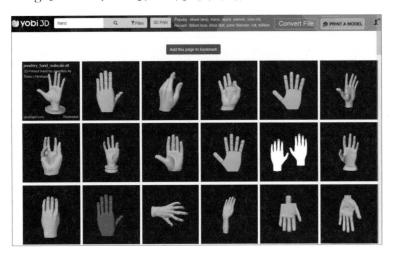

스케치팹(https://sketchfab.com/)

2012년 초 파리에서 시작한 스케치팹은 웹이나 VR에서 손쉽게 3D 콘텐츠를 게시 및 공유하고 검색할 수 있는 플랫폼으로 스케치팹의 플레이어는 웹 상에서 직접 삽입할 수 있으며 소셜 미디어에서 3D 및 VR 콘텐츠를 보고 공유할 수 있다.

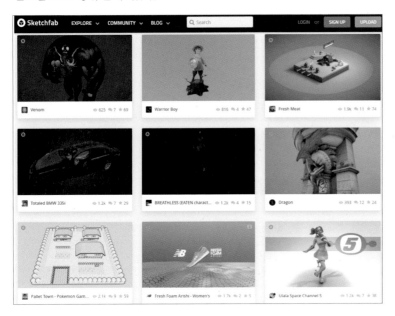

3D 프린팅과 지적재산권

1. 지적재산권의 이해

우리 일상에 필요한 물건을 손수 만들어 사용하던 자급자족의 생활 방식은 눈부신 산업의 발전에 따라 점차 사라져서 현재 우리는 제품을 생산하는 제조자와 실제 사용자가 완전히 분리되어 있는 시대에 살고 있다. 이제 사람들은 각자 일해서 번 돈을 가지고 다른 누군가가 만든 제품과 교환하는 방식으로 필요한 물건을 얻고 있다. 그리고 이러한 생산과 소비의 간격을 적극적으로 좁혀가고자 시도하는 사람들이 있는데 완제품을 사용하는 소비자로만 머물지 않고 '스스로 만드는 과정'을 통해 기성 제품을 자신의 입맛에 맞게 직접 개조하는 제품 해커, 메이커들이 바로 그들이다.

해킹이라고 하면 가장 먼저 컴퓨터나 모바일 등의 IT & 인터넷 범죄가 연상되지만, 실제 판매되는 기성 제품의 개조를 지칭하는 새로운 의미의 해킹이 서서히 확산되고 있다. '제품 해킹'이라는 말이 다소 낯설지 몰라도, 다른 사람이 이미 만들어 놓은 제품을 자신의 필요에 따라 수정 및 개조하는 행위는 제품의 탄생부터 함께 했다고 해도 과언이 아닐 것이다.

일례로 보통 오래 사용해 질렸거나 용도에 맞는 기능이 수명을 다한 물건에 새로 칠을 한다든가 잘라내고 덧붙여 새롭게 탄생시키는 '리폼(reform)'도 그에 해당할 것이다. 그런데 본래의 디자인을 수정해 새롭게 다시 만든다는 뜻의 리폼의 본질을 넘어, 해킹에는 보다 적극적인 변형과 변용의 의미가 깃들어 있다. 제품 해커들은 필요에 의해서이든 취미와 재미를 위해서이든, 나에게 맞고 나에게 보기 좋은 물건을 만들기 위해 기존 제품을 재료로 삼는 것이다.

신세대 감각에 맞는 차별화된 디자인과 저렴한 가격으로 유명한 스웨덴의 브랜드인 이케아(IKEA)는 해당 브랜드의 제품 해킹 사례만을 모아놓은 이케아 해커스(www.ikeahackers.net)라는 별도의 커뮤니티 사이트가 있을 정도로 대표적인 해킹 브랜드라고 할 수 있다. 이 사이트에서는 다양한 해킹 및 아이디어 카테고리로 이케아 제품의 해킹 사례와 제품에 대한 수정 및 용도 변경 방법에 대해서 공유하고 있다. 특히 이케아의 제품을 소개하는 전시회에 해킹 제품이 함께 소개되고 있을 정도라고 한다. 실제로 2010년 빈에서 열린 전시회 '이케아 현상(The IKEA Phenomenon)'에서는 이케아의 대표적인 제품 및 컬렉션과 함께 이케아 해킹 사례들을 별도로 모아 전시하기도 했다.

제품 해킹에 최적화되어 있는 이케아 제품들이지만 처음부터 해킹 가능성을 염두에 두고 디자인된 것은 분명 아닐 것이다. 제품의 원가를 절감하기 위한 대량생산에 있어 필수적인 표준화 덕택에 어느 정도는 서로 다른 제품 간 부품의 호환이 가능하지만, 유명한 블록형 완구인 '레고'처럼 모든 제품을 자유자재로 조립할 수 있도록 만든 모듈형 제품은 아니라는 말이다. 따라서 머릿속에 떠오른 다양한 해킹 아이디어를 구현하기 위해서는 원래 주어진 디자인과 다른 규격의 제품과 결합하기 위한 별도의 조립 부품이 필요할 경우가 있는데 이 한계를 뛰어넘을 수 있는 대안으로 제시되고 있는 것이 바로 3D 프린터인 것이다.

현재 각 분야에서 3D 프린팅의 다양한 활용 가능성에 대해 많은 논의와 활발한 움직임이 있는데 그 중에서도 가장 주목할 만한 것은 대량 생산에 적합하지 않은 제품의 소량 맞춤 제작을 용이하게 해준다는 점이다. 또한, 값비싼 3D CAD 소프트웨어가 아니더라도 무료나 오픈 소스 형식으로 온라인 등을 통해 자유롭게 공유되는 소프트웨어가 그 영역을 확장한다는 점 역시 제품 해킹의 온라인 공유 방식과 닮아 있다. 이런 3D 프린팅의 특징을 살린다면 해킹을 위한 조립 및 변형에 필요한 추가 부품을 손쉽게 만들 수 있으며 제작 방식을 해킹 사이트를 통해 공유할 수 있다. 이제 제품 해킹을 통해 새롭게 만들어 낼 수 있는 물건의 가능성은 무한대로 높아진 것이다.

3D 데이터 공유 플랫폼을 이용하면 손쉽게 다운로드하여 수정하거나 출력할 수 있는데 해당 사이트의 저작권 방침에 대해서 반드시 숙지할 필요가 있다.

타인의 3D 모델링 파일에 대해 지식재산권을 침해하는 문제는 크게 3가지로 분류할 수 있다.

첫 번째, 원저작권자의 사전 동의나 허락이 없이 파일을 다운로드받아 커뮤니티나 타 사이트 등에 배포하는 경우이다. 예를 들어 아이들이 좋아하는 캐릭터 중에 저작권 있는 것을 그대로 모델링하여 무료로 배포하는 경우를 말한다.

두 번째, 저작권을 침해한 3D 모델링 파일을 등록하는 행위를 해당 사이트에서 방관하는 경우 사이트 운영자에게도 일부 법적 책임을 물을 수 있는데 국내 저작권자가 해외의 사이트들을 대상으로 책임 소재를 따지기는 쉽지 않은 현실이다. 또한, 대부분의 사이트에서는 가입시 약관을 통해 책임을 회피해 갈 수 있도록 한 경우가 많다.

세 번째, 이미 상표권이나 지적재산권이 등록된 게임, 애니메이션 캐릭터와 같은 3D 모델링 파일을 다운로드받아 자신이 보유하고 있는 3D 프린터를 이용해 제작하여 오프라인 매장 같은 곳에서 상업적으로 판매하게 된다면 해당 판매자는 법적 처벌 대상이 될 수 있다.

하지만 저작권이 존재하는 파일을 내려받아 원본과 비교가 힘들 정도로 모델링을 변형하고 수정을 했다면 저작권 관련한 분쟁은 또 하나의 논란거리가 될 수도 있을 것이다.

2. 크리에이티브 커먼즈 라이선스(CCL)

블로그(Blog)나 웹사이트를 운영하는 사람들 중에 자신의 저작물을 보호하기 위한 대책으로 흔히 사용하는 방법으로 '마우스 우측 버튼 사용 금지'나 '자동 출처 사용' 외에 'CCL'을 적용하는 경우이다. 사실 '마우스 우측 버튼 사용 금지'나 '자동 출처 사용' 과 같은 방법은 사이트 방문자가 의도적으로 해제할 수 있기 때문에 실제 불펌(인터넷 상에서 타인의 게시물, 즉 글이나 사진 등을 원저작자의 동의를 구하지 않고 가져오거나 사용하는 일)에 따른 저작권 문제를 근본적으로 차단하거나 방지하는 효과는 그리 크지 않다.

흔히 사용하는 라이선스 대책으로 크리에이티브 커먼즈 라이선스(Creative Commons License, 이하 CCL)를 들 수 있는데 'CCL'은 자신의 창작물에 대하여 일정한 사용 조건과 이용방법을 준수한다면 다른 사람들이 자유롭게 해당 저작물을 사용할 수 있도록 허락해주는 '자유이용 라이선스'를 말한다. 타인의 라이선스를 이용하고 싶은 사람은 해당 저작물에 표시된 심벌마크를 이해하고 사용했다면 지극히 정상적인 행위로 불펌에서 자유로울 수가 있다.

'CCL'은 저작물에 대한 불펌방지나 저작권 보호를 위한다기 보다는 저작물의 공유와 관련된 사항으로 자신의 저작물을 타인과 공유하고자 할 때 적용하는 것이 바람직하다.

2.1 CCL 이용 방법 및 사용 조건

한편 국내에서는 사단법인 코드(C.O.D.E)에서 크리에이티브 커먼즈 코리아(CCL)를 운영하고 있으며, CCL은 자신의 창작물에 대하여 일정한 조건 하에 다른 사람의 자유로운 이용을 허락하는 내용의 자유이용 라이선스(License)로 소개하고 있다.

CC 라이선스를 구성하는 이용허락조건은 4개가 있으며, 이 이용허락조건들을 조합한 6종류의 CC 라이선스가 존재한다.

① 이용 허락 조건

우선, CC 라이선스의 종류를 설명하기 전 CC 라이선스를 구성하고 있는 이용허락조건에 대해 살펴보겠다. 앞서 설명한 것과 같이 내 저작물을 이용하는 사람들은 저작물에 적용된 CC 라이선스에서 표시하고 있는 이용허락조건에 따라 저작물을 자유롭게 이용하게 된다. CC 라이선스에서 선택할 수 있는 이용허락조건은 아래와 같이 4 가지이다.

Attribution (저작자 표시)
저작자의 이름, 출처 등 저작자를 반드시 표시 해야 한다는, 라이선스에 반드시 포함하는 필수조항입니다.

Noncommercial (비영리)
저작물을 영리 목적으로 이용할 수 없습니다. 영리목적의 이용을 위해서는, 별도의 계약이 필요하다는 의미입니다.

No Derivative Works (변경금지)
저작물을 변경하거나 저작물을 이용한 2차적 저작물 제작을 금지한다는 의미입니다.

Share Alike (동일조건변경허락)
2차적 저작물 제작을 허용하되, 2차적 저작물에 원 저작물과 동일한 라이선스를 적용해야 한다는 의미입니다.

② 라이선스 이용조건 및 문자표기

CC 라이선스에는 4개의 이용허락조건들로 구성된 6종류의 라이선스들이 있다. 원하는 이용허락조건들로 구성된 CC 라이선스를 선택 후 CC 라이선스 표기 가이드에 따라 자신의 저작물에 선택한 CC 라이선스를 표기하도록 한다. 참고로, 각 라이선스별로 CC 라이선스를 쉽게 읽고 이해할 수 있도록 이용허락규약을 요약한 일반증서(Commons Deed)와 법률적 근거가 되는 약정서 전문인 이용허락규약(Legal Code)이 있다.

라이선스	이용조건	문자표기
CC BY	**저작자표시** 저작자의 이름, 저작물의 제목, 출처 등 저작자에 관한 표시를 해주어야 합니다.	CC BY
CC BY NC	**저작자표시-비영리** 저작자를 밝히면 자유로운 이용이 가능하지만 영리목적으로 이용할 수 없습니다.	CC BY-NC
CC BY ND	**저작자표시-변경금지** 저작자를 밝히면 자유로운 이용이 가능하지만, 변경 없이 그대로 이용해야 합니다.	CC BY-ND
CC BY SA	**저작자표시-동일조건변경허락** 저작자를 밝히면 자유로운 이용이 가능하고 저작물의 변경도 가능하지만, 2차적 저작물에는 원 저작물에 적용된 것과 동일한 라이선스를 적용해야 합니다.	CC BY-SA
CC BY NC SA	**저작자표시-비영리-동일조건변경허락** 저작자를 밝히면 이용이 가능하며 저작물의 변경도 가능하지만, 영리목적으로 이용할 수 없고 2차적 저작물에는 원 저작물과 동일한 라이선스를 적용해야 합니다.	CC BY-NC-SA
CC BY NC ND	**저작자표시-비영리-변경금지** 저작자를 밝히면 자유로운 이용이 가능하지만, 영리목적으로 이용할 수 없고 변경 없이 그대로 이용해야 합니다.	CC BY-NC-ND

출처 : http://www.cckorea.org/

3. 3D 저작물 사용 사례

타인의 저작물인 3D 모델링 파일을 무료 플랫폼을 통해 다운로드하여 손쉽게 프린팅해보는 사람들이 많이 있을 것이다. 거꾸로 자신이 직접 제작한 디자인 파일을 업로드하여 전 세계 누구나 무료로 사용할 수 있도록 제공하는 경우도 있다. 하지만 무료 플랫폼에서 다운로드 받은 파일로 출력하여 상업적으로 판매한다거나 원본 파일을 타 플랫폼에 유료로 등록하여 판매한다면 향후 원저작자로부터 저작권이나 상표권에 관한 사항으로 법적인 문제에 직면할 수도 있으니 반드시 주의해야 한다. 자신이 만든 모델의 사용과 공유에 대해서는 무관심해도 크게 손해 볼 게 없겠지만 타인의 모델을 사용함에 있어서는 법적인 문제를 제대로 인지하고 있어야 한다.

다이징오프(Dizingof)로 널리 알려진 3D 프린팅 아티스트 어셔 나미아스는 수학공식을 추상적으로 표현하는 매스아트(Math Art)로 자신의 저작물에 CC BY-NC-ND 3.0 라이선스(제작자 이름 표시 의무, 상업적 사용 및 변형 금지) 사용을 조건으로 온라인에 공개함으로써 3D 프린팅 분야에서 큰 명성과 인기를 끌었다.

하지만 이 아티스트의 작품을 일부 유명 3D 프린팅 기업들이 자사 3D 프린터로 출력하여 박람회나 기업광고 등에서 전시 및 이용하였는데 문제는 원저작자의 이름 등을 명시하지 않는 사례를 목격하고 자신이 공개한 모든 디자인을 삭제하는 결정을 내리게 되었다고 한다.

이와 같은 원저작자의 조치는 3D 프린팅 업계 전반에 경종을 울리는 계기가 되었지만 수많은 팬들로부터 부정적인 반응을 불러 일으키게 되었고 이후 다이징오프는 사이트를 통해 FREE 다운로드 가능한 디자인 파일과 유료 디자인 파일을 구분하여 사용 가능하게 조치하고 있다.

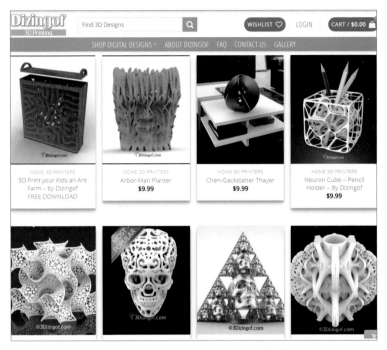

출처 : © http://www.3dizingof.com/3D-Printing/

CCL 라이선스 표기가 된 무료다운로드 파일

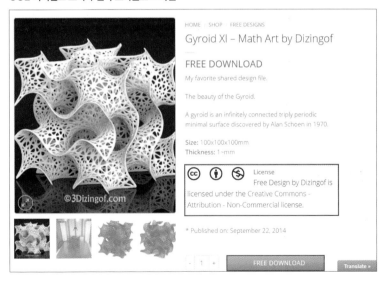

PART

4

3D 프린팅 기술방식의
분류 및 이해

대표적인 7가지 3D 프린팅 기술방식

앞장에서 3D 프린팅의 제조 방식인 적층식 제조법에 대해서 충분한 이해를 하였을 것이다. 보통 하나의 디지털 모델을 출력하기 위해서는 수백 개 이상의 층(Layer)으로 구성되는데 이 장에서는 보다 빠른 이해를 돕기 위해 주요 3D 프린팅 기술의 원리에 대한 기술과 함께 관련 이미지를 첨부하여 이해를 도울 것이다. 참고로 아직 연구 중에 있거나 특정 분야에서만 활용하고 있는 난해한 인공장기, 음식 등을 위한 3D 프린팅 기술은 다루지 않을 것이다.

지금까지 우리는 3D 프린팅에 관한 기본적인 지식 및 3D 프린팅을 하기 위한 3차원의 데이터와 모델링 등에 관련된 사항들을 알아보았는데 현재 업계에 알려진 국내외 제조사별 주요 3D 프린팅 기술방식의 원리를 이해해보고 실제 활용할 수 있는 수준에서 한층 더 깊게 들어가 3D 프린팅의 세계에 대해 알아보도록 하겠다.

아래의 표는 미국재료시험학회 ASTM에서 규정하고 있는 대표적인 7가지 3D 프린팅 기술방식을 참고적으로 정리한 것이다.

대표적인 7가지 3D 프린팅 기술방식(ASTM)

ASTM 기술 명칭	기술 정의	기술 방식
광중합 방식[PP] (Photo Polymerization)	액상의 광경화성수지에 빛을 조사하여 소재와 중합반응을 일으켜 선택적으로 고형화시켜 적층조형하는 기술	SLA DLP LCD
재료분사 방식[MJ] (Material Jetting)	액상의 광경화성수지나 열가소성수지, 왁스 등 용액형태의 소재를 미세한 노즐을 통해 분사시키고 자외선 등으로 경화시키는 방식	PolyJet MJM MJP
재료압출 방식[ME] (Meterial Extrusion)	고온 가열한 소재를 노즐을 통해 연속적으로 압출시켜가며 형상을 조형하는 기술	FDM FFF
분말적층용융결합 방식[PBF] (Powder Bed Fusion)	분말 형태의 소재에 레이저빔이나 고에너지빔을 조사해서 선택적으로 소재를 결합시키는 기술	SLS DMLS EBM
접착제 분사 방식 (Binder Jetting)	석고나 수지, 세라믹 등 파우더 형태의 분말재료에 바인더(결합제)를 선택적으로 분사하여 경화시키는 기술	3DP CJP Ink-jetting
고에너지 직접조사 방식[DED] (Direct Energy Deposition)	고에너지원(레이저빔, 전자빔, 플라즈마 아크 등)을 이용하여 입체 모델을 조형하는 기술.	DMT LMD LENS
시트 적층 (Sheet lamination)	얇은 필름이나 판재 형태의 소재를 단면형상으로 절단하고 열, 접착제 등으로 접착시켜가면서 적층시키는 기술	LOM VLM UC

현재 가장 널리 보급되어 사용 중인 FDM(Fused Deposition Modeling)이라 불리는 방식은 일반인들에게도 낯설지 않은 대중화된 방식이다. 하지만 FDM 기술은 미국의 Staratasys사가 상표권을 가지고 있는 기술방식으로 대부분의 보급형 3D 프린터는 랩렙 프로젝트를 통해 오픈소스로 공개된 FFF(Fused Filament Fabrication) 방식으로 사용된다. 일반적으로 ABS나 PLA 수지를 1.75~2.85mm의 균일한 직경을 가진 필라멘트 형태로 소재를 만들고 이 필라멘트를 고온으로 가열하여 녹이면서 베드 위에 압출하며 쌓아올리는 방식으로 PLA와 같이 용용점이 낮은 재료는 개인 3D 프린터에서 많이 사용하며 글루건 형태의 3D 프린팅 펜도 있다.

1. 용용적층모델링 (FDM : Fused Deposition Modeling)

FDM(Fused Deposition Modeling, 용용적층모델링, 열용해적층) 기술방식은 미국 스트라타시스사에서 최초로 개발되어 특허받은 기술이었다라는 것은 앞에서도 기술한 바 있다. 간단히 말해 녹여서 쌓는다는 의미인데 이 용어는 스트라타시스에서 상표로 등록한 용어이므로 기본 특허가 풀린 뒤에도 다른 제조사들이 이 용어를 사용할 수 없는 것이다.

용어야 어찌되었든 FDM 방식으로 작동하는 3D 프린터는 열가소성 플라스틱 재료를 뜨겁게 달구어진 압출기에서 소재를 반용용 상태로 가열하여 녹인 다음 컴퓨터가 제어하는 경로에 의해 압출하는 방식으로 한 층(layer)씩 쌓아가며 조형해나가는 방식이다.

그림 4-1 **FDM 기술방식의 개요**

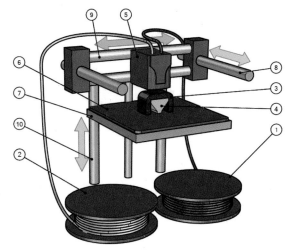

① 모델용 필라멘트 스풀 (Build material spool)
② 서포트용 필라멘트 스풀 (Support material spool)
③ 출력물 부품 (Part)
④ 수용성 서포트 (Part support)
⑤ 압출기 헤드 (Extrusion head)
⑥ 폼 베이스 (Form base)
⑦ 빌드 플랫폼 (Build platform)
⑧ X축 (Shaft)　⑨ Y축 (Shaft)　⑩ Z축 (Shaft)

출처 : www.aipworks.fi

그림 4-2 FDM 3D 프린터 출력물

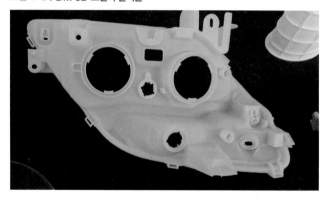

FDM 방식은 보급형 FFF 방식의 3D 프린
터들과 달리 두 가지의 서로 다른 재료를
사용하는데 하나는 모델링 재료이며 하나
는 물에 녹는 수용성 서포트 재료이다. 3D
프린터에서 조형 작업이 완료되면 사용자
가 서포트 재료를 분리하거나 물과 세제로
녹여서 제거한 후 완성된 부품만을 사용하
게 된다. 현재는 기술이 발전하여 FFF 방
식의 3D 프린터 제조사에서도 모델을 조

형하는 소재는 PLA로 서포트 재료로 사용하는 수용성(PVA) 소재 두 가지의 재료를 사용할 수 있는 3D 프
린터들이 출시되고 있다.

원조 특허 기술기업인 스트라타시스사의 FDM 3D 프린터 제품군은 ABS, PC, Nylon, ASA, ULTEM,
PPSF 등의 다양한 열가소성 플라스틱을 소재로 사용한다.

미국 스트라타시스사의 산업용 FDM 3D 프린터 국내 시판 가격대(조형 크기 : W×D×H mm)

그림 4-3 uPrintSE (약 2천만원대)

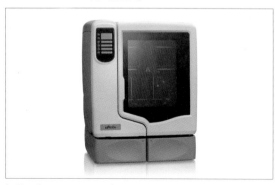

(조형크기 : 203×152×152)

그림 4-4 uPrintSE Plus (약 3천만원대)

(조형크기 : 203×203×152)

그림 4-5 Dimension BST1200es (약 4천만원대)

(조형크기 : 254×254×305)

그림 4-6 Dimension SST1200es (약 5천만원대)

(조형크기 : 254×254×305)

그림 4-7 Dimension Elite (약 5천만원대)

(조형크기 : 203×152×152)

그림 4-8 Fortus250mc (약 8천만원대)

(조형크기 : 203×203×152)

그림 4-9 Fortus380mc GEN2 (약 1억 5천만원대)

(조형크기 : 254×254×305)

그림 4-10 Fortus450mc GEN2 (약 2억원대)

(조형크기 : 254×254×305)

그림 4-11 Fortus900mc GEN2 (약 7억원대)

(조형크기 : 203×152×152)

그림 4-12 F123 Series(F170, F270, F370)

[주] 상기 제품에 대한 가격은 시장조사를 통해 국내 시판가를 조사한 것으로 실제 판매가격은 환율과 판매처의 상황에 따라 변동될 소지가 있는 부분으로 참고만 할 것

2. 용융압출적층조형 기술 : FFF (Fused Filament Fabrication)

오픈소스인 FFF(Fused Filament Fabrication, 용융압출적층조형) 방식은 FDM의 상표권 분쟁을 피하기 위해 명칭을 정한 오픈소스 프로젝트의 제작 방식으로 FDM의 기본 특허의 만료로 인해 개인 및 세계 각국의 제조사들이 개인용 데스크탑 프린터로 제작하기 시작하며 가격이 수십만 원에서 수백만 원대로 하락하고 대중화가 되는 촉매제 역할을 한 기술이다. 또한 일부 제조사에서는 PJP(Plastic Jet Printing) 방식이라고도 명칭한다.

FFF 방식의 3D 프린터는 SLA나 DLP 방식과 마찬가지로 허공에 떠 있는 부분이나 돌출부를 지지해 주는 서포트의 생성이 필요한데 노즐이 1개인 경우 모델이 조형되는 재료와 서포트가 되는 재료를 동일한 것을 사용할 수 밖에 없다. 따라서 초기 디자인을 구상하고 모델링 작업을 할 때부터 불필요한 서포트가 생기지 않도록 신경을 쓰고 부득이한 경우라도 서포트를 쉽게 제거할 수 있도록 슬라이서에서 설정해주어야 한다. 내부를 완전히 채우지 않아도 되는 모델의 경우 가급적 내부채움을 적게 설정하여 출력 시간도 줄이고 중량을 가볍게 하며 소재도 절약할 수 있도록 디자인하는 것이 좋다.

주로 사용하는 재료는 기존의 FDM 방식의 제품군에서는 거의 볼 수 없었던 PLA 필라멘트 소재를 사용하는 3D 프린터가 주를 이루고 있다. 히트베드(열판) 위에 강화유리로 제작된 빌드 플랫폼이나 특수 코팅된 베드를 적용하여 ABS 소재의 프린팅도 가능하게 한 제품들도 많다. 문제는 ABS 소재 출력시 발생하는 유해한 냄새나 분진 및 가스를 막아주는 박스 형태의 챔버 방식이 아니라 오픈형도 있으므로 집안이나 사무실 등에서 사용시에 자주 환기를 시켜주어야 하는 불편이 따르므로 제품 선택시에 신중하게 고려해보아야 할 사항이다.

그림 4-13 **FFF 기술 개념도**

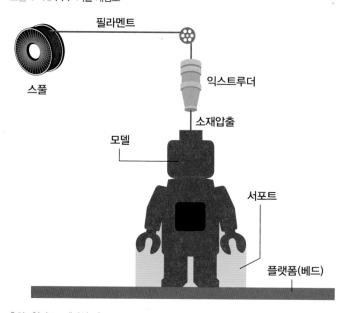

출처 : 일러스트레이션 : ⓒ Roh soo hwang

특히 FFF 방식의 3D 프린터 중에 프린팅 공간이 박스 형태의 밀폐형이 아닌 오픈형이나 히트 베드가 아닌 경우 겨울철이나 차가운 실내 온도에서 출력을 하게 되면 더욱 많은 출력 에러로 쓰레기가 발생할 것이다. 출력물이 제대로 나오는지 상당한 신경을 써야하므로 사용자에게 새로운 스트레스를 줄지도 모르는 일이다.

또한 밀폐형이라고 해도 단순하게 커버만 부착하고 출력실의 내부 온도를 유지하는 기능이 없는 프린터들은 열 수축으로 인한 문제점을 완전하게 해소할 수 있는 것은 아니지만 오픈되어 있는 것에 비해 외부에서 들어오는 차가운 공기가 출력물에 직접적인 영향을 미치는 것은 조금은 방지할 수 있어 오픈형태보다는 비교적 문제가 적을 것이다.

무더운 여름철에도 선풍기 바람이나 차가운 에어컨 바람이 노즐이나 출력물에 직접 쏘여진다면 제대로 된 결과물을 기대하기 어려운 상황이 발생할 수도 있으니 참고하기 바란다.

2.1 FFF 방식 프린팅 순서

① 압출기(익스트루더)에 장착된 모터가 필라멘트를 공급한다.

② 스풀에 말려있는 필라멘트가 천천히 압출기를 통해 노즐로 공급된다.

③ 핫엔드 노즐에서 필라멘트를 녹여 압출시킨다.

④ 압출된 재료는 설정된 G-Code 값에 따라 한층씩 적층된다.

⑤ 적층시에 냉각팬으로 냉각시켜 바로 굳게 만든다.

⑥ 최종 조형물이 완성될 때까지 앞의 과정을 반복한다.

FFF 방식의 주요 구성요소

FFF 방식의 3D 프린터의 간단한 형태는 다음과 같은 기본 구성 요소로 되어 있다.

• 사용 재료 : 플라스틱(필라멘트)

• 압출기(익스트루더, Extruder)

• 소재 공급 장치(필라멘트 피더)

• 프린트 헤드/핫 엔드(Print Head/Hot end)

• X, Y, Z축으로 움직이는 구동부

• 프린팅 베드/빌드 플랫폼

• 구성 요소를 연결하는 전자제어장치(프린터 보드)

그림 4-14 FFF 3D 프린터 출력물(FAB 365)

그림 4-15 신도리코 3D 프린터 DP200으로 출력하여 조립한 모델

그림 4-16 대형 FFF 3D 프린터와 출력물

그림 4-17 대형 FFF 3D 프린터가 출력중인 모습

정밀주조 분야에서 기존의 왁스 패턴 대신에 FDM 방식의 ABS 패턴을 사용하면 기형학적 디자인도 구현이 가능하고 패턴 디자인의 변경이 자유로우며 3D 설계도면만 있으면 빠르게 제작할 수 있으며 강도가 좋아 패턴의 변형이 없다는 장점이 있다.

전통방식으로 제작하는 경우 사출 금형 제작이 완료되기 전까지는 시제품 주조 제작이 불가능하고 왁스 패턴의 경우 복잡한 디자인 구현이 어렵고 강도가 약해 쉽게 변형이 오거나 다루기가 힘들고 제작기간이 오래 걸린다는 불편함이 있었다.

현재 출시되고 있는 국산 보급형 데스크탑 3D 프린터 중에서도 프린팅 룸을 챔버 형태로 설계하여 출력작업시 내부 온도를 최적의 상태로 유지하거나 ABS 소재 출력시 발생하는 분진, 가스 및 특유의 플라스틱 타는 냄새를 방지하기 위해 공기청정기 등에서 사용하는 헤파필터를 소모품으로 장착하는 제품도 있으며 고가의 외산 FDM 3D 프린터와 출력물의 품질을 비교하여도 손색이 없는 보급형 장비들도 출시되고 있으므로 특별한 용도로 사용하는 경우가 아니라면 특히 교육기관 같은 곳에서는 유지보수나 소재의 가격 등을 고려하였을 때 국산 장비들을 검토해보는 것이 유리하지 않을까 생각한다.

FFF 방식 국산 3D 프린터 (조형 크기 : W×D×H mm)

그림 4-18 **큐비콘 스타일**

(조형크기 : 150×150×150)

그림 4-19 **큐비콘 싱글 플러스**

(조형크기 : 240×190×200)

그림 4-20 **신도리코 3DWOX 1**

(조형크기 : 210×200×195)

그림 4-21 **신도리코 3DWOX ECO**

(조형크기 : 150×150×180)

그림 4-22 **신도리코 3DWOX 2X**

(조형크기 : 228×200×300)

그림 4-23 **신도리코 3DWOX DP201**

(조형크기 : 200×200×189)

그림 4-24 **신도리코 3DWOX 2X**

(조형크기 : 200×200×185)

3DWOX 출력물

한편 국내 제조사인 신도리코에서는 대형 출력이 가능한 신규 제품(3DWOX 7X)을 출시 예정에 있는데 FDM/FFF 방식 중에서 조형 가능한 크기가 큰 편으로 산업용으로 활용이 가능해질 것 같다.

그림 4-25 **신도리코 3DWOX 7X (조형 크기 : 390×390×450)**

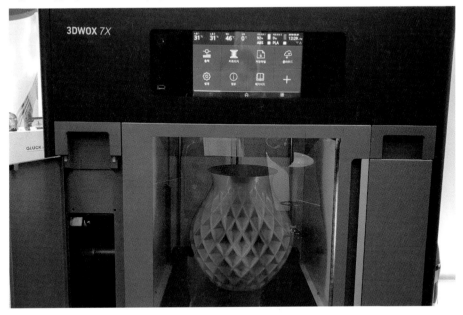

아래는 내년 출시 예정인 큐비콘의 Dual Pro 3D 프린터로 출력한 샘플 모형들이다.

그림 4-26 **큐비콘 듀얼 프로**

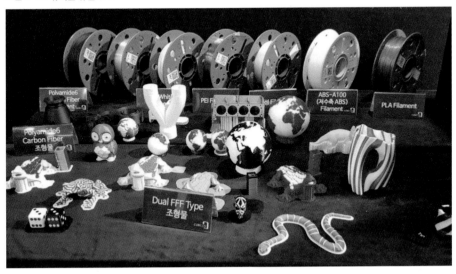

출처 : www.3dguru.co.kr

액조 광중합 방식(Vat Photopolymerization)

포토폴리머는 광활성화 수지, 광민감성 수지 또는 포토레지스터라고도 하며 모노머, 올리고머, 폴리머, 기타 개별 공정별로 특정한 첨가제로 구성된 다양한 조성으로 제조될 수 있는데 빛(자외선이나 가시광)을 조사할 때 물성의 변화가 일어나는 폴리머를 말한다. 이러한 물성의 변화가 구조적인 관점에서 단단해지는 형태로 나타나는 포토폴리머가 3D 프린팅에서 소재로 사용되고 있는 것이다. 현재 DLP 방식에서는 열에 의한 변형이 적으며 유연성을 가지고 있는 소재나 고해상도를 유지하는 왁스 성질의 소재, 실리콘 특성을 지닌 소재, 석고 모델에 근접하는 복원 및 교정용 모델 제작용 소재 등을 사용할 수 있다.

1. 광경화성수지 조형방식 : SLA(Stereo Lithography Apparatus)

SLA 방식은 액상 기반의 재료인 광경화성수지를 이용하는데 광경화성수지라는 말 그대로 빛을 쪼이면 굳어버리는 성질의 수지를 소재로 사용하는 대표적인 3D 프린팅 방식으로 액체 상태의 재료를 자외선 레이저나 UV(자외선) 등을 이용하여 한층 한층 경화시켜 조형하는 방식으로 미국 3D 시스템즈사의 공동 설립자 찰스 척 헐이 처음 개발하여 상용화에 성공한 기술로 널리 알려져 있다. 1984년 8월 08일 특허 출원하여 1986년 3월 11일 등록 발효된 이 발명의 제목은 '광학응고 방식을 이용한 3차원 물체의 제작을 위한 장치'이었다.

SLA 방식은 레이어를 경화시키는 방식에 따라 기본적으로 두 가지 형태로 분류할 수 있는데 하나는 움직이는 거울을 이용해 레이저빔을 정밀하게 쏘는 방식이고, 다른 방식은 자외선램프와 마스크로 구성된 조광장치를 이용하는 방식인데 이 방식의 가장 큰 장점은 한 줄 한 줄 레이저빔을 쏘는 대신 레이어 전체에 빔을 발사하므로 값비싼 거울 조종기술을 적용하지 않아도 된다는 것이다. SLA 방식도 FDM 방식과 마찬가지로 모델의 돌출부를 지지하는 서포트가 필요하며 이 방식은 미세한 형상 구현이나 Sharp Edge의 형상 구현 기능이 우수하다.

SLA 방식은 다양한 아크릴 또는 아크릴 계열의 재료가 사용되고 있으며 이외에도 여러 가지 소재가 선보이고 있지만 광경화성 소재의 한계는 극복해야 할 과제이다.

SLA나 DLP 방식 3D 프린터는 소재를 담아야 하는 수조가 있는 방식의 경우 출력 완료 후 수조에 남게 되는 액상의 소재는 일부분만 재사용이 가능하므로 실제 출력에 소요되는 비용은 출력 결과물에 사용된 재료비보다 높을 수 있다. 또한 사용 후 남은 액상의 수지 소재는 함부로 폐수구에 버리면 안되며 전용 폐기 통같은 것을 설치하여 잔여 재료를 수거해 안전하게 처리하여야 한다.

그림 4-27 **SLA 기술 개념도**

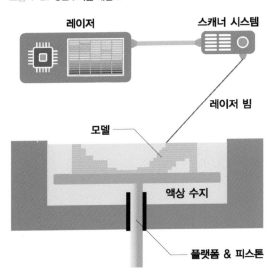

출처 : 일러스트레이션 : © Roh soo hwang

SLA 방식 프린팅 순서

① 레이저 빔(광원)을 조사한다.

② 디지털 스캔 미러에서 레이저 빔을 수조에 투사하여 모델을 경화시킨다.

③ 빌드 플랫폼 위에 한 층 적층한 후 Z축으로 하강하고 다시 레이저를 조사한다.

④ 최종 조형물이 완성될 때까지 앞의 과정을 반복한다.

그림 4-28 **SLA 3D 프린터 출력물**

SLA 방식의 주요 구성 요소

SLA 방식 3D 프린터는 다음과 같은 기본 구성 요소로 되어 있다.

- 사용 재료 : 에폭시수지와 같은 포토폴리머
- 재료인 수지를 담는 수조(Vat)
- 업다운 가능한 빌드 플랫폼
- 도포장치
- 레이저 또는 자외선 램프 등의 광원
- 정밀 레이저 조정장치 또는 자외선 램프용 머스크 생성 장비
- 구성 요소를 연결하는 전자제어장치

해외 중저가 SLA 3D 프린터

그림 4-29 **Formlabs Form2** (Market Price $3,900)

그림 4-30 **3D Systems ProJet 1200** (Market Price $4,900)

그림 4-31 **Dazz 3D S130** (Market Price $4,100)

그림 4-32 **Sunlu SL** (Market Price $3,000)

그림 4-33 **Peopoly Moai (Market Price $1,300)**

그림 4-34 **XYZprinting Nobel 1.0A (Market Price $1,800)**

그림 4-35 **Asiga Pico2 (Market Price $7,000)**

그림 4-36 **DWS Xfab (Market Price $8,600)**

한편 국내 기업인 신도리코에서도 2018년 6월 전시회를 통해 SLA 3D 프린터 2종을 공개하고 덴탈, 쥬얼리 등의 보다 세밀한 공정에 특화된 준산업용 제품을 선보인 바 있다.

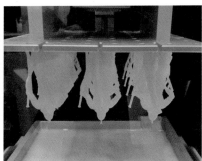

SLA 3D 프린터의 원조 기술 기업인 3D SYSTEMS사에서도 중저가형의 SLA 3D 프린터인 FabPro 1000 모델을 출시하고 시판 중에 있다.

FabPro 1000 3D 프린터 출력물

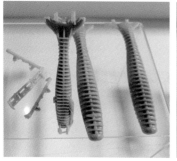

고가의 산업용 SLA 3D 프린터와 출력물

그림 4-37 **ProJet 7000 HD 3D 프린터**

그림 4-38 **ProJet 7000 HD 3D 프린터로 출력한 자동차 실린더 블록**

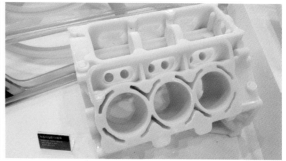

그림 4-39 **ProX 950 3D 프린터**

그림 4-40 **ProX 950 3D 프린터로 출력한 자동차 파트**

그림 4-41 **ProJet 6000 3D 프린터 출력물**

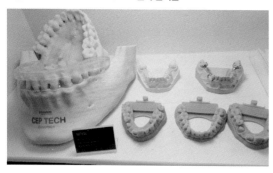

그림 4-42 **SLA 3D 프린터 출력물**

현재 3D Systems사의 SLA 3D 프린터 중 ProJet 6000 & 7000과 ProX 800 & 950 프린터는 폴리프로필렌급 물성 소재와 투명 부품 제작 및 캐스팅용 소재, 플라스틱 사출성형 제품군 제작용의 ABS급 물성 소재, 고온 복합 소재(복합 엔지니어링 플라스틱) 등을 지원하고 있다.

그 외의 SLA 3D 프린터 출력물

2. 마스크 투영 이미지 경화 방식 : DLP(Digital Light Processing)

DLP 기술 방식은 액상의 광경화성 수지를 DLP(Digital Light Projection) 광학 기술로 Mask Projection 하여 모델을 조형하는 방식으로 쉽게 설명하면 프로젝터를 사용하여 액상수지를 경화시켜 모델을 제작하는 기술로 우리말로 '마스크 투영 이미지 경화방식'이라고도 한다. 주로 주얼리, 보청기, 덴탈, 완구 등의 분야에서 많이 사용하는 기술방식이다.

학교나 학원 및 회사에서 흔히 접할 수 있는 빔 프로젝터에서 광원인 빔(Beam)은 바로 디지털 라이트를 말하는 것으로 DLP 프로젝터가 정식 명칭이며 아무래도 우수한 성능의 DLP 프로젝터를 사용하는 3D 프린터가 고가이고 정밀도가 우수할 것이라고 생각한다.

이 기술은 독일의 EnvisionTEC Gmbh사에서 1999년 처음 특허를 내고 2002년에 상용화되었다고 하며 EnvisionTEC은 기술 파트너인 텍사스인스트루먼트의 최첨단 라이트 프로젝션 기술을 사용하고 LED 제조사인 Luminus사의 LED 기술로 최신의 3D 프린터인 Perfactory Micro를 출시하였다. 광원(Light Source)을 프로젝터가 아닌 LED를 사용하는 이 기술은 높은 해상도와 전문가 사용 수준의 데스크탑 3D 프린터라고 한다.

FDM 방식이 재료를 고온으로 녹여 노즐을 통해 한 층씩 쌓아가는 구조라고 한다면 DLP 방식은 쉽게 말해 한 화면씩 비추어가면서 하나의 단면층 전체 이미지를 한번에 조사하여 경화시키는 방식으로 단일 적층면의 출력 속도에서 더 유리한 것이다.

그림 4-43 DLP 기술 개념도

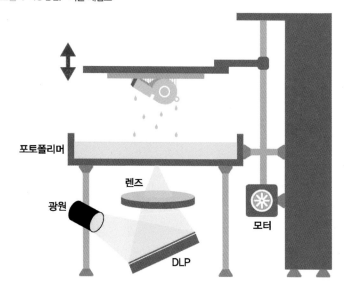

출처 : 일러스트레이션 : ⓒ Roh soo hwang

DLP 조형 원리

① 광원을 공급받은 DLP 프로젝터가 조형 이미지를 투사한다.

② 수조(Vat) 안의 광경화성 수지가 렌즈를 통과한 디지털 라이트에 의해 경화한다.

③ 한 층씩 수지가 경화될 때마다 정해진 층의 두께만큼 Z축이 상승한다.

④ 최종 조형물이 완성될 때까지 앞의 과정을 반복한다.

국내에서는 지난 1~2년간 오픈소스를 통해 발전한 1세대 3D 프린터인 FDM(FFF) 방식의 개인용 보급형 3D 프린터가 중심이 되어 시장이 형성되면서 많은 관심과 호응을 이끌어냈다. 하지만 정밀도, 출력 속도, 다양한 소재 등의 한계에 부딪히며 현재 국내의 3D 프린터 시장은 이제 막 2세대의 고정밀 프린터 시대로 접어들고 있는 추세이다. 메커니즘 자체가 비교적 간단한 구조이기 때문에 앞으로 DLP나 SLA 방식의 3D 프린터가 국내에서도 속속 선을 보이기 시작할 것이며 향후에는 3세대인 메탈 소재를 사용하는 3D 프린터 개발에도 박차를 가할 것으로 예상된다.

그림 4-44 DLP 3D 프린터 출력물

그림 4-45 **DLP 3D 프린터 소재**

그림 4-46 **DLP 3D 프린터 출력물**

국내 기업 캐리마의 DLP 3D 프린터

그림 4-47 **CARIMA DM250**

그림 4-48 **CARIMA IM2**

그림 4-49 **CARIMA DS131**

그림 4-50 **CARIMA UV LED 경화기 CL50**

국내 기업 큐비콘의 DLP 3D 프린터와 출력물

그림 4-51 Cubicon Lux HD

해외 중저가 SLA 3D 프린터

그림 4-52 Micromake L2 (Market Price $449)

그림 4-53 AnyCubic Photon (Market Price $499)

그림 4-54 Wanhao Duplicator7 (Market Price $499)

그림 4-55 Flyingbear Shine (Market Price $628)

그림 4-56 **Phrozen Shuffle** (Market Price $799)

그림 4-57 **Photocentric LC Precision 1.5** (Market Price $2,175)

그림 4-58 **Colido DLP 2.0** (Market Price $3,300)

그림 4-59 **Nyomo Minny** (Market Price $3,300)

그림 4-60 **Kudo 3D Titan2** (Market Price $3,500)

그림 4-61 **FlashForge Hunter** (Market Price $3,599)

그림 4-62 **SprintRay MoonRay D/S** (Market Price $4,000)

그림 4-63 **Uniz Slash+** (Market Price $4,000)

그림 4-64 B9Creations B9Creator v1.2 (Market Price $4,600)   그림 4-65 EnvisionTec Aria (Market Price $6,300)

LCD 3D 프린터

그림 4-66 Monoprice MP Mini Deluxe SLA(Market Price $499)

분말적층용융결합 방식(Powder Bed Fusion)

SLS(Selective Laser Sintering, 선택적 레이저 소결) 방식이라 널리 알려진 방식으로 정식 명칭은 분말적층용융결합 방식이다. BJ 방식과 같이 분말을 블레이드와 롤러 등을 이용하여 분말 베드에 얇고 평평하게 깐다. 얇게 깔린 분말에 레이저를 선택적으로 조사하여 수평면 상에서 원하는 패턴을 만든다. 다시 이 위에 분말을 얇게 깔고 롤러 평탄화 작업을 한 후 이 분말에 다시 레이저를 선택적으로 조사하는 방식이다. 레이저 이외에 전자 빔 등의 에너지 원을 사용할 수도 있다. PBF 방식의 경우 금속 분말을 주로 사용하고 고 에너지원을 사용하므로 금속 산화의 우려가 있어 산화 방지(혹은 부수적으로 분말 비산 방지) 등의 이유로 불활성 가스로 채운 챔버(chamber) 구조를 채용하며, 이 챔버로 인하여 대형화에는 아직 한계가 있다.

1. 선택적 레이저 소결 조형 방식 : SLS

SLS (Selective Laser Sintering) 방식은 '선택적 레이저 소결 조형 방식'으로 사용 가능한 소재의 종류가 비교적 다양한데 분말 형태의 플라스틱이나 알루미늄, 티타늄, 스테인리스 등의 금속 소재도 사용할 수 있어 보다 내구성이 좋은 실용적인 제품을 프린팅할 수가 있다.

현재 알려진 분말 형태의 소재 중에 어떤 파우더를 사용하느냐에 따라 플라스틱, 금속, 모래와 같은 물성을 가지게 되는데 플라스틱 재료 중 대표적인 것은 Polystyrene, Polyamide 가 있으며, '직접 금속 레이저 소결 방식'인 DMLS(Direct Metal Laser Sintering) 장비용으로는 Bronz를 비롯하여 합금강과 스테인리스 스틸이 대표적이며 의료나 우주항공 산업 분야에서 사용되는 티타늄과 코발트 크롬 등이 있다.

그만큼 다양한 소재를 사용할 수 있다는 장점이 있지만 다양한 소재를 사용하기 때문에 각 소재의 특성에 따라 가열 온도나 레이저 조작 등을 별도로 설정하고 제어해야 하므로 장점이 곧 단점이 될 수 도 있을 것 같다.

이 SLS 기술은 1986년 텍사스 대학의 Joseph J. Beamen 교수팀에 의해 개발되어 특허 출원한 기술로 그들은 이 기술을 기반으로 DTM사를 설립하였는데 그 후 2011년 3D 프린팅 업계의 공룡기업인 3D 시스템즈사에 인수합병된다.

2014년 2월 SLS 관련 기본 특허가 만료되었지만 FDM 특허 만료 때와는 업계 분위기가 사뭇 다른 점을 느낄 수가 있는데 이는 소재 뿐만 아니라 아직 특허가 풀리지 않은 기술적인 부분을 해결하지 못하고 있기 때문이 아닌가하는 생각이 든다.

그림 4-67 SLS 기술 개념도

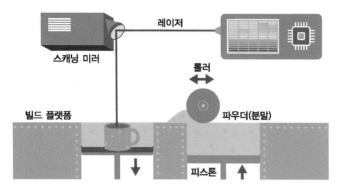

SLS 조형 순서

① 레이저 빔을 투사한다.

② 스캐너 시스템의 미러가 X, Y축으로 움직이며 레이저 빔을 빌드 플랫폼에 전달한다.

③ 빌드 플랫폼 안에 있는 분말 원료가 레이저 빔에 의해 소결한다.

④ 파우더 공급 카트리지에서 정해진 층(Layer) 두께만큼 상승한다.

⑤ 롤러가 분말을 빌드 플랫폼에 밀어 전달한다.

⑥ 빌드 플랫폼은 정해진 두께만큼 Z축으로 하강한다.

⑦ 최종 조형물이 완성될 때까지 앞의 과정을 반복한다.

그림 4-68 SLS 3D 프린터 출력물

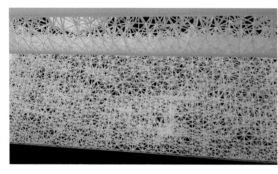

그림 4-69 SLS 3D 프린터 출력물

한편 고가의 산업용 3D 프린터를 구축하려면 3D 프린터 이외에도 아래와 같은 여러 가지 보조 장비들이 필요하며 이들을 전부 도입하는 데에는 수억 원 이상의 예산이 필요하다.

그림 4-70 **산업용 SLS 3D 프린터**

사용 재료를 재생하여 재사용할 수 있도록 혼합시켜주는 역할을 하는 Blender

그림 4-71 SLS 3D 프린터 Blender

출력물 착색 시스템으로 제작 후 도색 및 시제품을 완성시키는 보조 장비

그림 4-72 SLS 3D 프린터 컬러링 시스템

거친 출력물의 표면을 부드럽게 연마하는 장비

그림 4-73 SLS 3D 프린터 출력물 표면 연마기

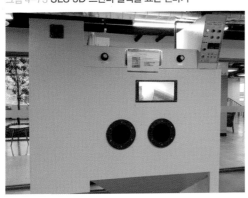

분말 입자를 고르게 걸러주는 역할을 하는 장비

그림 4-74 SLS 3D 프린터 Seiving

2. 레이저 소결 : LS(Laser Sintering)

1989년도에 설립된 독일의 EOS(E-Manufacturing Solutions)사는 임직원수 500여 명에 세계 11개국, 23개국에 지사와 파트너가 있으며 전 세계 48개국에서 약 1,200여대 이상의 자사 장비가 사용 중이라고 한다. 레이저 소결 시스템(Laser Sintering System)의 선두 주자인 EOS사는 3차원 데이터로부터 곧바로 실물형상을 만드는 3D 프린터와 금속과 플라스틱 및 나일론 등의 비금속 프린팅 재료를 생산하고 있다.

레이저 소결을 통해 분말 형태의 금속/비금속 재료가 3차원 실물형태(Actual Model)로 조형되는데 완성물은 견고성과 유연성, 조립 구동성, 정확성이 모두 우수하여 설계단계의 시제품(Prototype)으로 활용되고 있을 정도라고 한다.

EOS사는 최초의 3차원 레이저 소결 기술을 비롯한 각종 특허권을 보유하고 있으며, 또한 수십여 종류의 금속/비금속 공급 재료를 갖추고 있는데 현재 플라스틱 및 금속재료를 사용하는 FORMIGA P 110, EOS P 396, EOSINT P 760, EOSINT P 800 시리즈와 EOS M 280, 400, PRECIOUS M 080 등의 라인업을 갖추고 있으며 레이저 소결 기술은 절삭 가공을 필요로 하지 않고 항공우주산업, 자동차산업, 쥬얼리, 패션 산업, 의료기기 제품 등의 분야에서 적용되고 있는 3D 프린팅 기술이다.

3. 직접 금속 레이저 소결 방식 : DMLS

독일 EOS사가 2014 EuroMold 전시회에서 신제품으로 발표한 EOS M 400과 EOS P 396의 2기종이 있다. 이 중에서 EOS M 400은 DMLS (Direct Metal Laser Sintering) 기술을 적용한 방식으로 금속 분말을 레이저로 소결하는 3D 프린터로 최대 조형 크기가 400×400×400mm이며 장비 가격이 무려 150만 달러(한화 약 16억원)에 달하는 하이엔드급 3D 프린터이다. 이런 장비는 우주항공, 자동차 분야 등의 대기업이나 출력물 서비스 전문 기업인 쉐이프웨이즈 같은 곳에서나 도입이 가능할 것 같다.

그림 4-75 DMLS 기술 원리

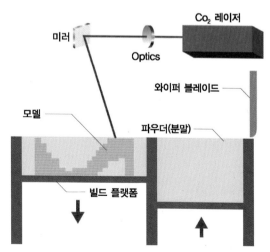

출처 : 일러스트레이션 : ⓒ Roh soo hwang

그림 4-76 **DMLS 3D 프린터 출력물**

그림 4-77 **DMLS 3D 프린터 작업 모습**

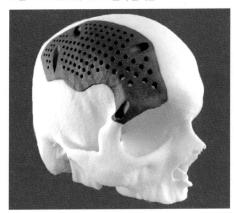

4. 직접 용해 방식(DMT : Direct Melting, DMP : Direct Metal Printing)

DMT 방식은 금속분말을 소결(Sintering)하는 방식이 아닌 직접 용해(Direct Melting) 방식으로 제작하는 기술로 제작 속도가 빠르며 다품종 소량생산에 직접 이용이 가능하다. 하지만 예열 작업과 냉각과정 등을 거쳐야 하는 단점이 있으며 아직까지는 완성물의 표면은 다소 거친 편이다.

그림 4-78 **3D SYSTEMS사의 ProX DMP 100 Metal 3D 프린터 출력물과 소재**

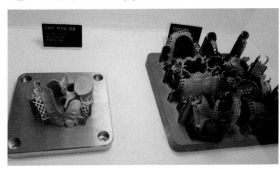

그림 4-79 3D SYSTEMS사의 ProX DMP 300 Metal 3D 프린터 출력물

5. 전자빔 용융 : EBM(Electron Beam Melting)

EBM 기술은 금속 분말을 고진공 하에서 전자 빔을 사용하여 레이어 별로 용융시켜가면서 파트를 제조하는 방식으로 다른 3D 프린팅 기술보다 좀 더 빠른 적층제조 방식으로 분류되는데 EBM 공정으로 생산된 부품에는 부품 내부에 잔류 응력이 존재하지 않으며 마텐자이트 구조가 없는 미세 구조로 제작된다고 한다.

EBM 장비는 높은 용융 용량과 높고 생산성에 필요한 에너지를 생성하는 고전력 전자 빔을 사용하는데 전자 빔은 여러 개의 용융 풀을 동시에 유지할 수 있는 매우 빠르고 정확한 빔 제어를 제공하는 전자기 코일에 의해 관리된다.

EBM 공정은 진공 및 고온 상태에서 이루어지므로 재료 특성이 주조보다 우수하고 가공된 재료에 버금가는 응력 완화 성분이 생성된다. 일부 금속 소결 기술과 달리 이 부품은 완전히 빽빽하고 무결점이며 매우 강하다고 알려져 있다.

그림 4-80 Arcam EBM Q10plus

05 재료분사 방식(Material Jetting)

재료분사 방식은 하나의 공정에서 여러 재료를 사용할 수 있으며 재료는 노즐을 통하여 물방울 형태로 플랫폼 위에 분사되며 에너지 빔이 선택적으로 그 소재를 굳혀서 원하는 형상을 얻는 방식이다. 이와 같은 방식은 많은 양의 소재를 필요로 하며 오염 등의 문제로 수조내에 남은 포토폴리머를 회수하여 재사용하는 것도 까다롭다. 이와 같은 단점을 해결하는 방법으로 개발된 MJ방식은 재료를 선택적으로 분사하는 방식이다. 일반 사무실에서 사용하는 잉크젯 프린터의 헤드의 원리를 응용하여 포토폴리머를 원하는 패턴에만 뿌리고 UV 램프를 작동시켜 포토 큐어링(Photo Curing)을 일으킨다. 이와 같은 방법을 이용하여 수직 방향으로 반복해서 적층시키면 3D 프린팅이 되는 것이다.

1. 멀티젯 모델링 : MJM

MJM 기술 방식은 'Multi Jet Modeling' 또는 'Multi Jet Printing'이라고 해서 MJP 방식이라고 부르기도 하며 잉크젯 프린팅 기술방식의 하나로 이해하면 된다. 참고적으로 모델링(Modeling)이라는 용어는 모형 제작, 조형(造形)이란 의미로 사람이나 사물의 구체적인 형태를 형상화하는 작업을 말하며 제작한다는 의미 외에도 컴퓨터를 이용해 3차원 CAD로 작업시 3차원 공간에서 3차원 오브젝트(Object)를 만들어가는 과정 에도 모델링한다는 표현을 사용하기도 한다.

그림 4-81 **MJM 기술 원리**

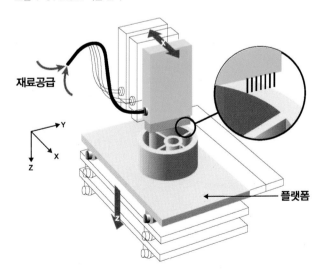

출처 : 일러스트레이션 : © Roh soo hwang

MJM 방식은 빌드 재료인 아크릴 포토폴리머(Acrylic Photopolymer)와 서포트(Support) 재료가 되는 왁스(Wax)를 동시에 분사하여 자외선(UV Light)으로 경화시켜가며 모델을 제작하는 방식으로 아크릴 계열의 광경화성 수지는 투명도를 조절하여 조형이 가능하므로 완성품의 내부를 육안으로 확인할 수 있는 조형물 제작에 적합하다고 한다.

이 MJM 방식의 단점으로는 재료의 강도적인 측면에서 고려했을 때 상대적으로 다른 프린팅 방식보다 강도가 약한 편이어서 65℃ 이상의 온도에서 열변형이 발생할 우려가 있지만 정밀도가 우수하고 뛰어난 곡선처리와 표면조도가 양호하다는 장점이 있다고 한다.

MJM 조형 순서

① 재료 공급 장치에서 빌드 재료와 서포트 재료를 프린트 헤드로 공급한다.
② 프린트 헤드에서 빌드 재료와 서포트 재료를 동시에 빌드 플랫폼에 분사한다.
③ 자외선(UV Light)으로 경화시킨다.
④ 모델이 한층 완성되면 정해진 층(Layer) 두께만큼 Z축 이동한다.
⑤ 최종 조형물이 완성될 때까지 앞의 과정을 반복한다.

3D 시스템즈사의 라인업 중에 이 MJM 방식의 3D 프린터는 ProJet 시리즈가 있는데 플라스틱을 재료로 사용하는 ProJet 3510 SD, 3500 HDMax & 3510 HD 제품은 건축모형, 미니어처, 산업 및 의료 디자인 등의 분야에서 사용하며 3510 CP & 3500 CPXMax는 RealWax 소재를 사용하며 주물 주조나 주얼리 분야에서 주로 사용한다. 그리고 3510 DP & MP 제품은 덴탈 특화용으로 임플란트 및 치기공 관련 파트에서 사용하고 덴탈용 특수 레진을 소재로 사용한다.

InVision HR 3D Printer도 MJM 방식이며 빌드용 소재는 아크릴 포토폴리머(Acrylic Photopolymer) 계열인 VisiJet HR-M100(Blue)를 서포트용 소재는 왁스 계열 VisiJet S100(Natural)을 사용하며 최대 빌드 볼륨은 W127×D178×H50이다.

고가의 산업용 MJP 3D 프린터와 출력물

그림 4-82 **ProJet 5500 X 3D 프린터(조형 크기 : 517×380×294mm)** 그림 4-83 **ProJet 5500 X 3D 프린터 출력물**

STRATASYS사의 경쟁사인 3D SYSTEMS의 MJP 방식은 폴리젯(PolyJet) 방식과 아주 유사한 기술방식으로 모델 조형용으로 액상의 플라스틱 재료를 제공하는데 경질 재료(흰색, 흑색, 투명색, 회색, 파란색 등)와 탄성 재료(연신율과 쇼어 A경도를 가지며 고무와 유사한 기능성 구현 가능), 엔지니어링 등급 재료(ABS와 유사), 주조 재료(주얼리, 의료도구와 장비, 맞춤 금속 주조 등)를 사용할 수 있다.

또한 멀티젯(MultiJet) 프린터는 수동으로 서포트를 제거할 필요없이 부품에서 서포트를 제거할 수 있는 기술을 제공하는데 두 개의 워머유닛은 프린팅한 부품에 손상을 입히지 않고 별도의 수동 조작없이 증기와 콩으로 만든 기름을 사용하여 왁스 서포트를 녹여준다.

3D SYSTES사의 ProJet MJP 2500 3D 프린터와 소재 및 출력물

그림 4-84 ProJet MJP 2500 3D 프린터

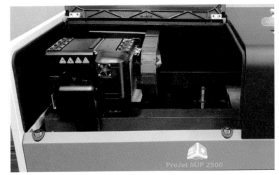

그림 4-85 모델 조형용 소재

그림 4-86 서포트용 소재

그림 4-87 3D 프린터 내부

그림 4-88 소재 장착부

그림 4-89 EasyClean 시스템

그림 4-90 MJP 출력물

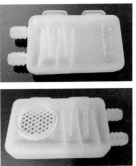

[주] 3D Systems, 3D Systems 로고, ProJet 및 VisiJet은 3D Systems, Inc.의 등록 상표이다.

2. 폴리젯 : PolyJet

2012년 12월 스트라타시스(Stratasys)사는 이스라엘 3D 프린팅 기업 오브젯(Objet)과 55 : 45 비율로 합병해 몸집을 키운 바 있는데 현재 세계 3D 프린팅 제조 기업 중에 기업 규모로나 기술력에서 가장 앞섰다는 평가를 받고 있기도 하다.

2014년 2월에는 다양한 재료와 컬러를 조합할 수 있는 최첨단 컬러 복합재료 오브젯 500코넥스 3를 국내 시장에 선보인 바 있으며 당시 국내 시판가격은 약 4~5억 원대라고 보도된 바 있다.

그림 4-91 **Object500 Connex3**

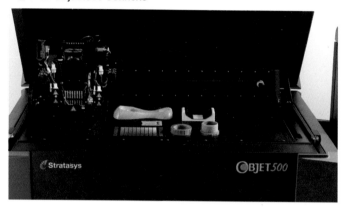

또한 최근에는 J750이라는 3D 프린터를 선보였는데 한번에 다섯 가지 컬러로 작동하기 때문에 풀컬러 기능을 구현할 수 있으며 36만여 가지의 다양한 컬러, 질감, 색조, 투명성 및 경도계로 부품을 생산할 수 있다.

그림 4-92 **J750 3D 프린터와 출력물**

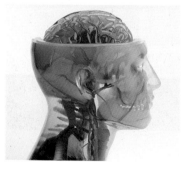  

오브젯 500코넥스 3는 빌드 볼륨이 500×400×200mm이고 물성이 다른 세 가지 재료를 동시에 분사하는 '트리플 젯' 기술을 적용하여 유연성 있는 재료, 유색 디지털 재료에 이르기까지 다양한 FullCure 재료를 공급하여 재료에 따라 신발, 완구, 전자제품, 귀금속 등의 RT(Rapid Tooling) 분야, 개스킷, 씰, 호스, 인조피부 분야, 엔지니어링 파트, 보청기 분야 등에 적용된다.

그림 4-93 폴리젯 기술 원리

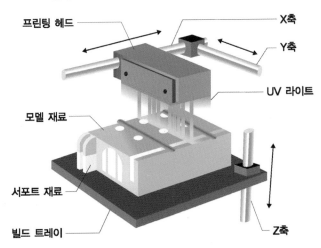

출처 : 일러스트레이션 : ⓒ Roh soo hwang

폴리젯(PolyJet) 기술은 잉크젯 프린터로 종이에 프린팅하는 방식과 유사하지만 잉크젯 기술과 광경화성수지 기술이 조합된 액상 기반의 재료를 사용하는데 광경화성수지를 16미크론 정도의 매우 얇은 레이어로 분사하여 정밀하게 프린팅하는 기술이다.

각 레이어는 모델 재료와 서포트 재료를 동시에 분사하며 헤드 좌우에 있는 자외선(UV) 램프로 인해 분사된 즉시 모델 재료는 경화되고 다음 레이어의 분사를 위해 빌드 플랫폼이 하강하고 동일한 작업이 반복되어 최종 모델을 조형하게 된다. 최종적으로 워터젯을 사용하여 서포트 재료를 제거하면 작업이 완료되고 최종 결과물을 얻을 수 있게 된다.

특히 재료로 사용하는 FullCure는 오브젯에 특허권이 있는 아크릴 기반의 광경화성수지로 카트리지 형태로 공급되며 서포트 재료는 한가지로 모든 재료와 함께 사용가능하다고 한다.

그림 4-94 폴리젯 3D 프린터 출력물

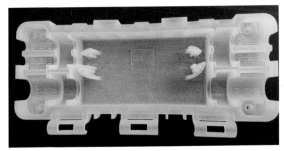 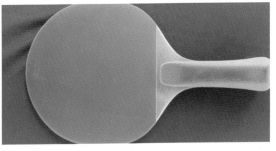

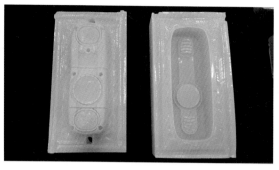
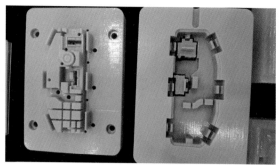

스트라타시스사의 폴리젯 3D 프린터

그림 4-95 Objet24 (약 3천만원대)

그림 4-96 Objet30 (약 3천만원대)

그림 4-97 Objet30Pro (약 3천만원대)

그림 4-98 Objet30Prime (약 3천만원대)

그림 4-99 Eden260VS (약 1억원대)

그림 4-100 Object260Connex3 (1억원 후반대)

그림 4-101 **Object350Connex3 (약 3억원대)**

그림 4-102 **Object500Connex3 (약 4억원대)**

그림 4-103 **J750 (약 5억원 후반대)**

그림 4-104 **Object1000Plus (약 9억원대)**

[주] 상기 제품에 대한 가격은 시장조사를 통해 국내 시판가를 조사한 것으로 실제 판매가격은 환율과 판매처의 상황에 따라 변동될 소지가 있는 부분으로 참고만 할 것

접착제 분사 방식(Binder jetting)

접착제 분사 방식(BJ)은 블레이드와 롤러 등을 이용하여 스테이지에 분말을 편평하게 깔고 그 위에 잉크젯 헤드로 접착제를 선택적으로 분사하는 방식이다. 접착제가 뿌려진 부분은 분말이 서로 붙어서 굳고, 접착제가 뿌려지지 않은 부분은 분말상태 그대로 존재한다. 이 위에 다시 분말을 곱게 밀어서 편평하게 깔고 또 접착제를 원하는 패턴에 뿌리면서 수직 위 방향으로 적층을 계속한다. 이 방식의 원리는 베드에 분말을 깔고 편평하게 적층하는 방식과 잉크젯으로 접착제를 분사하는 방식을 결합한 것이다. 분말을 적층하는 방식은 뒤에 설명할 PBE 방식과 유사하고, 접착제를 분사하는 방식은 MJ에서 사용된 잉크젯 헤드의 물질만 바꾸어 사용한 것으로 이해하면 된다. 또한 분말이 자체적으로 서포트 역할을 하므로 별도의 출력보조물은 필요 없다.

1. 잉크젯 : InkJet

잉크젯(Inkjet) 방식은 3DP(Three Dimensional Printing) 방식으로 2012년 초까지는 이 방식을 지코퍼레이션이라는 기업의 명칭에서 따와 Z-Corp 방식이라고 불렀다고 한다. 잉크젯 3D 프린팅 방식은 선택적 레이저 소결(SLS) 방식과 매우 비슷하지만 에너지원을 이용하는 대신 프린트 헤드가 분말 위에서 이동하면서 도포된 분말 위로 미세한 액체 방울을 분사하는데 이 액체가 바로 분말을 결합시키는 접착제이다.

그림 4-105 **CJP 기술 원리**

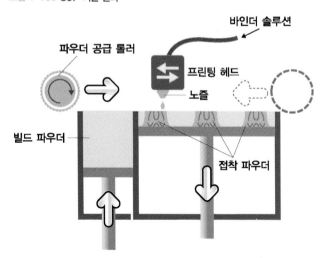

출처 : 일러스트레이션 : ⓒ Roh soo hwang

이 방식은 CJP(Color Jetting Printing) 방식이나 MJM 방식과도 유사한 원리인데 3D 시스템즈사의 제품군 중에서는 ZPrinter의 기술이었던 ProJet 시리즈가 이에 속한다.

CJP 기술 방식은 코어와 바인더라는 2가지 주요 구성 요소와 관련이 있는데 분말(파우더)상태의 재료에 액상의 결합제(컬러 바인더)를 분사하여 모형을 제작하는 방식이다.

분말 파우더를 롤러 시스템으로 한 층 도포한 후 잉크젯 헤드에서 컬러 바인더(결합제)를 분사하여 견고하게 만드는 방식으로 액상의 컬러 바인더가 파우더 속으로 침투하여 한 층씩 적층하며 인쇄된 레이어별 이미지들이 결합하여 3차원 입체 형상을 만드는 원리이다.

CJP 방식은 색상바인더를 분사하여 3차원 입체 형상 제작과 동시에 색상까지 한번에 표현이 가능하며 색상을 구성하는 CMYK(cyan, magenta, yellow, black) 색상을 픽셀 단위로 도포하여 혼합된 색상을 구현할 수 있어 자연스러운 풀 컬러의 색상으로 표현할 수 있다.

3D 프린팅 방식 중에 풀 컬러를 구현할 수 있는 CJP 기술은 하프토닝 및 드롭포복셀(Drop-for-voxel)기술을 사용하여 사진처럼 실사적인 3D 모델을 구현하기 위한 기능을 제공하는 3D 프린팅 기술로 백색 파우더에 청록색, 마젠타, 노란색 및 일부 프린터에서 제공하는 검은색 바인더를 사용하여 실제적인 표현이 가능하고 풀 텍스처 맵과 UV 매핑을 통해 모델 위의 어느 곳에나 컬러를 입힐 수 있는 장점을 지녔다.

하지만 이 방식의 가장 큰 단점으로는 완성물의 강도가 매우 취약하며 표면도 다소 거친 편이지만 고해상도의 컬러가 구현된다는 장점이 있어 디자인 컨셉, 피규어, 건축모형 제작, 유한요소해석(FEA), 예술품 등의 용도로 많이 사용된다.

2012년 1월 초 3D 시스템즈사는 현금 1억 3,550만 달러에 미국에서 가장 오래된 3D 프린터 제조 기업 중 하나인 Z Corporation사와 VIDA Systems사의 인수를 완료했는데 이로써 3D 시스템즈사는 2011년 이후에만 24건 정도의 인수합병을 통해 시장점유율을 확대하고 제품군을 더욱 다양화하면서 관련 기술에 대한 특허권을 보유하고 있는 기업이 되었다.

그림 4-106 **CJP 3D 프린터 출력물**

그림 4-107 CJP 3D 프린터 출력물

그림 4-108 CJP 3D 프린터와 소재

그림 4-109 CJP 3D 프린터로 제작한 3D 피규어(3D 스튜디오 모아)

CJP 방식의 다양한 출력물

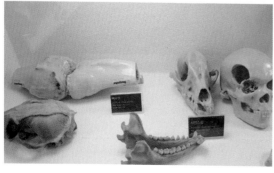

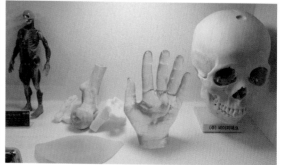

연예인 3D 피규어(SM 엔터테인먼트 소속 아이돌 그룹)

고해상도 3D 데이터를 얻기 위한 DSLR 촬영 시스템 (3D스튜디오 모아)

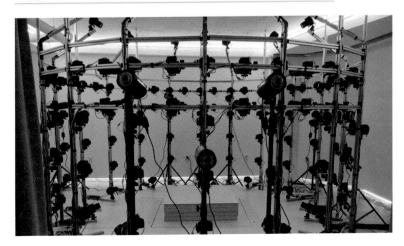

반려동물 3D 프린팅 출력 비즈니스 (3D스튜디오 모아)

CJP 3D 프린터용 소재

그림 4-110 ProJet CJP 660 Pro 출력물 회수

그림 4-111 ProJet CJP 660 Pro 3D 프린터

(조형 크기 : 254×381×203mm)

그림 4-112 ProJet 660 Pro 출력물

그림 4-113 ProJet 860 Pro 출력물

시트 적층 방식(SL : Sheet lamination)

시트 라미네이션 기술은 고해상도의 컬러 오브젝트를 생성하는 데 CJP 방식에 비해 색상 표현력이 우수하다는 장점이 있는 기술로 주로 얇은 필름 형태의 알루미늄 호일 또는 종이와 같은 재료를 사용하며 출력이 완성되면 레이저 또는 매우 예리한 날에 의해 적절한 모양의 층으로 절단된다.

이 기술에서는 종이 기반의 소재가 가장 많이 사용되며 종이에 인쇄된 3D 물체는 내성이 있으며 완전히 착색될 수 있지만 다른 방식에 비해 산업 분야 활용성이 떨어진다는 단점이 있다.

1. 박막 시트 재료 접착 조형 : LOM

1988년 미국 Helisys 사에서 '라미네이션으로부터 일체 오브젝트를 형성하기 위한 장치 및 방법'이라는 기술 특허(미국 특허 No.4752352)를 획득했는데 바로 LOM(Laminating Object Manufacturing) 방식이다. 이 기술은 황갈색의 마분지와 같은 얇은 두께의 종이나 롤 상태의 PVC 라미네이트 시트와 같은 재료를 열을 가하여 접착하고 레이저 빔으로 불필요한 부분을 잘라내면서 모델을 조형하는 방식이다. A4 용지와 같은 종이를 소재로 사용할 수 있다는 장점이 있는 반면에 습기나 수분에 취약하고 내구성이 약하다는 단점이 있지만 실사와 같은 컬러 인쇄가 가능한 기술이다.

그림 4-114 LOM 기술 원리

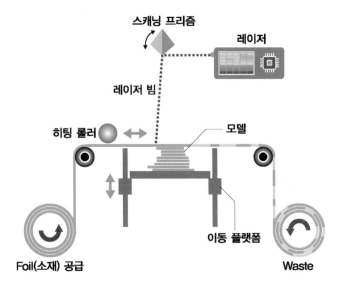

출처 : 일러스트레이션 : © Roh soo hwang

LOM 조형 순서

① 공급 롤러를 통해 재료인 시트가 가열된 롤러에 의해 빌드 플랫폼에 붙여진다.

② 레이저 빔이 모델의 한 층의 형상대로 자르고 불필요한 부분은 제거된다.

③ 한 층이 완성되면 플랫폼은 Z축으로 설정값 만큼 하강한다.

④ 새로운 재료 시트가 공급 롤을 통해 빌드 플랫폼의 조형물 위로 다시 공급된다.

⑤ 최종 조형물이 완성될 때까지 앞의 과정을 반복한다.

LOM 방식의 주요 구성 요소

LOM 방식 3D 프린터는 다음과 같은 기본 구성 요소로 되어 있다.

- 사용 재료 : 얇은 종이, 여러 가지 합성수지, 유리섬유 합성물질, 점토, 금속 등의 얇은 판 형태의 재료
- 재료공급장치 및 회수장치
- 업다운 가능한 프린팅 플랫폼
- 접착 롤러
- 커팅 공구(CO_2 레이저 또는 예리한 나이프 에지)
- 레이저 또는 커팅 공구 조정장치
- 구성 요소를 연결하는 전자제어장치

2. 선택적 박판 적층 조형 : SDL

Mcor IRIS사의 SDL(Selective Depostion Lamination) 방식의 3D 프린터는 우리가 사무실에서 많이 사용하는 A4(빌드 사이즈 : 256×169×150mm) 용지로 3D 프린팅이 가능한 기술이다. 재료로 사용하는 A4 용지 자체는 원하는 모델을 출력하기 위한 비용 부담을 최소화할 수 있지만 초기 장비 도입 비용은 제법 고가인 편이다.

그림 4-115 SDL 기술 원리

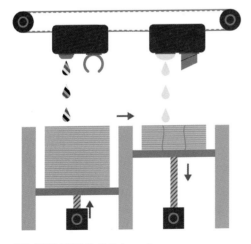

그림 4-116 Mcor IRIS 3D 프린터

출처 : 일러스트레이션 : © Roh soo hwang

SDL 방식의 조형원리

① 먼저 적층면을 위한 용지가 빌드 플랫폼에 자동으로 공급된다.

② 접착제 분사 헤드가 조형물이 될 적층면에만 접착제를 분사하고 조형물 영역이 아닌 부분은 서포트 역할을 하게 된다.

③ 조형물의 새로운 층에 다음 장의 용지를 부착시키고, 첫 번째 층과의 접착을 위해 압력을 가한다.

④ 텅스텐 카바이드 블레이드가 조형물이 될 부분과 나머지 부분의 윤곽을 따라 나이프 엣지로 한번에 한 장의 용지를 컷팅한다.

⑤ 최종 조형물이 완성될 때까지 앞의 과정을 반복한다.

그림 4-117 LOM 3D 프린터

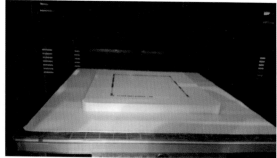

그림 4-118 LOM 3D 프린터 출력물

그림 4-119 LOM 3D 프린터 출력물과 제거된 종이

3. 플라스틱 시트 라미네이션 : PSL

이스라엘 Solido 사의 PSL(Plastic Sheet Lamination) 방식의 3D 프린터는 얇은 플라스틱 시트를 적층하여 3차원 모델을 조형하는 기술로 초기 SD 300 모델은 데스크탑형으로 최저의 초기 투자 비용과 경제적인 시스템으로 일반 사무실 환경에서도 손쉽게 사용할 수 있는 데스크탑 3D 프린터이다. 사용하는 재료는 롤 상태로 말려있는 PVC 플라시틱 시트로 습기에 강하며 시간이 경과함에 따라 강도가 점점 높아져 완성된 출력물에 드릴 가공 작업을 하거나 그라인딩 또는 도색 작업 등을 해도 큰 문제가 되지 않아 기능성 제품의 샘플용으로도 손색이 없으며 조작하는 방식도 쉬운 편이라 초기 출시 때보다 현재 가격이 많이 내려간 상태이다.

PSL 기술방식의 출력 과정

① 3D CAD를 이용하여 3D 모델을 생성하거나 3D 스캐너를 이용해 스캔한다.

② 출력하려는 모델링 파일을 STL 포맷으로 내보내기(Export)한다.

③ SD300의 전용 소프트웨어인 SDview를 실행한다.

④ SDview workspace의 가상 테이블로 STL 파일을 가져오기(Import)한다.

⑤ 가상 테이블상에서 Peeling cut 또는 Chopping과 같은 작업을 실행하고 모델을 수정하여 모델을 준비한다.

Peeling Cut

모델 생성 후 불필요한 부분을 제거하기 위해 칼집을 만들어서 제거가 용이하도록 해주는 기능이다.

⑥ Tool bar에서 Build Model 대화창을 나타내기 위해 Build Model button(또는 Menu에서 Build)을 선택한다. 요구되는 옵션사항을 입력하고 모델 생성을 위해 SD300으로 모델 데이터를 전송한다.

⑦ 프로세스가 시작되고 출력이 진행된다.

⑧ 완성된 모델을 프린터로부터 꺼내고 불필요한 부분을 제거한다.

SLS 방식에서 사용된 베드형 분말 공급 방식의 불편함을 해소하고 이를 헤드에 집적시키고자 했던 시도가 DED 방식이며, 다축 암에 장착된 노즐로 구성되어 있고 노즐이 여러 방향으로 움직일 수 있으며 특정 축에만 고정되어 있지 않다. 머시닝 센터와 같이 4축이나 5축 CNC와 결합하여 레이저나 전자빔으로 증착시 용융된다. 고에너지원으로 바로 분말을 녹여서 붙이는 방식이므로 3차원 구조체를 만들 수도 있지만 기존의 금속 구조물에 대한 표면처리, 수리 등에 있어 유리하고 프린팅 헤드의 구조가 비교적 간단하고 제어가 용이하여 기존의 공작 기계와 결합할 경우 큰 산업적 파급력을 보인다. 대표적인 경우가 독일의 DMG Mori 사의 하이브리드 복합 가공기를 들 수 있는데 DED 헤드의 보편화와 더불어 절삭가공과 적층제조 방식을 결합한 가공기의 대중화를 선도할 것으로 보이는 유망한 3D 프린팅 기술이다.

그림 4-120 **DMG Mori LASERTEC 65-AM-1**

[참고]

적층 가공(AM) 기술 용어 정의(ISO/ASTM 52900(First edition/2015-12-15 기반)

공정 분류	정의	적용 기술 방식
접착제 분사 (binder jetting)	분말 소재를 굳히기 위해 액상 접착제가 선택적으로 분사되는 방식의 적층 가공 공정	3DP(Three Dimensional Printing), CJP(Color Jet Printing)
직접 용착 (directed energy deposition)	소재에 집중적으로 열 에너지를 조사하여 녹이고 결합시키는 방식의 적층 가공 공정	LENS(Laser Engineered Net Shaping), DMT(Direct Metal Transfer)

소재 압출 (material extrusion)	장비 헤드에 장착된 노즐 또는 구멍을 통하여 소재를 선택적으로 압출시키는 방식의 적층 가공 공정	FDM(Fused Deposition Modeling), FFF(Fused Filament Fabrication)
소재 분사 (material jetting)	소재의 입자를 선택적으로 분사하여 적층 제작하는 공정	Polyjet, MJM(Multi-Jet Modeling)
분말 소결 (powder bed fusion)	분말 구역을 열 에너지를 사용하여 선택적으로 녹이는 방식의 적층 가공 공정	SLS(Selective Laser Sintering), DMLS(Direct Metal Laser Sintering)
판재 적층 (sheet lamination)	소재의 판재를 적층시켜 출력물을 제작하는 방식의 적층 가공 공정	LOM(Laminated Object Manufacturing), UAM(Ultrasonic Additive Manufacturing)
액층 광중합 (vat photopolymerization)	액상 광화성 수지(liquid photopolymer)가 광중합(light-activated polymerization)에 의해 선택적으로 경화되는 방식의 적층 가공 공정	SLA(Stereolithography), DLP(Digital Light Processing)

지금까지 대표적인 3D 프린팅 기술 방식의 원리들을 살펴보면서 관련 제품들과 제조사들에 대해서 간략히 살펴보았다. 3D 프린터에 대한 관심이 고조되고 있는 가운데 이런 현상은 3D 프린터 제조 기술에 대한 일부 핵심 특허의 만료가 주요 원인이라는 것은 이미 많은 사람들이 알고 있을 것이다. 하지만 일부 핵심 특허의 만료가 해당 기술을 누구나 자유롭게 사용할 수 있다는 것을 의미하지는 않는다. 핵심 특허 보유 기업이나 단체가 바보가 아니라면 핵심 특허와 관련된 수많은 개량 특허를 지속적으로 보유하여 진입 장벽을 튼튼하게 구축하고 있을 것이기 때문인데 이런 부분에서 우리만의 독자적인 기술이 발명되기를 희망한다.

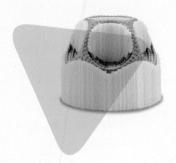

이 파트는 국내 제조사인 신도리코의 슬라이서 S/W와 3D 프린터 H/W 기술자료를 제공받아 편집구성하였습니다.

프로그램 설치가 끝난 후 데스크톱의 아이콘을 더블 클릭하여 실행하면 아래와 같은 기본 화면이 나타납니다. 간단한 설명은 다음과 같습니다.

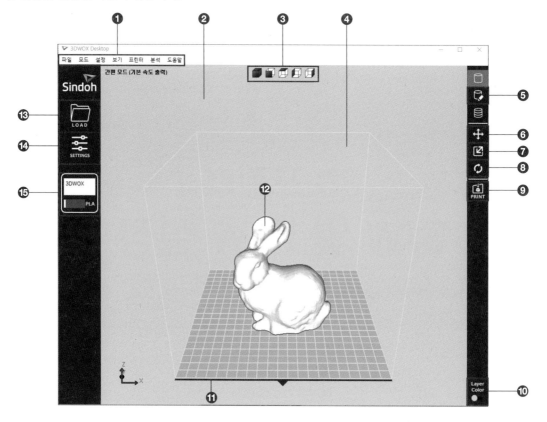

번호	명칭	설명
1	기본 메뉴 바	프로그램의 전반전인 기능을 가지고 있습니다. 파일을 불러오거나, 기존에 설정되어 있는 설정값을 가져오기, 프로그램의 설정값 내보내기 등 다양한 기능을 사용할 수 있습니다.
2	3차원 뷰	프로그램에 불러온 모델을 화면을 통해 3차원으로 재구성하여 사용자에게 보여줍니다.
3	뷰 각도 전환버튼	3차원의 화면을 정해진 각도에 따라 정면, 전, 좌, 우, 상 뷰를 볼 수 있습니다.
4	프린터 영역	3차원 뷰에서 실제 프린터의 내부 영역을 표시하여 사용자에게 출력 위치 및 크기를 미리 보여줍니다.
5	뷰 모드 선택버튼	화면상의 3가지 뷰어를 선택할 수 있습니다. 3D 모델 뷰어, 서포트 편집, 레이어 뷰어로 선택 가능합니다.

6	모델 이동 버튼	화면상의 모델을 선택하여 2축 (x,y축) 방향으로 이동할 수 있도록 합니다.
7	모델 크기 변경 버튼	화면상의 모델을 선택하여 배율이나 길이 단위로 크기를 변경할 수 있습니다.
8	모델 회전 버튼	화면상의 모델을 선택하여 사용자가 설정한 각도만큼 3축을 기준으로 회전시킬 수 있습니다.
9	프린트 버튼	사용자의 프린터와 연결하고 직접 네트워크를 통해서 슬라이싱 된 모델을 출력할 수 있습니다.
10	Layer Color 버튼	레이어 별로 출력할 카트리지를 선택할 수 있습니다.
11	프린터 정면 표시부	프린터의 정면부를 표시하여 실제 출력될 방향을 화면상으로 사용자에게 알려줍니다.
12	3차원 모델	불러오기 버튼을 이용하여 3차원 모델 데이터를 가져오면 화면에 나타나게 됩니다.
13	모델 불러오기 버튼	출력하고자 하는 3차원 데이터를 프로그램에 가져오도록 합니다.
14	프로파일 설정 버튼	슬라이싱에 필요한 여러 가지 값들을 설정할 수 있도록 합니다.
15	필라멘트 정보 표시부	• 프린터 내부에 있는 필라멘트 정보를 가져와 화면에 표시합니다. 필라멘트의 재질 및 색상, 잔여량을 표시하여 사용자가 손쉽게 확인할 수 있도록 합니다. • 2X, 2X DP303의 경우 카트리지를 다 로드했을 때 2개가 표시됩니다.

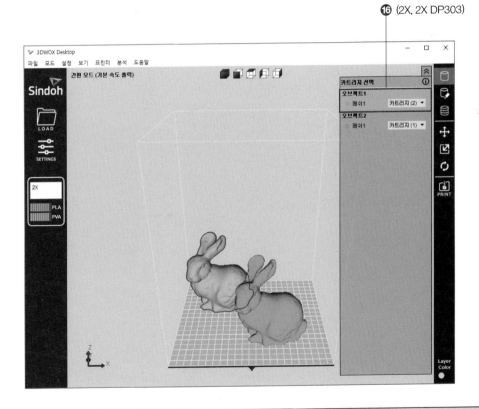

16 (2X, 2X DP303)

번호	명칭	설명
16	카트리지 선택 버튼	• 2X, 2X DP303 일 때만 활성화 됩니다. 로드 된 카트리지가 표시됩니다. 불러온 오브젝트가 2개 이상일 경우 여러 라인이 표시됩니다. • 각 메쉬 혹은 오브젝트 별로 카트리지를 지정하여 출력할 수 있습니다.

1. 불러오기

출력하고자 하는 3차원 모델을 프로그램으로 가져오고 화면에 보이도록 합니다. 현재 지원하는 파일의 확장자는 ply, obj, stl (binary, ascii), amf 입니다.

세부 설명

❶ 화면 왼쪽 바의 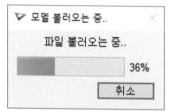 버튼을 클릭합니다.

❷ 파일을 선택하면 3차원 모델 파일이 화면에 아래와 같이 프린터 베드에 올려진 모습으로 나타납니다.

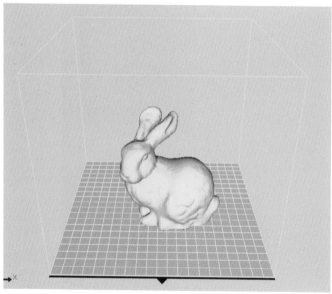

2. 프로파일 값 설정

모델을 슬라이싱 하여 출력하기 위해서는 다양한 파라메터 값들이 필요합니다. 필라멘트의 재질부터 정밀도를 결정하는 레이어 마다의 높이 및 프린팅 속도까지 여러 파라메터 값들을 설정할 수 있도록 합니다.

세부 설명

❶ 화면 왼쪽 바의 █ 버튼을 클릭합니다.

❷ 선택한 모드에 따라 설정 창이 나타나게 되고 프로파일 값들을 입력할 수 있습니다.

2.1 간편 모드

• 간편 모드에서는 출력 품질, 재질, 서포트 구조, 내부 채움 등의 프로파일을 설정 할 수 있습니다.

• 2X, 2X DP303 일 경우 '**카트리지 번호**' 가 활성화 됩니다.

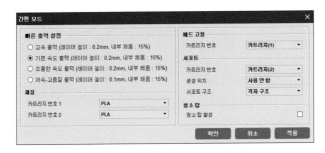

2.2 고급 모드

기본 설정

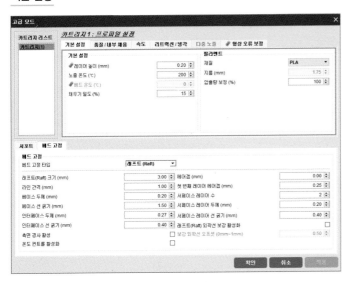

• DP 201, DP 202의 경우 베드 온도와 재질을 설정하는 부분이 비활성화 됩니다.

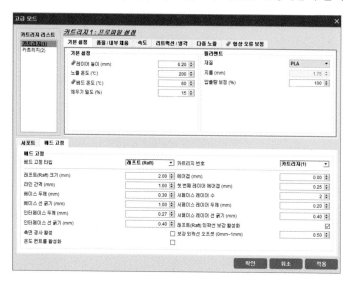

• 2X, 2X DP303일 경우 카트리지 리스트가 2개로 활성화 되어 카트리지 별로 설정값을 변경할 수 있습니다.

• 링크 표시 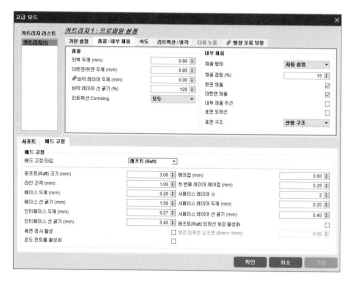가 되어 있는 것은 2개의 카트리지에 대하여 공통적인 값으로써 각각의 세팅이 불가능합니다.

• 서포트 타입을 고를 수 있으며 비활성화(사용 안 함)를 할 수도 있습니다.

• **확인 버튼** : 대화창의 설정값들을 모두 저장하고 대화 창을 닫습니다.

• **적용 버튼** : 창을 닫지 않고 설정값들을 바로 저장합니다.

• **취소 버튼** : 값을 저장하지 않고 대화 창을 닫습니다.

품질 / 내부 채움

• 외벽, 아랫면/윗면 두께나 내부 채움에 대한 값을 세팅 합니다.

형상 오류 보정

- 메쉬에 오류가 있는 것을 자동으로 수정하여 슬라이싱을 하거나, 외곽형상만 출력할 수 있는 옵션 등을 제공합니다.

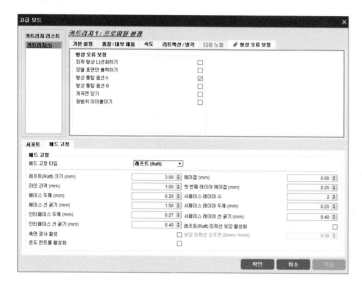

서포트

- 서포트의 위치나 서포트의 구조에 대한 설정을 합니다.

베드 고정

- 베드 고정 타입에 따른 설정이 가능합니다.

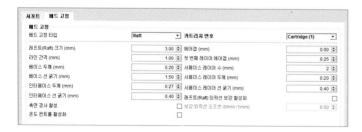

- FLEXIBLE 재질을 사용하여 프린트 할 때 바닥면 면적이 작은 경우 베드 고정 타입을 브림(Brim)으로 설정하여 주시기 바랍니다. 브림(Brim)을 설정하지 않을 경우에는 출력물의 바닥이 휘거나 베드에서 떨어질 수 있습니다.

- ABS 재질의 필라멘트를 사용하여 부피가 큰 출력물을 출력하는 경우 출력중 출력물의 수축으로 인하여 출력물과 래프트가 분리되는 현상이 발생할 수 있습니다. 이러한 경우에는 "**첫번째 레이어 에어갭**"을 줄이

거나 [기본 설정]의 "압출량 보정"을 늘려서 출력하시기 바랍니다.

3. 필라멘트 상태 표시부

현재 프린터 안에 있는 필라멘트의 상태 정보를 자동으로 읽어와서 화면에 표시하여 줍니다.

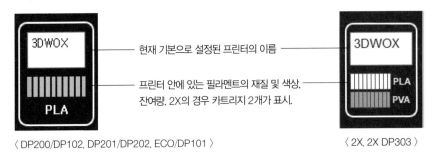

현재 기본으로 설정된 프린터의 이름

프린터 안에 있는 필라멘트의 재질 및 색상, 잔여량. 2X의 경우 카트리지 2개가 표시.

〈 DP200/DP102, DP201/DP202, ECO/DP101 〉　　　　〈 2X, 2X DP303 〉

4. 뷰 모드 선택

뷰어의 우측 상단에는 왼쪽과 같은 버튼이 있습니다. 화면상의 3가지 뷰 모드를 변경 할 수 있으며 위로부터 3D 모델 뷰어, 서포트 편집 뷰어, 레이어 뷰어 버튼입니다. 각 뷰어 선택 시 뷰어에는 선택된 버튼으로 고정이 되어 현재 상태를 사용자에게 알려줍니다.

세부 설명

- 3D 뷰어 : 사용자가 불러온 3차원 모델 파일을 렌더링 하여 화면에 보여주는 모드입니다. 이 모드에서는 3차원 모델을 원하는 위치나 각도, 크기를 수정하여 그대로 출력할 수 있습니다.

- 서포트 편집 뷰어 : 출력하고자 하는 모델이 경사가 큰 형상을 가지고 있을 경우 형상의 하단부에 서포트를 생성, 추가하여 출력이 잘 되도록 해야 합니다. 본 뷰 모드에서는 이러한 서포트를 사용자가 원하는 위치에 세울 수 있도록

- 레이어 뷰어 : 3차원 모델을 프린터에서 출력할 수 있도록 모델을 슬라이싱하는 모드입니다. 이 버튼을 클릭하면 사용자가 입력한 프로파일 파라메터 값들을 반영하여 모델을 프린터 베드에 평행한 방향으로 슬라이싱하고 그 결과인 레이어들을 화면에 나타냅니다.

5. 모델 이동

화면상의 모델을 선택하여 2축 (x,y축) 방향으로 이동할 수 있도록 합니다.

— 2축 방향으로 mm 단위로 모델을 이동합니다.

— 위에서 입력한 값을 모델에 적용합니다. (ENTER 키와 동일)

— 선택된 모델을 프린터 베드의 중심에 놓게 합니다.

— 선택된 모델을 처음 불러왔을 때의 위치로 이동합니다.

6. 모델 크기 변경

화면상의 모델을 선택하여 배율이나 길이 단위로 크기를 변경할 수 있습니다.

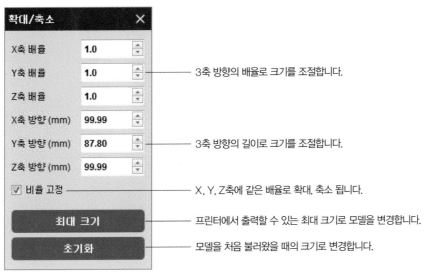

— 3축 방향의 배율로 크기를 조절합니다.

— 3축 방향의 길이로 크기를 조절합니다.

— X, Y, Z축에 같은 배율로 확대, 축소 됩니다.

— 프린터에서 출력할 수 있는 최대 크기로 모델을 변경합니다.

— 모델을 처음 불러왔을 때의 크기로 변경합니다.

7. 모델 회전

화면상의 모델을 선택하여 3축 방향으로 원하는 각도만큼 회전시킬 수 있습니다.

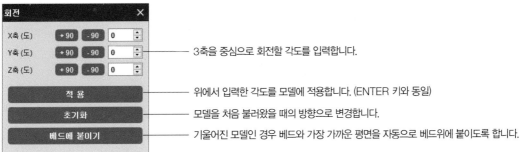

— 3축을 중심으로 회전할 각도를 입력합니다.

— 위에서 입력한 각도를 모델에 적용합니다. (ENTER 키와 동일)

— 모델을 처음 불러왔을 때의 방향으로 변경합니다.

— 기울어진 모델인 경우 베드와 가장 가까운 평면을 자동으로 베드위에 붙이도록 합니다.

8. 프린트

 사용자의 프린터와 연결하고 직접 네트워크를 통해서 슬라이싱 된 모델을 출력할 수 있습니다.

9. 기본 메뉴바

파일	모드	설정	보기	프린터	분석	도움말

프로그램의 상단에 위치해 있으며 파일 및 설정, 네트워크 프린터 관련 기능이 있습니다.

10. 카트리지 선택 바

- 2X, 2X DP303일 때만 활성화 됩니다. 한번에 두 개의 모델이나 두 개 이상의 메쉬로 구성된 모델을 로드 했을 때 각 메쉬나 오브젝트 별로 카트리지 번호를 지정하여 다른 카트리지로 출력할 수 있습니다.
- (i) 버튼을 누르면 카트리지 별 필라멘트 잔여량을 확인 할 수 있습니다.

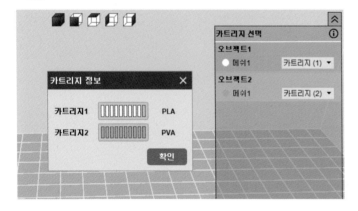

01 **Layer Color를 껐을 때 [카트리지 선택]**

메쉬 1은 카트리지 1로, 메쉬 2는 카트리지 2로 출력하고 싶을 때 위와 같이 메쉬 별로 카트리지를 선택합니다.

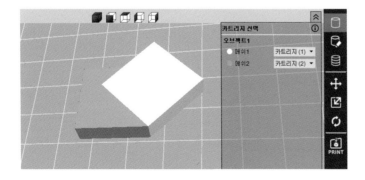

Layer Color를 켰을 때 [카트리지 선택]

Layer Color가 활성화 되어 있을 경우 3차원 모델에 대하여 마우스 우클릭이 적용되지 않습니다 (오브
젝트 삭제, 오브젝트 이동 등)

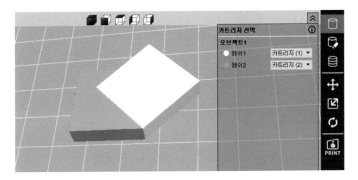

DP200/DP102, DP201/DP202, ECO/DP101인 경우

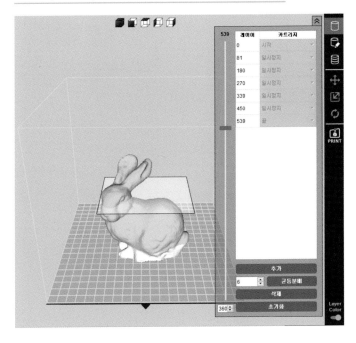

특정 레이어에서 출력을 일시적으로 멈추고 카트리지를 자동으로 언로드하여 카트리지를 교체한 후에 이어
서 출력을 할 수 있습니다.

2X, 2X DP303인 경우

01 Layer Color는 2X 혹은 2X DP303 에서 레이어 층 별로 카트리지를 지정할 수 있는 기능입니다.
왼쪽의 슬라이더를 움직이면 해당 모델의 총 레이어 수와 슬라이더가 위치해 있는 레이어 층이 보여집
니다. 카트리지를 바꾸기 원하는 레이어에서 슬라이더 바를 멈추고 하단 **[추가]** 버튼을 눌러주십시오.

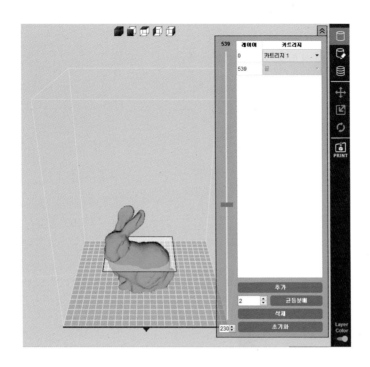

02 그 후 해당 레이어 층 별 카트리지 교환이 가능한 탭이 하나 더 생성됩니다. 계속해서 슬라이더 바를 이 동하고 [추가] 버튼을 누르면 Layer Color를 계속해서 추가할 수 있습니다.

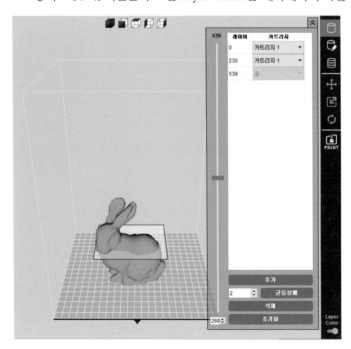

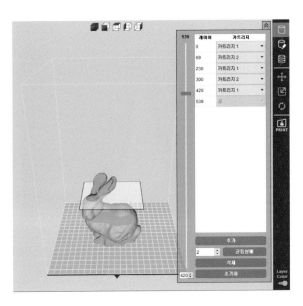

경계면의 단면적

- 위 그림의 의미는 0~69 레이어까지는 카트리지 1을, 69~230 레이어까지는 카트리지 2를 사용하여 출력한다는 의미입니다.
- Layer Color 경계 면끼리의 단면적이 (나눠진 레이어와 레이어 사이의 면적이) 좁은 경우에는 내구성을 위해 내부 필라멘트 채움(infill)을 증가시켜 주십시오.

11. 균등 분배

균등 분배 기능이 있습니다. 원하는 레이어 수(숫자)를 넣고 [균등분배] 버튼을 누르면 전체 레이어가 균등하게 나뉘어집니다.

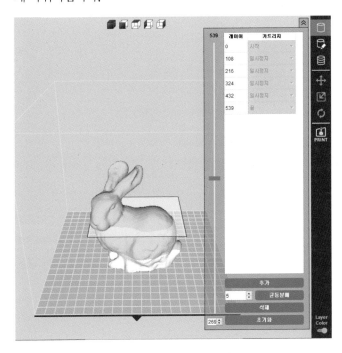

12. 모델 합치기 & 모델 쪼개기

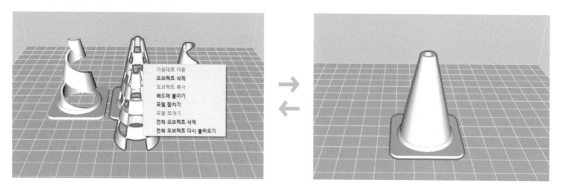

Layer Color가 활성화 되어 있을 경우 적용되지 않습니다.

12.1 모델 합치기

• '모델 합치기'는 원점을 기준으로 축을 맞추는 기능입니다.
• Ctrl + 마우스 좌를 클릭하여 2개 이상의 오브젝트를 선택 합니다. 그 후 마우스 우를 클릭하여 **모델 합치기**를 누르면 선택된 오브젝트들이 합쳐집니다. **'모델 합치기'** 후 **'카트리지 선택'**에서 확인할 수 있습니다. 또한 메쉬에 따른 카트리지를 각각 지정할 수 있습니다.

12.2 모델 쪼개기

• 합쳐져 있는 오브젝트를 대상으로 마우스 우를 클릭한 후 '모델 쪼개기'를 하면 '모델 합치기' 됐던 오브젝트들이 각각 나뉘어집니다.

12.3 세부 설명

파일

모델 불러오기	——— 3차원 모델을 불러옵니다.(로드 버튼과 동일)
모델 저장하기	——— 화면에 있는 모델을 다른 이름 또는 다른 형식의 3차원 모델로 저장합니다.
G-code 불러오기	——— 외부 G-code 파일을 가져와 화면에서 패스를 보여줍니다.
G-code 저장하기	——— 모델을 슬라이싱 한 다음 생성된 G-code를 저장합니다.

모드

• 3DWOX에서는 슬라이싱 하기 위한 설정을 두 가지 모드로 분리하여 제공하였습니다.

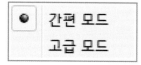

• 모드는 미리 저장된 프로파일 설정값을 사용하는 [간편 모드]와 자세한 값들을 사용자가 직접 입력할 수 있는 [고급 모드]로 이루어져 있습니다.

설정

• 슬라이싱할 때 필요한 각종 설정값들을 지정할 수 있습니다. (장비부분 G-code 및 프로파일)

프린터 설정

시작 / 종료 G-code

프로파일 가져오기
프로파일 내보내기

프로파일 초기화

프린터 설정 (DP 200/DP102 일 때)

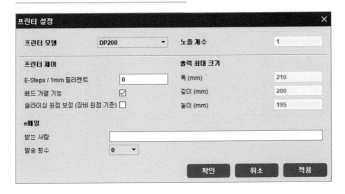

– **프린터 모델** : 기본으로 연결된 프린터 모델이 화면에 나타납니다.

– **노즐 개수** : 해당 기기의 노즐 개수가 나타납니다.

– **E-Steps / 1mm 필라멘트** : 1mm 필라멘트가 토출될 때, 회전하는 모터의 스텝 수입니다. 만일 0으로 이 값을 설정할 경우, 이 기능은 무시되며 프린터 펌웨어에 기본으로 저장된 값으로 동작합니다.

– **베드 가열 기능** : 프린터 베드가 가열 기능이 있을 경우 체크합니다. 체크하지 않을 경우 베드의 온도를 조절하는 G-code를 생성하지 않습니다.

– **슬라이싱 원점 보정 (장비 원점 기준)** : 장비의 원점(0,0)을 중심으로 3차원 모델을 베드에 배치합니다.

– **원점 보정 (베드 중심)** : 모델을 항상 프린터 베드의 중심에 놓도록 자동으로 조절합니다.

– **출력 최대 크기** : 현재 출력하고자 하는 프린터의 출력 가능한 크기를 보여줍니다.

– e 메일 : 출력 중 진행 상황을 입력한 e메일 주소로 발송하는 기능입니다. 항목에 메일을 받을 수신자의 주소와 발송할 횟수를 입력하여 주십시오. 수신자가 여러 명일 경우 " ; "을 이용하여 주소를 이어서 입력할 수 있습니다. 예 recipient1@test.com; recipient2@test.com; recipient3@test.com

발송 횟수는 최대 10회까지 입력할 수 있으며, 전체 출력 시간에서 입력한 횟수만큼 나눈 간격으로 메일이 발송됩니다.메일 통지 기능을 사용할 경우 입력한 횟수와 상관없이 초기 동작이 제대로 수행되고 있는지 확인하기 위한 메일이 기본적으로 발송됩니다. 따라서, 실제 메일 전송 횟수는 입력한 횟수보다 한 번 더 전송됩니다. 단, 최대 10회를 초과하지 않습니다. (10회 선택시 10회 전송)

모델이 DP200/DP102일 때

• DP102의 프린터 설정화면은 아래와 같습니다.

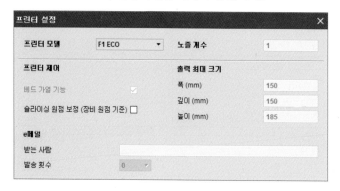

• 프린터 설정화면 및 기능은 DP200과 동일합니다.

모델이 ECO, DP101일 때

• ECO의 경우 프린터 설정화면은 아래와 같이 변경됩니다.

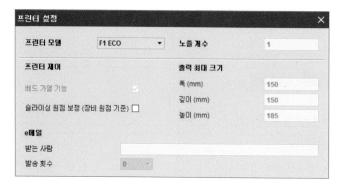

• 프린터 설정화면 및 기능은 DP101, DP200, DP102과 동일합니다.

모델이 DP201/DP202일 때

• DP201의 경우 프린터 설정화면은 아래와 같이 변경됩니다.

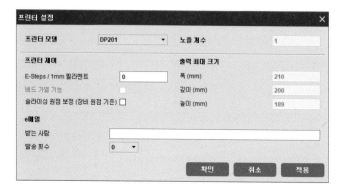

• **베드 가열 기능** : DP201/DP202에서는 본 기능이 비활성화 됩니다. 이외에 다른 설정 화면은 DP200/

DP102과 동일합니다.

모델이 2X, 2X DP303일 때

• 2X의 경우 프린터 설정화면은 아래와 같이 변경됩니다.

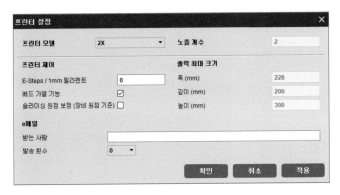

• 2X, 2X DP303 모델은 노즐이 2개 입니다. 그 외에 프린터 설정화면 및 기능은 DP200, DP102과 동일
합니다.

TIP e 메일 전송기능을 사용하기 위해서는 먼저 UI 메뉴에서 설정이 되어 있어야 합니다. 자세한 내용은 「UI메뉴 기능 설명」에서 참고하십시오.

• **시작 / 종료 G-code** : 기본적으로 설정된 시작/종료 G-code를 확인할 수 있고 또한 텍스트를 직접 수정
하여 슬라이싱 된 모델의 G-code에 반영할 수 있습니다.

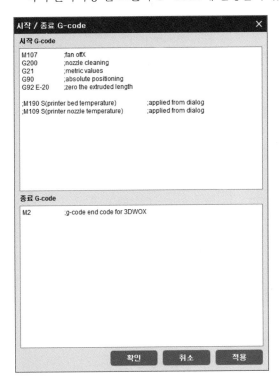

• **프로파일 가져오기 / 내보내기** : 슬라이싱에 필요한 프로파일의 파라메터 값들을 미리 저장한 파일에서 불러

오거나 외부로 저장하는 기능입니다. 프로파일을 저장하는 파일의 확장자는 *.ini이며 이를 메모장에서
직접 수정할 수 있습니다.

2X, 2X DP303에서는 카트리지 별로 가져오기 / 내보내기가 수행됩니다.

• **프로파일 초기화** : 프로파일의 모든 파라메터 값을 기본 값으로 초기화합니다.

보기

화면상의 3가지 뷰모드를 선택할 수 있습니다. 화면 우측의 뷰 모드 선택버튼과 기능이 동일하며 자세한 설
명은 P. 182「뷰 모드 선택」버튼 부분을 참고하십시오.

프린터

네트워크 상에 있는 프린터를 찾거나 추가하여 관리하는 기능입니다.

• **내 프린터 관리**
  - 사용자가 추가한 프린터 리스트를 관리하는 화면입니다.
  - 기본으로 지정된 프린터가 있을 경우 슬라이서를 재 발생시 별도의 프린터 지정없이 해당 프린터로 출
    력됩니다.

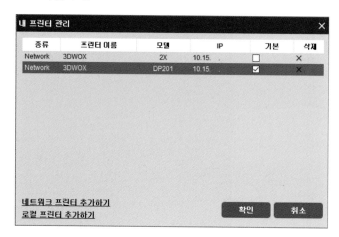

• **네트워크 프린터 추가**
  - 네트워크로 사용 가능한 프린터를 자동으로 검색하여 보여줍니다.
  - 검색된 프린터 중 사용하기를 원하는 프린터를 선택한 후 [추가] 버튼을 클릭하면 내 프린터 관리에 추

가됩니다.

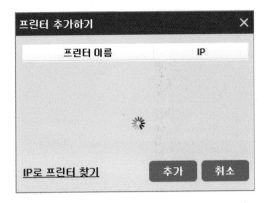

• IP로 프린터 찾기

　– 특정 IP를 입력하여 프린터를 추가합니다.

　– IP를 입력한 후 [추가] 버튼을 클릭하면 사용 가능한 프린터의 IP인 경우 내 프린터 관리에 추가됩니다.

• 로컬 프린터 추가

　– USB케이블로 연결된 프린터를 자동으로 검색하여 화면에 보여줍니다.

　– 검색된 프린터를 선택한 후 [추가] 버튼을 클리하면 내 프린터 관리에 추가됩니다.

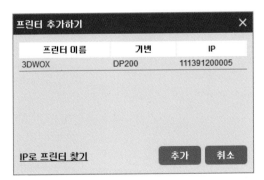

• 웹 모니터링

　– 현재 프로그램과 연결된 네트워크 프린터의 카메라 영상을 화면에 보여주는 기능입니다.

　– ECO / DP101 모델은 웹 모니터링(3DWOX Cam)을 지원하지 않습니다.

TIP▶ 권장 브라우저는 IE11이상, FireFox 40.0 이상 Chrome 47.0 이상입니다. 버전이 낮을 경우 원하는 기능이 제대로 동작하지 않을 가능성이 있습니다.

〈 DP200/DP102, DP201/DP202 〉

〈 2X, 2X DP303 〉

분석

3차원 모델의 형상을 분석하여 출력하기 전에 미리 사용자에게 문제점을 알려주는 기능입니다. (고급 기능 참조)

도움말

프로그램의 언어 및 온도 단위, 단축키 정보, 온라인 FAQ, 업데이트를 할 수 있습니다.

출력하기(기본 기능)

기본 기능을 이용하여 3차원 모델을 출력하는 과정을 설명하였습니다.

1. 3차원 모델 파일 불러오기

화면 좌측의 [LOAD] 버튼을 클릭하여 불러오고자 하는 3차원 모델 파일을 선택합니다. (각 기능별 상세 설명 참조) 선택된 모델은 화면에 보이는 프린터 베드의 중앙에 위치합니다.

2. 기본 파라메터 설정

[SETTING] 버튼을 클릭하여 변경이 필요한 파라메터 값을 조정합니다.

예 출력물의 품질을 결정하는 레이어의 높이 값을 변경하거나 서포트의 적용 여부를 결정합니다.

3. 슬라이싱

3차원 모델이 베드 상에 있는 것을 확인하고 레이어 뷰어 모드로 전환하면 파라메터의 값이 반영 되면서 슬라이싱을 수행합니다.

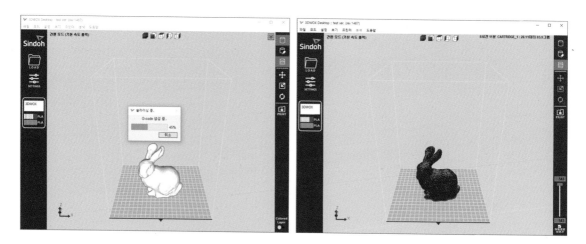

- 레이어 뷰어에서는 슬라이싱하여 출력된 결과를 화면에 표현합니다.
- 이때 모델은 면이 아니라 각 레이어를 표현하는 선으로 이루어져 있으며 뷰 우측 하단의 슬라이더를 이용하여 확인하고자 하는 레이어를 확인할 수 있습니다.

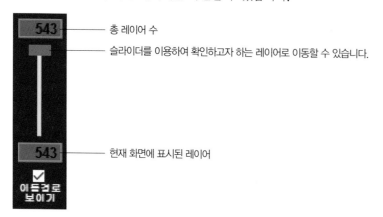

- 총 레이어 수
- 슬라이더를 이용하여 확인하고자 하는 레이어로 이동할 수 있습니다.
- 현재 화면에 표시된 레이어

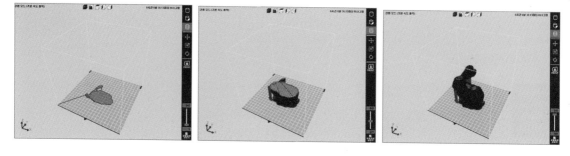

4. 프린트

슬라이싱 된 모델을 출력하는 방법으로는 크게 3가지 방법이 있습니다.

4.1 USB 메모리 이용

❶ 모델을 슬라이싱 한 다음 메뉴 바의 [G-code 저장하기] 항목을 선택합니다.

❷ 생성된 G-code를 USB 메모리에 저장합니다.

❸ 프린터 전면부에 있는 USB 포트에 연결하여 프린터 화면에서 직접 G-code를 불러와 출력합니다.

4.2 네트워크 연결 이용

본 기능을 사용하기 위해서는 프린터가 프로그램에 네트워크를 통해 연결되어 있어야 합니다. 이에 대한 자세한 내용은 〈내 프린터 관리〉 및 〈네트워크 프린터 추가〉 항목을 참조하시기 바랍니다.

❶ 모델을 슬라이싱 한 다음 화면 우측의 프린터 아이콘 🖨 이나 메뉴 바의 [출력] 항목을 선택합니다.

❷ 아래와 같이 원격 화면을 통해 연결된 프린터에 문제가 없는 것이 확인 될 경우 [출력] 버튼을 눌러 진행합니다.

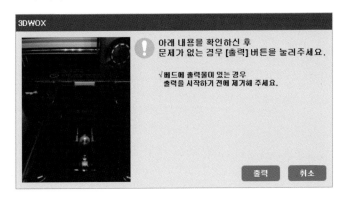

❸ 네트워크를 통해 G-code가 전송되며 프린터에서 출력이 시작됩니다.

4.3 로컬 연결 이용

본 기능을 사용하기 위해서는 프린터가 프로그램에 USB케이블을 통해 연결되어 있어야 합니다. 이에 대한 자세한 내용은 〈내 프린터 관리〉 및 〈로컬 프린터 추가〉 항목을 참조하시기 바랍니다.

❶ 모델을 슬라이싱 한 다음 화면 우측의 프린터 아이콘 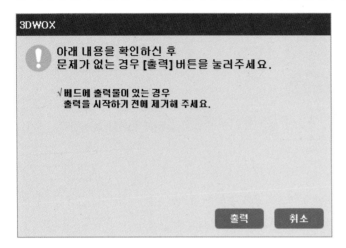이나 메뉴 바의 [출력] 항목을 선택합니다.

❷ 아래와 같이 연결된 프린터에 문제가 없는 것이 확인 될 경우 [출력] 버튼을 눌러 진행합니다.

❸ 네트워크를 통해 G-code가 전송되며 프린터에서 출력이 시작됩니다.

고급 기능

1. 서포트 편집 기능

3DWOX에서는 설정값에 따라 자동으로 계산된 서포트 외에 사용자가 직접 수정할 수 있는 기능을 가지고 있습니다. 즉, 형상에 따라 세워진 서포트 외에 더 추가를 하거나 삭제를 할 수 있습니다.

이러한 서포트 편집 기능은 서포트 편집 모드에서 실행됩니다.

1.1 서포트 편집 모드

3차원 모델

먼저 프로그램에서 3차원 모델을 불러들입니다.

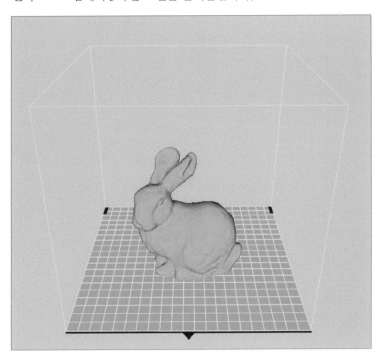

서포트 편집 모드 전환

 화면 우측의 뷰 모드 선택 버튼을 클릭하여 서포트 편집 모드로 전환합니다. 뷰를 전환하면 아래와 같이 모델과 함께 생성되어 있는 서포트를 확인할 수 있습니다. 서포트 편집의 간단한 화면 설명은 다음과 같습니다.

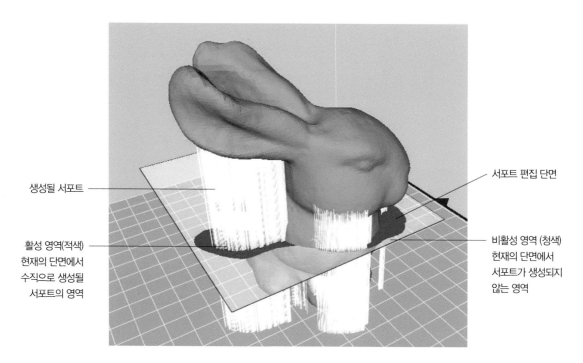

생성될 서포트 ───

활성 영역(적색)
현재의 단면에서
수직으로 생성될
서포트의 영역

서포트 편집 단면

비활성 영역 (청색)
현재의 단면에서
서포트가 생성되지
않는 영역

서포트는 기본적으로 형상을 z축 방향으로 투영된 단면에서만 생성이 됩니다. 즉, 형상에서 수직한 방향으로 생성이 가능하며 서포트 편집 단면은 서포트가 현재의 단면에서 최대로 생성될 수 있는 영역을 나타냅니다.

서포트 생성 및 제거

• 서포트 생성

– 서포트를 생성하기 위해서는 편집 단면에서 비활성 영역(청색)을 마우스로 클릭합니다. 이 때, 단면이 적색으로 변경되면서 수직으로 생성된 서포트를 확인할 수 있습니다.

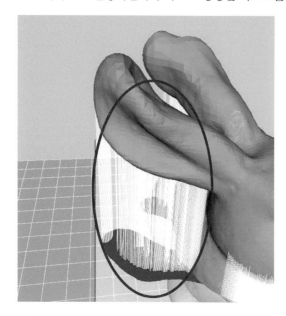

- **서포트 제거**
  - 서포트를 제거하기 위해서는 편집 단면의 활성 영역을 Ctrl 키를 누르면서 마우스로 클릭합니다. 클릭한 영역은 청색(비활성)으로 변경되고 서포트가 제거됩니다.

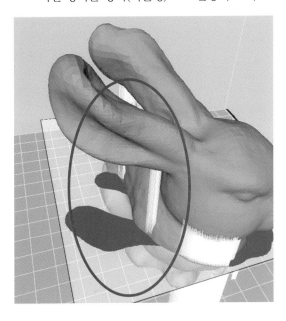

서포트 편집 단면 이동

서포트의 길이는 편집 단면을 중심으로 해서 위아래로 형상이 있을 때까지 생성이 됩니다. 즉, 중간에 형상이 있는 경우 서포트 생성 영역이 나뉘게 되어서 따로 편집을 해야 합니다.

예를 들어 아래와 같은 모델인 경우 중간에 형상이 있어 원형 내부의 서포트를 수정하고자 하여도 하단 부분만 수정이 됩니다.

따라서 하단 부분의 서포트만 제거가 되고 원형 내부의 서포트는 그대로 있습니다.

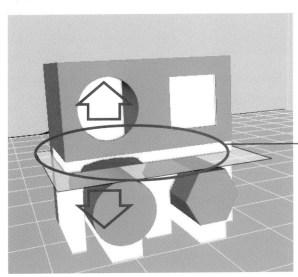

중간에 있는 형상으로 서포트 영역이 나뉘게 됩니다.

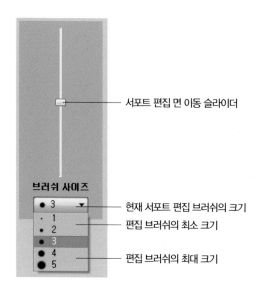

서포트 편집 면 이동 슬라이더

브러쉬 사이즈

현재 서포트 편집 브러쉬의 크기
편집 브러쉬의 최소 크기
편집 브러쉬의 최대 크기

따라서 원형 내부의 서포트를 수정하기 위해서는 편집 단면을 이동해야 하는데 이때 서포트 편집 면 이동 슬라이더를 이용하여 이동합니다.

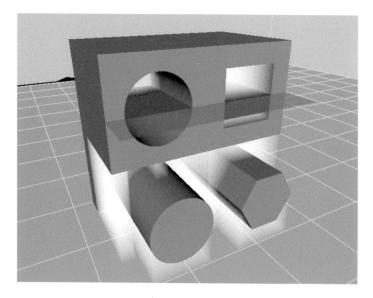

서포트 편집 단면을 위로 이동하여 편집하고자 하는 영역 내로 들어오게 합니다. 편집 단면 영역에 마우스 클릭으로 원형 내부의 서포트도 편집이 되는 것을 확인할 수 있습니다.

서포트 최종 생성

서포트 편집을 마치고, 레이어 뷰어 모드로 전환하면 슬라이싱을 다시 수행합니다. 슬라이싱 결과 편집된 서포트가 반영된 것을 확인할 수 있습니다.

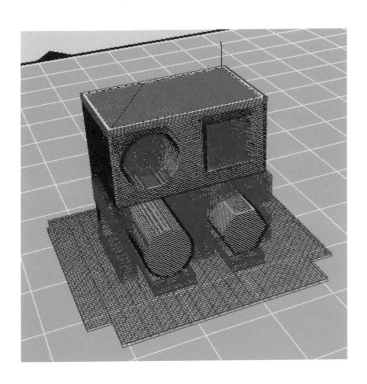

2. 3D 모델 분석 기능

3DWOX에서는 3차원 모델의 형상을 분석하여 출력하기 전에 문제가 발생할 수 있는 부분을 미리 알 수 있는 기능을 가지고 있습니다. 슬라이싱 방향의 단면을 기준으로 모델 형상의 두께를 분석하거나 z축 방향으로 형상의 역구배를 분석합니다.

2.1 3차원 모델 선택

3차원 모델이 있는 상태에서 모델을 클릭하여 선택합니다.

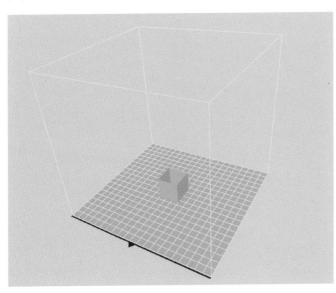

2.2 분석 메뉴의 두께/역구배 선택

두께 / 역구배

화면 상단의 메뉴에서 분석의 [두께/역구배] 항목을 선택합니다. 기능 실행 시, 분석 과정이 화면에 표시되고, 계산 결과 값과 분석 컨트롤 대화 창이 나타납니다.

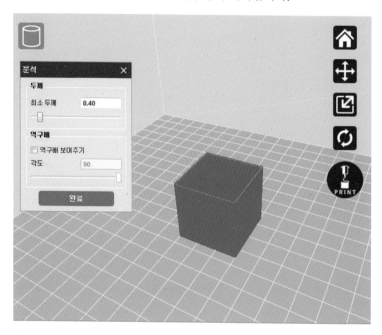

2.3 분석 컨트롤 대화 창

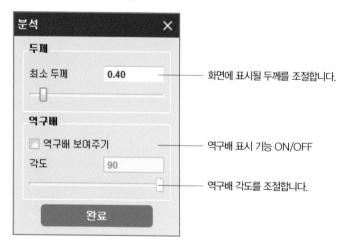

2.4 두께 분석 기능

설정된 최소 두께 값보다 얇은 형상 부분을 화면에 표시해 줍니다. 최소 두께를 0.4mm로 설정하면, 0.4mm보다 얇은 부분은 적색, 두꺼운 부분은 청색으로 나타나 출력 시 문제가 될 수 있는 부분을 미리 알려줍니다.

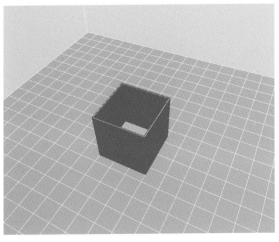
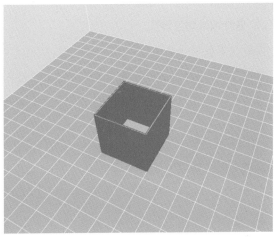

〈 형상 두께가 설정값보다 두꺼울 때 〉　　　　　〈 형상 두께가 설정값보다 얇을 때 〉

2.5 역구배 분석 기능

3D 프린터로 출력 시 프린터 베드의 면을 기준으로 형상이 수직 방향일수록 적층에 유리하고 수평 방향일수록 불리합니다. 이 때, 수평 방향으로 각도가 작아질수록 형상을 지지하기 위해 서포트가 필요하게 됩니다. 역구배 분석 기능에서는 형상의 역구배인 부분을 계산하여 실제 출력 시 문제가 될 부분을 사용자에게 미리 알려줍니다.

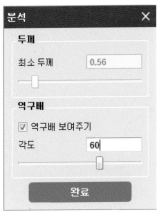

3. 최적 출력 방향 계산 기능

3DWOX에서는 사용자에게 미리 연산을 하여 최적의 출력 방향을 제시하는 기능을 가지고 있습니다.

출력 방향은 프린터 베드 기준으로 6방향이며 각 방향마다 미리 정해진 평가 기준으로 계산을 하여 6방향 중 가장 좋은 방향을 사용자에게 화면으로 보여줍니다. 평가 기준은 총 3가지가 있으며 각각에 대한 설명은 아래와 같습니다.

3.1 출력 에러 예상 면적

3차원 모델을 앞에서 설명하였던 두께 분석을 하여 이를 바탕으로 현재 노즐 직경에 비해 얇은 두께 부분의 면적을 미리 계산합니다. 노즐 직경보다 얇은 부분은 실제 프린터에서 모델의 형상대로 적층이 안될 경우가 크므로 프로그램에서는 미리 이러한 부분을 계산하여 출력 시 에러가 날 부분을 고려합니다.

3.2 역구배 면적

3차원 모델의 역구배 분석을 통해 출력 시 문제가 될 부분을 미리 고려합니다. 역구배에 해당하는 부위의 면적이 작을수록 출력물의 품질이 좋게 되므로 여기서 계산된 면적 값의 반대로 고려하여 최적 출력 방향을 계산합니다.

3.3 서포트 양

모델에 역구배가 있을 때, 정상적인 적층을 하기 위해서는 서포트가 필요합니다. 출력물 이외에 서포트를 많이 세울수록 없는 방향보다 품질이 좋지 않게 되고 시간이 더 오래 걸리게 됩니다. 프로그램에서는 서포트의 양을 미리 계산하여 최적 출력 방향을 얻는데 고려합니다.

❶ 3차원 모델 선택

3차원 모델이 있는 상태에서 모델을 클릭하여 선택합니다.

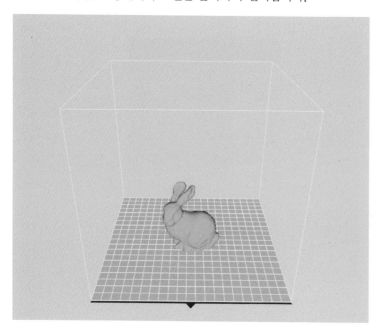

❷ 분석 메뉴에서 [최적 출력 방향]을 선택하면 다음과 같은 화면이 나타납니다.

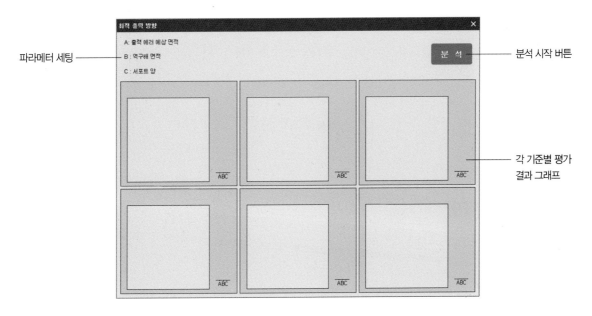

파라메터 세팅 ——— (연결선)

분석 시작 버튼

각 기준별 평가 결과 그래프

❸ 분석 버튼을 누르면 각 6가지 방향에 대해 계산을 시작합니다.

❹ 계산 결과 6가지의 방향에 대해 모델을 화면에서 확인할 수가 있으며 그 방향에 따른 평가 결과 순위를 확인할 수 있습니다. 기준에 따라 평가를 한 결과 최적 방향으로 계산된 방향에 대해서는 화면에 표시가 되며 각 기준별로 평가 결과를 그래프로 확인할 수 있습니다.

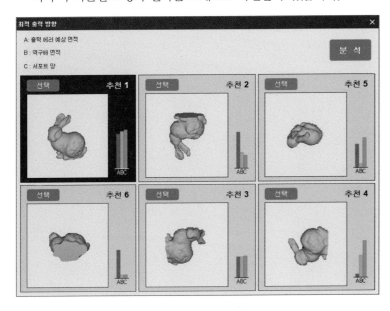

그래프의 높이가 높을수록 그 기준 항목에서 높은 점수를 얻은 것이며 각 항목별 점수를 종합하여 전체 6가지 방향에 대한 추천 순위를 화면에 표시해 줍니다.

❺ 6가지의 방향 중 원하는 방향의 [선택] 버튼을 누르면 해당하는 방향대로 모델이 회전을 하여 베드에 놓여진 것을 확인 할 수 있습니다. (여기서는 참고상 위의 화면에서 추천 2에 해당하는 방향을 선택하였습니다.)

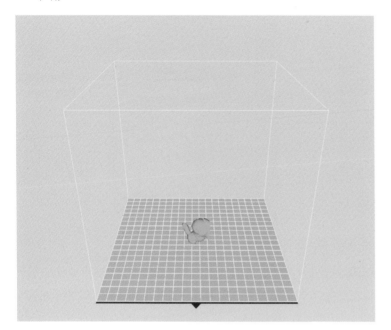

SECTION 05 기기 사용을 위한 준비

1. 기기 사양

1.1 출력

인쇄 기술 방식	FFF(Fused Filament Fabrication)
인쇄 가능 길이(mm)	W(max) : 210, D(max) : 200, H(max) : 195
적층 두께 설정	0.05~0.4mm
기본(옵션)노즐 직경	0.4mm
필라멘트 직경	1.75mm
인쇄 가능 재료	* PLA, ABS(신도)
베드 레벨링	자동 측정 + 수동 조절

* 연질 필라멘트(flexible, TPU, nylon)는 본 기기에 사용할 수 없습니다.
* 마모성 첨가물(금속성분, 탄소섬유)이 들어간 필라멘트 사용시 기기 고장 및 기기 수명을 단축시킬 수 있습니다.

1.2 온도 / 속도

노즐 연속 사용 / 최대 온도	PLA 200℃ 권장, ABS 230℃ 권장 / 250℃ 최대
베드 연속 사용 / 최대 온도	PLA 60℃ 권장, ABS 90℃ 권장 / 110℃ 최대
출력 권장 속도 / 최대 속도	40mm/s 권장 / 200mm/s 최대

* 최대 온도로 연속 사용할 경우 기기 고장의 원인이 될 수 있으므로 노즐이 막혔을 때 등 특수한 경우에만 설정합니다.

1.3 기기

전력	150W
본체 크기 : mm	421 x 433 x 439
본체 무게	15kg
연결 포트 지원	USB Device, USB Host, Wifi, Ethernet
카트리지	자동 로드 / 언로드

1.4 소프트웨어 / 지원

지원 소프트웨어	Sindoh 전용 슬라이서
지원 파일 형식	*.stl, *.ply, *.obj, *.amf, *.gcode
지원 운영 체제	Window 7 이상, Mac OS X 10.10 이상
권장 메모리 요구 사항	4GB+ DRAM

TIP▶ 그래픽 카드는 OpenGL 2.0이상을 지원해야 합니다.

1.5 적층 두께 기본 설정값

노즐 직경	0.4mm	적층 두께	0.2mm

2. 기본 구성품

주의 : 상자는 교환 A/S시 필요하니 버리지 마십시오.

3D 프린터	카트리지	전원 케이블 / USB 케이블
스크래퍼	USB 메모리	간단 설치 안내서
청소용 튜브	노즐 청소용 스프링	노즐 청소 도구

경고 : 스크래퍼는 칼날 부분이 날카로우니 사용상 주의하시기 바라며 조형물 제거 외에 다른 용도로 사용하지 마십시오. 특히, 칼날 부분에 신체 접촉을 하지 마십시오.

3. 부품의 명칭

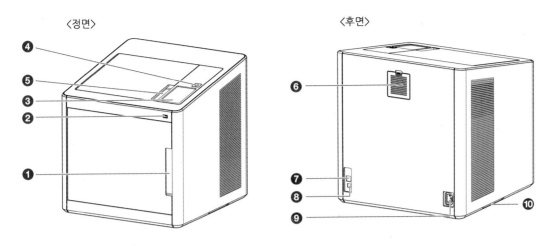

〈정면〉 〈후면〉

번호	명칭	설명
1	정면 도어 손잡이	이 손잡이로 정면 도어를 엽니다.
2	USB 메모리 삽입부	출력 파일이 담긴 USB 메모리를 연결하여 출력물을 출력할 수 있습니다.
3	LCD 컨트롤 패널	프린터를 조작할 수 있는 화면부입니다. • 주의 : LCD 컨트롤 패널 윗면의 보호 필름을 제거 후, 기기를 사용할 것을 권장합니다. 보호 필름을 제거하지 않고 사용시, 화면 터치가 정상적으로 동작하지 않을 수 있습니다.
4	전원 버튼	• 버튼을 짧게 눌러 전원을 켤 수 있습니다. • 버튼을 길게(2초 이상) 누르면 전원을 끌 수 있습니다.
	전원 버튼 표시등	점등 : 전원이 들어온 상태입니다. 1초간격 점멸 : 전원을 켤 수 있습니다.(전원 플러그만 연결된 상태) • 주의 : 장시간 사용하지 않을 시에는 플러그를 빼 주십시오. 전원 플러그 제거 후 일정 시간 점멸할 수 있습니다. 꺼짐 : 비활성 모드 입니다.(전원 플러그가 빠진 상태)
5	윗면 도어 손잡이	이 손잡이로 윗면 도어를 엽니다.
6	배기팬 (헤파 필터)	• 프린터 내부의 열기를 배출합니다. • 헤파 필터는 출력중 발생하는 미세 입자를 걸러줍니다.
7	LAN 포트	네트워크 케이블을 연결하여 네트워크 장치에 연결할 수 있습니다.
8	USB 포트	USB 케이블로 기기를 컴퓨터에 연결하는 경우에 사용합니다.
9	전원 연결부	전원 코드를 연결합니다.
10	운반 손잡이	기기를 운반할 때 잡고 이동할 수 있는 손잡이입니다.

〈내부〉

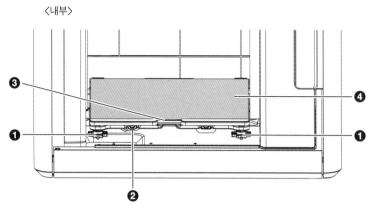

번호	명칭	설명
1	베드 높이 조절 손잡이	Flexible 베드의 수평을 조절하기 위한 손잡이입니다.
2	베드 탈부착 손잡이	Flexible 베드를 조립 및 분해시 사용하는 손잡이입니다.
3	베드 히터	출력물 바닥면을 가열하여 출력물이 베드에 안착되는 것을 돕습니다.
4	Flexible 베드 (베드 시트)	출력물이 안착되는 작업 공간입니다.

〈노즐〉

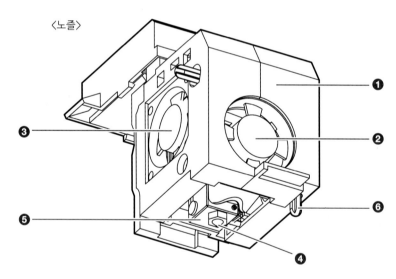

번호	명칭	설명
1	본체	노즐부 본체입니다.
2	팬1	출력물 냉각용 팬입니다.
3	팬2	노즐부 방열판 냉각용 팬입니다.
4	노즐	프린트를 위한 노즐입니다.
5	히터 블록	노즐부의 필라멘트를 가열하는 부위입니다.
6	레벨링 센서 필러	베드 레벨링 시 센서 동작을 위한 필러입니다.

4. 설치(장치 연결, 카트리지 장착 및 소프트 설치 포함)

4.1 장치 연결

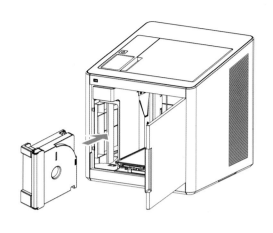

❶ 기기 뒷면의 전원 연결부에 전원 케이블을 연결하고 케이블을 콘센트에 꽂습니다.

❷ 기기 윗면의 전원 스위치를 누릅니다.

❸ LCD창에 메인 화면이 나타나면 카트리지를 장착합니다.(UI 기능 설명의「로드」참고)

❹ 컴퓨터에 연결

　1) 컴퓨터에 직접 연결 : 동봉된 USB 케이블을 기기 뒷면의 USB 포트에 연결하고 반대쪽 부분을 컴퓨터에 연결하십시오.

　2) 네트워크에 연결 : 사용설명서 2-22(네트워크) 참조.

❺ 동봉된 USB 메모리를 컴퓨터에 연결한 후 기기 드라이버 및 슬라이서 프로그램을 설치합니다.

4.2 프로그램 설치

❶ 동봉된 USB 메모리 안에 있는 3DWOX Desktop 설치 프로그램을 실행합니다.

❷ 프로그램에 필요한 추가 파일을 설치합니다.

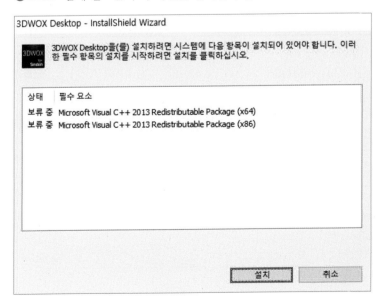

❸ 추가 파일의 설치가 끝나면 아래의 그림과 같이 윈도우가 나타납니다. [다음]을 누르면 설치 마법사가 시
작됩니다.

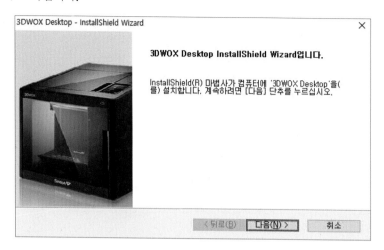

❹ 파일을 설치할 경로를 지정하고 [다음]을 눌러서 진행합니다.

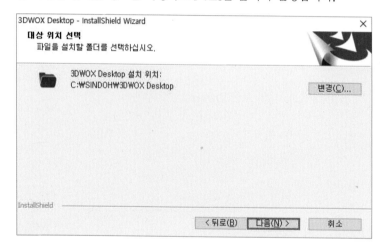

❺ [설치]를 누르면 파일이 저장되며 설치가 진행됩니다.

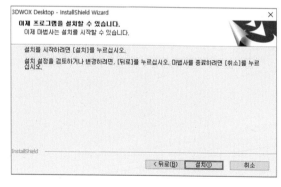 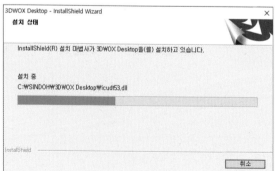

❻ 모든 설치가 끝나면 바탕화면에 3DWOX Desktop 아이콘이 생성된 것을 확인할 수 있습니다.

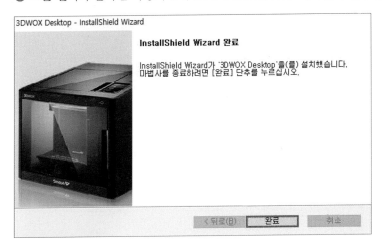

UI 메뉴 기능 설명

1. UI 메뉴 기능 설명

카트리지	로드
	언로드
	언락

설정	X, Y, Z	모두, X, Y, Z
		X, Y, Z
	익스트루더	
	베드 레벨링	
	Z 오프셋	이동
		저장
	노즐 클리닝	
	클리닝 케이스	

	네트워크	무선	(설정 선택)	
			무선	함
				안함
			네트워크 선택	목록
			DHCP	
			고정	
			SSID 삭제	
		유선	(설정 선택)	
			DHCP	
			고정	

	램프	(설정 선택)
		항상 켜짐
		항상 꺼짐
		*출력시만 켜짐
	베드하강	

	테스트 출력	(선택 파일)	출력	시작/일시정지
				취소

	에너지 절약	(설정 선택)
		0~100분, *100분
	부저음	(설정 선택)
		끔
		최소
		*중간
		최대
	노즐 설정	
	언어	

이메일 설정	이메일 주소		
	이메일 서버 정보	주소	
		포트	
		ID	
		PW	
		보안	
	단위	섭씨	
		화씨	
		미터	
		피트	
	시간 설정	년, 월, 일, 시, 분	
	시간대 설정		
	WEB		
	보안		
	소프트웨어 업데이트		
	CLOUD		

정보	이름		
	이름 및 암호 변경	이름	
		암호	
		암호 확인	
		취소	
		확인	
	모델명		
	기번		
	버전		
	유선 IP		
	유선 Mac		
	무선 IP		
	무선 Mac		
	웹사이트		
	가이드		
	이력		

*는 초기 설정입니다.

1.1 카트리지

카트리지	로드
	언로드
	언락

로드

필라멘트를 노즐의 위치까지 자동으로 삽입하는 기능을 합니다.

❶ 홈 화면에서 [카트리지] 버튼을 누릅니다.　❷ [로드] 버튼을 눌러 카트리지 로드 동작을 실시합니다.

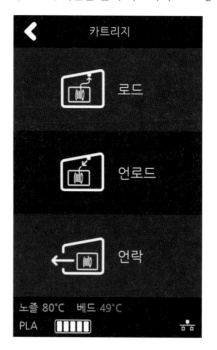

❸ 카트리지 로드를 정말 실행할지에 대한 확인을 거친 후 [확인]을 누르면 카트리지 로드 동작이 자동으로 실행됩니다. 필라멘트가 노즐까지 다다른 후 다음 단계에서 온도가 지정된 목표치까지 도달하게 되면 온도가 올라간 노즐 안으로 필라멘트가 삽입되고 완료 후 자동으로 홈 화면으로 복귀합니다.

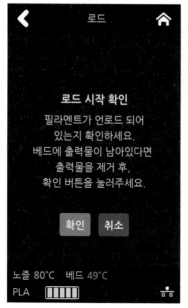

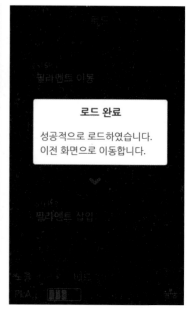

언로드

필라멘트를 노즐에서부터 기기에서 제거할 수 있는 기능을 합니다.

❶ 홈 화면에서 [카트리지] 버튼을 누릅니다.　❷ [언로드] 버튼을 눌러 카트리지 언로드 동작을 실시합니다.

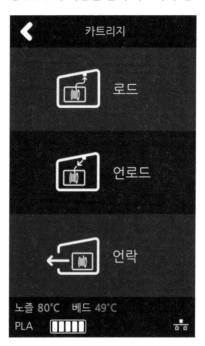

❸ 카트리지 언로드를 정말 실행할지에 대한 확인을 거친 후 [확인]을 누르면 카트리지 언로드 동작이 자동으로 실행됩니다. 노즐에서 필라멘트를 제거하기 위해 온도를 목표치까지 올린 후 다음 단계로 넘어가 필라멘트를 빼는 동작을 합니다. 필라멘트가 모두 제거되면 카트리지를 뺄 수 있도록 [언락] 화면으로 자동으로 넘어갑니다.

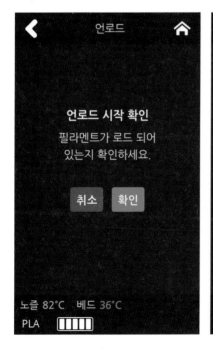

언락

카트리지를 기기로부터 완전히 뺄 수 있도록 하는 기능을 합니다. 카트리지 [언락] 동작은 필라멘트 [언로드]가 완료되고 나면 자동으로 넘어가거나 사용자가 임의로 선택을 하여 동작시킬 수도 있습니다.

• [언로드] 작업이 끝나고 자동으로 [언락] 화면으로 넘어온 경우

❶ 10초 동안 카트리지가 락킹 상태가 해제되고 기기에서 분리할 수 있는 상태가 됩니다.

※ "언락"이 된 상태에서 카트리지를 당겨도 빠지지 않을 경우 카트리지를 살짝 기기 안쪽으로 밀었다가 당기면 빠집니다.

❷ 10초가 지나면 카트리지가 자동으로 락킹 상태가 되고 다시 [언락]을 실행시킬 수 있는 버튼이 나옵니다. 오픈 머티리얼 모드에서 언로드 완료 후 밖으로 풀린 필라멘트는 잘 정리해서 보관하십시오.

• [언로드]작업이 끝나고 자동으로 [언락] 화면으로 넘어왔을 때 [언락]을 하지 않고 나중에 임의로 사용자가 [언락]하려는 경우

❶ 홈 화면에서 [카트리지] 버튼을 누릅니다.

❷ [언락] 버튼을 눌러 카트리지 언락 동작을 실시합니다.

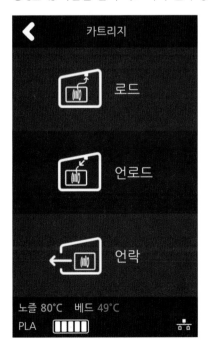

❸ 10초 동안 카트리지가 락킹 상태가 해제되고 기기에서 분리할 수 있는 상태가 됩니다.

※ "언락"이 된 상태에서 카트리지를 당겨도 빠지지 않을 경우 카트리지를 살짝 기기 안쪽으로 밀었다가 당기면 빠집니다.

❹ 10초가 지나면 카트리지가 자동으로 락킹 상태가 되고 다시 [언락]을 실행시킬 수 있는 버튼이 나옵니다. 오픈 머티리얼 모드에서 언로드 완료 후 밖으로 풀린 필라멘트는 잘 정리해서 보관하십시오.

1.2 설정

설정	X, Y, Z	모두, X, Y, Z			
		X, Y, Z			
	익스트루더				
	베드 레벨링				
	Z 오프셋	이동			
		저장			
	노즐 클리닝				
	클리닝 케이스				
	네트워크	무선	(설정 선택)		
			무선	함	
				안함	
			네트워크 선택	목록	
			DHCP		
			고정		
			SSID 삭제		
		유선	(설정 선택)		
			DHCP		
			고정		
	램프	(설정 선택)			
		항상 켜짐			
		항상 꺼짐			
		*출력시만 켜짐			
	베드하강				
	테스트 출력	(선택 파일)	출력	시작/일시정지	
				취소	
	에너지 절약	(설정 선택)			
		0~100분, *100분			
	부저음	(설정 선택)			
		끔			
		최소			
		*중간			
		최대			
	노즐 설정				
	언어				

이메일 설정	이메일 주소		
	이메일 서버 정보		
		주소	
		포트	
		ID	
		PW	
		보안	
단위	섭씨		
	화씨		
	미터		
	피트		
시간 설정	년, 월, 일, 시, 분		
시간대 설정			
WEB			
보안			
소프트웨어 업데이트			
CLOUD			

＊는 초기 설정입니다.

X, Y, Z

노즐의 X축, Y축, Z축의 위치를 변경하는데 사용합니다.

❶ 홈 화면에서 [설정] 버튼을 눌러 설정에 진입합니다.

❷ [X, Y, Z] 버튼을 눌러 X, Y, Z 설정에 진입합니다.

❸ [0.1], [1], [10], [100]의 버튼을 눌러 원하는 이동량을 선택한 후 화살표 그림을 누르면 해당 방향으로 이동합니다. 상단의 [모두], [X], [Y], [Z]의 버튼을 누르면 각 각의 홈 위치로 이동합니다.

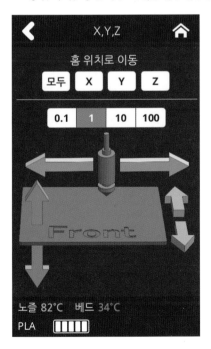

익스트루더

필라멘트의 위치를 미세 조정하는데 사용합니다.

❶ 홈 화면에서 [설정] 버튼을 눌러 설정에 진입합니다.

❷ [익스트루더] 버튼을 눌러 익스트루더 설정에 진입합니다.

❸ [익스트루더]를 조정하기 위해 온도를 올립니다.

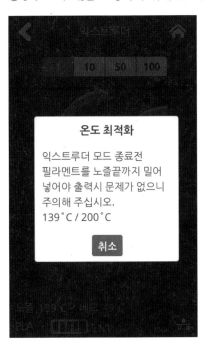

❹ [1], [10], [50], [100]의 버튼을 눌러 원하는 이동량을 선택합니다. 이동 단위 아래에 있는 그림에서 원하
는 방향의 화살표 버튼을 누르면 필라멘트가 이동합니다

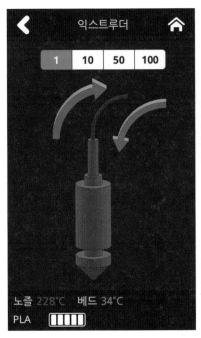
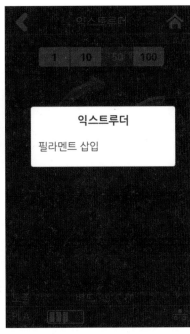

베드 레벨링

베드의 높이를 맞추기 위해 사용합니다.

❶ 홈 화면에서 [설정] 버튼을 눌러 설정에 진입합니다.

❷ [베드 레벨링] 버튼을 눌러 베드 레벨링 설정에 진입합니다. 현재 노즐의 온도가 높을 경우 노즐 온도를 식히는 과정이 추가 됩니다.

 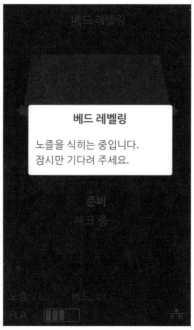

❸ 진입과 동시에 베드 레벨링 동작을 수행합니다. 총 3개의 단계로 진행됩니다. 중앙에서 상단을 먼저 측
정 한 후에 하단의 양측을 측정합니다. 베드의 높이가 알맞은 경우 레벨링 작업이 마무리가 되겠지만 높
이가 맞지 않을 시 베드와 노즐 사이의 간격 조정을 위한 스크류의 방향, 회전 수(각도)를 보여줍니다.

❹ 명시된 대로 스크류를 돌린 후 [확인] 버튼을 누르면 재 측정을 하고 다시 수정해야 할 값을 명시해 줍니다.

❺ 모든 작업이 완료되면 이전 화면으로 복귀합니다.

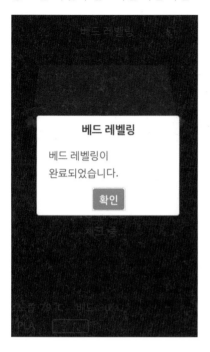

Z 오프셋

※ 베드 레벨링 작업 이후 Z 오프셋도 함께 확인하시면 좋습니다. 노즐과 베드 사이의 간격 조정이 가능한 메뉴입니다. 기본은 0.25mm이고 사용자의 상태에 따라 조정이 가능합니다. [+] 버튼을 누르면 넓어지고 [−] 버튼을 누르면 간격이 좁아집니다.

※ 출력물과 베드의 접착력을 높이려면 간격이 좁아지는 방향으로 접착력을 줄이려면 간격이 넓어지는 방향으로 조정하십시오.

❶ 홈 화면에서 [설정] 버튼을 눌러 설정에 진입합니다.

❷ [Z 오프셋] 버튼을 눌러 Z 오프셋 화면에 진입합니다.

❸ 초기값은 0.25mm로 나타나고 [+], [–] 버튼을 이용하여 0.05mm 씩 이동이 가능합니다.

❹ [이동] 버튼과 [저장] 버튼을 이용하여 간격을 이동해 볼 수도 있고 설정치를 저장할 수도 있습니다. 설정치를 변경 후 저장하면 출력 시작 시 베드와 노즐 사이의 간격이 변경한 값으로 적용됩니다.

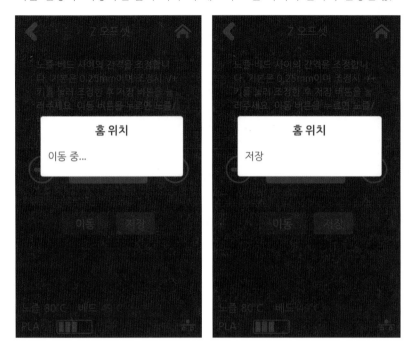

노즐 클리닝

노즐에 남아있는 필라멘트 잔여물을 제거하는데 사용합니다.

❶ 홈 화면에서 [설정] 버튼을 눌러 설정에 진입합니다.

❷ [노즐 클리닝] 버튼을 눌러 노즐 클리닝 화면에 진입합니다.

❸ 노즐에 남아있는 필라멘트를 제거하기 위해 온도를 올립니다. 온도가 지정된 목표 온도까지 올라가게 되면 다음 단계로 넘어가 필라멘트를 제거하기 시작합니다. 제거가 완료되면 팝업창이 뜨고 [확인] 버튼을 이용하여 설정화면으로 되돌아갈 수 있습니다.

클리닝 케이스

필라멘트 잔여물이 모이는 케이스를 비우기 위해 사용합니다.

❶ 홈 화면에서 [설정] 버튼을 눌러 설정에 진입합니다.

❷ [클리닝 케이스] 버튼을 눌러 클리닝 케이스 화면에 진입합니다.

❸ 화면에 진입하게 되면 자동으로 노즐의 위치가 케이스가 보이도록 좌측으로 이동합니다. 화면에 나오는 이미지 대로 케이스를 비운 후 [확인] 버튼을 통해 설정 화면으로 돌아갑니다.

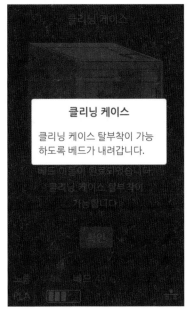  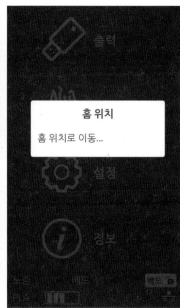

네트워크

기기의 네트워크를 설정하기 위한 설정 화면입니다. LAN선을 이용하여 IP를 받아오거나 세부적인 설정이 가능합니다. Wifi를 통한 네트워크 통신 또한 설정이 가능합니다.

❶ 홈 화면에서 [설정] 버튼을 눌러 설정에 진입합니다.

❷ [네트워크] 버튼을 눌러 네트워크 설정화면에 진입합니다.

❸ 네트워크 설정의 초기 화면은 유선 (LAN 선을 이용한 유선 연결) 화면입니다. 사용자가 IP를 자동으로 받기를 원할 시 [DHCP] 버튼을 눌러 설정하고 직접 고정 IP를 이용하고자 할 경우 [고정] 버튼을 눌러 유저가 직접 해당 항목들을 입력 합니다. [연결] 버튼을 눌러 네트워크 설정을 저장합니다.

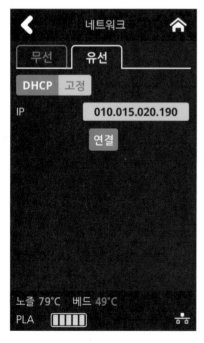 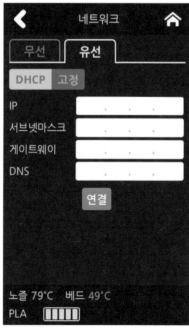

❹ Wifi 설정을 하고자 하는 경우에는 상단의 [무선] 버튼을 눌러 무선 설정으로 이동합니다. Wifi 기능의 사용 유무를 선택할 수 있습니다.

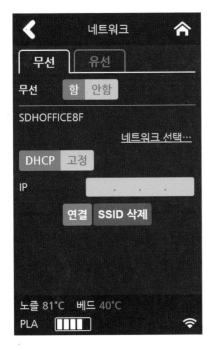

❺ Wifi 기능을 사용하고자 하는 경우에는 [네트워크 선택...] 이라는 문자를 눌러 사용 가능한 Wifi 목록을 불러올 수 있습니다.

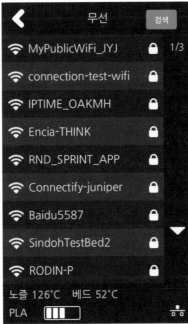

❻ 해당 목록에서 사용하고자 하는 Wifi를 선택하면 선택한 Wifi에 접속을 시도합니다. 암호가 있는 Wifi의 경우 암호 입력창이 나오고 암호를 정확히 입력하여 접속을 시도합니다. [검색] 버튼을 이용하여 재검색이 가능합니다.

❼ 선택한 Wifi에 접속을 성공하면 유선 설정과 동일하게 [DHCP], [고정]에 대해 설정을 할 수 있습니다. 설정이 완료되면 [확인] 버튼을 눌러 설정을 저장합니다.

램프

기기의 램프 설정을 바꿀 수 있는 메뉴입니다.

❶ 홈 화면에서 [설정] 버튼을 눌러 설정에 진입합니다.

❷ [다음] 버튼을 눌러 [램프] 화면에 진입합니다.

❸ 현재 설정 가능한 [램프] 설정은 [항상 켜짐], [출력시만 켜짐], [항상 꺼짐]이 있습니다. 원하는 설정으로 화살표를 통해 설정 후 [확인] 버튼을 눌러 설정을 저장합니다.

베드하강

기기를 다른 곳으로 이동할 경우 사용해 주십시오. 베드가 제일 아래쪽으로 내려간 후 안정적으로 고정됩니다.

❶ 홈 화면에서 [설정] 버튼을 눌러 설정에 진입합니다.

❷ [다음] 버튼을 눌러 [베드하강] 화면에 진입합니다.

❸ 베드하강 기능을 실행할지에 대한 여부를 확인 후 [예] 버튼을 누르면 베드하강 기능이 동작됩니다.

테스트 출력

기기에 내장되어 있는 예제 파일들을 출력할 수 있는 기능입니다.

❶ 홈 화면에서 [설정] 버튼을 눌러 설정에 진입합니다.

❷ [다음] 버튼을 눌러 [테스트 출력] 화면에 진입합니다.

❸ 원하는 테스트 파일을 선택하여 출력을 실행합니다.

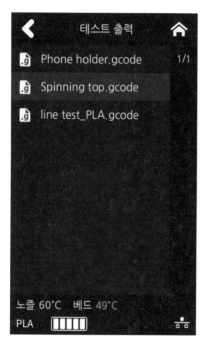

에너지 절약

기기의 절전모드 진입 시간을 설정할 때 사용합니다.

❶ 홈 화면에서 [설정] 버튼을 눌러 설정에 진입합니다.

❷ [다음] 버튼을 눌러 [에너지 절약] 화면에 진입합니다.

❸ 현재 설정 가능한 에너지 절약 설정으로는 0분~100분이 있습니다. 시간의 범위는 5분 간격이고 원하는 시간을 [+], [−]를 이용하여 변경 한 후 [확인] 버튼을 눌러 저장합니다.

• 0분 : 에너지 절약 기능을 사용하지 않습니다.

• 5~100분 : 5~100분 후에 에너지 절약 모드로 변경 됩니다.

부저음

기기의 부저음 크기를 조절하거나 끌 수 있는 메뉴입니다.

❶ 홈 화면에서 [설정] 버튼을 눌러 설정에 진입합니다.

❷ [다음] 버튼을 눌러 [부저음] 화면에 진입합니다.

❸ 현재 설정 가능한 부저음 설정으로는 [끔], [최소], [중간], [최대]가 있습니다. 원하는 설정을 선택 후 [확인] 버튼을 눌러 저장합니다.

노즐 설정

이 메뉴는 노즐을 신규로 교체한 경우에만 사용해 주십시오.

❶ 홈 화면에서 [설정] 버튼을 눌러 설정에 진입합니다.

❷ [다음] 버튼을 눌러 [노즐 설정] 화면에 진입합니다.

❸ 노즐 설정은 신규 노즐로 교체 후에 사용하는 메뉴입니다. 경고 문구를 확인한 후에 [확인] 버튼을 눌러 하위 메뉴로 진입합니다.

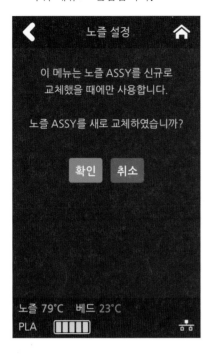

❹ 하얀색 박스를 눌러 신규 노즐에 기입되어 있는 값을 입력해 주십시오. 노즐마다 다른 고유의 값이며 베드 레벨링 후 노즐과 베드 사이의 간격에 영향을 줍니다.

언어

기기의 언어를 변경하는 메뉴입니다.

❶ 홈 화면에서 [설정] 버튼을 눌러 설정에 진입합니다.

❷ [다음] 버튼을 눌러 [언어] 화면에 진입합니다.

❸ 원하는 언어를 화살표를 이용해 변경 한 후 [확인] 버튼을 눌러 언어를 설정합니다.

이메일 설정

기기의 현재 출력 상태를 사진으로 찍어 설정한 이메일로 보냅니다.

❶ 홈 화면에서 [설정] 버튼을 눌러 설정에 진입합니다.

❷ [다음] 버튼을 눌러 [이메일 설정] 화면에 진입합니다.

❸ 3DWOX 기기에서 메일을 보내기 위한 설정을 구성합니다. 기기에서는 메일을 보내기 위한 설정만을
수행하며 메일을 받기 위한 정보는 슬라이서 프로그램에서 설정합니다.

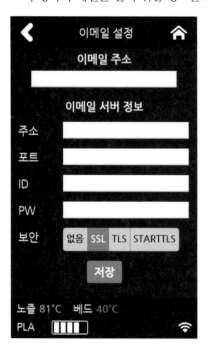

항 목	값
이메일 주소	수신자에게 보여지는 보내는 메일 주소 (예) sender@domain.com)
주소	SMTP 서버 주소 (예) smtp.domain.com) – 사용하는 메일 서비스의 보내는 메일 서버 주소입니다.
포트	SMTP 서버 포트 (예) 25) – 기본값은 25번 이며, 메일 서버의 보안 설정에 따라 465번 또는 587번이 주로 사용됩니다. 자세한 사항은 서버 관리자나 메일 서비스 제공 업체에 문의하십시오.
ID	SMTP 서버 로그인 아이디 (예) sender) – 메일 서버에 로그인 하기 위한 ID를 입력합니다. – 메일 서버의 설정에 따라 메일 주소를 요구할 수도 있습니다. 자세한 사항은 서버 관리자나 메일 서비스 제공 업체에 문의하십시오.
PW	SMTP 서버 로그인 암호 – 메일 서버에 로그인 하기 위한 비밀번호를 입력합니다.
보안	SMTP 서버에 메일 송신시 사용하는 보안 방식 – 기본값은 [없음] 이며 자세한 사항은 서버 관리자나 메일 서비스 제공 업체에 문의하십시오.

각 항목에 대한 자세한 값은 메일 서버 관리자나 메일 서비스 제공 업체에 문의하십시오. 특히, SMTP 서버 로그인 아이디의 경우 서버 설정에 따라 아이디가 아닌 도메인을 포함한 메일 계정을 요구하는 경우도 있습니다.

본 설정은 메일을 보낼 때 사용하는 SMTP(Simple Mail Transfer Protocol) 서버의 설정입니다. 필요에 따라 사용하는 메일 서비스의 SMTP사용 설정을 활성화 해야 할 수도 있습니다.

정확한 설정 방법은 보내는 메일 서버로 사용할 서버의 관리자나 메일 서비스 업체에 문의하여 주십시오.

📧 한국내 주요 메일 서비스

• Naver 메일을 사용하는 경우
(1) Naver 메일의 [환경 설정]을 선택하십시오.
(2) [POP3/IMAP 설정]을 선택하십시오.
(3) [POP3/SMTP 설정] 또는 [IMAP/SMTP 설정]에서 [POP3/SMTP 사용] 또는 [IMAP/SMTP사용] 항목을 [사용함]으로 선택하십시오.

• Daum 메일을 사용하는 경우
(1) Daum 메일의 [환경 설정]을 선택하십시오.
(2) [IMAP/POP3 설정]을 선택하십시오.
(3) [IMAP 설정] 또는 [POP3 설정]에서 [IMAP 사용하기] 또는 POP3 항목 중 "메일 받기"와 관련된 선택 사항 중 하나를 선택하십시오.

메일 서비스 제공 업체에 따라 SMTP 서비스 사용 설정 후 일정시간이 지난 후에 사용이 가능할 수도 있습니다. 자세한 사항은 메일 서버 관리자나 메일 서비스 제공업체에 문의 하십시오.

❹ 슬라이서 프로그램에서 메일을 받기 위한 설정을 구성합니다. 메뉴의 설정 → 프린터 설정을 선택하시면 아래와 같은 화면이 나옵니다.

하단의 [e메일] 항목에 메일을 받을 수신자의 주소와 발송할 횟수를 입력하여 주십시오. 수신자가 여러 명일 경우 " ; "을 이용하여 주소를 이어서 입력할 수 있습니다.

예 recipient1@test.com; recipient2@test.com; recipient3@test.com

발송 횟수는 최대 10회까지 입력할 수 있으며 전체 출력 시간에서 입력한 횟수만큼 나눈 간격으로 메일이 발송됩니다.

메일 통지 기능을 사용할 경우 입력한 횟수와 상관없이 초기 동작이 제대로 수행되고 있는지 확인하기 위한 메일이 기본적으로 발송됩니다. 따라서, 실제 메일 전송 횟수는 입력한 횟수보다 한번 더 전송됩니다. 단, 최대 10회를 초과하지 않습니다. (10회 선택시 10회 전송)

✻ Google 계정 사용 시 이메일 설정법

메일 계정으로 Google 계정 사용시 Google의 정책에 따라 다음과 같이 설정해 주어야 합니다.

• Google 계정 설정

❶ 사용할 본인의 Google 계정으로 로그인 합니다.

❷ 우측 상단의 앱 버튼을 클릭한 후 [내 계정]을 클릭합니다.

❸ 내 계정의 로그인 및 보안 항목에 보이는 [기기 활동 및 알림]을 클릭합니다.

❹ 스크롤을 내리면 [보안 수준이 낮은 앱 허용] 항목이 있습니다. 해당 설정을 [사용]으로 바꿔 주시면 사용 가능합니다.

• 기기 설정

❶ 기기의 이메일 설정의 주소는 smtp.google.com으로 설정합니다.

❷ 포트는 google의 경우 25, 587이 호환됩니다.

TIP▶ 서비스 제공자의 사정에 따라서 보내는 이메일 주소 및 포트 번호가 변경될 수 있습니다. 자세한 사항은 서비스 관리자에게 문의 하시기 바랍니다.

단위

기기에 표현되는 온도, 길이 단위를 설정합니다.

❶ 홈 화면에서 [설정] 버튼을 눌러 설정에 진입합니다.

❷ [다음] 버튼을 눌러 [단위] 화면에 진입합니다.

❸ 온도와 길이에 대한 설정을 변경할 수 있습니다.

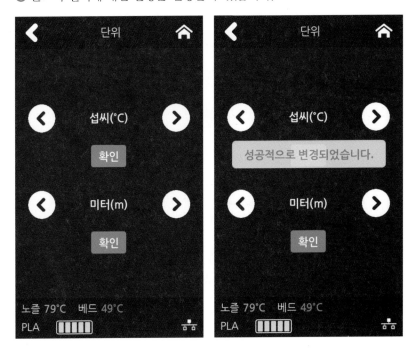

시간 설정

현재 기기의 시간을 보여주고, 사용자가 변경 또한 가능합니다.

❶ 홈 화면에서 [설정] 버튼을 눌러 설정에 진입합니다.

❷ [다음] 버튼을 눌러 [시간 설정] 화면에 진입합니다.

❸ 설정되어 있는 시간과 현재 시간이 맞지 않다면 변경할 수 있습니다.

시간대 설정

현재 시간의 시간대를 나타내 주고 사용자가 변경 할 수도 있습니다.

❶ 홈 화면에서 [설정] 버튼을 눌러 설정에 진입합니다.

❷ [다음] 버튼을 눌러 [시간대 설정] 화면에 진입합니다.

❸ 현재 기기의 시간대를 보여주고 사용자가 원하는 시간대를 선택하여 변경할 수 있습니다. 시간대 설정을 하게 되면 기기가 시간대 설정을 위해 재부팅 됩니다.

WEB

3dprinter 홈페이지를 볼 수 있는 브라우져 화면을 띄워 줍니다.

❶ 홈 화면에서 [설정] 버튼을 눌러 설정에 진입합니다.

❷ [다음] 버튼을 눌러 [WEB] 화면에 진입합니다.

❸ 3dprinter의 회사 홈페이지가 나타나고 사용자가 원하는 정보를 확인할 수 있습니다. 회사의 홈페이지 주소는 http://3dprinter.sindoh.com입니다.

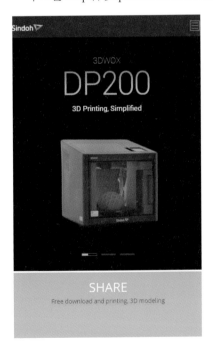

보안

3D 프린터의 보안여부를 설정합니다.

❶ 홈 화면에서 [설정] 버튼을 눌러 설정에 진입합니다.

❷ [다음] 버튼을 눌러 [보안] 화면에 진입합니다.

❸ 보안 사용 여부 설정을 마친 후 [확인] 버튼을 누릅니다.

소프트웨어 업데이트

네트워크가 연결된 상태에서 최신 소프트웨어를 다운로드할 수 있는 메뉴입니다.

❶ 홈 화면에서 [설정] 버튼을 눌러 설정에 진입합니다.

❷ [다음] 버튼을 눌러 [소프트웨어 업데이트] 화면에 진입합니다.

❸ [업데이트 시작] 버튼을 누르면 업데이트가 시작됩니다. 업데이트 종료 후 기기를 재부팅하면 업데이트가
완료됩니다.

CLOUD

CLOUD 설정을 바꿀 수 있는 메뉴입니다. CLOUD 설정이 바뀌
면 기계가 재시작 됩니다.

❶ 홈 화면에서 [설정] 버튼을 눌러 설정에 진입합니다.

❷ [다음] 버튼을 눌러 [CLOUD] 화면에 진입합니다.

❸ 방향키를 사용하여 사용유무를 설정한 후 [확인] 버튼을 누릅니다.

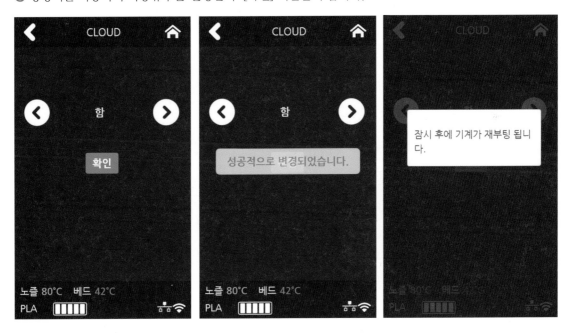

1.3 정보

정보	이름		
	이름 및 암호 변경	이름	
		암호	
		암호 확인	
		취소	
		확인	
	모델명		
	기번		
	버전		
	유선 IP		
	유선 Mac		
	무선 IP		
	무선 Mac		
	웹사이트		
	가이드		
	이력		

기기의 세부 정보를 볼 수 있고 기기의 이름 및 비밀번호를 설정할 수 있는 메뉴입니다. 뿐만 아니라 [이력] 화면을 통해 현재까지의 이력을 살펴볼 수 있습니다.

로드
필라멘트를 노즐의 위치까지 자동으로 삽입하는 기능을 합니다.

❶ 홈 화면에서 [정보] 버튼을 눌러 정보에 진입합니다.

❷ 정보 화면 내에서 기기의 이름과 암호를 변경하고자 할 경우 [이름 및 암호 변경...] 메뉴로 진입합니다.

❸ 설정된 암호를 입력하여 화면에 진입 후 원하는 기기 이름과 암호를 재 설정 후 [확인] 버튼을 눌러 변경할 수 있습니다.

TIP▶ 초기 비밀번호는 '0000'입니다.

❹ [정보] 화면에서 [가이드] 버튼을 누르면 본 기기의 퀵가이드(간단 설명서)를 한눈에 살펴볼 수 있습니다.

❺ 그 밖에 [정보] 화면에서는 기기의 다른 다양한 정보를 볼 수 있습니다.

07 출력하기

1. 출력하기

USB 메모리 혹은 USB 케이블 및 네트워크를 통해 원하는 출력물을 출력합니다. 기기를 부팅 후 다음과 같은 화면(홈)이 되면 인쇄할 준비가 되었음을 나타냅니다.

1.1 USB 메모리 파일 출력하기

❶ 기기에 USB 메모리 연결하기

USB 메모리를 이용하여 프린트를 하기 위해 USB 메모리를 삽입합니다. 홈 화면에서 USB 메모리를 삽입하면 USB 메모리 파일 목록을 불러옵니다. USB 메모리를 삽입하지 않은 채로 [출력] 버튼을 누르면 USB 메모리를 삽입하라는 문구가 나오고, USB 메모리를 삽입하면 USB 메모리 파일 목록을 불러옵니다.

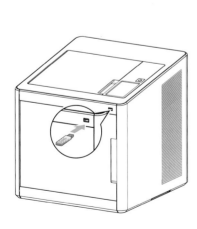

USB를 해당 위치에 꽂아주세요.

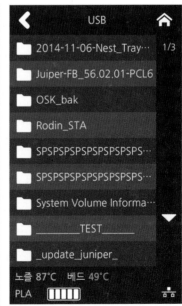

❷ 파일 출력하기

USB 메모리 목록에서 원하는 파일을 찾아 선택합니다.

❸ 인쇄할 항목 미리보기

선택한 파일의 출력 모형에 대해 미리 보기 화면이 나타납니다.

❹ 출력하기

[▶]을 누르면 노즐의 온도를 올리고 온도가 출력을 위한 목표 온도까지 도달하면 출력을 시작합니다.

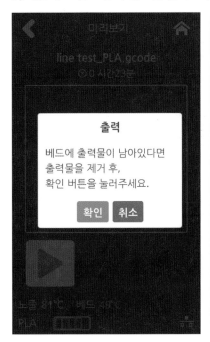 

❺ 출력 일시 중지

출력 중에 [❚❚] 버튼을 누르면 현재 진행 중인 작업이 일시 중지됩니다. 다시 [▶]을 누르면 노즐의 온도를
올리고 온도가 출력을 위한 목표 온도까지 도달하면 출력을 시작합니다.

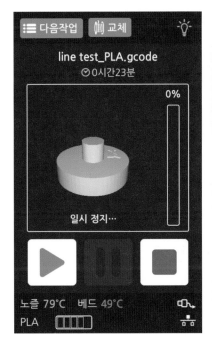 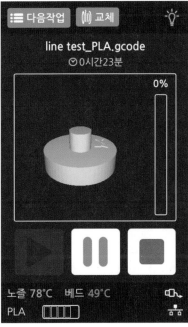

❻ 출력 중 카트리지 교체

출력 중에 상단의 [교체] 버튼을 누르면 현재 사용하고 있는 카트리지를 다른 카트리지로 교체할 수 있습니다.

❼ 출력 강제 종료

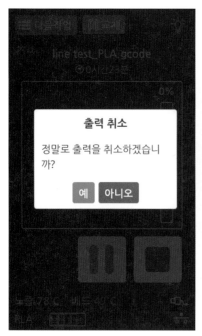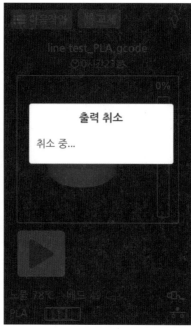

출력 중에 [■] 버튼을 누르면 팝업을 띄워 한 번 더 작업의 종료 여부를 묻고 최종 확인 시 현재 진행 중인 작업을 종료합니다. 현재까지 출력된 출력물을 제거하라는 팝업이 나오고 [확인] 버튼을 누르면 홈 화면으로 복귀됩니다.

❽ 출력 완료

출력 종료 후 베드 하강이 완료되면 출력물 제거 안내에 따라 출력물을 제거한 후 [확인] 버튼을 눌러 홈 화면으로 복귀합니다.

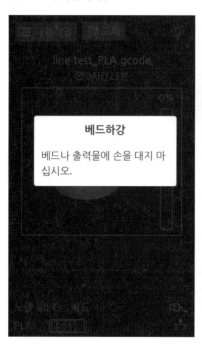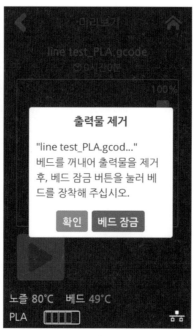

1.2 PC로 출력하기

❶ 기기와 동일한 네트워크에 연결된 PC를 준비합니다.

❷ PC 출력 프로그램을 실행합니다.

❸ 출력 시작 버튼을 누릅니다.

TIP▶ 일시 중지, 강제 종료 기능은 「USB 메모리로 출력하기」 부분 참고

1.3 CLOUD 출력하기

Cloud 기능을 처음 사용하는 경우 해당 프린터를 서버에 등록을 하여야 Cloud 프린트 기능의 사용이 가능합니다.

❶ 홈 화면에서 [CLOUD]를 선택합니다.

사용자가 홈 화면에서 [CLOUD]를 누르면 사용할 수 있는 CLOUD App이 나열됩니다.

TIP▶ CLOUD App 은 추후 추가될 수 있습니다.

❷ [CLOUD]를 처음 사용하는 경우 해당 프린터를 등록하여야 합니다.

TIP▶ Alexa와 Sindoh Cloud Slicer app에서 Printer 등록 정보를 공유합니다.

❸ [코드 생성]을 통해 App에 등록된 사용자의 계정과 기기를 연동합니다. 기기에 한 명의 사용자라도 등록이 되어 있을 경우 [등록 된 사용자]가 나타나고, 이는 등록된 사용자를 list화 하여 [-] 버튼을 통해 삭제가 가능합니다.

❹ App에서 등록한 해당 프린터로 출력물을 전송하면 [작업 목록]이라는 메뉴가 나타나고, 해당 메뉴 진입 시 전송한 사람과 전송한 출력물의 이름이 목록으로 표시됩니다. 전송된 출력물은 [-] 버튼을 통해 삭제가 가능합니다.

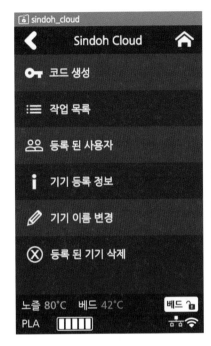
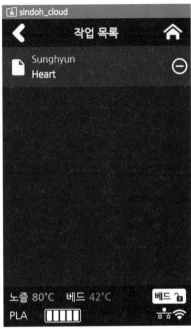

❺ 출력을 원하는 출력물을 선택 시 해당 출력물의 미리보기 이미지가 표시되고, [▶] 버튼을 클릭하면 해당 출력물을 다운로드 후 바로 출력이 시작됩니다. 출력이 완료 되면 [작업 목록]에 있던 출력물은 목록에서 삭제됩니다.

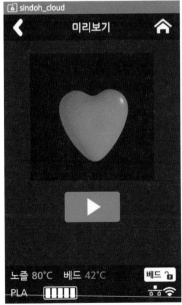
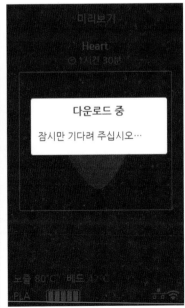

❻ [기기 등록 정보] 메뉴 진입 시 본 기기 정보 확인이 가능합니다.

❼ [기기 이름 변경] 메뉴 진입시 [기기 이름] 변경이 가능합니다.

❽ [등록된 기기 삭제] 메뉴를 선택 시 서버에 등록된 본 기기의 정보를 삭제합니다.

TIP ▸ * 기기의 정보를 삭제하면 등록된 사용자 목록은 물론 [작업 목록] 또한 초기화 됩니다.
    * 기기의 정보를 삭제 후 [CLOUD] 기능을 다시 사용하려면 프린터를 서버에 다시 등록 하여야 합니다.

1.4 다음 작업 관리

현재 대기 중인 출력 목록을 확인, 삭제가 가능합니다.

❶ 출력 중에 좌측 상단의 [다음작업] 버튼을 누릅니다.

❷ 현재 대기 중인 작업의 목록이 표시됩니다.

❸ 목록을 누르면 작업 정보를 확인할 수 있고 삭제도 가능합니다.

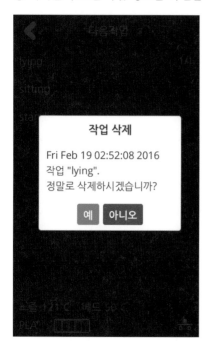

08 출력물 확인하기

1. 출력물 확인하기

1.1 출력물 분리하기

안전하게 출력물을 떼어내기 위해서 우선 베드를 식히고 베드 상판을 분리한 후 떼어내십시오.

TIP ▶ **표면 고열** : 충분히 식지 않은 상태의 베드는 표면이 매우 뜨겁습니다. 화상을 입지 않도록 주의하여 주십시오.

❶ 베드 식히기

출력 완료 후 LCD 화면과 내장 스피커의 안내를 따라 베드온도가 50℃ 이하로 내려갈 때까지 기다립니다.
안내 메시지가 나올 때까지 베드나 베드 손잡이를 만지지 마십시오.

❷ Flexible 베드 제거

LCD 화면에 나타나는 베드 잠금 버튼을 눌러 베드가 움직이지 않게 고정합니다. 베드 탈부착 손잡이를 잡고 위로 올리면 Flexible 베드가 분리됩니다.

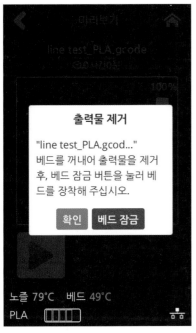
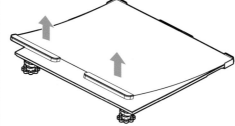

❸ 출력물 떼어내기

Flexible 베드에서 출력물을 떼어냅니다. Flexible 베드를 위 아래 방향으로 휘면서 출력물을 쉽게 떼어낼 수 있습니다. 작은 모델의 경우 동봉되어 있는 스크래퍼를 사용하십시오. 스크래퍼로 베드에 무리한 힘을 가하면 베드 시트가 파손될 수 있으니 주의하시기 바랍니다.

필라멘트의 재질에 따라 힘을 주어 잡아당기면 출력물이 파손될 수도 있으니 주의하시기 바랍니다.

TIP▶ 부상 위험 : 스크래퍼는 날카로우니 취급에 주의하여 주십시오. 출력물을 떼어낼 때 스크래퍼에 부상을 입지 않도록 주의하여 주십시오. 대형 크기의 파일을 출력하였을 경우 베드 제거 시에 출력물이 기계 내부에 부딪히지 않도록 주의하여 주십시오.

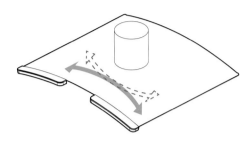

❹ Flexible 베드 설치

베드 잠금은 일정 시간이 지난 후, 자동으로 해제되므로 잠금이 해제되었다면 Flexible 베드를 설치하기 전 잠금 버튼을 한 번 더 눌러 베드를 고정합니다.

① Flexible 베드의 끝단을 그림과 같이 기계 내측으로 밀착합니다.

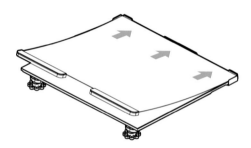

② Flexible 베드를 자리에 맞추어 내려놓습니다.

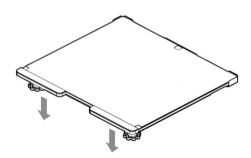

③ Flexible 베드가 비스듬히 안착되면 베드 레벨링 동작이 어려울 수 있습니다. 바닥면과 일치하도록 내려 놓습니다.

TIP▶ 베드 부착면에 이물질이 있는 경우 출력에 문제가 생길 수 있습니다. 베드 부착 전 부착면의 이물질 유무를 확인하여 주십시오.

1.2 출력 품질 향상

❶ 노즐, 베드 온도

PLA, ABS등 재질에 따라 노즐과 베드의 적정 온도는 다릅니다. 출력 당시의 환경(온도, 습도)에 따라서 출력물의 품질이 달라질 수 있습니다.

적정 온도의 절대값은 없으며 온도 조건을 바꿔가며 상황에 맞는 적정 온도를 찾아야 합니다. 온도 조건 변경은 슬라이서 프로그램에서 가능합니다.

재질	노즐 적정 온도	베드 적정 온도
PLA	190℃~210℃	40℃~60℃
ABS	210℃~250℃	80℃ 이상

TIP▶ ABS는 재질 자체의 특성(수축이 심함)으로 인하여, 출력물의 형상에 따라 휨 및 갈라짐 현이 발생할 수 있습니다.

❷ 서포트

서포트는 최대한 사용하지 않는 것이 출력물 품질을 올릴 수 있는 비결입니다. 하지만 허공에 떠 있는 형상은 서포트를 세워야 하는데 이때는 서포트의 거리를 조절하여 쉽게 떨어지게 합니다.

2. 전원공급이 차단되는 경우

❶ 정면 도어를 열고 아래 그림의 벨트를 시계 반대 방향으로 돌립니다.
❷ 베드가 내려오면 출력물을 제거하고 기기 전원을 켭니다.

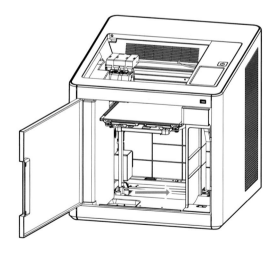

유지 보수

1. 기기 청소

1.1 클리닝 케이스 청소

LCD에 클리닝 케이스 청소가 필요하다는 메시지가 보이면 클리닝 케이스를 탈착하여 내부의 필라멘트 잔여물을 청소해 주십시오.

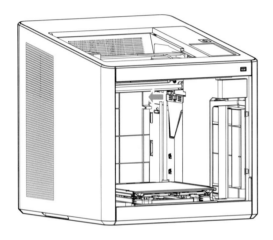

별도로 클리닝 케이스 청소가 필요할 경우에는 LCD의 설정 메뉴 아래의 클리닝 케이스를 선택하여 클리닝 케이스를 탈부착할 수 있습니다.

1.2 기기 내부 청소

기기를 사용하다 보면 기기 내부로 필라멘트 잔여물이 많이 떨어지게 됩니다. 이러한 잔여물들이 구동 벨트나 팬 날개에 들어가 끼게 되면 기기 고장의 원인이 될 수 있습니다. 기기 사용 전후로, 또는 정기적으로 내부 청소를 해 주십시오.

1.3 정기 점검

오일/구리스 점검

제품 출하 시에 구동 축에는 오일 또는 구리스가 도포되어 있습니다. 일정 시간이 지나면 오일이나 구리스가 마르면서 소음이 발생할 수 있습니다. 한 달에 한 번 정도 오일/구리스 상태를 확인해 주시기 바랍니다. 특히, 구동 시에 소음이 발생한다면 바로 오일이나 구리스 상태를 점검해 주시고 필요시에는 A/S 센터에 연락해서 점검을 받아 주십시오.

1.4 노즐 내부 청소하기

노즐 내부에 찌꺼기가 있으면 필라멘트가 노즐에서 이송이 잘 되지 않아 출력이나 필라멘트 로드에 문제가 생길 수 있습니다. 노즐 내부의 찌꺼기는 노즐에서 필라멘트가 일정하지 않은 굵기로 나오게 하거나 노즐을 막을 수 있습니다. 필라멘트는 일단 녹으면 처음과 다른 특성을 가지게 될 수 있습니다.

노즐 내부에 남아 있는 필라멘트 찌꺼기가 가열/냉각을 반복적으로 하면 특성이 변하여 잘 배출되지 않아 노즐 내부에 쌓이게 됩니다. 그러므로 노즐을 오랫동안 사용하기 위해서는 정기적으로 청소를 해주는 것이 좋습니다. 필라멘트 재질마다 다른 특성을 가지므로 다른 재질의 필라멘트로 교체할 때에는 노즐 내부를 청소해 줍니다.

다음의 설명에 따라 노즐을 청소하여 주시기 바랍니다.

❶ 노즐에서 스냅링을 빼내어 줍니다.

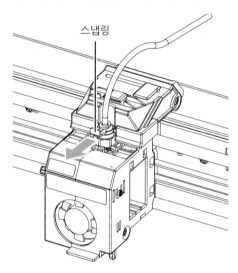

스냅링

❷ 노즐에서 튜브를 빼내어 줍니다.

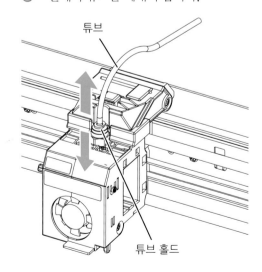

튜브

튜브 홀드

❸ [설정] – [익스트루더]를 눌러 익스트루더 모드에 들어 갑니다.

❹ 노즐을 가운데에 위치 시간 후, 동봉되어 있는 청소용 튜브를 노즐에 넣어 줍니다.

청소용 튜브

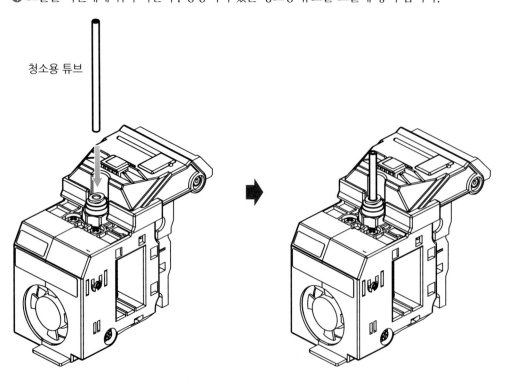

❺ 목표온도에 도달하여 아래 그림과 같은 UI화면이 나오면 PLA 필라멘트를 튜브에 넣어서 노즐로 나오게
    합니다.

TIP
– 흰색 PLA 필라멘트를 사용하여 청소하시기 바랍니다.
– 흰색 PLA 필라멘트를 사용하면 노즐에서 나오는 오염물질을 쉽게 구분할 수 있습니다.
– 필라멘트 색상 별로 재질 특성이 조금 다릅니다. 흰색이 아닌 필라멘트를 사용하여 필라멘트를 당겨서 뽑을 경우 노즐 내부에서 끊어질 수 있습니다.

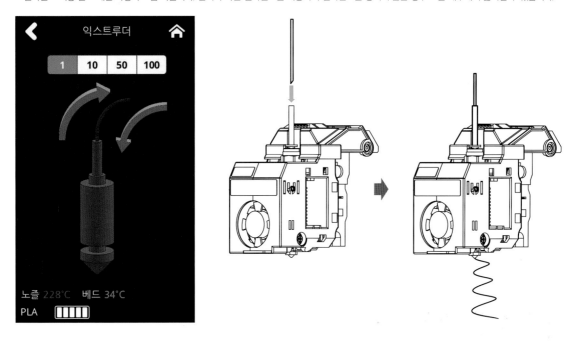

❻ 청소용 튜브를 빼낸 후, PLA 필라멘트를 당겨 제거하여 줍니다.

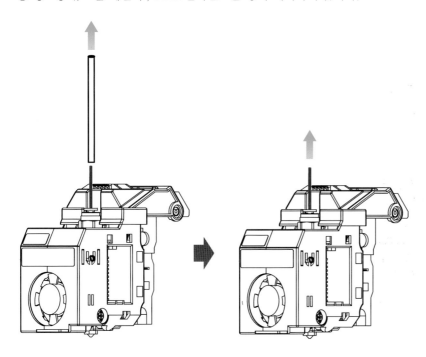

❼ 청소용 튜브를 다시 노즐에 넣어 줍니다.

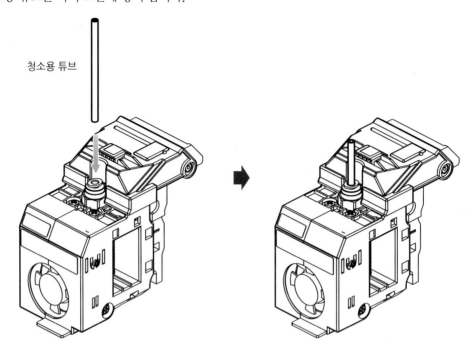

청소용 튜브

❽ 익스트루더 모드에 진입하여 목표온도에 도달하면 노즐 청소도구를 튜브 안으로 밀어 넣어 내부의 오염
물들이 나올 수 있도록 합니다.

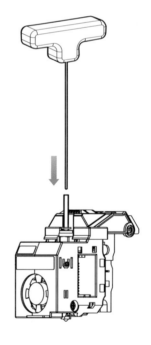

❾ 노즐 청소도구를 꺼낸 후, PLA 필라멘트를 튜브 안으로 넣어 노즐로 나오게 합니다.

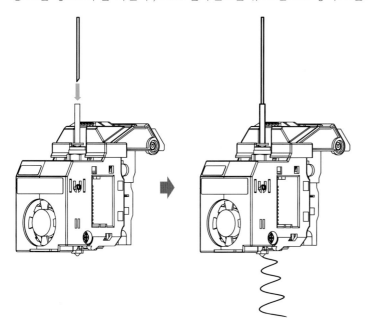

❿ UI에서 홈 버튼을 누르면 노즐의 온도가 내려갑니다. 노즐 온도가 180℃ 가 될 때까지 PLA 필라멘트를 천천히 밀어 줍니다.

⓫ 노즐 온도가 80~90℃ 사이가 되면 튜브를 먼저 빼낸 후, PLA 필라멘트를 당겨 제거하여 줍니다. (PLA 필라멘트가 내부에서 끊겨 다 나오지 못한 경우에는 익스트루더 모드에 다시 들어가서 ❺번 과정부터 다시 합니다.)

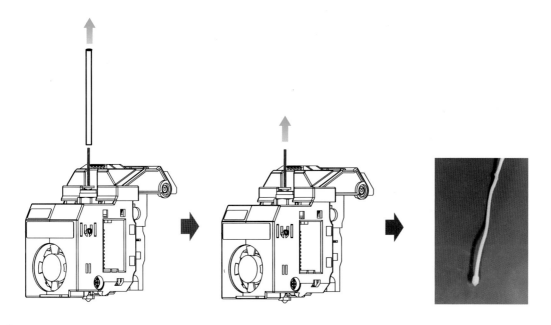

⓬ 아래 그림과 같이 필라멘트에 오염물질이 묻어 나오지 않을 때까지 ❸번 과정부터 다시 합니다. 왼쪽 아래의 그림과 같이 오염물질이 없이 필라멘트가 빠져나오면 노즐 청소가 완료된 것입니다.

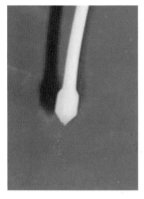

노즐 내부 청소가 완료되었을 때

노즐 내부가 오염되었을 때

노즐 청소도구 사용하기

❺번 과정에서 필라멘트가 노즐에서 잘 나오지 않는 경우 다음을 따라 주시기 바랍니다. 아래의 과정을 완료하면 다시 ❺번 과정부터 진행하여 주시기 바랍니다.

• 노즐 청소도구 사용하기

❶ 아래 그림과 같은 UI가 나오면 노즐 청소 도구를 노즐의 튜브 내부로 넣어 줍니다.

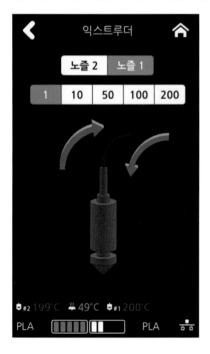

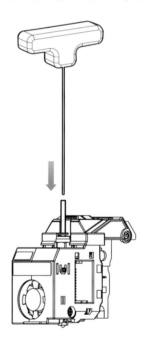

❷ 천천히 좌우로 돌려가면서 노즐 안쪽으로 노즐 청소도구를 눌러 내부의 오염물들이 나올 수 있도록 합니다.

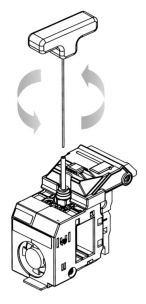

TIP▶ 필라멘트를 뽑을 때, 잘 뽑히지 않으면 노즐을 가열한 후에 뽑아 주시기 바랍니다.

• 노즐 청소용 스프링 사용하기

노즐 청소도구를 사용하였는데도 필라멘트가 노즐에서 나오지 않는 경우에는 노즐 청소용 스프링을 사용하여 노즐 입구 부분을 뚫어 줍니다.

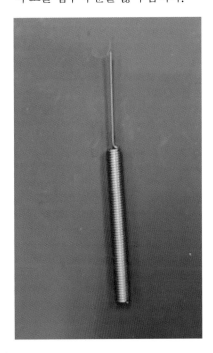

노즐 온도가 다 올라가서 아래 그림과 같은 UI가 나오면 노즐 청소용 스프링을 노즐 입구 쪽에서 넣어 좌우로 돌리면서 뚫어줍니다.

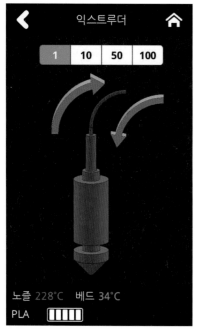
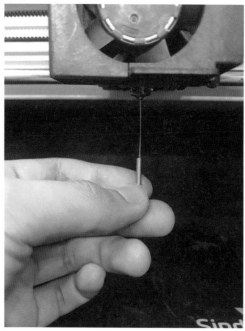

TIP
– 화상의 위험이 있을 수 있으니 주의하시기 바랍니다.
– 노즐 끝단이 뜨거울 수 있으니 내열 장갑을 끼고 청소를 해주시기 바랍니다.

2. 에러 메시지와 해결 방법

메시지	메시지의 의미	대응법
부팅 **부팅이 완료될 때까지 기다려 주세요.**	초기 부팅 시 기기가 완전히 부팅 될 때까지 기다리라는 의미입니다.	부팅이 완전히 끝나고 기기가 작동이 가능한 상태가 되면 자동으로 사라집니다.
EC 301, EC 351	노즐부나 베드의 히터 또는 온도 센서에 이상이 발생한 경우입니다.	기기를 재부팅 하거나 그래도 해결이 되지 않으면 A/S 요청을 합니다.
에러 **EC 311, EC 312, EC 313 기기를 재부팅하세요.**	레벨링 센서 동작과 관련하여 이상이 발생한 경우입니다.	노즐 부근에 출력물 찌꺼기나 이물질이 없는지 베드 위에 출력물이나 베드 동작을 방해할 만한 것이 없는지 확인 후, 기기를 재부팅 합니다. 그래도 해결이 되지 않으면 A/S 요청을 합니다.
에러 **EC 321 기기를 재부팅하세요.**	노즐부 방열판 냉각용 팬(팬2) 이상입니다.	팬 동작을 방해하는 이물질이 있는지 확인하여 주시고 있다면 제거하여 주시기 바랍니다. 기기 재부팅 후에도 해결이 되지 않으면 A/S 요청을 합니다.

에러 **EC 322 기기를 재부팅하세요.**	출력물 냉각용 팬(팬1) 이상입니다.	팬 동작을 방해하는 이물질이 있는지 확인하여 주시고 있다면 제거하여 주시기 바랍니다. 기기 재부팅 후에도 해결이 되지 않으면 A/S 요청을 합니다.
에러 **EC 501, EC 502, EC 503 기기를 재부팅하세요.**	X,Y,Z축 모터이동이잘안되어 홈 위치로 이동하지 못할 경우 나타납니다.	베드 위에 출력물 등 이물질이 없는지, 노즐에 이물질이 붙어있지 않은지 확인 후 재부팅 합니다.
알림 401	필라멘트가 잘 이송되지 않을 때 발생합니다.	LCD의 설명에 따라 자동복구 과정을 진행 합니다. 그래도 재발하면 P. 5-5의 설명에 따라 카트리지 제거, 잔여 필라멘트를 잘라낸 후 다시 로드하여 사용해 주십시오.
필라멘트 엔드 **필라멘트 양이 충분하지 않습니다.**	카트리지의 필라멘트가 소진되었을 경우 나타납니다.	LCD의 설명에 따라 카트리지를 제거합니다. 그리고 잔여 필라멘트 제거 작업 완료 후 신규 카트리지를 로드합니다.
필라멘트 끊김 **필라멘트 끊김이 검지되었습니다.** **제거가 필요합니다.**	필라멘트의 잔량은 남아있지만 필라멘트가 어디선가 끊겼을 경우 발생합니다.	LCD의 설명에 따라 카트리지를 제거합니다. 그리고 잔여 필라멘트 제거 작업 완료 후 신규 카트리지를 로드합니다.
카트리지가 이미 로드되어 있습니다.	필라멘트가 이미 로드되어 있는데 한 번 더 로드 버튼을 눌렀을 시 나타납니다.	이전 작업으로 자동 이동합니다.
카트리지가 이미 언로드되어 있습니다.	필라멘트가 이미 언로드되어 있는데 한 번 더 언로드 버튼을 눌렀을 시 나타납니다.	이전 작업으로 자동 이동합니다.
알림 431 **카트리지가 인식되지 않습니다. 카트리지를 제거후 다시 장착해 주십시오.**	카트리지가 인식되지 못할 때 발생합니다.	잠시 후 자동으로 언락 화면으로 이동됩니다. 카트리지를 제거 후 다시 장착합니다.
알림 432 **카트리지가 인식되지 않습니다. 카트리지를 언로드 후 다시 장착해 주세요.**	기기 내부에 필라멘트가 검지 되고 카트리지가 인식되지 못할 때 발생합니다.	잠시 후 [확인] 버튼을 누르면 언로드 화면으로 이동됩니다. 카트리지를 제거 후 다시 장착합니다.
알림 471 **카트리지 로드가 완료되지 않은 것으로 검지 되었습니다. 익스트루더 모드로 이동하니 필라멘트를 노즐 끝까지 이동시켜 주십시오.**	부팅 후 로드 미완료가 확인 되었을 경우 발생합니다.	[확인] 버튼을 누르면 익스트루더 화면으로 이동합니다. 필라멘트를 노즐 끝까지 이동시켜 줍니다.
알림 481 **카트리지 언로드가 완료되지 않은 것으로 검지 되었습니다. 언로드를 다시 진행합니다.**	언로드가 미완료되었을 시 발생합니다.	[확인] 버튼을 누르면 언로드 동작을 다시 실행합니다.
알림 433 **카트리지 잔량검지에 문제가 있습니다. 카트리지를 교체해 주십시오.**	카트리지 잔량이 실제 사용된 기록과 5% 이상 차이가 날 경우 발생합니다.	카트리지를 교체합니다.

메시지	메시지의 의미	대응법
알림 472, 473, 476, 482, 483, 484, 488 카트리지를 제거해주세요. 필라멘트가 튜브나 익스트루더 입구에 남아있는 지 확인해 주십시오.	로드/언로드 시 문제가 생겨 남아있는 필라멘트를 제거해야 합니다.	UI의 지시에 따라 카트리지를 제거하고 잔여 필라멘트를 제거합니다.
알림 487 카트리지를 제거해주세요. 필라멘트가 튜브나 익스트루더 입구에 남아있는 지 확인해 주십시오.	로드 시 문제가 생겨 남아있는 필라멘트를 제거해야 합니다.	카트리지 밖으로 나와있는 필라멘트를 제거합니다.(카트리지에 부탁되어 있는 라벨 참고)
알림 411 카트리지 제거후 필라멘트 유무를 확인해 주세요.	로드 시 필라멘트가 잘 진입하지 못했습니다.	UI의 지시에 따라 카트리지를 제거하고 필라멘트를 잘라낸 후 재 장착하여 로드를 진행합니다.
알림 412 카트리지를 제거해주세요. 필라멘트가 튜브나 익스트루더 입구에 남아있는지 확인해주세요.	로드 시 필라멘트가 잘 진입하지 못했습니다.	UI의 지시에 따라 카트리지를 제거하고 필라멘트를 잘라낸 후 재 장착하여 로드를 진행합니다.
알림 422 카트리지를 제거해주세요. 필라멘트가 튜브나 익스트루더 입구에 남아있는지 확인해주세요.	언로드 시 필라멘트가 잘 빠져 나오지 못했습니다.	UI의 지시에 따라 카트리지를 제거 후 잔여 필라멘트 제거 작업을 진행합니다.
알림 611 알림 612	오픈 머티리얼 모드에서 로드 시 필라멘트가 잘 진입하지 못했습니다.	필라멘트 끝단을 잘라낸 후 다시 로드를 진행합니다.
알림 622	오픈 머티리얼 모드에서 언로드 시 필라멘트가 잘 빠져나오지 못했습니다.	UI의 지시에 따라 노즐에서 필라멘트를 빼낸 후 끝단을 잘라 내고 잔여 필라멘트 제거 작업을 진행합니다.

3. 문제점 및 해결법

3.1 필라멘트가 노즐을 통해 나오지 않는 경우 (알림 401 발생시 대응)

UI의 지시에 따라 자동복구를 진행하고 자동복구 후에도 재발시에는 아래의 과정을 따라 진행해 주십시오.

❶ 카트리지 언락을 진행합니다. → 카트리지를 프린터에서 빼냅니다. → 익스트루더 조작 모드에서 필라멘트를 빼냅니다. → 빼낸 필라멘트를 잘라내고(아래 노트 그림 참고) 카트리지를 다시 장착 후 로드를 진행합니다.

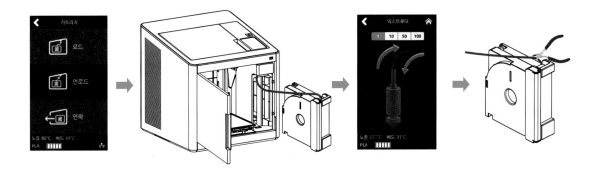

[참고] **필라멘트 잘라낼 때 Tip**

- 끝부분을 날카롭게 자르면 더욱 원활하게 들어갑니다.

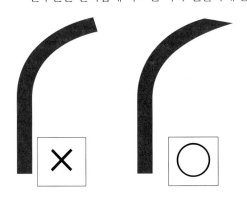

- 언로드 후, 카트리지의 기어를 돌리면 필라멘트가 나오는데 찍힌 자국이 있는 부분(약 50~60cm)을 잘라내면 로드 시 효과가 더 좋습니다.

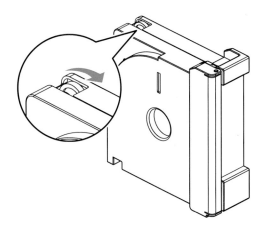

3.2 익스트루더와 노즐 사이에 필라멘트 끊어짐이 있을 경우

❶ 노즐부의 피팅에서 스냅링을 제거하고 튜브를 빼냅니다.

→ 익스트루더 조작 모드에서 필라멘트를 노즐 쪽으로 이동시켜 끊어진 부분을 밀어냅니다.

→ 끊어진 부분을 모두 제거한 후 튜브를 노즐에 다시 장착하고 스냅링을 장착합니다.

※ 튜브의 검은색 표시부 아래의 튜브가 보이지 않을 때까지 끝까지 밀어 넣어 주십시오. 스냅링 장착 후 튜브를 약간(1.5mm) 더 밀어 넣어 주십시오.

→ 익스트루더 조작 모드에서 필라멘트를 노즐 쪽으로 이송시켜 노즐 밖으로 필라멘트가 나오는 것을 확인합니다.

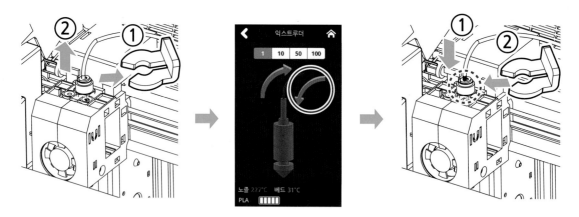

3.3 언로드 후, 카트리지를 꺼냈을 때, 필라멘트가 카트리지 밖으로 나와있을 경우

❶ 카트리지 밖으로 나와있는 필라멘트를 약 50~60cm 잡아당긴 후 잘라주시기 바랍니다. (「필라멘트 잘라낼 때 Tip」참고)

❷ 그 후, 아래 그림과 같이 카트리지의 기어를 돌리면 필라멘트가 카트리지로 들어갑니다. 밖에서 보이지 않게 집어넣은 후 카트리지를 기기에 장착하여 로드를 실행하시기 바랍니다.

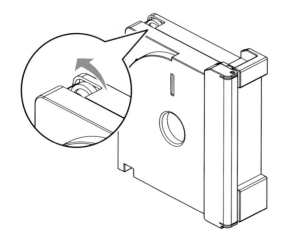

4. 소모품 교체 방법

4.1 베드 교체

Flexible 베드 제거
- 「출력물 분리하기」를 참고해 주십시오.

Flexible 베드 설치
- 「출력물 분리하기」를 참고해 주십시오.
- 정상적으로 사용중 베드 시트에 발생하는 흠집 등은 출력 품질에 영향을 미치지 않으나 베드 시트가 찢어지거나 오염되어 출력물이 정상적으로 안착되지 않는 경우 교체하여 주십시오.
- 베드 시트는 소모품입니다.
- 베드 시트에 과도한 흠집이 발생하였거나 손상이 심하여 출력물이 정상적으로 안착되지 않는 경우 베드 시트를 교체하여 주십시오.

4.2 필터 교체

TIP▶ 기기의 전원이 꺼진 상태에서 작업을 진행합니다.

- 노즐 교체 시 필터도 함께 교체하는 것을 권장합니다.
- 환경에 따라 필터 교체 주기가 다를 수 있으니 출력 시 필터쪽에서 심한 냄새가 날 경우 교체해 주시기 바랍니다.

❶ 십자드라이버를 사용하여 필터를 고정하는 볼트를 풉니다.

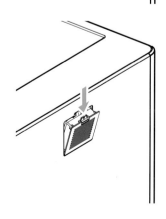

❷ 필터 상단을 손끝으로 당기면 기기에서 분리됩니다.

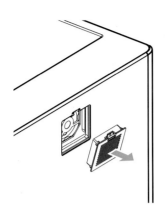

❸ 필터를 가볍게 당겨 기기로부터 완전히 분리합니다.

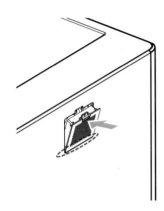

❹ 교체할 새 필터의 하단을 그림과 같이 기기에 먼저 걸어준 후 가볍게 밀어서 기기에 장착합니다.

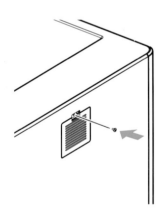

❺ 십자드라이버를 사용하여 볼트를 조여 필터를 고정합니다.

4.3 카트리지 교체

다 사용하신 카트리지를 교체하거나 다른 색상, 다른 재질의 카트리지로 교체하실 경우

❶ 카트리지 언로드를 실행하여 주십시오.

❷ 카트리지 교체 후 로드를 실행하여 주십시오.

– 색상이 다른 카트리지로 교체할 경우 초기에는 기존 색상의 필라멘트가 나올 수 있습니다. 재질이 다르지 않고 색상만 다른 경우 품질에는 문제가 없지만 출력 초기에 기존 색상과 교체한 카트리지의 색상이 섞여

나올 수 있습니다. 재질이 다를 경우, 출력 품질에 영향이 있을 수 있습니다. 문제를 해결하려면 카트리지 교체 후 노즐 클리닝을 실행하고 출력을 하시기 바랍니다.

4.4 노즐 교체

노즐부 분리 방법

UI에서 [카트리지] – [언로드] 동작을 완료하고 반드시 기기 전원 종료, 전원 코드를 본체에서 분리한 상태에서 작업을 시행해 주십시오.

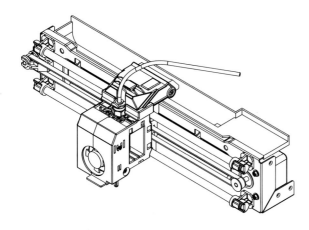

❶ 스냅링을 빼냅니다.

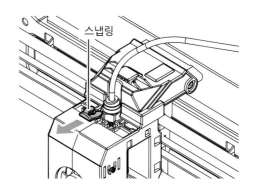

❷ 튜브 홀더를 누르고 튜브를 위로 당겨 제거합니다.

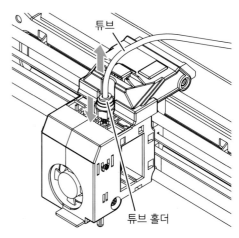

❸ 윗면의 후크를 밀고, 커버를 들어 올려 엽니다.

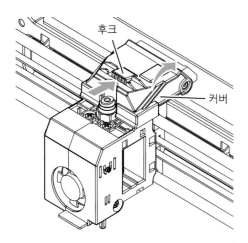

❹ 하네스 커넥터 2개소의 후크를 눌러 커넥터를 해제합니다. 좌측 커넥터 제거 시 후크를 누르고 "딸깍" 소리가 나면 해제가 가능합니다.

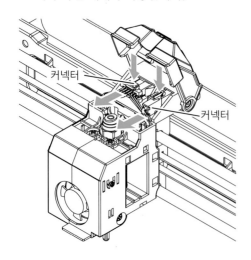
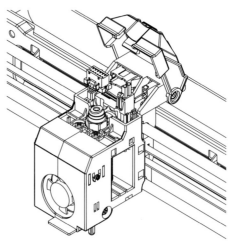

❺ 노즐부를 잡아당겨 분리합니다.

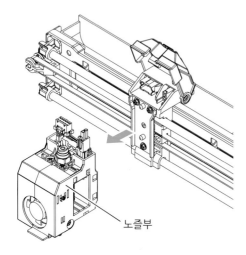

노즐부 조립 방법

반드시 기기 전원을 종료한 후 전원 코드를 본체와 분리한
상태에서 작업을 시행해 주십시오.

❶ 커버를 위로 올린 상태에서 노즐부를 조립합니다. 노즐부
   자석의 힘으로 면에 밀착이 되나 조립 후 노즐을 위아래
   로 흔들어 완전 밀착 여부를 확인합니다.

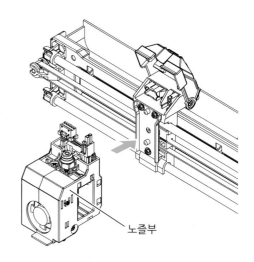

노즐부

❷ 커넥터 2개소를 삽입하여 완전 조립 여부를 "**딸깍**" 소리로 확인합니다.

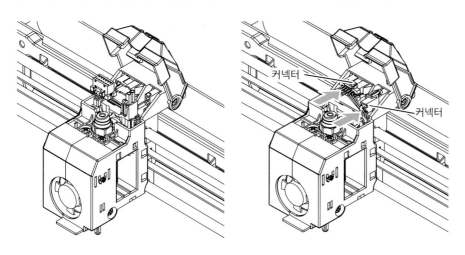

커넥터

커넥터

❸ 커버를 아래로 눌러 조립하고 완전 조립 여부를 "**딸깍**" 소리로 확인합니다.

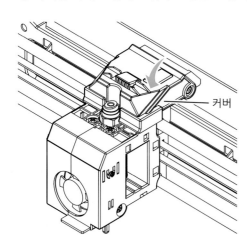

커버

TIP 좌우측 커버와 중앙부에 하네스가 위치하지 않도록 주의하여 주십시오.
커버 조립시 하네스가 끼일 수 있습니다.

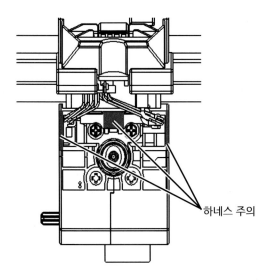

하네스 주의

❹ 튜브를 삽입합니다. 튜브는 약 50mm가 삽입됩니다. 튜브의 검은색 표시부 아래의 튜브가 보이지 않을 때까지 끝까지 밀어 넣어 주십시오.

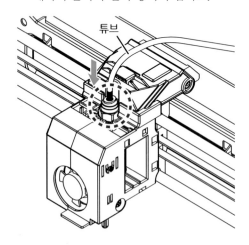

튜브

❺ 튜브를 약간 당겨 들어 올린 후 스냅링을 삽입합니다. 스냅링은 피팅과 홀더 사이에 집어 넣습니다.

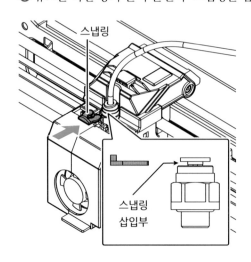

스냅링

스냅링
삽입부

❻ 마지막으로 튜브를 눌러 끝까지 삽입되는 것을 확인합니다. 약 1.5mm까지 추가 삽입이 됩니다.

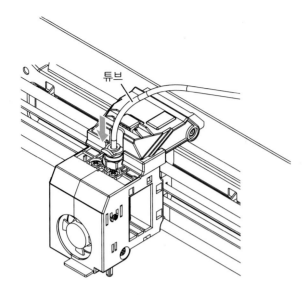

튜브

❼ UI에서 [카트리지] – [로드] 동작을 통해 카트리지 로드 작업을 완료합니다.

PART

6

3D 프린터
S/W 및 H/W 설정
(Cubicreator 4 슬라이서)

이 파트는 국내 제조사인 큐비콘의 슬라이서 S/W와 3D 프린터 H/W 기술자료를 제공받아 편집구성하였습니다.

구성품 및 각 부분의 명칭

1. 구성품

❶ 큐비콘 싱글 플러스   ❷ Quick Guide   ❸ Filament   ❹ 필터

❺ 전원케이블   ❻ USB케이블   ❼ 공구 상자   ❽ 제전솔

❾ 스크래퍼   ❿ 베드 청소솔   ⓫ 핀셋   ⓬ 관리핀

⓭ 렌치 2종(∅2, ∅2.5)   ⓮ USB 메모리

- 제품에 포함된 부속 액세서리의 종류 및 스펙은 제품 향상을 위해 예고 없이 변경될 수 있습니다.
- 부속 액세서리를 추가 구입하실 때는 홈페이지나 대리점에 문의하시기 바랍니다.
- 부속 액세서리는 서비스 제공품으로 AS에 포함되지 않습니다.
- 처음 제공되는 Filament의 소재 및 색상은 무작위로 제공됩니다.
- 매뉴얼, Cubicreator는 USB 메모리에 포함됩니다. 최신 버전은 홈페이지(www.3dcubicon.com)에서 다운로드하시기 바랍니다.

2. 각 부분의 명칭

2.1 큐비콘 싱글 플러스 본체

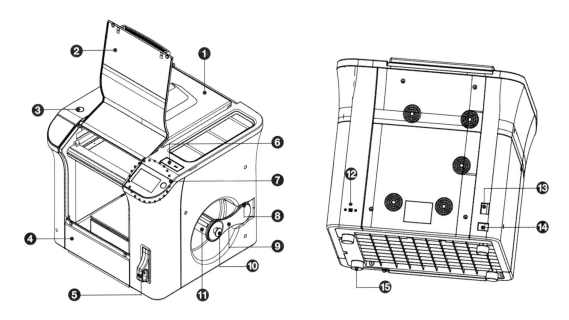

❶ **상단 도어** : Filament 교체, 착탈 Extruder의 분리 등 유지 보수에 사용합니다.

❷ **전면 도어** : 조형물을 꺼낼 때 사용합니다.

❸ **수평계** : 프린터 설치시 수평 확인에 사용합니다.

❹ **하부 도어** : 바닥 청소 등에 사용합니다.

❺ **크린 필터 케이스** : 크린 필터를 삽입합니다.

❻ **USB 메모리 주입구** : USB 메모리를 삽입합니다.

❼ **터치 LCD 및 Reset** : 터치 LCD 화면 및 프린터 긴급 중단시 사용합니다.

❽ **Filament 삽입구** : Filament를 공급하기 위해 삽입하는 위치입니다.

❾ **스풀 도어** : Filament 스풀을 고정하기 위한 도어입니다.

❿ **스풀 도어 손잡이** : 스풀 도어 잠금 장치입니다. 스풀 장착 후 반드시 잠가야 합니다.

⓫ **스풀 캐리어** : Filament 스풀이 장착되는 위치입니다.

⓬ **USB 입력** : PC와 연결하는 USB 케이블 입력 단자(Type-B)입니다.

⓭ **전원 스위치** : 프린터의 주 전원 스위치입니다.

⓮ **전원 입력** : 프린터에 전원을 연결하는 단자입니다.

⓯ **고무발** : 바닥 4곳에 위치를 하며 프린터가 미끄러지는 것을 방지합니다.

2.2 큐비콘 싱글 플러스 익스트루더(Extruder)

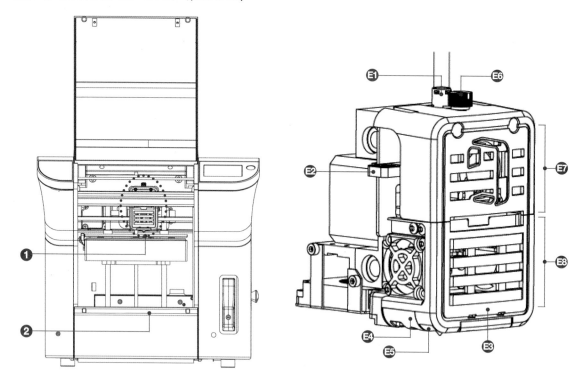

❶ **Extruder 부** : Filament를 흘려주고 노즐로 녹여 내보내는 Extruder(압출기) 입니다.

❷ **Heating 베드** : 출력시 출력물이 출력되는 플랫폼입니다.

Ⓔ❶ **Filament 삽입구** : 프린터 설치시 수평 확인에 사용합니다.

Ⓔ❷ **Filament 누름 손잡이** : Extruder 내의 Filament를 수동으로 빼거나 끼울 때 누르는 손잡이입니다.

Ⓔ❸ **조형 조명 LED** : 조형 상태 확인을 위한 백색 LED로 착탈 Extruder 부에 위치합니다.

Ⓔ❹ **바람 가이드** : 조형 팬의 바람을 조형물 쪽으로 불어주는 기구물로 착탈 Extruder부에 위치합니다.

Ⓔ❺ **노즐** : Filament가 녹아 밀려나오는 노즐을 의미합니다.

Ⓔ❻ **착탈 고정 나사** : 착탈 Extruder 부를 분리할 때 사용하는 고정 나사입니다.

Ⓔ❼ **고정 Extruder 부** : Extruder의 고정부입니다.

Ⓔ❽ **착탈 Extruder 부** : Extruder의 착탈부입니다.

02 기기 설치 및 출력 준비

1. 포장의 개봉

01 포장 비닐 내의 제품을 꺼냅니다.

02 설치 장소로 제품을 운반합니다.

TIP ▶ • 프린터의 무게와 부피로 인해 프린터를 들때는 반드시 두 사람 이상이 작업하십시오.
• 프린터를 감싸고 있는 비닐을 잡은 채로 프린터 본체를 들어올리면 미끄러질 수 있으므로 비닐을 열어 프린터 본체만을 잡고 꺼내시기 바랍니다.

03 전면 도어를 열고 내포장재, 액세서리를 꺼내어 액세서리가 모두 있는지 확인합니다.

04 상단 도어를 열고 Extruder 고정 포장재를 들어냅니다. Extruder의 구동 케이블이나 테프론 튜브가 꺾이지 않도록 주의하시기 바랍니다.

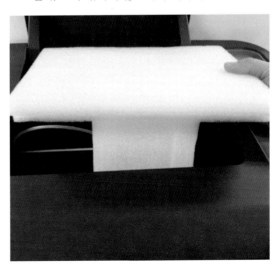

TIP▶
- 구동부의 고정에는 제거하지 않고 동작시켰을 때 생길 수 있는 문제를 방지하기 위해 묶음선(Cable Tie)을 사용하지 않고 포장재 만으로 고정하였습니다. 내부 포장재 제거시 부품 손상에 주의하십시오.
- Extruder의 구동 케이블이나 테프론 튜브는 Extruder 고정 포장재 주위에 위치되어 있습니다.
- Extruder에 연결되는 구동 케이블과 테프론 튜브는 Extruder 동작 및 Filament 공급 통로이므로 당김, 꺾임, 찍힘, 눌림 등으로 파손되지 않도록 주의하시기 바랍니다.

2. 필터 장착

01 프린터 본체에서 필터 케이스를 뽑아 냅니다.

02 필터를 케이스에 넣습니다. 방향에 주의하시기 바랍니다.

03 크린 필터 케이스를 본체에 끼워 넣습니다.

TIP▶
- 크린 필터는 케이스에 정상적인 방향으로 장착하시기 바랍니다.
- 장착 방향이 잘못되면 필터 성능이 하락하고 송풍팬 고장의 원인이 됩니다.

3. Filament 장착

01 프린터 본체의 스풀 도어 손잡이를 뒤로 밀어 열 수 있습니다.

02 Filament 스풀에서 Filament를 서서히 풀며 Filament 삽입구로 밀어 넣습니다. 투입 방향에 주의하시기 바랍니다.

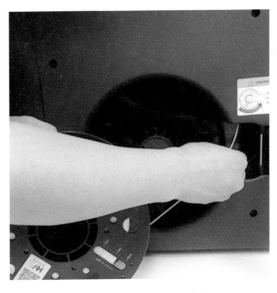

03 상단 도어를 열고 Filament를 본체 내부의 테 프론 튜브 입구까지 나오도록 밀어 넣습니다.

04 Filament 스풀을 Filament 봉에 끼우고 손잡이를 딸깍 소리가 날 때까지 눌러 스풀 도어를 닫고 스풀을 고정시킵니다.

• Filament 스풀은 방향성이 있습니다. (회사 로고나 제품 스티커가 있는 쪽을 외부 에서 보이도록 스풀을 장착하시기 바랍니다.)

• Filament 스풀 장착시 Filament 봉과 스풀 사이에 스풀 회전에 방해되는 방해물이 있으면 Filament 공급에 문제가 생겨 프린터 고장의 원인이 됩니다. 스풀을 끼울 때에는 회전에 방해물이 없도록 제거하시기 바랍니다. 특히, 스풀 포장에 포함된 방습제(Silica gel)는 스풀 내에서 꼭 제거하시기 바랍니다.

• 테프론 튜브는 Filament의 스풀에서 Extruder까지의 이동 경로입니다. 테프론 튜브 의 길이는 프린터에 맞게 최적화되어 있으므로 튜브를 과도한 힘으로 당기면 프 린터 내부에서 튜브가 꺾이거나 꼬여 Filament 이동이 원활하지 않게되어 고장의 원인이 됩니다. 장착된 테프론 튜브를 꺾거나 자르거나 과도한 힘으로 당기지 마 십시오.

• 남아있는 Filament 스풀을 뺄 때는 Filament가 풀리지 않도록 주의하고, 스풀에 고 정하여 보관 중에 풀리지 않도록 하십시오.

• 사용 중 남은 Filament의 보관은 비닐 봉투 등에 담아 습기와 먼지 등 외부 환경 에 노출되지 않도록 주의하시고, Filament를 개봉 후에는 빨리 사용하시기 바랍니 다. Filament가 외부 환경에 오래 노출되어 있을 경우는 습기 등의 흡수로 출력 품 질의 악화나 심한 경우 Extruder에서 입출이 되지 않을 수 있습니다.

4. 프린터 전원 ON

• 프린터 전원을 켜기 전에 프린터 내부의 포장재를 모두 제거했는지, 부품의 파손 은 보이지 않는지, 스풀의 장착 상태/회전 방향/회전 상태 등은 정상인지 다시 한 번 확인하시기 바랍니다.

• Extruder가 가열된 상태로 프린터 전원을 꺼서 방치하지 마십시오. 냉각팬이 돌지 않아 열에 의해 전자 부품이 손상되어 프린터가 고장날 수 있습니다.

01 본체 뒷면의 전원 스위치를 OFF에(O) 놓습 니다.

02 전원 케이블을 콘센트에 꽂습니다.

03 본체 뒷면의 전원 스위치를 ON에(ㅣ) 놓습니다.

04 LCD 화면의 표시를 확인합니다.

TIP • 전원이나 USB 케이블을 분리할 경우에는 케이블을 잡지 말고 커넥터를 잡아 당겨 분리하십시오.
 • USB 케이블은 PC에 연결하여 PC로 직접 출력을 진행하거나 프린터의 Firmware를 Update할 때 사용합니다. 프린터의 설치 장소가 PC와 항상 연결되지 않는 곳은 USB 케이블을 연결할 필요가 없습니다.

3D 프린터의 H/W 설정

1. LCD 조작부

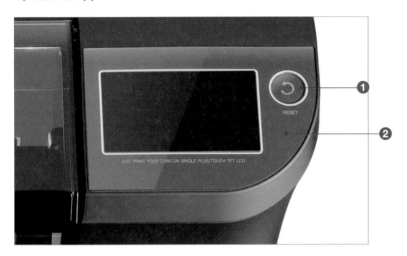

❶ **Reset** : 1초 동안 누르고 있으면 Reset됩니다.

TIP **긴급 중단** : 프린터가 동작 중에 문제가 발생한 경우 Reset 버튼을 1초간 누르면 프린터가 작업을 즉시 멈추고 재시동됩니다. (Soft Booting)

❷ **Touch LCD** : 감압식 터치 스크린으로 현재 상태 화면이나 메뉴를 보여줍니다.

TIP 출력 중 Reset 버튼에 몸을 기대거나 버튼이 동작할 수 있는 물체를 가까이두어 의도치 않은 프린터 Reset에 주의하시기 바랍니다.

2. LCD 메인 화면

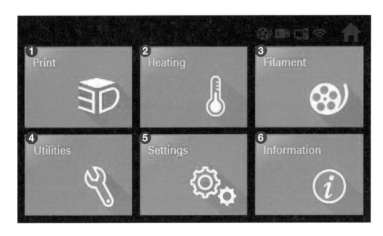

❶ **Print** : USB 메모리 또는 내부 메모리에 저장된 파일을 프린팅할 때 사용하는 메뉴입니다.

❷ **Heating** : 노즐/베드를 소재 별로 예열하는 메뉴입니다.

❸ **Filament** : Filament를 Loading / Unloading하는 메뉴입니다.

❹ **Utilities** : G-Code를 복사/삭제 및 Extruder의 이동, 자체 진단, 오토 레벨 등을 진행하는 메뉴입니다.

❺ **Setting** : CUBICON Single Plus 사용자에 맞게 수정 및 Firmware를 업데이트 하는 메뉴입니다.

❻ **Information** : 프린터의 Information 및 시간, 내부 메모리의 용량을 표시해 줍니다.

필라멘트 교체(Loading/Unloading)

출력 재료가 되는 Filament를 노즐로 녹여 밀어내기 위해서는 Extruder(압출기)에 Filament가 삽입되어 야 하고, Filament를 다른 것으로 교체하기 위해서는 Extruder에 꼽혀있는 Filament를 빼내야 합니다.

Extruder에 Filament가 없는 상태에서 출력을 하기 위해 Extruder에 Filament를 넣고 노즐로 녹여 밀어 내게 하는 과정을 Loading이라 하고, 이와 반대로 Extruder에 꼽혀있는 Filament를 Extruder에서 뽑아 내는 과정을 UnLoading이라고 합니다.

1. Filament Loading

01 메인 메뉴에서 Filament를 선택합니다. Loading하고자 하는 Filament를 선택한 후 Loading 버튼을 클릭합니다. Target 온도까지 온도가 올라간 이후 시작 버튼을 클릭합니다.

02 Extruder가 Parking 위치로 이동하므로 안전 에 주의하시기 바랍니다.

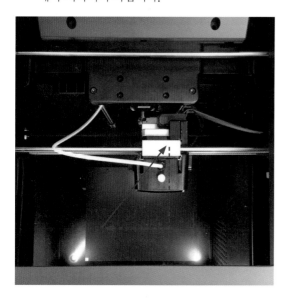

03 안전에 유의하여 Filament의 끝을 칼이나 가위 로 자릅니다.

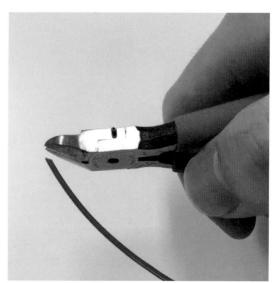

04 Filament를 Filament 유무 감지 센서를 통과하여 기어 입구까지 밀어 넣습니다.

05 Filament가 노즐을 통해 압출되는 것을 확인합니다.

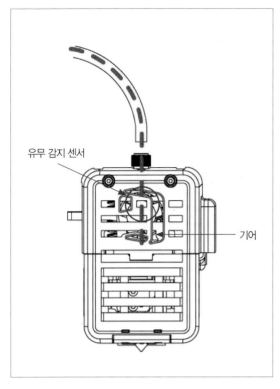

유무 감지 센서

기어

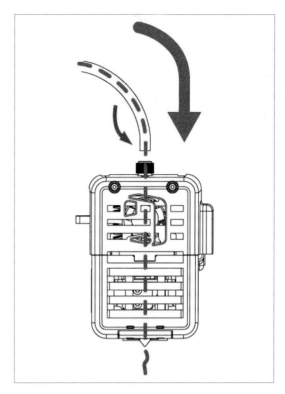

TIP • Extruder의 노즐 온도가 올라가면 노즐뿐만 아니라 녹아 나오는 Filament도 뜨거우므로 노즐 부위를 신체에 접촉하지 않도록 주의하십시오.
• Filament가 착탈 Extruder부의 노즐봉으로 들어갈 때 노즐봉 입구에 걸려 Filament가 들어가지 않을 수 있습니다(딱딱 소리가 날 수 있음). 이 경우는 Filament 누름 손잡이를 누르고 Filament를 당겨 뽑아내고 끝을 가위 등으로 자른 후 다시 Filament 삽입구에 넣어 Loading을 재시도 합니다.
• Filament 누름 손잡이(Handle)를 사용하여 수동으로 작업할 경우 너무 큰 힘을 주어 Filament를 뽑으면 내부의 센서나 노즐봉 등에 손상이 갈 수 있으므로 주의하시기 바랍니다.

2. Filament UnLoading

01 메인 메뉴에서 Filament를 선택합니다. UnLoading하고자 하는 Filament를 선택한 후 UnLoading 버튼을 클릭합니다. 목표 온도까지 올라간 이후 시작 버튼을 클릭합니다.

02 LCD 스크린에 핸들을 눌러 Filament를 당겨 빼라는 아이콘이 뜨면 누름 손잡이(Handle)를 눌러
　　Filament를 빼주시면 됩니다.

TIP • Extruder의 노즐 온도가 올라가면 노즐뿐만 아니라 녹아 나오는 Filament도 뜨거우므로 노즐 부위를 접촉하지 마십시오.
　　• Filament를 뽑아낼 때는 반드시 핸들을 누른 상태에서 작업하시기 바랍니다. 녹은 Filament 끝이 Extruder 내부에 끼여 발생시키는 고장을
　　　방지하기 위함입니다.
　　• Filament 종류에 따라 Filament 끝단 모양이 달라 UnLoading시 Extruder 내에서 끼임이 발생할 수 있습니다. UnLoading시 끼임이 우려
　　　되거나 잘 나오지 않게 되면 힘으로 Filament를 뽑아내지 마시고
　　　1) Filament를 노즐까지 밀어 넣어 끝단을 녹여 모양을 교정한 후 UnLoading하거나
　　　2) Extruder 외부의 Filament를 절단한 후 착탈 Extruder를 분리하여 Filament를 제거하십시오.
　　　강제로 Filament를 뽑다가 Extruder 내부에 Filament(찌꺼기)의 끼임이 발생하면 고정 Extruder 부까지 수리해야 하는 경우가 생길 수 있습
　　　니다.

3. 일시 정지(Pause)를 이용한 Filament 교체

Cubicon Single Plus는 일시 정지 기능이 있어 출력 중에 Filament 교체가 자유롭습니다. 남은 Filament
가 얼마 남지 않았다면 미리 교체할 수도 있고 다른 색상의 Filament를 교체하여 색상의 변화를 줄 수도 있
습니다.

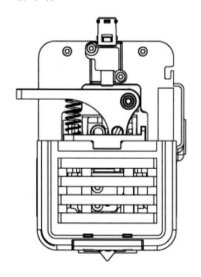

3.1 사용자에 의한 일시 정지

일시 정지(pause)를 누르면 출력을 멈추고 Extruder가 parking 위
치로 이동합니다. 장착되어 있는 Filament를 교체하거나 원하는 작
업을 진행할 수 있습니다. 작업을 완료하면 continue로 출력을 다시
시작할 수 있습니다.

3.2 Filament 소진으로 인한 일시 정지

Cubicon Single Plus에는 Filament 유무를 감지할 수 있는 센서가
있습니다. 그림에 표시된 부분의 센서로 Filament가 소진시 자동적
으로 일시 정지 모드로 진입합니다.

TIP • TPU를 출력시에는 TPU 자체의 연성으로 인해 센서가 제대로 동작하지 않을 수 있습니다. 연성 재질의 Filament를 사용하시기 전에 Setting
　　　> 기능 > Filament check를 "OFF"로 두시기 바랍니다.
　　• Filament가 감지 센서를 통과했을 때 모델에 따라서 자동 UnLoading되어 나오는 Filament 조각은 차이가 있습니다. 넓은 면적일수록 나오
　　　는 양이 줄어들어 꺼내지 못할 수도 있습니다. 재출력이 필요할 수 있으므로 출력 전 남아있는 Filament 양을 확인하시기 바랍니다.

05 테스트 모델 출력하기

프린터를 설치하고 USB 메모리를 사용하여 실제 출력까지에 대한 설명입니다. PC와 USB 케이블 연결로 출력하는 방법은 Cubicreator Software 설명서를 참조하시기 바랍니다.

1. 첫 출력하기

01 Filament Loading을 시작합니다.

02 Loading이 완료되면 출력 준비 상태가 됩니다.

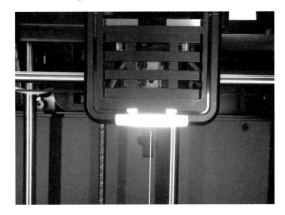

2. USB 메모리에서 샘플 파일 찾아 출력하기

바로 출력	
① 제공된 USB 메모리 내부에 출력할 수 있는 샘플 파일이 있습니다.	② Print 아이콘을 눌러 파일 아이콘을 선택합니다. 장착한 Filament에 맞는 clip.hfb 파일을 선택 – 출력합니다.
저장해서 출력	
① Utilities를 선택하고 파일 매니져에 들어갑니다. USB 메모리를 선택하고 clip.hfb 파일을 선택 – 복사합니다.	② 다시 프린터 아이콘을 눌러 파일 아이콘을 선택합니다. 장착한 Filament에 맞게 복사했던 clip.hfb 파일을 선택 – 출력합니다.

TIP ▶ 바로 출력을 하게 되면 내부 메모리에 복사되지만 저장해서 출력하는 것과는 달리 다음 파일을 출력하면 이전 파일은 삭제됩니다. 파일을 내부 메모리에 저장하고 싶으면 저장하여 출력하시기 바랍니다.

06 Network

Cubicon single Plus로 출력을 하기 위해서는 슬라이싱된 파일을 USB 메모리에 저장하여 프린터의 USB 슬롯에 꽂아 출력하거나 PC와 USB 케이블 혹은 Wifi로 연결하여 출력할 수 있습니다. 여기에서는 USB 케이블 연결과 Wifi Network 연결을 설명합니다. (Network를 통해 출력을 하기 위해서는 Cubicreator v3.1*이상을 사용하여야 합니다.) Network 연결을 통한 출력시 출력이 시작되고 나면(프린터로 슬라이싱 데이터 전송이 완료된 후) Network가 끊어져도 출력은 정상적으로 진행됩니다.

> **TIP** • 무선 공유기의 보안 설정은 WPA2PSK를 권장하며 그 이외의 보안 레벨은 보장하지 않습니다.
> • SSID에 한글, 특수 문자, 한자 등이 있다면 연결에 장애가 있을 수 있습니다.
> • WIFI 연결은 공유기의 설치 위치 안테나 방향, 공유기에 따라 연결 특성이 달라질 수 있습니다.
> • WIFI 연결을 통해 출력을 진행할 경우 슬라이싱 데이터를 PC에서 전송 완료한 후 출력이 진행되고 연결이 불안정할 경우 전송 실패가 발생할 수 있으므로 슬라이싱 데이터가 큰 경우는 USB 메모리를 사용하는 것을 권장합니다.

1. PC와 프린터 간의 USB 케이블 연결하기

USB 케이블로 PC와 프린터를 연결합니다. (Cubicreator 설치시 함께 설치되는 드라이버를 설치하셔야 합니다.) 그림에 표시된 아이콘이 활성화되면 출력 준비가 완료되었습니다. 자세한 출력 방법은 Cubicreator 설명서를 참고하시기 바랍니다.

2. WIFI 연결하기

01 Setting 메뉴의 Network 아이콘을 선택합니다.

02 Static IP와 DHCP 중 한 가지를 선택하고 찾기를 눌러 현재 연결할 수 있는 Wifi를 검색합니다. 그리고 해당하는 Wifi 신호를 선택합니다.

2.1 DHCP로 연결하기

01 패스워드 입력이 끝나면 OK 버튼을 눌러 연결을 시작합니다.

02 연결이 완료되면 'Connected'라는 문구가 활성화되며 Cubicon single Plus의 Network Setting이 완료됩니다.

2.2 Static IP로 연결하기

01 패스워드를 입력한 다음 Next-set 버튼을 클릭합니다.

02 Wifi IP를 입력합니다.

03 Subnet을 입력합니다.

04 Gateway를 입력하고 OK 버튼을 클릭하여 연결을 시작합니다.

05 연결이 완료되면 'Connected'라는 문구가 활성화되며 Cubicon single Plus의 Network Setting이 완료됩니다.

2.3 연결된 IP 확인하기

Wifi가 연결되었으면 메인 메뉴의 'System Information' 아이콘을 클릭하여 2/2 화면으로 현재 프린터의 IP를 확인하실 수 있습니다.

3. Cubicreator4 WIFI 연결하기

01 Cubicreator4을 실행한 다음 환경 설정을 클릭합니다.

02 'Use WiFi Connection' 옵션을 선택합니다.

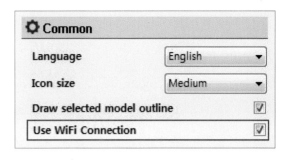

03 연결 아이콘을 누릅니다. 연결하고자 하는 프린터의 IP와 연결합니다. 자세한 내용은 Cubicreator4 설명서를 참고하시기 바랍니다.

04 IP는 'System Information'의 2/2에서 확인 가능합니다.

05 정상적으로 연결이 끝나면 USB 케이블로 연결한 것과 같이 Print 아이콘이 활성화됩니다.

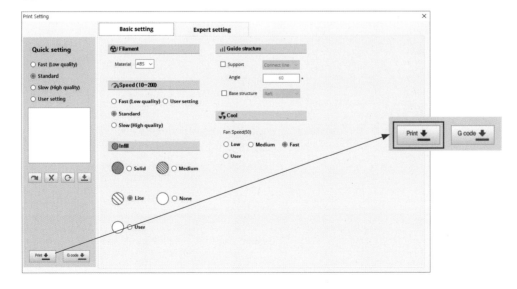

1. Menu tree

Print	
출력대기상태	
Start(비활성화)	
File	Start
	Up–Folder
	Information
	USB / I – Memory
Heating	
Filament	
출력중	
Pause	
Stop	
Heating	
Filament	

Heating
Cool Down
ABS
PLA
TPU
USER

Filament
Start
Stop
Unloading
Loading

Setting	
Preheat	
Function	Filament Check
	File Sorting
	Filter Fan
	Rear Fan
	Tilt Offset
Time	
Diagnostics	Search
	Connect
	Static IP
	DHCP
Firmware	Download
Language	

Utility		
File Manager	Copy	
	Delete	
	Up–Folder	
	USB / I – Memory	
Motion	Extruder	
	Bed	
	Motor	
	D–Gear	
Diagnostics	Start	
LED& Sound	Store	
	Initialize	
Auto Level Test	Filament	
	Start	
System Log	Copy	

TIP • 출력 전과 출력 중일 때 사용할 수 있는 메뉴 구성은 다릅니다.
• Firmware 및 Cubicreator 버전에 따라 메뉴 구성은 달라질 수 있습니다.

1.1 메인 〉 Print 〉 Ready for Print

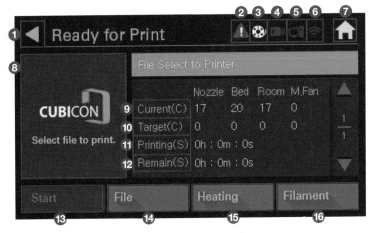

❶ **Back** : 이전 화면으로 진입합니다.

❷ **Error** : 프린터의 문제점을 알려줍니다. 메인 화면에서 이 아이콘을 누르면 Diagnostic으로 진입합니다.

❸ **Filament** : Filament 유무를 나타내는 아이콘입니다.

❹ **USB Memory** : USB 메모리가 활성화되면 나타나는 아이콘입니다.

❺ **PC** : PC와 연결되면 활성화되는 아이콘입니다.

❻ **Wifi** : Wifi가 연결되면 활성화되는 아이콘입니다.

❼ **Home** : 메인 화면으로 빠져 나갑니다.

❽ **Image** : 출력하는 파일의 이미지를 나타냅니다. Cubicreator4으로 G-Code 생성시 에 활성화됩니다.

❾ **Current** : 현재의 온도를 나타냅니다.

❿ **Target** : G-Code에 세팅된 온도를 나타냅니다.

⓫ **Printing** : 출력 중인 모델의 진행 시간을 나타냅니다.

⓬ **Remain** : 출력 중인 모델의 남은 시간을 나타냅니다.

⓭ **Start** : 출력 시작 버튼으로 첫 시작 후에는 비활성화됩니다.

⓮ **File** : 출력하고자 하는 파일을 선택합니다.

⓯ **Heating** : Heating 메뉴로 진입합니다.

⓰ **Filament** : Filament 메뉴로 진입합니다.

1.2 메인 〉 Print 〉 File Selection

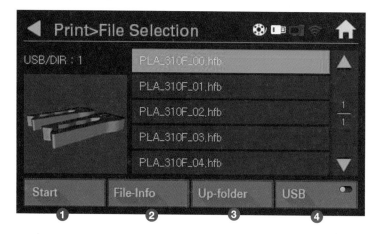

❶ **Start** : 선택한 파일을 출력합니다.

❷ **File-Info** : 선택한 파일의 정보를 보여줍니다. (Cubicreator3.0 이상부터 가능)

❸ **Up-folder** : 추가

❹ **USB** : 추가

1.3 메인 〉 Printing

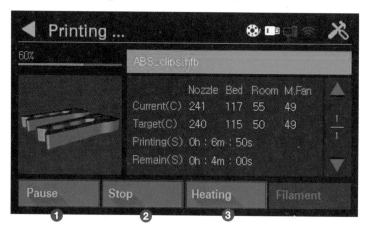

❶ **Pause** : 출력을 일시 정지합니다.

❷ **Stop** : 출력을 중단합니다.

❸ **Heating** : 현재 온도를 조절합니다.

1.4 메인 〉 출력 중 Pause

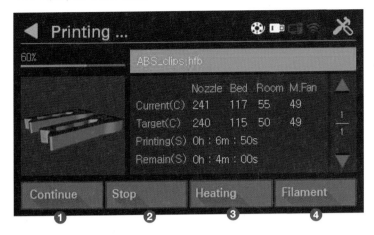

❶ **Continue** : 일시 정지된 파일을 정지된 시점 이후부터 연결하여 출력합니다.

❷ **Stop** : 출력을 중단합니다. (FW1.1 이후부터 팝업 창 활성화)

❸ **Heating** : 현재 온도를 조절합니다.

❹ **Filament** : 필라멘트 Loading / UnLoading으로 진입합니다.

1.5 메인 〉 Heating

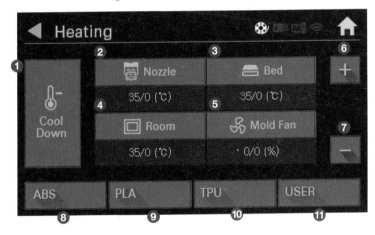

❶ **Cool Down** : 모든 온도 Setting 값을 초기화합니다.

❷ **Nozzle** : 노즐의 온도를 의미합니다.

❸ **Bed** : 베드의 온도를 의미합니다.

❹ **Room** : 프린터 내부 온도를 의미합니다.

❺ **Mold Fan** : 조형팬 바람의 세기를 조절할 수 있습니다.

❻ **+** : 선택된 수치를 올릴 수 있습니다.

❼ **–** : 선택된 수치를 내릴 수 있습니다.

❽ **ABS** : ABS의 기본 Setting 온도로 예열합니다.

❾ **PLA** : PLA의 기본 Setting 온도로 예열합니다.

❿ **TPU** : TPU의 기본 Setting 온도로 예열합니다.

⓫ **USER** : 사용자가 Setting한 온도로 예열합니다. 기본 온도는 0°C로 입력되어 있습니다.

1.6 메인 〉 Filament

❶ **Filament 종류** : Filament를 선택합니다.(ABS, PLA, TPU, 사용자 정의)

❷ **Start** : 선택된 동작을 시작합니다.

❸ **Stop** : 현재 진행 중인 동작을 정지합니다.

❹ **Unloading** : Filament를 꺼냅니다.

❺ **Loading** : Filament를 삽입합니다.

1.7 메인 〉 Utilities

❶ **File Manager** : USB / 내부 메모리의 파일을 복사 및 삭제합니다.

❷ **Motion** : 선택된 동작을 시작합니다.

❸ **Diagnostics** : 자체 진단으로 고장 유무를 판단합니다.

❹ **Light & Sound** : LED 색상 선택 및 음량의 크기를 조절할 수 있습니다.

❺ **Auto Level Test** : 베드의 평탄도를 측정합니다.

❻ **System Log** : 저장된 로그를 복사합니다.

1.8 메인 〉 Utilities 〉 File Manager

❶ **Copy** : △▽로 이동 후 선택한 파일을 복사합니다.

❷ **Delete** : 현재 선택한 파일을 삭제합니다.

❸ **Up-folder** : 폴더 내부에서 상위 폴더로 빠져 나옵니다.

❹ **I-memory** : USB / 내부 메모리로 진입합니다.

1.9 메인 〉 Print 〉 Ready for Print

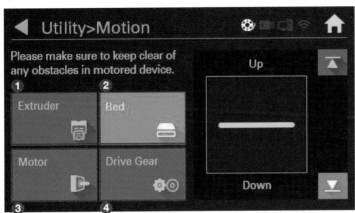

❶ **Extruder** : Extruder를 home과 parking 위치로 이동시킵니다.

❷ **Bed** : 베드를 위, 아래로 이동시킵니다.

❸ **Motor** : Extruder를 고정시키거나 수동으로 이동시킬 수 있습니다.

❹ **Drive Gear** : Extruder 기어를 회전시킬 수 있습니다.

1.10 메인 〉 Utilities 〉 Diagnostic

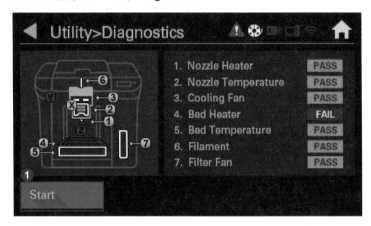

❶ **Start** : 주요 부분을 자가진단합니다. (경고 아이콘을 누르면 이 화면으로 진입합니다.)

1.11 메인 〉 Utilities 〉 LED & Sound

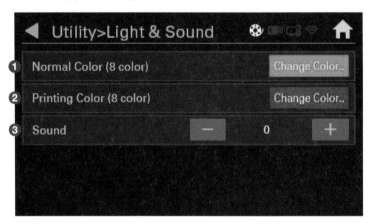

❶ **Normal Color** : 출력을 하지 않을 때의 내부 조명 색상을 선택할 수 있습니다.

❷ **Printing Color** : 출력하는 동안의 내부 조명 색상을 선택할 수 있습니다.

❸ **Sound** : 버튼 터치 음의 높낮이를 Setting할 수 있습니다.

1.12 메인 〉 Utilities 〉 Auto Level Test

❶ **Start** : Filament에 맞는 소재를 선택하고 테스트를 시작합니다.

1.13 메인 〉 Utilities 〉 System Log

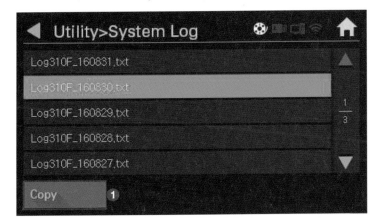

❶ **Copy** : 시스템 로그를 복사합니다.

1.14 메인 〉 Setting

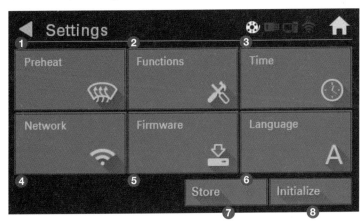

❶ **Preheat** : Filament 온도의 설정값을 수정합니다.

❷ **Functions** : Filament 감지 센서 및 필터 ON/OFF 등을 설정할 수 있습니다.

❸ **Time** : 현재 시간을 설정할 수 있습니다.

❹ **Network** : 내부 WIFI 망을 이용하여 G-Code를 전송할 수 있습니다.

❺ **Firmware** : Firmware를 업데이트할 수 있습니다.

❻ **Language** : 언어를 선택합니다.

❼ **Store** : 현재 입력된 설정을 저장합니다.

❽ **Initialize** : 현재 입력된 설정을 초기화합니다.

1.15 메인 〉 Setting 〉 Preheat

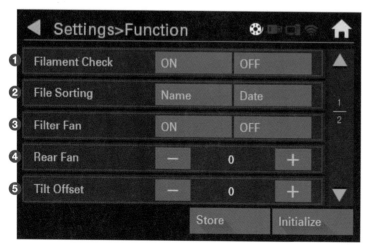

❶ **Temperature** : 선택한 온도를 +, - 버튼으로 유저가 직접 설정할 수 있습니다.

1.16 메인 〉 Setting 〉 Function

❶ Filament Check : Filament 유무 감지 센서를 켜거나 끌 수 있습니다.

❷ File Sorting : 파일의 정렬 순서를 이름 / 날짜 순으로 정렬합니다.

❸ Filter Fan : 필터팬을 켜거나 끌 수 있습니다.

❹ Rear Fan : 후면 팬의 세기를 +, − 버튼으로 조절할 수 있습니다. 외부 환경 온도에 따라서 유동적으로 조절할 필요가 있습니다.

❺ Tilt Offset : 노즐과 베드 사이의 간격을 설정합니다. '−'로 갈수록 노즐과 베드 사이의 간격은 좁혀집니다.

1.17 메인 〉 Setting 〉 Time

❶ Date/Time : 날짜와 시간을 설정합니다.

1.18 메인 〉 Setting 〉 Network

❶ Search : Wifi 신호를 검색합니다.

❷ Connect : 선택한 Wifi에 접속합니다.

❸ **Static IP** : 고정 IP를 선택합니다.

❹ **DHCP** : 유동 IP를 선택합니다.

1.19 메인 〉 Setting 〉 Firmware

❶ **Download** : USB 메모리를 이용하여 Firmware를 최신으로 설치할 수 있습니다.

1.20 메인 〉 Setting 〉 Language

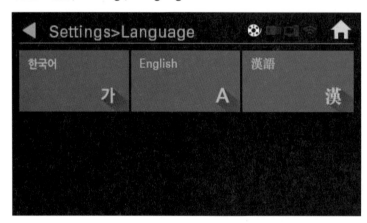

❶ **Language** : 영문이 기본이며 다른 언어를 선택할 수 있습니다.

1.21 Information

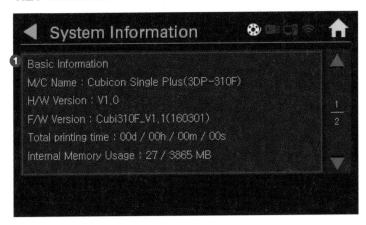

① Information : 프린터의 정보 및 총 출력 시간, 내부 메모리 용량, Network 정보 등 을 표시합니다.

08 3D 프린터 유지 보수

1. Extruder 탈부착

TIP ▸ • 전원이 켜진 상태로 착탈 Extruder를 분리하거나 장착하게 되면 쇼크로 프린터가 고장날 수 있습니다. 착탈 Extruder의 분리/장착은 반드시 전원이 꺼진 상태에서 노즐의 온도가 실내 온도까지 내려간 후 진행하십시오.

• 고온에서 분리해야 하는 경우 Extruder 전체가 고온이니 화상에 주의하시어 장갑 등을 착용한 상태에서 진행하십시오.

• Extruder 내부에 Filament가 끼워져 있는 상태로 착탈 Extruder를 분리하게 되면 센서나 기타 장치가 손상될 수 있으므로 주의하시기 바랍니다.

• 고장 등으로 인하여 UnLoading이 되지 않을 경우에는 Extruder의 Filament 삽입구에서 Filament를 잘라내고 착탈 Extruder를 분리할 때 Filament 누름 손잡이를 눌러 조심스럽게 분리합니다.

1.1 탈착

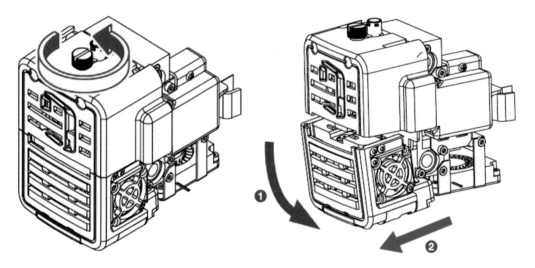

전원을 OFF 한 후 Extruder의 노브를 반시계 방향으로 돌려 풀어줍니다. 이 때 노브를 완전히 풀면 Extruder가 베드로 떨어질 수 있기 때문에 한 손으로는 Extruder를 잡고 풀어야 합니다. 그 다음 착탈 Extruder부를 아래로 당기면 Extruder가 분리됩니다. 고정부의 팬에 끼워지는 형태이므로 약간 빡빡할 수 있음을 유의바랍니다.

1.2 부착

기본적으로 탈착의 역순입니다. 주의하실 점은 Extruder 후면의 조형팬에 걸치는 hole이 있으므로 맞물린 다음 "딸깍" 소리가 날 때까지 고정부에 꼽은 후 부착, 노브를 시계 방향으로 조여주시기 바랍니다. 정확한 결합이 요구되므로 노브가 잘 들어가지 않는다고 억지로 넣지 마시고 다시 부착 과정을 시도하시기 바랍니다.

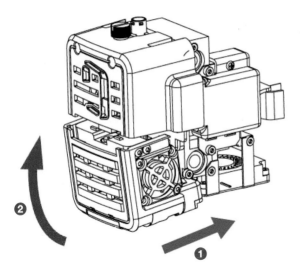

TIP • 착탈 Extruder의 분리/장착은 반드시 프린터 본체 전원을 끄고, Extruder의 노즐 온도가 완전히 식었을 때 진행하시기 바랍니다.
   • 노즐 온도가 높을 때 분리/장착을 진행해야 한다면 화상에 주의하시기 바랍니다.
   • 착탈 Extruder의 분리/장착시 너무 무리한 힘을 주게되면 Extruder부의 부품이 손상되므로 주의하시기 바랍니다.
   • 착탈 Extruder가 고정부에 정확히 장착되지 않았거나 착탈 고정 나사가 조여지지 않은 상태에서 출력을 하게 되면 출력 중 Extruder의 장착에 문제가 발생하게 되어 출력이 되지 않거나 고장이 발생할 수 있습니다. 정확하게 장착 후 사용하시기 바랍니다.
   • Extruder 부위는 전기 장치가 포함되어 있으므로 젖은 손으로 만지거나 Shock 등이 발생하지 않도록 주의하시기 바랍니다.

2. Extruder 관리

Extruder의 노즐은 Extruder의 최하단에 위치하여 Filament가 녹아 밀려나와 조형물을 만드는 부품입니다. 노즐은 프린터의 소모품으로 오래 사용하게 되면 정상적인 마모나 Filament 탄화 찌꺼기 및 Filament의 불순물 등이 내부에 쌓여 교체해야 합니다. 하지만 적절한 관리가 되지 않을 경우 적정 수명보다 일찍 문제가 생겨 출력 상태가 불량해지거나 심한 경우 노즐 구멍이 막혀 노즐 교체가 필요합니다. 균일한 출력 품질로 노즐을 오래 사용하기 위해서는 정기적으로 노즐 청소를 해주시기 바랍니다.

2.1 기어부의 오염물 청소

01 전원을 OFF한 후 Extruder 후면의 G_FAN 커넥터를 뽑습니다. 케이블을 잡아당길 시 파손의 우려가 있으니 주의 바랍니다.

02 직경 Ø2의 렌치로 커버 앞의 볼트를 반시계 방향 으로 돌려 분리합니다.

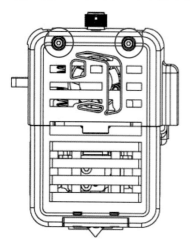

03 커버에 기어팬이 장착되어 있으므로 유의하여 커버를 분리시킵니다.

04 핸들을 누른 후 제전솔을 이용하여 기어에 낀 Filament 찌꺼기와 주위의 Filament 가루 및 먼지를 제
거합니다.

05 Extruder를 뺀 상태로 전원을 넣고 모션의 D-gear로 Extruder 기어를 회전시킬 수 있습니다. 반드시 핸들을 누른 상태로 기어를 돌려주시기 바랍니다. 에어 컴프레셔 등으로 청소를 할 시에는 가루들이 샤프트에 끼어 품질 저하 및 장비의 고장을 유발할 수 있습니다.

TIP▶
- 기어부 청소시 반드시 핸들을 누른 상태로 기어를 돌려주시기 바랍니다. 누르지 않은 상태로 기어를 움직이면 기어의 마모가 생길 수 있습니다.
- 에어 등으로 청소를 할 시 가루들이 샤프트에 끼면 장비의 고장을 유발할 수 있으니 주의 바랍니다.
- 절대로 전원이 켜진 상태로 청소하는 부분에 전도성 재질을 집어넣지 마십시오. 장비의 shock로 이어집니다.

2.2 Filament 경로 상의 오염물 청소

기본적으로 제공하는 모든 소재를 사용할 수 있는 Extruder이나, 필라멘트를 혼용해서 사용하는 것은 권유해드리지 않는 방법입니다. 각 Filament는 특성과 온도가 명확하게 차이가 있고 이것으로 인하여 당장은 발생하지 않지만 서서히 누적되어 발생하는 문제는 생각보다 심각합니다. PLA를 사용하다 ABS를 사용하게 되면 아무리 내부의 Filament를 제거했다고 생각되더라도 벽면에는 PLA 성분이 남아 있습니다. 이 Filament 찌꺼기들은 지속해서 누적되고 언젠가는 노즐을 막히게 하여 출력 실패를 불러올 것입니다. 아래의 사진은 Filament 혼용으로 나타나는 현상을 재구성한 사진입니다.

탈착형 Extruder의 Filament 투입구에 낀 Filament가 있다면 핀셋 등으로 필히 제거 바랍니다.

2.3 노즐 내부 청소

투입구와 노즐 사이의 공간 청소는 기본적으로 Filament Loading으로 가능합니다. 만약 소재의 혼용으로 내부의 Filament 물성이 변형되어 Loading을 진행할 수 없다면 노즐 관리 핀으로 내부를 청소해 주시기 바랍니다. 힘을 주어 과격하게 밀어 넣어 내부에 손상을 주지 않도록 주의 바랍니다.

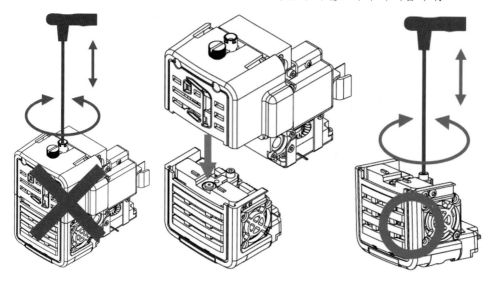

TIP ▸ • 뜨거운 상태에서 진행해야 하므로 장갑을 착용하시고 화상에 주의하시기 바랍니다.
　　 • 뜨거운 상태의 탈착 부분 Extruder를 잡을 때는 플라스틱 부분만 잡고 작업하시기 바랍니다. 금속 부분과 고무 부분은 뜨거운 상태입니다.
　　 • 노즐 관리핀은 소재를 혼용하지 않는다면 자주 사용할 필요는 없습니다.

3. 오토레벨링 접점 부위 관리

Cubicon Single Plus는 Extruder 노즐 끝이 히팅 베드의 레벨 접점 부위를 터치하여 통전 여부를 판단하여 히팅 베드와 노즐 사이의 간격을 인식하고 베드의 높이를 자동으로 조정합니다. 때문에 노즐 끝과 히팅 베드의 접점 부위에 오염물이 있는 경우는 통전 불량으로 Auto Leveling이 실패하게 됩니다. 정상적인 Auto Leveling이 이루어질 수 있도록 오염물을 깨끗이 청소하고 사용하십시오.

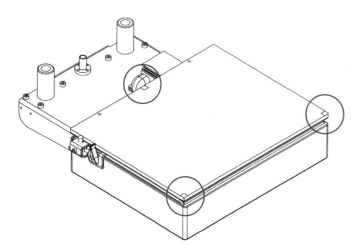

위의 그림에 있는 붉은 원으로 표시된 3곳은 Auto Leveling시 레벨 접점으로 사용하는 곳입니다. 히팅 베드의 레벨 접점은 Auto Leveling 과정 중 Filament가 녹아 붙어 오염이 발생하게 됩니다. 이 오염을 제거하지 않고 방치하게 되면 녹은 Filament가 고착화되어 Auto Leveling이 실패하게 됩니다. 출력 전, 핀셋이나 스크래퍼를 이용하여 접점 부위를 청소하시기 바랍니다.

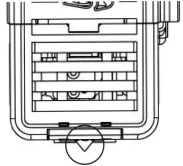

Extruder 그림의 노즐은 Auto Leveling 시 직접적으로 접촉하는 부분입니다. 출력을 시작하면 기본적으로 청소를 진행하지만 출력 중에 Filament들이 묻어 탄화되기 쉽습니다. 제공된 제전솔에 장착된 쇠솔(wire brush)로 청소해 주시기 바랍니다.

4. 히팅 베드 관리

히팅 베드는 Filament가 녹아 압출 되면서 출력물이 형성되는 바닥입니다. 조형 시 녹아 붙은 Filament나 Filament 조각 등으로 오염되기 쉽고, 오염된 상태로 출력을 지속하게 되면 출력되는 조형물에도 오염 물질이 달라붙게 되어 조형물을 오염시키거나 출력 중 히팅베드에 조형물이 잘 붙지 않게 됩니다.

출력 전후에는 히팅 베드를 깨끗한 상태로 관리하여야 출력물이 오염물에 의해 품질이 떨어지는 것을 방지할 수 있습니다.

01 히팅 베드의 Filament 찌꺼기는 핀셋, 스크래퍼, 솔 등의 공구를 사용하여 제거합니 다. 공구를 사용할 때는 히팅 베드의 표면을 손상하지 않도록 주의하시기 바랍니다. 표면이 손상되면 코팅이 벗겨지게 되어 출력물이 잘 붙지 않게 됩니다.

02 조형 시 히팅 베드 표면에 녹아 붙거나 흔적으로 남은 Filament는 잘 제거되지 않을 수 있습니다. 이런 심한 오염 제거는 고순도 아세톤을 적당량 묻혀 오염물을 녹이듯 닦아내시기 바랍니다. 히팅 베드의 청소에는 고순도 아세톤만 사용하시기 바랍니다.

TIP • 히팅 베드 표면에는 얼룩같은 무늬가 보일 수 있으나 이는 코팅 과정 중 발생하는 것으로 히팅 베드 특성과는 관계가 없으니 안심하고 사용하십시오.
• 히팅 베드의 코팅 수명은 사용자의 출력 습관에 따라 다릅니다. 출력물이 너무 쉽게 떨어지면 히팅 베드를 교체하십시오.
• Cubicon Single Plus의 히팅 베드는 당사에서 판매하는 ABS/PLA 출력시 적절한 온도 조건에서는 캡톤 테이프를 사용하지 않고 출력을 할 수 있습니다. 하지만 사용자의 출력 습관이나 출력 모델에 따라 캡톤 테이프를 사용한 출력을 원하는 경우에는 캡톤 테이프를 개별적으로 구입하셔서 사용하시면 됩니다.
• Filament를 녹여 출력하는 방식의 경우 녹은 Filament가 굳으면서 수축이 발생하게 되고, 이 때문에 출력물 바닥에서 들뜸이 발생할 수 있습니다. 출력 온도 조건이나 히팅 베드의 접착력 혹은 슬라이싱 옵션 변경 등에 따라 개선될 수 있으나, 수축의 정도에 따라서 차이가 있을 뿐 대부분 나타나는 현상입니다. 3D 모델 설계시 수축력을 분산시킬 수 있는 설계 방식을 고려하십시오.
• 히팅 베드에는 아세톤 이외의 용매를 사용하지 마십시오. 코팅 손상의 원인이 됩니다.
• 히팅 베드의 청소에 아세톤을 쓸 경우 히팅 베드 이외에 아세톤이 묻지 않도록 주의하십시오. 제품 손상의 원인이 됩니다.
• 아세톤을 사용할 경우 환기가 잘 되는 곳에서 사용하시고 관리에 주의하시기 바랍니다. (아세톤 포장에 적혀있는 안전 규정을 꼭 지켜주세요.)
• 일부 물티슈의 경우 세정 성분이 히팅 베드 코팅을 오염시키므로 물티슈 사용은 절대 하지 마십시오.
• 조형물 등을 떼어내기 위해 히팅 베드를 분리하거나 무리한 힘을 가하지 마십시오. 쇼크로 인한 고장의 원인이 됩니다.
• 베드에 코팅이 되지 않은 부분으로 오토 레벨링을 조절합니다. 출력 전에 필히 이물질을 제거하시기 바랍니다.

5. 필터 교체

Cubicon Single Plus에는 FFF 방식의 프린터에서 발생할 수 있는 오염 물질을 걸러내기 위해 Purafil 촉매제, 헤파 필터, 탈취 필터의 3중 구조로 된 크린 필터를 사용하고 있습니다. 크린 필터에 오염 물질이 많이 끼인 경우는 필터 성능의 하락은 물론 필터팬의 동작을 방해하여 고장의 원인이 될 수 있습니다. 크린 필터에 오염 물질이 많이 끼인 경우는 세척하지 마시고 교환하시기 바랍니다. 크린 필터의 교체 주기는 사용 환경 및 사용자 출력 습관에 따라 다르나, 일반적인 환경을 기준으로 6개월마다 교체하는 것을 권장합니다.

TIP ▶ 크린 필터는 케이스에 정상적인 방향으로 장착하시기 바랍니다. 장착 방향이 잘못되면 필터 성능이 하락하고 송풍팬 고장의 원인이 됩니다.

6. 노즐 청소 솔(Rubber brush & Wire brush) 교체 시기 및 방법

히팅 베드 왼편 뒤쪽에는 노즐 끝 단을 청소하기 위한 내열 고무로 된 노즐 청소 솔과 금속 재질의 솔이 부착되어 있습니다. 이 두 솔에 Filament 찌꺼기가 많이 부착되어 있는 경우 노즐 끝의 2차 오염을 유발하므로 Filament 찌꺼기를 제거하시기 바랍니다.

이 두 가지 솔은 소모품이므로 사용 중 손상이 발생하면 지정 AS점을 통해 교체하시기 바랍니다. 노즐 청소 솔의 교체 시기는 솔의 주위가 Filament 찌꺼기들로 더 이상의 본래의 기능을 하지 못할 때입니다. 이 때는 필수적으로 교체를 해주셔야 합니다. 교체하지 않고 지속적으로 사용시 Auto Leveling 실패 및 노즐의 shock가 발생할 수 있습니다.

01 후면 소켓의 하단에 있는 고정부를 눌러 소켓을 당겨 뺍니다.

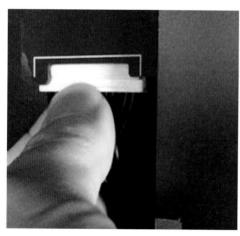
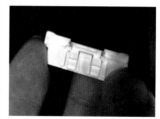

아랫 부분의 고정부   당겨 뺌

02 베드를 위로 당겨서 빼줍니다.

03 Ø2 렌치를 이용하여 반 시계 방향으로 회전시켜 풀어줍니다.

04 Ø2.5 렌치를 이용하여 반시계 방향으로 풀어줍니다.

05 완전히 분리된 상태로 솔 을 교체합니다.

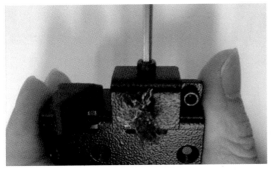

TIP
- 베드 온도가 충분히 식은 후 전원을 끄고 진행하시기 바랍니다.
- 베드는 강력한 자석의 힘으로 고정되어 있으므로 분리/장착시 장갑을 착용하시고 손끼임에 주의하시기 바랍니다.
- 조립은 분리의 역순입니다.

7. Firmware 업데이트

큐비콘 홈페이지의 자료실에서 Firmware를 다운받아 최신 Firmware를 설치하실 수 있 습니다.

7.1 Cubicreator로 Firmware 설치하기

Setting – 업데이트 Firmware를 선택하고, 설치할 파일을 선택한 후 최신 Firmware로 설치합니다. (자세한 내용은 Cubicreator 설명서를 참고 바랍니다.)

7.2 USB 메모리를 이용한 Firmware 설치하기

01 USB 메모리의 Root 폴더에 'Firmware' 폴더를 생성합니다.

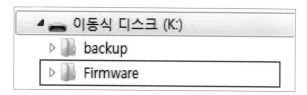

02 'Firmware' 폴더 내부에 UI 파일과 최신 Firmware를 복사합니다.

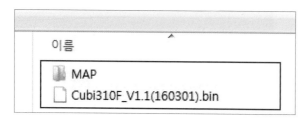

03 Cubicon Single Plus에 USB 메모리를 삽입한 후 Setting의 Firmware 아이콘을 선택합니다. Download 버튼을 선택하면 Firmware 업데이트가 시작됩니다. Firmware 업데이트 완료 – 재부팅 이후 Initialize를 한 번 해주시기 바랍니다. Initialize는 1분 내외의 시간이 소요됩니다.

8. Firmware 리커버리

Cubicon Single Plus는 Firmware 업데이트 중 발생하는 문제에 대비하여 이전 Firmware 로 복귀하는 기능이 있습니다.

8.1 작동방법

프린터의 전원을 OFF한 후 Reset 버튼을 누르고 있습니다. 이후 전원을 ON한 후 20초 동안 Reset 버튼을 누르고 있으면 이전 Firmware로 리커버리합니다. 터치 LCD가 리셋 되면서 재부팅이 되면 성공적으로 리커버리가 완료되었음을 확인할 수 있습니다.

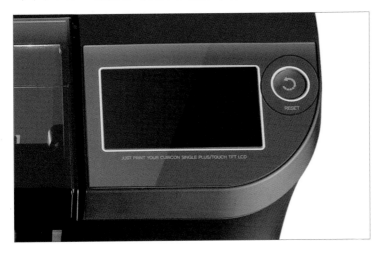

1. Extruder 탈부착

TIP ・프린터 하드웨어의 문제는 기능 메뉴의 (Setting 〉 Function 〉 Initialize)를 사용하여 초기화하거나 Firmware 업데이트를 통해 해결할 수 있습니다.

・출력 품질은 모델에 따라 출력 조건이나 G-Code 생성시의 Cubicreator 옵션 Setting에 따라 많이 달라질 수 있으므로 출력 조건이나 옵션을 다양하게 사용하여 품질을 확인하시기 바랍니다.

・장비에 문제가 발생할 경우 문제 발생 상황을 명확히 확인하는 것이 중요합니다. 모델링파일(STL), hfb(hvs)파일. 당시의 문제 사진, 동영상을 촬영하여 고객 지원시 참조할 수 있도록 해주시기 바랍니다.

1.1 USB 메모리의 데이터가 보이지 않습니다.

・Cubicon Single Plus는 FAT32 형식의 파일 시스템으로 포맷만을 지원합니다.

・Cubicon Single Plus는 영문 File명만 지원합니다. 다른 언어의 File명을 사용하시면 글자가 깨지거나 공란으로 보일 수 있으므로 영문 File명으로 바꾼 후 사용하십시오.

・파일명에 "." 콤마를 넣을 경우 출력이 되지 않을 수 있습니다. ("." 뒤부터 확장자로 인식)

・Cubicon Single Plus의 LCD 화면에는 확장자가 *.hfb와 .hvs인 File만 보입니다. USB 메모리 내에 File이 정상적으로 복사되었는지 확인하십시오.

・프린터에서 USB메모리의 File은 255개까지만 인식됩니다. 적절히 File을 정리하십시오.

1.2 USB 메모리의 데이터가 출력되지 않습니다.

・선택된 파일이 확장자 *.hfb , *.hvs의 G-Code인지 확인합니다. Cubicon Single Plus은 Cubicreator를 사용해 슬라이싱된 G-Code(확장자 *.hfb , *.hvs) 파일만을 사용할 수 있습니다. 다른 슬라이싱 프로그램을 사용한 G-Code 파일은 출력되지 않고 장비에 손상이 발생할 수도 있습니다.

・USB 메모리의 데이터가 손상되었을 수 있습니다. G-Code 파일을 다시 만들어 사용해 주십시오.

・Cubicreator를 사용하여 슬라이싱한 후 메모리로의 복사 중 잘못된 경우 출력이 되지 않을 수 있습니다. Cubicreator를 사용하여 해당 G-Code 파일이 정상인지 확인하십시오. G-Code 로 보이는 출력 경로가 비정상적인 경로로 보이는 경우 G-Code가 잘못된 것입니다.

・3D 모델이 잘못되어 Cubicreator를 통한 슬라이싱이 잘못되었을 수 있습니다. 원본 3D 모델을 Cubicreator에서 불러와 슬라이싱에 문제나 G-Code 변환시 정상인지 확인하고, 별도의 3D 모델 검사 프로그램 등을 사용하여 3D 모델 이상 여부를 확인하십시오.

・사용 PC의 보안 프로그램이나 바이러스 등으로 인해 USB 메모리로의 데이터 저장에 문제가 있을 수 있

습니다. 확인 후 조치를 취하고 재시도해 주십시오.

1.3 PC와 USB 케이블 연결로 프린트가 되지 않습니다.

- PC와 프린터의 USB 케이블 연결에 문제가 없는지 확인합니다.
- Cubicon Single Plus의 드라이버가 PC에 정상적으로 설치되었는지 확인합니다.
- PC가 바이러스 등에 문제가 있는지 확인하고, 문제를 해결한 후 드라이버를 재설치합니다.
- PC와 프린터의 통신 연결 문제가 발생할 수 있습니다. USB 케이블을 재연결하시거나 Cubicreator를 재실행, 또는 후면에 있는 전원 버튼을 껐다가 켜보시기 바랍니다.

1.4 PC와 WIFI 연결로 프린트가 되지 않습니다.

- PC와 프린터가 동일 공유기에 연결되어 있는지 확인합니다.
- WIFI 신호가 잘 잡히는 장소에서 프린터와 PC를 사용해 주십시오.
- 무선 공유기의 모델에 따라 접속 장애가 발생할 수 있습니다.
- 프린터의 Setting을 Initialize 하거나 전원을 껐다 켠 후 재시도 바랍니다.

1.5 Filament가 노즐로 압출되지 않습니다.

- 정품 Filament인지 확인합니다. 일부 Filament는 온도 조건이 정품 Filament와 다르고 Cubicon Single Plus에 사용시 열 변형이 심하여 압출시 문제가 발생하므로 이로 인해 Extruder가 고장날 수 있습니다. **비 정품 Filament 사용에 의한 프린터 고장은 무상 AS 대상에서 제외됩니다.**
- Filament 공급이 원활한지 확인합니다. 스풀에 Filament가 꼬여 있거나 풀려있는 등의 문제가 있으면 Filament를 풀어 재정리합니다. 한 번 꼬이거나 풀린 Filament는 지속적으로 문제를 유발시킬 수 있으므로 확실히 정리하는 것을 권장합니다.
- 습기나 먼지 등의 환경에 오염된 Filament는 최초 개봉 때와 특성이 다를 수 있습니다. 이런 Filament의 사용은 Extruder 막힘 등의 고장을 일으킬 수 있습니다. 개봉된 Filament는 가급적 빨리 사용하시고, 보관이 필요할 경우 풀리지 않도록 스풀에 고정된 상태에서 비닐 등을 사용하여 습기/먼지 등을 차단하여 짧은 기간 동안만 보관하십시오.
- 공급되는 Filament의 두께가 너무 굵거나 얇지 않은지 확인합니다. Cubicon Single Plus은 Filament의 정확한 공급을 위해 1.6~1.9mm 직경의 Filament만을 사용하여야 합니다. 더 가늘거나 굵은 Filament를 사용시 Filament가 장비에 끼이거나 하는 등의 문제로 장비가 고장날 수 있습니다.
- Extruder 내부에서 Filament가 꼬이거나 끼임이 발생한 경우 압출에 문제가 생기게 되어 압출이 되지 않습니다. 착탈 Extruder를 분리하여 문제된 Filament를 제거하고 사용 합니다. 특히 출력 온도가 낮은 Filament의 경우 Extruder 내부 꼬임 문제가 쉽게 발생할 수 있습니다. 장비 내부의 온도를 낮게 하여 사용하면 꼬임 문제가 개선될 수 있습니다.

- 착탈 Extruder의 장착이 정상인지 확인합니다. 장착에 문제가 있을 경우 LCD 화면에 오류 메시지가 나타날 수 있습니다.
- 사용 Filament와 프린터의 Extruder 온도 조건이 맞는지 확인합니다.
- 노즐이 손상되었으면 노즐을 교체합니다. 노즐은 소모품입니다. AS를 이용해 교체해 주십시오.

1.6 조형물이 바닥(히팅 베드)에 붙지 않고 떨어집니다.

- 정품 Filament인지 확인합니다. 일부 Filament는 당사 히팅 베드에 접착되지 않아 출력 시 장비 고장의 원인이 됩니다.
- 습기나 먼지 등의 환경에 오염된 Filament는 최초 개봉 때와 특성이 다를 수 있습니다. 이런 Filament의 사용시 히팅베드에 접착이 불량할 수 있습니다. 개봉된 Filament는 가급적 빨리 사용하시고, 보관이 필요할 경우 풀리지 않도록 스풀에 고정된 상태에서 비닐 등을 사용하여 습기/먼지 등을 차단하여 짧은 기간 동안만 보관하십시오.
- 히팅 베드의 오염 물질을 제거합니다. 시중에 판매되는 물티슈는 히팅 베드 코팅을 손상시킬 수 있습니다. 물티슈를 절대로 히팅 베드에 사용하지 마십시오.
- 사용 Filament와 히팅 베드, Extruder의 온도 조건이 적절한지 확인합니다. Cubicon Single Plus의 히팅 베드는 사용 Filament와 적절한 온도 조건이 되어야 잘 붙고 이 온도는 Filament나 모델의 형태, 출력 환경 등에 따라 달라질 수 있습니다.
- 히팅 베드에 붙는 면적이 너무 작거나 조형 바닥이 불규칙한지 확인합니다. G-Code 생성시 바닥 보조물 옵션을 사용하거나 첫 레이어 출력 속도를 느리게 하면 개선할 수 있습니다.
- 필요한 경우 적절한 마스킹 테이프를 사용합니다. 조형 모델이나 Filament 종류에 따라서는 캡톤 테이프와 같은 별도의 내열 테이프를 히팅 베드 위에 적용하는 것이 조형물 접착에 유리할 수 있습니다. 오토 레벨링이 되는 모서리 접점 부위는 노출되게 붙이고 테이프 두께만큼 Tilt Offset을 보정하시기 바랍니다.
- 히팅 베드의 코팅이 손상되었거나 히팅 베드의 휨이 심한지 확인합니다. 이 경우 히팅 베드를 교체하여야 합니다. 히팅 베드는 소모품입니다. AS를 이용해 교체해 주십시오.

1.7 조형물의 일부, 주로 바닥 테두리가 바닥에서 떨어집니다.

- '6) 조형물이 바닥(히팅 베드)에 붙지 않고 떨어집니다.' 상황을 확인하고 조치합니다.
- G-Code 생성시 내부 채우기 밀도 등의 옵션으로 일부 개선할 수 있습니다.
- 열 용융 방식을 사용하는 프린터에서 발생되는 재료의 수축이 원인입니다. 출력 조건(Extruder, 히팅 베드, 프린터 내부 온도)을 조정하거나 수축이 덜 발생하는 재료를 사용합니다. 하지만 수축은 재료에 따라 약간씩 개선할 수 있으나 녹은 Filament가 고체화되면서 나타나는 자연 현상으로 수축을 개선할 수 있는 모양으로 모델을 수정하는 것이 가장 효과적인 방법입니다.

1.8 조형물의 중간이 쪼개집니다.

- 열 용융 방식을 사용하는 프린터에서 발생되는 재료의 수축이 원인입니다. 출력 조건 (Extruder, 히팅 베드, 프린터 내부 온도)를 조정하거나 수축이 덜 발생하는 재료를 사용합니다. 하지만 수축은 재료에 따라 약간씩 개선할 수 있으나 녹은 Filament가 고체화되면서 나타나는 자연 현상으로 수축을 개선할 수 있는 모양으로 모델을 수정하는 것이 가장 효과적인 억제 방법입니다.

- G-Code 생성시 내부 채우기 밀도 등의 옵션으로 일부 개선할 수 있습니다.

1.9 조형물이 바닥(히팅 베드)에서 떨어지지 않습니다.

- 히팅 베드가 충분히 식을 때까지 기다려 주십시오. 강제로 떼면 히팅 베드에 손상이 생깁니다. Cubicon Single Plus의 히팅 베드는 출력 중에는 조형물이 바닥에 부착되어 있고 출력이 완료된 후 히팅 베드가 식으면 조형물이 쉽게 떨어집니다. 조형물이 떨어지는 온도는 사용 Filament 및 조형 모델 그리고 주변 환경에 따라 다릅니다.

- 히팅 베드가 충분히 식은 후(상온)에도 조형물이 떨어지지 않으면 끝이 납작한 물체를 조형물의 바닥 부분에 밀어 넣으면서 떼어냅니다.

- 히팅 베드에 조형물의 찌꺼기들이 계속 고착화된 경우 조형물이 고착화된 찌꺼기에 붙어 베드에서 떨어지지 않을 수 있습니다. 히팅 베드 표면을 깨끗하게 관리하십시오.

- 히팅 베드의 코팅이 손상되었다면 히팅 베드를 교체하여야 합니다. AS를 이용해 주십시오.

1.10 출력은 완료되었으나 조형의 일부만 출력되고 어느 부분부터는 출력이 아예 안되거나 이상하게 출력됩니다.

- '5) Filament가 노즐로 압출되지 않습니다.' 상황을 확인하고 조치를 취합니다.

- 출력 모델 및 G-Code를 확인합니다. 모델이 이상할 경우 G-Code 생성에 문제가 있을 수 있습니다. 모델을 수정한 후 재시도하십시오.

- 모델 혹은 사용 지지대 등에 따라 이미 출력된 부분의 조형물과 지지대에 간섭이 생겨 출력에 문제가 발생할 수 있습니다. 슬라이싱 방법(슬라이싱 옵션 조절 혹은 방향 바꿈 등)을 변경하면 개선될 수 있습니다.

- 노즐 내부의 오염물을 제거합니다.

- 모델은 이상이 없는데 문제가 지속 발생할 경우 노즐을 교체하는 등의 AS가 필요합니다.

1.11 출력시 Auto Leveling이 실패하여 출력이 진행되지 않습니다.

- Auto Leveling 중 주변 환경의 진동이 장비에 영향을 주지 않는지 확인하십시오. 주변의 진동이 장비에 전달되면 Auto Level이 실패할 수 있습니다.

- 출력을 시작하기 전 프린터는 베드의 Auto Level을 진행합니다. 어떤 원인에 의해 Auto Leveling을 실패하면 (자동으로 수회 진행) 프린터는 출력을 정지합니다.

- Auto Leveling 접점 부위를 지속적으로 관리하십시오.

- 계속해서 문제가 발생하면 Extruder 청소솔, 히팅 베드 등을 교체하거나 AS가 필요합니다.

- 비 정품 Filament 사용시 온도 및 Filament 차이에 따라서 Auto Leveling이 실패할 수 있습니다.

1.12 Filament 유무 감지 센서의 기능이 정상 동작하지 않습니다.

- 공급되는 Filament의 직경이 1.6~1.9mm인지 확인하시고 사용하십시오.

- TPU와 같은 Flexible Filament는 공급 감지 센서에 Filament가 눌려 오동작 할 수 있습니다. 이 경우 Filament 공급 감지 기능을 사용하지 않도록 설정하시기 바랍니다.(메뉴의 Setting 〉 Function 〉 Filament Check "OFF"로 설정)

- 유무 감지 센서는 오래 사용하게 되면 마모되는 소모품입니다. AS를 이용해 교체해 주십시오.

1.13 출력 중 작업이 중단됩니다.

- 전원 공급을 확인합니다.

- 문제가 지속 발생할 경우 문제 발생 상황을 사진이나 동영상으로 기록한 후 AS를 이용해 주시기 바랍니다.

memo

PART

7

3D 프린터
제품 출력
슬라이서(Cubicreator 4)

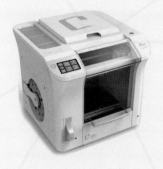

이 파트는 국내 제조사인 큐비콘의 최신 '큐라 슬라이스' 엔진을 적용한 Slicer인 큐비콘의 Cubicreator 4에 대한 내용을 수록하였습니다.

01 슬라이서 소개 및 환경

1. 소개

Cubicreator 4 는 FFF방식 CUBICON 3D 프린터의 Host 프로그램으로 스타일 Series, 싱글 플러스 Series, 구형 기종인 싱글(3DP-110F)을 지원하는 전용 프로그램입니다. 최신의 'CURA Slice' 엔진을 적용하여 보다 전문적이고 상세한 설정이 가능해 졌습니다.

2. 변경된 기능

- 간편하고 직관적인 '기본 옵션'
- 옵션 추가로 전문적인 '상세 옵션'
- 64bit / 멀티코어 적용으로 슬라이싱 처리속도 및 성능 향상
- 출력 예상 시간과 실제 출력 시간의 오차범위 대폭 감소
- 출력물의 표면 품질 향상
- INFILL / TOP / BOTTOM 패턴 추가
- 출력 경로의 최적화 알고리즘 적용
- 지지대의 형상 개선 및 인터페이스 기능 추가
- Raft / Brim 형상 개선으로 속도 및 출력 안정성 향상

3. 설치환경

항 목	최소 사양	권장 사양
프로세서	Intel core i3(2세대 이상) 또는 AMD Phenom X3 8650	Intel core i5(4세대 이상) 또는 AMD Ryzen 5
운영체제	윈도우7 (32Bit)	윈도우10 RS2 (64bit)
비디오	Nvidia Geforce GTX 460, Radeon HD 6850 또는 Intel HD 4400	Nvidia Geforce GTX 760, Radeon R9 270X 또는 그 이상
메모리	4GB RAM	16GB RAM
저장 여유용량	500MB	1GB
해상도	1024x768 디스플레이 해상도 (텍스트 비율 100%)	1920x1080 디스플레이 해상도 (텍스트 비율 100%)
인터넷	자동 업데이트 시 광대역 인터넷 연결	
매체	서비스 제공 외장메모리 또는 CUBICON 홈페이지 다운로드	

슬라이서 설치

1. 설치

설치 파일을 실행합니다. (설치 파일은 'Cubicreator – Setup' 폴더 내에 있습니다. 홈페이지에서 다운로드 가능합니다.)

• 언어 선택 후 설치를 진행합니다.

• 다음을 눌러 설치를 진행합니다.

• 사용권 계약 내용을 확인하신 뒤 '동의함'을 눌러 설치를 진행합니다.

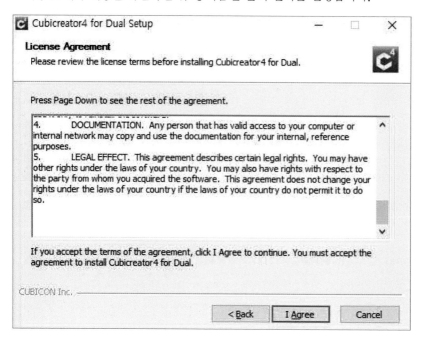

• 설치하고자 하는 폴더를 선택하고 설치를 진행합니다.

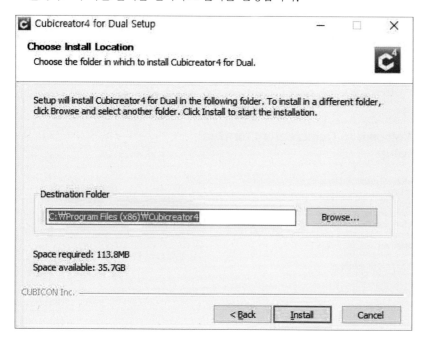

• 설치가 진행됩니다.

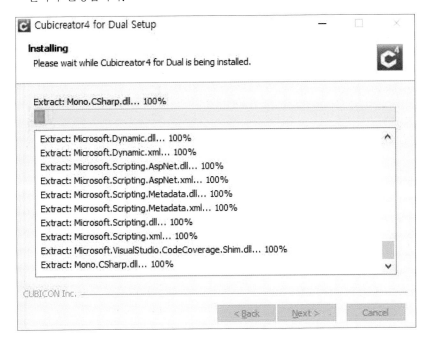

• Cubicreator 설치가 완료되면 '다음'을 눌러 계속 진행합니다.

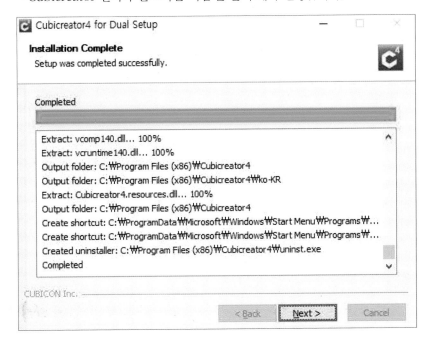

• 마침을 눌러 설치를 완료 합니다. Register thumbnail renderer는 아이콘 사이즈를 큰 아이콘 이상으로 설정시 미리 STL파일의 형상을 확인할 수 있습니다. '마침'을 눌러 설치를 종료합니다.

* 일반적으로 윈도우10 이상의 경우 별도의 드라이버 설치없이 사용이 가능합니다.

TIP▶ 학교와 같은 기관에서 사용되는 윈도우의 경우에는(드라이버가 제거된 윈도우) USB 케이블을 연결해서 사용하실 수 없을 수 있습니다.

2. 드라이버 설치

윈도우7 자동 프린터 드라이버 설치

프로그램 설치가 끝나면 드라이버 설치 창이 나타납니다.

• 설치를 눌러 드라이버를 설치합니다.

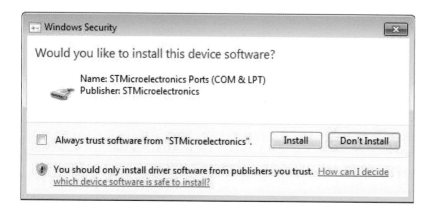

윈도우7 수동 프린터 드라이버 설치

제공된 USB 케이블로 프린터와 PC를 연결합니다. 윈도우의 '장치관리자'를 실행하여 Cubicon 프린터 드라이버를 설치합니다. (프린터 드라이버의 폴더 위치는 ₩Cubicreator₩Driver 입니다.)

• **최초 프린터 연결** : 프린터와 PC의 USB케이블 연결 시 '기타장치'로 연결됩니다.

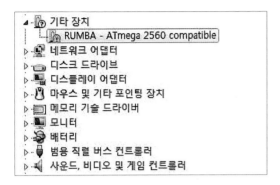

• **드라이버 소프트웨어 업데이트** : '기타장치'를 마우스 오른쪽을 클릭하여 '드라이버 소프트웨어 업데이트'를 선택합니다.

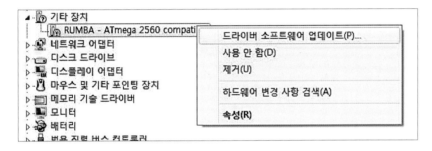

• **드라이버 찾기** : 컴퓨터의 장치 드라이버 목록에서 직접 선택을 클릭합니다.

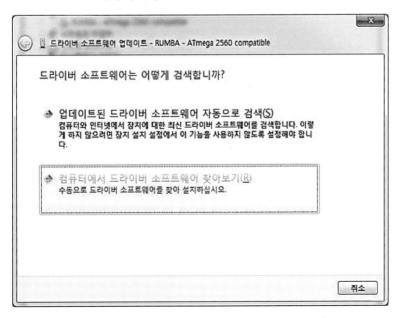

• **장치 유형 선택** : '모든 장치 표시'를 선택하고 다음을 클릭합니다.

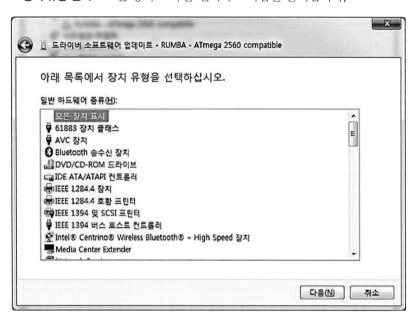

• **설치할 하드웨어 장치 드라이버** : '디스크 있음'을 선택합니다.

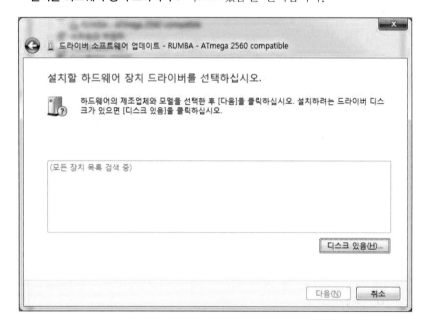

• **드라이버 선택** : 동봉된 외장 메모리에서 stmcdc.inf 파일을 선택합니다.

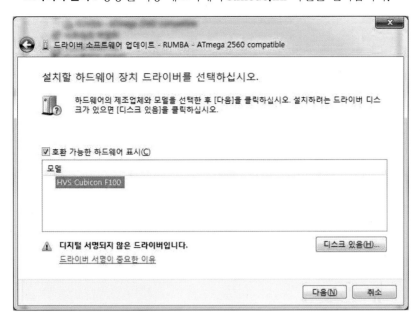

• 드라이버 소프트웨어 업데이트 완료

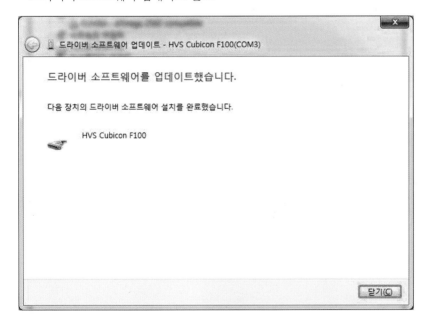

• 설치 완료

윈도우8.1에서 드라이버 디지털 서명 체크 해제하기

Windows 8.x의 경우는 보안의 강화로 인증받지 않은 드라이버를 설치할 수 없습니다. 이 경우 아래를 참고하여 디지털 서명 체크를 해제한 후 드라이버를 설치하시기 바랍니다. 드라이버를 설치한 후에는 Windows의 드라이버 서명체크를 사용함으로 재변경하시기 바랍니다.

• PC에서 'Ctrl+I'를 누르고 전원 아이콘을 선택합니다.

• Shift키를 누른 상태에서 '다시 시작'을 선택합니다.

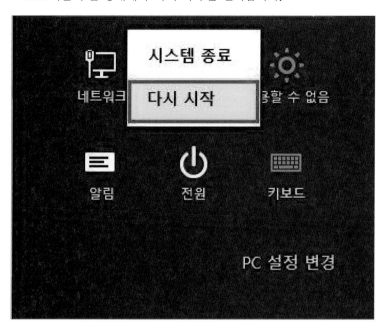

• '문제 해결'을 선택합니다.

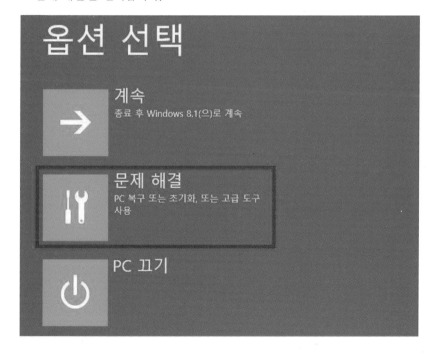

• '고급 옵션'을 선택합니다.

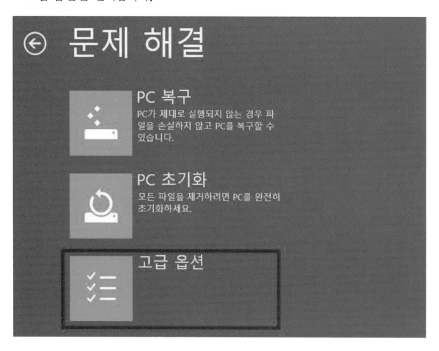

• '시작 설정'을 선택합니다.

• '다시 시작'을 선택합니다.

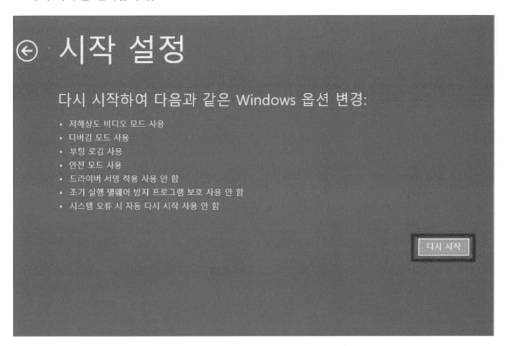

• 재부팅 후 '드라이버 서명 적용 사용 안 함'을 선택합니다.

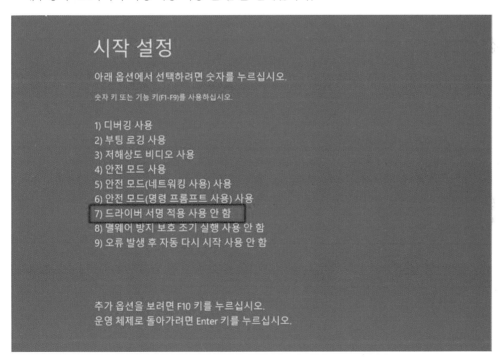

3. USB 케이블 연결

USB 케이블 연결

드라이버가 설치되었다면 USB 케이블을 통해 출력을 진행할 수도 있습니다. 사용하고자 하는 장비에 맞게 프린터를 선택해 놓지 않았다면 USB 케이블을 연결하여도 PC-3Dprinter는 연결되지 않습니다. (예를 들어 프린터는 스타일, Cubicreator에는 싱글 플러스 선택되었을 경우)

• PC와 프린터가 연결되면 연결됨(Connected) 아이콘이 활성화됩니다.

• 출력 버튼을 통해 바로 출력을 진행할 수 있습니다.

TIP 큰 용량의 모델을 출력해야 하므로 출력이 끝날 때까지는 상시 PC가 정상 동작을 해야 합니다. 이때문에 싱글(110F)과 스타일 series는 'USB 케이블 연결로 출력을 권장하지 않습니다.

4. Wifi 연결

Wifi 연결(큐비콘 싱글 플러스)

프린터를 무선랜(wifi) 연결을 통하여 출력할 수 있습니다. 프린터와 무선 연결을 위해서는 환경설정에서 Wifi연결 사용을 체크합니다.

• Wifi 연결을 설정했으면 연결 아이콘을 눌러 연결 창을 엽니다.

• 프린터와 무선으로 연결하는 방법은 자동연결과 수동연결 방식이 있습니다.

자동연결방식

자동연결 방식은 먼저 프린터가 같은 네트워크(공유기)에 연결되어 있어야 합니다. 프린터 네트워크 연결방법은 프린터 매뉴얼을 참고하시기 바랍니다. 프린터가 사설IP 네트워크에 연결이 되어 있으면 검색(search)을 눌러 프린터를 찾습니다. 프린터가 검색되면 하단에 프린터 리스트에서 연결할 프린터를 선택, 연결하기(connect) 버튼을 눌러 프린터를 연결합니다. 연결이 완료되면 상단에 '연결됨'이라고 표시가 됩니다.

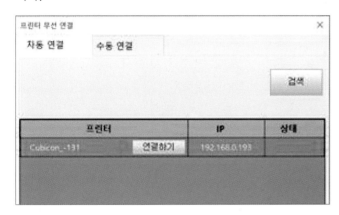

• 연결된 상태에서 ■ 아이콘을 눌러 프린터의 닉네임을 설정할 수 있습니다.

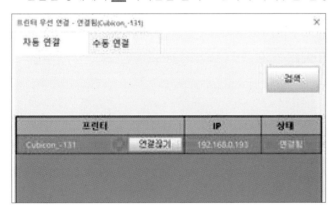

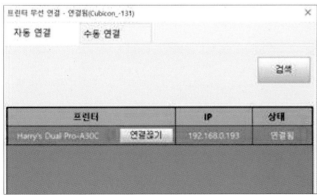

수동연결

수동연결은 네트워크에 연결된 프린터의 IP를 알고 있어야 합니다. IP정보는 프린터 매뉴얼을 참조하시기
바랍니다. 프린터의 IP를 넣고 연결하기(connect) 버튼을 누릅니다. 연결이 완료되면 상단에 '연결됨'이라
고 표시가 됩니다.

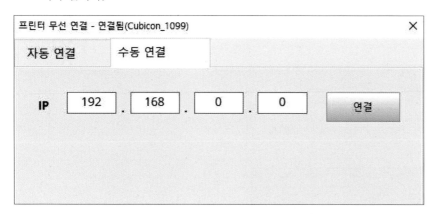

슬라이서 출력하기

1. USB 메모리로 출력하기

STL파일을 불러와서 G-code로 변환, 외부 메모리에 저장하여 출력을 진행하는 과정입니다.

 ❶ '열기'를 선택하여 원하는 3D모델(STL, OBJ, 3MF) 파일을 불러 옵니다.

 ❷ '출력옵션'을 선택하여 사용하고자 하는 필라멘트 소재 및 옵션을 설정합니다.

 ❸ 'Prepare'를 선택하여 G-code로 변환합니다. 출력이 되는 과정을 미리 확인하실 수 있습니다. 문제가 있다면 다시 '출력옵션'으로 들어가 재설정하시기 바랍니다.

 ❹ 'G-code저장'을 선택하여 G-code를 저장합니다. 확장자는 hvs, hfb, cfb 등입니다.

2. USB 케이블로 출력하기

STL파일을 불러와서 USB케이블을 통해 PC에서 직접 출력하는 방법입니다.

 ❶ PC와 3D 프린터를 연결하여 🔗 아이콘을 확인합니다.

 ❷ '열기'를 선택하여 원하는 3D모델(STL, OBJ, 3MF) 파일을 불러 옵니다.

 ❸ '출력옵션'을 선택하여 사용하고자 하는 필라멘트 소재 및 옵션을 설정합니다.

 ❹ 'Prepare'를 선택하여 G-code로 변환합니다. 출력이 되는 과정을 미리 확인하실 수 있습니다. 문제가 있다면 다시 '출력옵션'으로 들어가 재설정하시기 바랍니다.

 ❺ '출력'을 눌러 출력을 진행합니다.

TIP▶ 큰 용량의 모델을 출력해야 하므로 출력이 끝날 때까지는 상시 PC가 정상 동작을 해야 합니다. 이때문에 싱글(110F)과 스타일 series는 'USB 케이블 연결로 출력을 권장하지 않습니다.

3. Wifi로 출력하기

STL파일을 불러와서 wifi를 이용하여 출력하는 방법입니다. (싱글, 스타일 series는 불가) [wifi 연결]을 확인하시고 연결을 시킵니다. 이후 USB 케이블로 출력하기와 같이 출력을 진행하실 수 있습니다.

 ❶ PC와 3D 프린터를 연결하여 🔗 아이콘을 확인합니다.

 ❷ '열기'를 선택하여 원하는 3D모델(STL, OBJ, 3MF) 파일을 불러 옵니다.

 ❸ '출력옵션'을 선택하여 사용하고자 하는 필라멘트 소재 및 옵션을 설정합니다.

 ❹ 'Prepare'를 선택하여 G-code로 변환합니다. 출력이 되는 과정을 미리 확인하실 수 있습니다. 문제가 있다면 다시 '출력옵션'으로 들어가 재설정하시기 바랍니다.

 ❺ '출력'을 눌러 출력을 진행합니다.

슬라이서 화면의 구성 및 기능

1. 메인메뉴

메인 메뉴로는 파일, 편집, 화면, 설정, 출력, 도움말로 구성되어 있습니다.

1.1 파일

열기(Ctrl + O)

STL, OBJ, 3MF파일을 불러옵니다. 탐색기 등으로부터 마우스를 이용하여 드래그 앤 드랍(Drag & Drop)으로 파일을 열 수도 있습니다.

STL저장(Ctrl +S)

화면에서 보여지는 3D Model을 STL파일로 저장할 수 있습니다. 모델 탐색기의 🔲 아이콘을 제어하여, 보이는 상태를 변경할 수 있으며, 화면에 보이지 않을 경우 저장대상에서 제외 됩니다.

이미지 변환(Ctrl + I)

2D의 이미지를 출력 가능한 3D 모델로 변환시키는 툴입니다.

❶ Open을 눌러 image 파일(PNG, JPG, BMP)을 불러옵니다.
❷ Convert를 눌러 stl파일로 변환합니다.

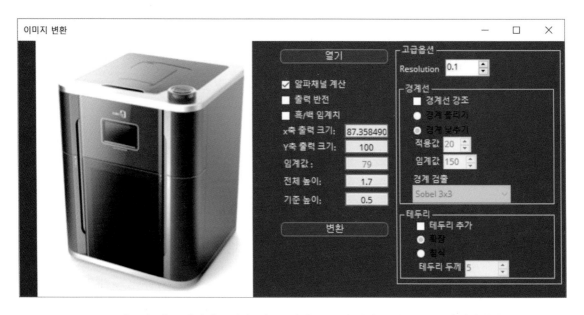

- **알파채널 계산** : 투명도가 있는 이미지를 사용 시, 투명한 부분에 대한 표현 유무를 선택합니다.

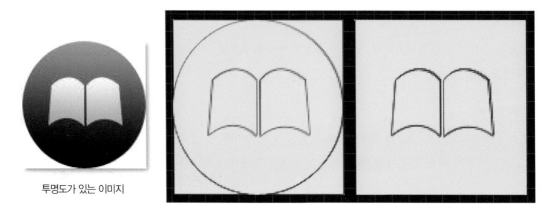

투명도가 있는 이미지

- **출력 반전** : 이미지의 명암비를 반전한 후 3D 모델로 변환합니다.

- **흑/백 임계치** : Black/White의 임계치를 설정할 수 있습니다.

- **X축 출력 크기** : 가로(X) 크기를 설정할 수 있습니다. (image 비율 유지를 위해 비율은 자동으로 조절됩니다.)

- **Y축 출력 크기** : 세로(Y) 크기를 설정할 수 있습니다. (image 비율 유지를 위해 비율은 자동으로 조절됩니다.)

- **임계값** : 임계값으로 흑/백 임계치를 체크하면 활성화됩니다.

- **전체 높이** : 기준 높이를 포함한 높이(Z)입니다.

- **기준 높이** : 기준이 되는 높이로 흰색으로 인식된 부분에서는 얇게 표현되기에 일정 두께를 유지바랍니다.

고급옵션

- **Resolution** : 이미지를 명암비로 나누는 표현 정밀도입니다.

- **경계선** : 경계선을 강조하거나 강조하지 않을 수 있습니다. 결과는 크게 차이나지 않을 수 있습니다.

- **테두리** : 이미지의 테두리를 생성합니다. 이미지의 외부로 만들거나 내부로 만들 수 있습니다.

TIP▶ 명암비를 이용하기 때문에 image에 따라서 입력 값들을 변경할 필요가 있습니다.

모델탐색기

3D 모델의 리스트, 정보, 변환 등을 확인할 수 있는 항목 입니다. 기본적으로 체크되어 있어야 하며 해제 시 3D 모델의 변환 기능을 사용할 수 없습니다.

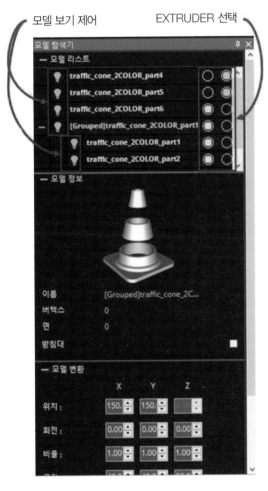

- **모델리스트** : 현재 Viewport에 로드된 모델의 이름 리스트입니다.

- **모델보기 제어** : 모델의 보기 상태를 변경할 수 있습니다. 보기 상태에 따라서 Slicing / Save 등에 영향을 미칩니다.

- **Extruder 선택** : Dual Extruder인 Dual Pro-A30C의 경우 화면과 같이 각 모델별로 출력할 Extruder 를 선택할 수 있습니다.

- **모델정보** : 선택된 모델 또는 슬라이싱된 G-code의 Thumbnail 및 간략 정보를 표시합니다.
  - Vertices : 기본적으로 STL모델은 삼각형의 조합으로 구성되어 있습니다. 이 삼각형의 연결된 꼭짓점의 개수입니다.
  - Faces : STL의 표면을 이루는 삼각형들의 개수입니다.

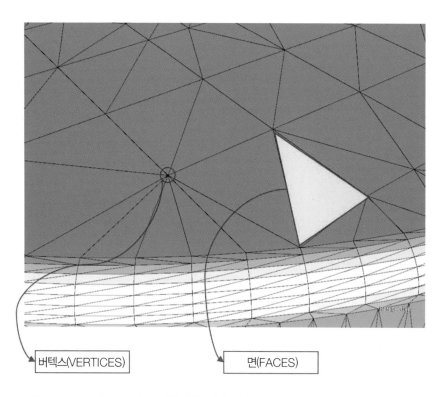

버텍스(VERTICES)

면(FACES)

- **받침대** : 3D 모델의 바닥에 받침대를 적용합니다.

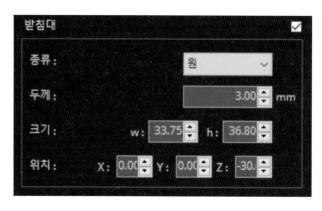 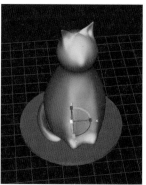

- **종류** : 외곽선, 사각형, 육각형, 팔각형, 원
- **두께** : 받침대의 두께를 설정할 수 있습니다.
- **크기** : 받침대의 가로, 세로 길이를 조절할 수 있습니다.
- **위치** : 받침대의 위치를 조절할 수 있습니다.

• **모델변환** : 모델의 위치, 크기(비율), 회전을 설정할 수 있는 화면입니다.

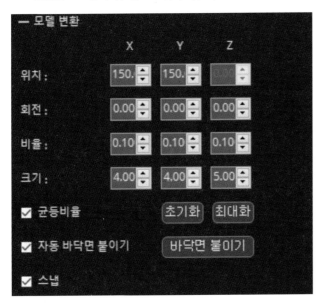

- **위치** : 3D 모델의 위치를 이동할 수 있습니다. Landable 비활성화 시 Z축 이동도 가능합니다.
- **회전** : 3D 모델의 X, Y, Z 방향으로 회전할 수 있습니다.
- **비율** : 3D 모델의 비율로 크기를 조절할 수 있습니다.
- **크기** : 3D 모델의 크기를 조절할 수 있습니다.

TIP 여러개의 3D 모델을 선택한 이후에는 변환 기능을 사용하실 수 없습니다.

- **균등비율** : 모델의 크기(비율) 변환 시, X,Y,Z 원본 비율에 맞출지, 아니면 자유롭게 비율을 조절할지 설정합니다.
- **초기화** : 편집중인 모델을 로드된 초기의 상태로 되돌립니다.
- **최대화** : 로드된 모델을 현재 장비의 Build Platform에 맞추어 최대 크기로 확대합니다.
- **자동 바닥면 붙이기** : 모델이 항상 Bed에 붙을 수 있도록 설정합니다.
- **바닥면 붙이기** : 로드된 모델을 강제로 Bed에 붙입니다.
- **스냅** : 모델의 이동 제어를 Bed Platform에 표시된 Grid 간격으로 이동시킬 수 있게 합니다.

출력이력

최근에 출력하거나 G-code로 저장한 파일의 이력을 확인할 수 있습니다.

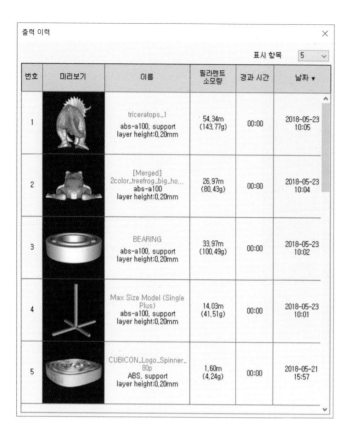

• 해당 히스토리 아이템을 더블클릭하면, 상세 정보를 표시하며, 종이 프린터로 인쇄 또는 PDF 파일로 저장할 수 있습니다.

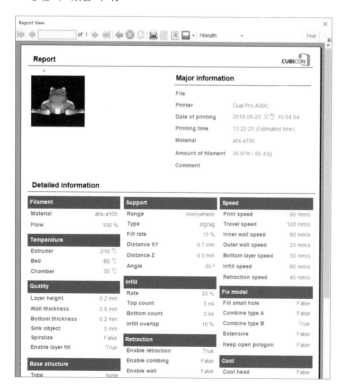

최근사용파일

최근 사용했던 3D 모델을 불러 옵니다.

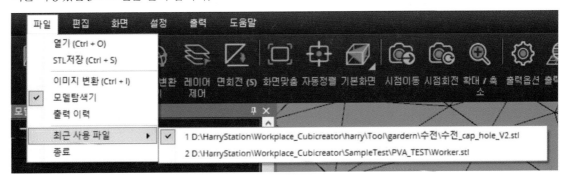

종료

Cubicreator 4를 종료합니다.

1.2 편집

복사(Ctrl + C, Ctrl + V)

• 선택된 모델을 정해진 옵션으로 복사합니다.

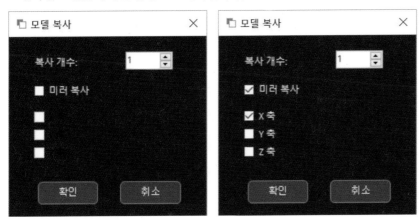

• Mirror Copy 기능으로 대칭의 모델을 생성할 수 있습니다.

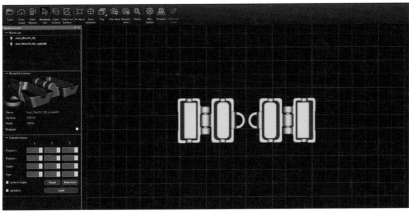

실행취소(Ctrl + Z)

실행한 기능을 취소합니다.

다시실행(Ctrl + Y)

취소한 기능을 다시 실행합니다.

TIP 몇몇 기능은 메모리 사용량 제한등의 문제로 해당 기능이 동작 하지 않을 수 있습니다.

삭제(Delete Key)

선택한 3D 모델을 삭제합니다.

모델변환기

ViewPort 상에서 모델 변환기를 이용하여 선택된 모델을 이동, 회전, 비율조절, 크기조절을 할 수 있습니다. 해당 기능은 모델 탐색기의 모델 변환과 연동되어 있습니다.

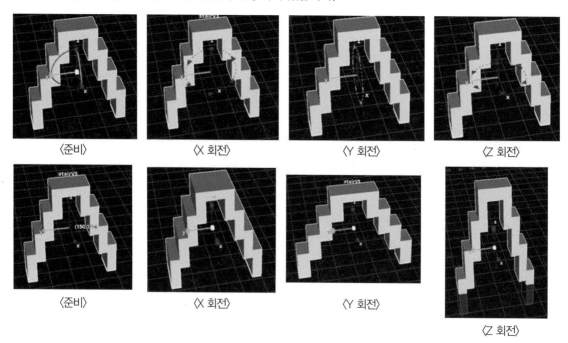

〈준비〉 〈X 회전〉 〈Y 회전〉 〈Z 회전〉

〈준비〉 〈X 회전〉 〈Y 회전〉

〈Z 회전〉

레이어 제어(Ctrl + L)

지정된 레이어 위치에 특정 명령을 수행합니다.

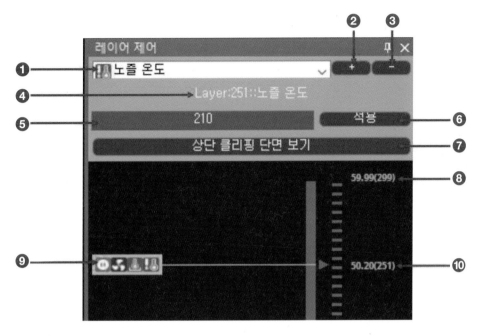

❶ **제어 항목** : 일시정지(Pause), 팬 속도(Fan speed), Bed 온도(Bed Temp.), 노즐 온도(Extruder Temp)

❷ 선택 항목 추가

❸ 선택 항목 제거

❹ 레이어 높이

❺ **값 입력** : 온도나 팬 속도를 입력합니다.

❻ **설정 저장** : 입력된 값을 저장합니다.

❼ 상단 클리핑 단면보기 (view clipping upper part)

❽ 총높이(mm) 및 총 레이어 표시

❾ **현재 높이 및 현재 레이어 표시** : 총 4개의 항목까지 추가할 수 있습니다.

❿ **추가된 제어 항목** : 마우스 및 방향키로 조절 가능합니다.

■ 제어항목

일시정지(Pause)
출력 중 일시정지를 합니다.

• 마우스나 방향키를 이용하여 원하는 레이어에 위치시킨 후 '+'키를 눌러 일시정지 항목을 추가합니다.

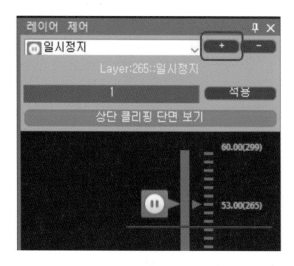

• 원하는 레이어에 위치시킨 후 '+'를 눌러 저장, 레이어 컨트롤에서 빠져 나옵니다.

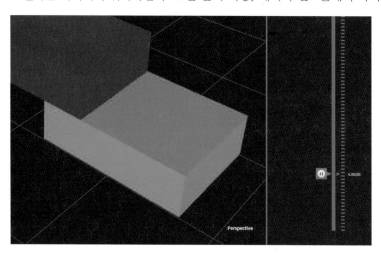

• Prepare 시 일시정지가 추가된 것을 확인할 수 있습니다.

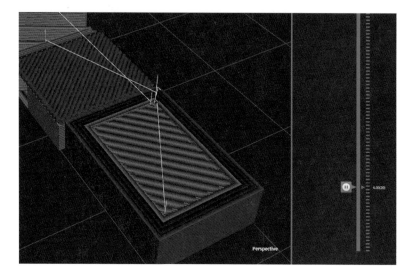

팬 속도(Fan Speed)

해당 레이어의 팬 속도를 조절할 수 있습니다. 원하는 팬 속도를 입력 후 ' OK –〉 + '로 추가
할 수 있습니다.

베드 온도(Bed Temp)

선택된 레이어부터 bed온도를 조절할 수 있습니다.

노즐 온도(Extruder Temp)

선택된 레이어부터 노즐 온도를 조절할 수 있습니다.

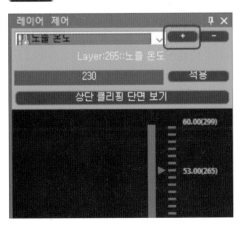

TIP▶ 듀얼 익스트루더 모델에서는 해당 기능이 동작 하지 않습니다.

■ 상단 클리핑 단면보기

3D 모델의 일정 부분을 확인하거나 문제가 있는 3D모델을 확인할 때 유용하게 사용됩니다.

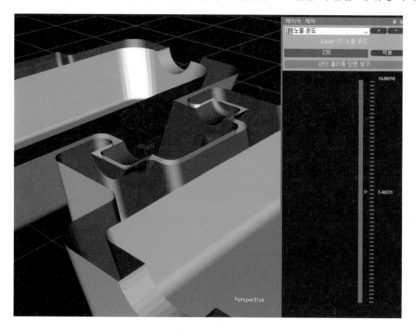

수동 지지대(Ctrl + M)

Slice engine에서 생성하는 지지대의 경우에 모든 3D 모델에 대해서 만족하지 못하는 경우가 있습니다. 기본적으로 3D 프린터들은 3D 모델에서 지지대가 형성되지 않게 제작하는 것이 가장 좋습니다. 하지만 Slice engine에서 만든 지지대 만으로는 출력이 불안한 경우가 많습니다. 이때 수동 지지대를 사용하여 출력 안정성을 높일 수 있습니다.

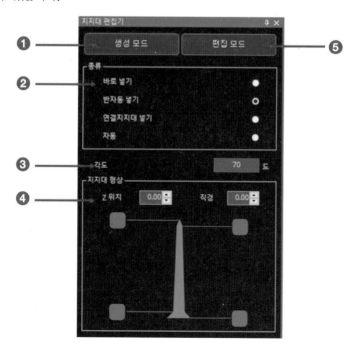

❶ **생성 모드** : 수동 지지대를 생성합니다.

❷ **종류** : '바로 넣기, 반자동 넣기, 연결 지지대 넣기, 자동'이 있습니다.

❸ **각도** : 지지대가 생성되는 최소한의 각도입니다.

❹ **지지대 형상** : 생성될 지지대의 대략적인 형상 및 각 부분을 컨트롤하기 위한 창입니다.

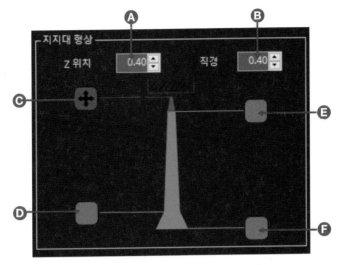

A. 지지대와 모델의 간격 입니다. +일 경우 떨어짐을 −값일 경우 모델을 파고 들어갑니다.

B. 지지대와 모델의 만나는 지점의 면적(원의 반지름)입니다.

C. 상/하, 좌/우 마우스 드래깅을 통해 접점의 위치와 크기를 조정합니다.

D. 상/하, 좌/우 마우스 드래깅을 통해 지지대 형상의 밑단 형상을 조정합니다.

E. 상/하, 좌/우 마우스 드래깅을 통해 지지대 형상의 상부단 형상을 조정합니다.

F. 좌/우 마우스 드래깅을 통해 지지대 형상의 밑면의 크기를 조정합니다.

❺ **편집모드** : 생성된 지지대를 편집할 수 있습니다. 생성되어진 지지대를 선택하여 수정할 수 있습니다.

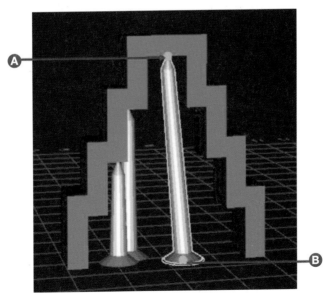

A. 드래깅을 통해 상부 접접 위치의 위치를 수정할 수 있습니다.

B. 드래깅을 통해 하부 접접 위치의 위치를 수정할 수 있습니다.

■ 생성모드 종류

• **바로넣기** : 원하는 위치에 바로 지지대를 추가합니다.

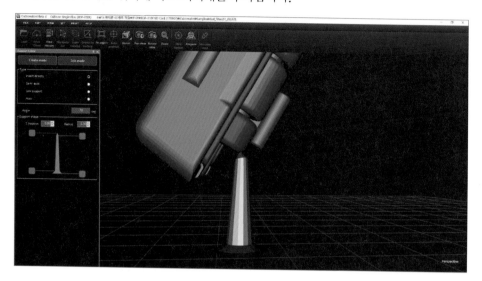

• **반자동넣기** : 설정한 구 내부의 가장 최저점을 찾아 지지대를 추가합니다.

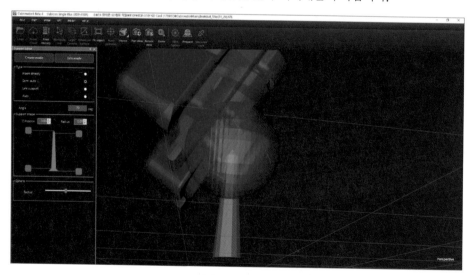

〈위치 선정〉

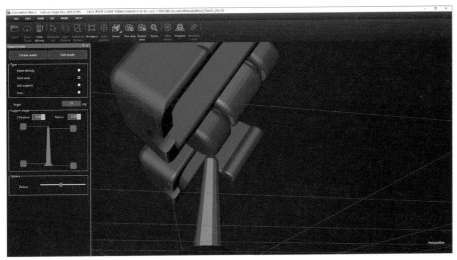

〈생성〉

• **연결 지지대 넣기(Link support)** : 지지대와 지지대, 지지대와 모델을 연결할 수 있습니다.

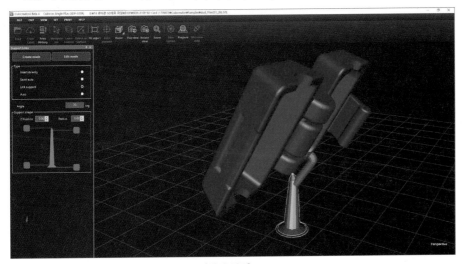

〈위치 선정〉

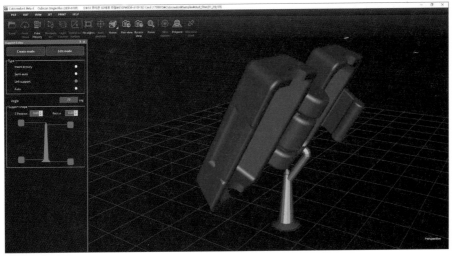

〈생성〉

• 자동(Auto)

1. 각도 조절 : 각도를 조절하여 생성하고자 하는 지지대의 범위를 조절할 수 있습니다.

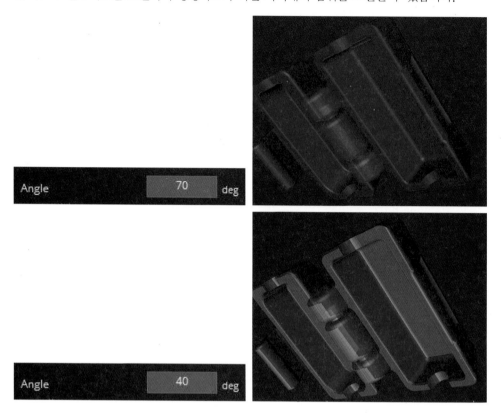

2. 위치 계산

1) 위치 계산 버튼을 클릭하여 생성 위치를 표시합니다.

2) 마우스로 추가 또는 삭제를 할 수도 있습니다.

3) 생성 버튼으로 지지대를 생성합니다.

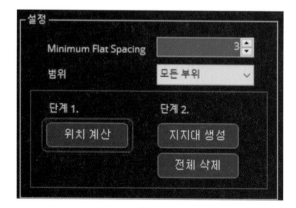

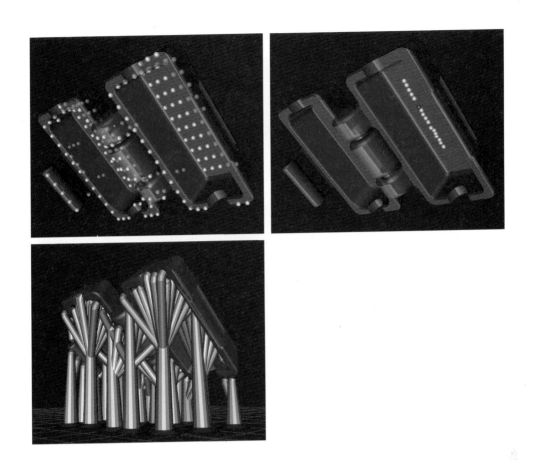

면회전(S)

3D 모델의 면(Face)을 선택하여 다음에 선택할 면과 평행하게 회전시킵니다.

1. 3D 모델의 기준이 되는 면 선택

2. 회전할 대상이 되는 면 선택(바닥 또는 벽을 선택합니다.)

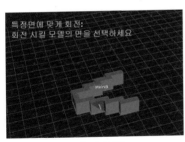

〈1면 선택〉

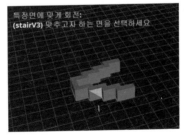

〈2 대상 면 선택〉

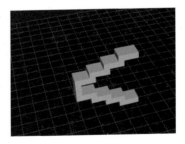

출력옵션 보기

prepare 상태나 G-code를 불러들인 상태에서 확인 가능하며 사용된 출력 옵션을 보여줍니다.

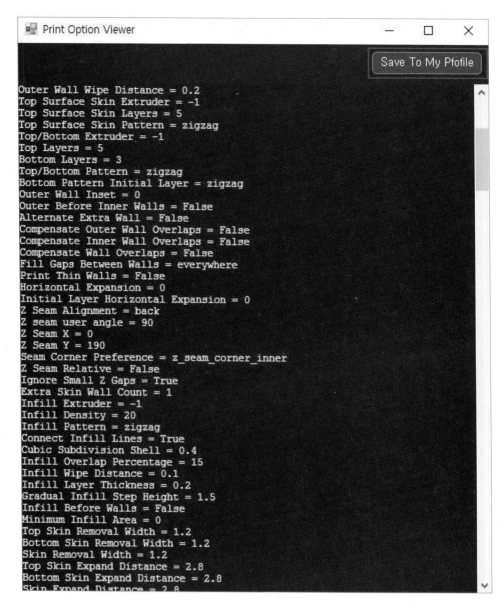

```
Print Option Viewer                           —    □    ×

                                          Save To My Pfofile

Outer Wall Wipe Distance = 0.2
Top Surface Skin Extruder = -1
Top Surface Skin Layers = 5
Top Surface Skin Pattern = zigzag
Top/Bottom Extruder = -1
Top Layers = 5
Bottom Layers = 3
Top/Bottom Pattern = zigzag
Bottom Pattern Initial Layer = zigzag
Outer Wall Inset = 0
Outer Before Inner Walls = False
Alternate Extra Wall = False
Compensate Outer Wall Overlaps = False
Compensate Inner Wall Overlaps = False
Compensate Wall Overlaps = False
Fill Gaps Between Walls = everywhere
Print Thin Walls = False
Horizontal Expansion = 0
Initial Layer Horizontal Expansion = 0
Z Seam Alignment = back
Z seam user angle = 90
Z Seam X = 0
Z Seam Y = 190
Seam Corner Preference = z_seam_corner_inner
Z Seam Relative = False
Ignore Small Z Gaps = True
Extra Skin Wall Count = 1
Infill Extruder = -1
Infill Density = 20
Infill Pattern = zigzag
Connect Infill Lines = True
Cubic Subdivision Shell = 0.4
Infill Overlap Percentage = 15
Infill Wipe Distance = 0.1
Infill Layer Thickness = 0.2
Gradual Infill Step Height = 1.5
Infill Before Walls = False
Minimum Infill Area = 0
Top Skin Removal Width = 1.2
Bottom Skin Removal Width = 1.2
Skin Removal Width = 1.2
Top Skin Expand Distance = 2.8
Bottom Skin Expand Distance = 2.8
Skin Expand Distance = 2.8
```

- **Save To My Profile** : 현재의 옵션을 프로파일로 저장할 수 있습니다. 저장된 프로파일은 출력 옵션창에
  서 확인할 수 있습니다.

TIP▶ 프로파일은 해당 프린터 프로파일에서만 확인할 수 있습니다.

모델크기

3D 모델의 크기를 나타냅니다.

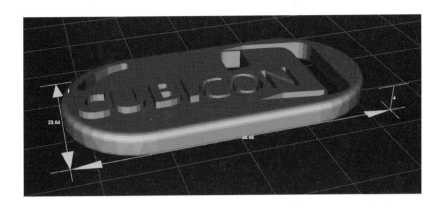

모델 분리(D)

하나의 3D 모델 파일이지만, 내부적으로는 분리 가능한 파트로 만들어진 모델 파일을 각각의 파트로 분리
시킵니다.

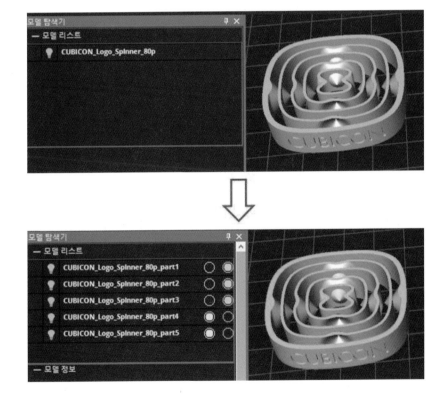

모델합치기(M)

파트로 분리된 두개의 모델을 하나의 모델로 합쳐 줍니다. Dual Plus-A30C에서 듀얼 컬러로 출력을 하기
위해서는 모델 합치기를 한 후에 슬라이싱을 해야 합니다.

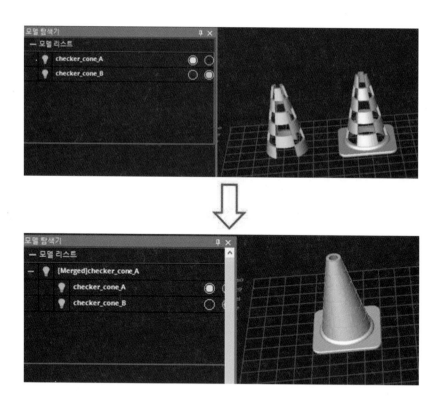

- **G-code Viewer** : Prepare로 슬라이싱 된 G-code를 보여줍니다.

```
GCode Viewer                                              —    □    ×

                                                    Layer      0

1    M911 3DP-110F
2    ;M902 X15 Keychain_part1
3    M914
4    M915 50
5    ;filamentDiameter=1.75
6    ;filamentDensity=1.23
7    ;Filament cost=13696.8
8    ;Filament cost extra:0
9    M910 S16404
10   ;Generated with CubiEngine2 2.0.0 - Beta 2
11   ; All printed options.
12   ;print_sequence=all at once
13   ;prime_tower_enable=False
14   ;retraction_prime_speed=40
15   ;extruder_prime_pos_z=0
16   ;machine_nozzle_temp_enabled=True
17   ;wireframe_flow_flat=100
18   ;material_print_temp_prepend=True
19   ;anti_overhang_mesh=False
20   ;machine_max_acceleration_e=10000
21   ;support_bottom_stair_step_width=5
22   ;support_xy_distance=0.7
23   ;machine_name=Cubicon Single
24   ;material_bed_temp_wait=True
25   ;wireframe_roof_drag_along=0.8
26   ;mold_angle=40
27   ;meshfix_extensive_stitching=False
28   ;infill_line_width=0.6
29   ;support_bottom_line_distance=0.5714286
30   ;machine_show_variants=False
31   ;magic_spiralize=False
32   ;machine_start_gcode=M201 X400 Y400,M202 X400 Y400,G28 ; Home,;Prime the extruder,G92 E0,G1 F2
33   ;machine_end_gcode=M104 S0,M140 S0,M904,M117 Print completed! ,M84
34   ;material_print_temp_wait=True
35   ;material_bed_temperature=60
36   ;machine_heat_zone_length=20
37   ;machine_prepare_gcode=M911 3DP-110F
38   0
39   0
40   0
41   0
42   ;raft_base_fan_speed=0
43   ;machine_heated_bed=True
44   ;skin_line_width=0.4
45   ;raft_fan_speed=0
46   ;meshfix_keep_open_polygons=False
47   ;layer_height=0.2
48   ;wireframe_printspeed_up=5
49   ;
50   ;machine_shape=rectangular
51   ;support_mesh=False
52   ;machine_depth=190
53   ;spaghetti_max_infill_angle=10
54   ;material_bed_temp_prepend=True
55   ;cool_fan_speed_min=100
56   ;machine_nozzle_tip_outer_diameter=1
57   ;expand_skins_expand_distance=2.8
58   ;machine_width=240
59   ;support_interface_line_width=0.4
60   ;gradual_infill_steps=0
61   ;machine_height=200
62   ;machine_max_acceleration_y=9000
63   ;support_minimal_diameter=3
64   ;machine_max_feedrate_y=500
65   ;homeline_marginY=-1
```

1.3 화면

시점이동

화면의 시점을 이동합니다. 메뉴나 아이콘을 선택하고 왼쪽 마우스를 누르면서 움직이면 화면이 이동합니다. Shift를 누르면서 마우스를 이동하면 동일한 효과가 적용됩니다.

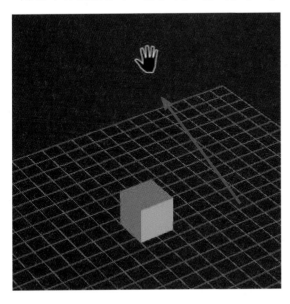

시점회전

화면 시점을 회전합니다. 메뉴나 아이콘을 선택하고 왼쪽 마우스를 누르면서 움직이면 화면이 회전합니다. 메뉴나 아이콘을 선택하지 않아도 오른쪽 마우스를 누르면서 이동하면 동일한 효과가 적용됩니다.

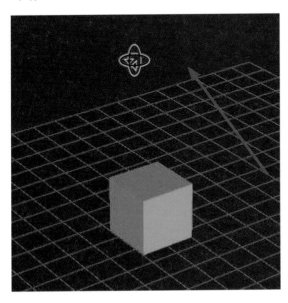

확대/축소

화면을 확대/축소합니다. 메뉴나 아이콘을 선택하고 왼쪽 마우스를 누르면서 위에서 아래로 이동하면 확대, 아래에서 위로 이동하면 축소됩니다. 메뉴나 아이콘을 선택하지 않아도 마우스 휠을 이용하면 확대/축소됩니다.

기본화면(Shift + E)

화면 시점을 회전합니다. 메뉴나 아이콘을 선택하고 왼쪽 마우스를 누르면서 움직이면 화면이 회전합니다. 메뉴나 아이콘을 선택하지 않아도 오른쪽 마우스를 누르면서 이동하면 동일한 효과가 적용됩니다.

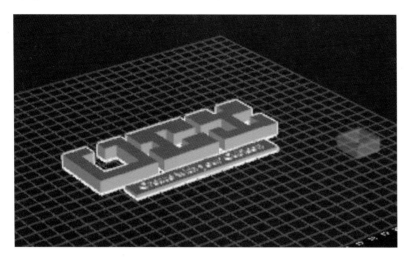

윗면(Shift + W)

3D 모델을 윗면에서 바라보는 시점입니다.

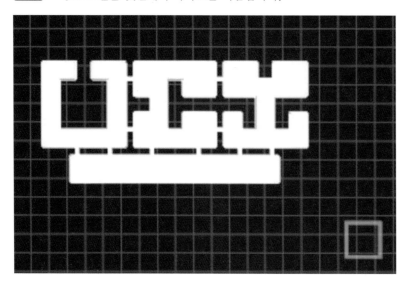

바닥면(Shift + X)

3D 모델을 바닥에서 바라보는 시점입니다.

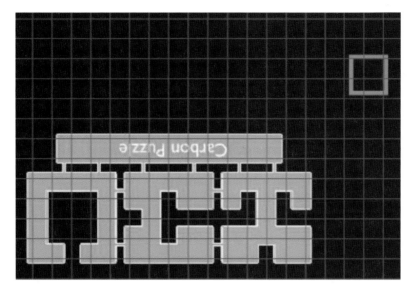

 정면(Shift + S)

3D 모델을 정면에서 바라보는 시점입니다.

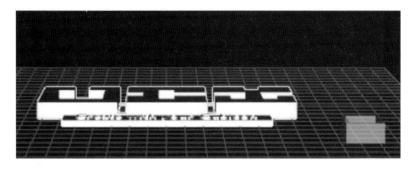

 좌측면(Shift + A)

3D 모델을 좌측에서 바라보는 시점입니다.

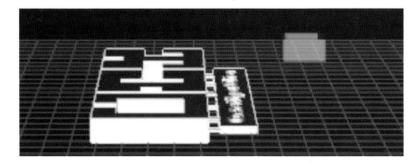

우측면(Shift + Q)
3D 모델을 우측에서 바라보는 시점입니다.

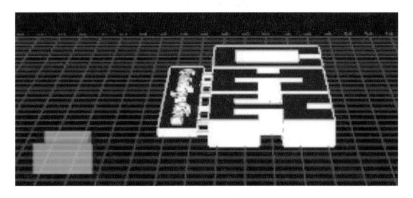

뒷면(Shift + Q)
3D 모델을 후면에서 바라보는 시점입니다.

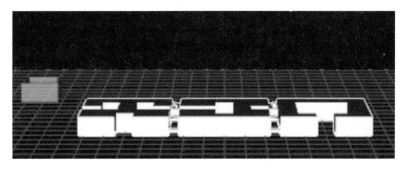

화면맞춤(Shift + F)
현재의 화면에서 모델을 기준으로 최대한으로 확대합니다. (모델이 선택됐을 때 활성화)

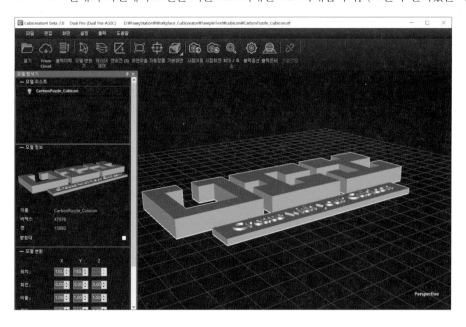

자동정렬(Ctrl + R)

3D 모델을 Build plate에 자동 정렬합니다. (모델이 선택됐을 때 활성화)

동작화면   기존 화면

뷰모드 – 모델링

3D 모델을 불러왔을 때의 기본 렌더링 화면입니다.

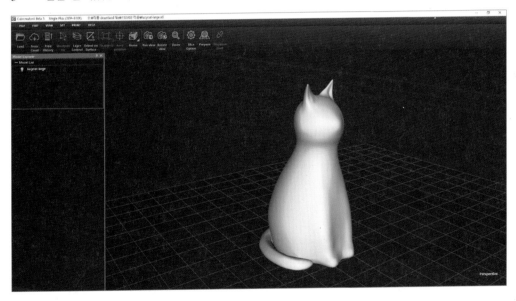

뷰모드 – 모서리

불러온 3D 모델의 face 모서리도 렌더링합니다.

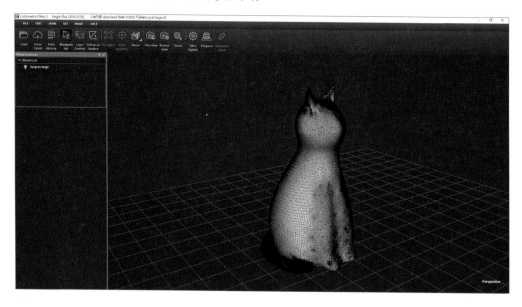

뷰모드-점

불러온 3D 모델의 point도 렌더링합니다.

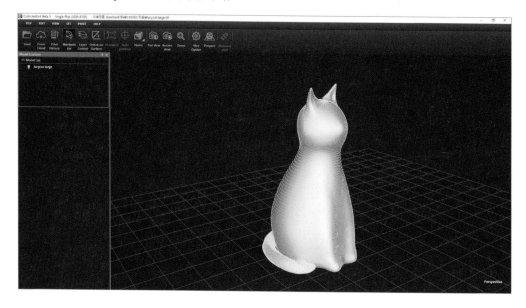

원근투영(P)

원근감이 적용된 화면으로 멀리 있는 물체가 작게 보입니다.

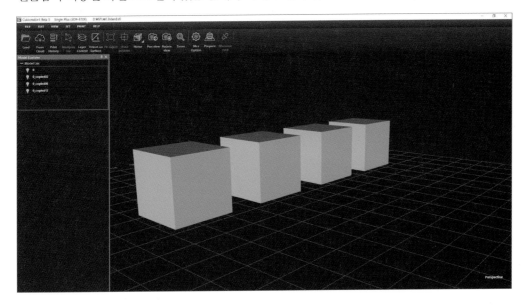

직교투영(O)

원근감이 적용되지 않은 화면으로 멀리 있는 물체도 앞에 있는 물체처럼 보이며 크기가 같게 표현됩니다.

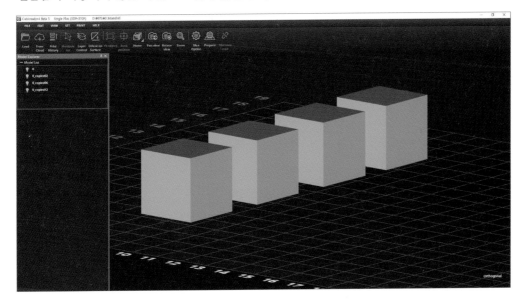

1.4 설정

환경설정

Cubicreator의 환경설정입니다. 언어, 프린터, 렌더링 색상 등을 설정할 수 있습니다.

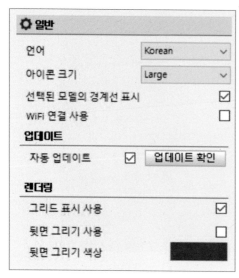

〈일반〉

- **언어** : 언어를 선택합니다. 영어/한국어를 기본 지원합니다.
- **아이콘 크기** : 아이콘의 크기를 선택 합니다. (Medium, Large)
- **선택된 모델의 경계선 표시** : 선택된 모델의 경계선을 표시합니다.
- **자동 업데이트** : 선택 시 별도의 확인없이 최신의 Cubicreator로 자동으로 업데이트합니다.
- **업데이트 확인** : 최신의 Cubicreator가 있는지 확인하고, 업데이트 사항이 있다면 즉시 업데이트를 시작합니다.
- **그리드 표시 사용** : 화면의 그리드 좌표값 표시 유무를 설정합니다.
- **뒷면 그리기 사용** : 3D 모델 구성 단위인 페이스의 앞/뒷면 중 뒷면을 표시합니다. 앞/뒷면이 잘못된 모델은 슬라이싱이 제대로 되지 않을 수 있습니다. 잘못된 3D 모델은 3D 편집 프로그램을 사용해서 면의 앞/뒷면을 올바르게 수정해야 합니다.
- **뒷면 그리기 색상** : 모델 표면의 뒷면 색상을 설정합니다.

〈출력파일〉

• **파일명** : G-Code가 저장되는 파일명의 형식을 설정합니다.

• **사용자 프로파일 경로** : 사용자 프로파일이 저장되는 위치를 설정합니다.

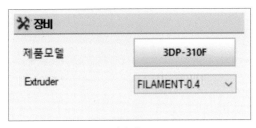

〈장비〉

• **제품모델** : FFF 방식의 큐비콘 3D 프린터 종류를 선택합니다. 사용하고자 하는 프린터에 맞는 장비를 선택하시기 바랍니다. 큐비콘 싱글 시리즈, 큐비콘 스타일 시리즈
• **Extruder** : Extruder를 선택합니다.

TIP▶ Extruder 종류는 차후 업그레이드를 통해 확대해 나갈 예정 입니다.

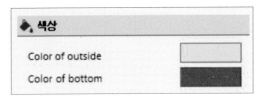

〈색상〉

• **Color of outside** : 출력 모델이 플랫폼 밖으로 나가거나, 모델간에 서로 겹쳤을 때 색상입니다.
• **Color of bottom** : 출력물이 베드와 맞닿는 곳의 색상입니다.

TIP▶ 이 색상은 프로그램상에서 보여지는 모델의 색상으로 출력물의 색상과 관계 없습니다.

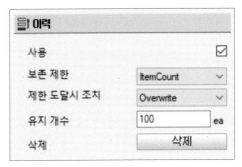

〈이력〉

- **사용** : 출력 이력을 사용합니다.

- **보존 제한** : 시간, 파일 크기, 파일 개수 중 하나를 선택합니다.

- **제한 도달시 조치** : 제한 도달 시 덮어 쓸 것인지 지울 것인지 선택할 수 있습니다.

- **유지 개수** : 출력 이력을 저장할 수 있는 시간, 파일 크기, 파일 개수입니다. (삭제 : 출력 이력을 모두 삭제합니다. 삭제된 데이터는 복구할 수 없습니다.)

펌웨어 업데이트

지원되는 장비의 펌웨어 업데이트를 할 수 있습니다.

TIP 펌웨어 업데이트는 장비와 큐비크레이터 간 통신 설정이 되어 있어야 가능합니다.

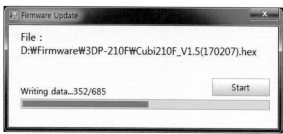

큐비콘 홈페이지 → 자료실을 통해서 최신 버전의 펌웨어를 다운로드 합니다. 펌웨어 업데이트를 선택 후 업데이트를 진행할 펌웨어 파일을 선택하고 Start를 누르면 펌웨어 업데이트가 진행됩니다.

1.5 출력

출력준비(Ctrl + P)

현재 설정된 출력 옵션에 따라 Slicing하고, 이후 G-Code로 저장하거나 프린터 연결 시 바로 출력을 할 수 있습니다.

출력옵션(Ctrl + U)

출력 옵션, 소재 등의 설정을 할 수 있습니다. 기본 옵션 / 상세 옵션 2가지 옵션 윈도우가 제공되며, 메뉴 바 〉 '설정'에서 기본 옵션, 상세 옵션을 선택할 수 있습니다.

출력 일시중지

프린터와 연결된 상태 이며, 현재 출력 중일 때, 출력을 일시정지합니다. 정지한 부분부터 다시 출력을 재개할 수 있습니다.

출력 중단

프린터와 연결된 상태이며, 현재 출력 중인 모델의 출력을 완전정지합니다. 다시 처음부터 출력해야 합니다.

프린트 상태창

프린터와 연결된 상태에서 현재 출력 중인 프린터의 상태 정보를 표시합니다. 재료 소비량, 베드 온도, 노즐 온도, 진행상황, 진행시간, 진행 단계, 진행상태 등을 표시합니다.

재료 소비량	0.00 m / 0.00 g
베드 온도	68.00 / 65.00
노즐 온도	179.00 / 150.00
진행상태	
진행시간	03:31:47 / 34:17:40
진행단계	129121 / 1836455
출력상태	Printing...

온도 그래프

프린터와 연결된 상태에서 현재 출력 중인 프린터의 온도 정보를 그래픽 형태로 보여줍니다.

1.6 도움말

빠른 도움말

간단한 Cubicreator 사용법에 대해서 설명합니다.

새로운 기능

최신 업데이트 된 내역을 확인할 수 있습니다.

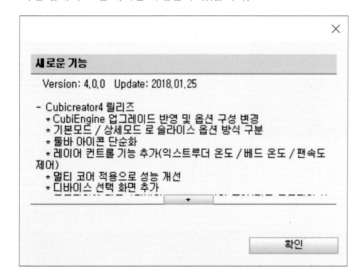

프로그램 정보

현재 Cubicreator 버전 정보를 확인하실 수 있습니다.

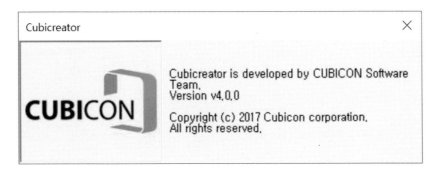

2. 아이콘 메뉴

- **열기** : STL, OBJ, 3MF 파일을 불러옵니다.

- **Form cloud** : MyMiniFactory 사이트로부터 모델 파일을 다운 받을 수 있습니다.

- **출력 이력** : 최근에 출력하거나 G-code파일로 저장한 파일의 이력을 확인할 수 있습니다.

- **모델 변환기** : 선택된 3DModel을 조절자를 통해 이동, 회전, 스케일을 조절할 수 있습니다.

- **레이어 제어** : 지정된 레이어 위치에 특정 명령을 수행합니다.

- **면 회전** : 3D 모델의 Face(면)를 선택하여 다음에 선택할 면과 평행하게 회전시킵니다.

- **화면 맞춤** : 선택된 모델이 화면에 꽉 차도록 화면을 조정합니다.

- **자동 정렬** : 배치된 3D모델을 Build plate에 맞게 재배열합니다.

- **기본 화면** : 기본/정면/왼쪽/오른쪽/위/아래 화면으로 전환됩니다.

- **Pan view(시점 전환)** : 화면의 시점을 이동합니다.

- **Rotate view(화면 회전)** : 화면 중앙의 ' * ' 모양을 기준으로 회전합니다.

- **Zoom(확대/축소)** : 화면을 확대/축소합니다.

- **Slice option(출력 옵션)** : 출력을 위한 옵션을 설정할 수 있습니다.

- **Prepare(Prepare)** : 입력된 옵션을 슬라이스 하여 G-code를 미리 확인할 수 있습니다.

- **Disconnected(연결 안됨)** : USB 또는 wifi가 연결되지 않은 상태입니다.

- **Connected(연결됨)** : USB 또는 wifi가 연결되어 Firmware 업데이트 및 출력을 진행할 수 있습니다.

TIP 싱글 플러스 series의 경우 USB 메모리로만 Firmware Update를 진행할 수 있습니다.

- **Pause(일시정지)** : 출력을 일시정지합니다.

- **Resume(재 시작)** : 일시정지된 지점에서 재시작합니다.

- **Stop(중지)** : 출력을 중지합니다.

- **Exit Prepare(나가기)** : Prepare 이전 화면으로 되돌아갑니다.

- **Save to G-code(G-code저장)** : G-Code를 저장합니다.

- **Print by USB(출력)** : USB 케이블 또는 wifi로 출력을 시작합니다.

3. 마우스 동작 및 단축키

마우스 동작

- **Left Click(왼 클릭)** : 불러온 3D 모델을 선택합니다.

- **Left Click + Drag(오른 클릭 + 드래그)** : 3D 모델을 선택 후 모델 변환기(Manipulator)로 이동, 회전, 크기 조절을 할 수 있습니다.

- **Right Click(오른 클릭)** : 컨텍스트 메뉴가 활성화됩니다.

- **Right Click + Drag(오른 클릭 + 드래그)** : 모델의 시점을 회전합니다.

- **Shift+Right Click+Drag(쉬프트 + 오른 클릭 + 드래그)** : 모델의 시점을 이동합니다.

- **Scroll(스크롤)** : 화면을 확대/축소합니다.

단축키 (단일 키)

단축키	기능	설명
← or Num4	카메라 왼쪽이동	화면의 시점을 좌측으로 회전시킵니다.
→ or Num6	카메라 오른쪽 이동	화면의 시점을 우측으로 회전시킵니다.
↑ or Num8	카메라 위로 회전	화면의 시점을 위로 회전시킵니다.
↓ or Num2	카메라 아래로 회전	화면의 시점을 아래로 회전시킵니다.
Num +	카메라 줌인	화면을 확대합니다.
Num −	카메라 줌아웃	화면을 축소합니다.
P	원근 뷰로 전환	3차원 뷰를 원근투영 뷰로 전환합니다.
O	직교 뷰로 전환	3차원 뷰를 직교투영 뷰로 전환합니다.
Delete or Backspace	선택한 모델 삭제	선택한 모델들을 삭제합니다.
S	면 회전	3D 모델을 면회전하는 메뉴를 엽니다.
모델 선택후 M키 입력	모델 합치기	선택한 모델들을 합칩니다.
모델 선택후 D키 입력	모델 분리	선택한 모델을 분리합니다.

단축키 (Ctrl 조합)

단축키	기능	설명
Ctrl + A	모두 선택	3D 모델을 전체 선택합니다.
Ctrl + C	복사	선택한 3D 모델을 복사합니다.
Ctrl + P	Prepare	현재 설정으로 Slicing을 시작합니다.
Ctrl + V	붙여넣기	복사된 3D 모델을 붙여 넣기합니다.
Ctrl + Y	작업 다시하기 (Redo)	작업을 앞으로 되돌립니다.
Ctrl + Z	작업 취소 (Undo)	작업을 이전으로 되돌립니다.
Ctrl + M	수동 서포트 편집	수동서포트 편집메뉴를 열거나 닫습니다.
Ctrl + L	레이어 제어	레이어 제어 편집메뉴를 엽니다.
Ctrl + U	출력설정창 열기	출력옵션을 설정하는 창을 엽니다.
Ctrl + O	불러오기	모델을 불러오는 창을 엽니다.
Ctrl + S	저장하기	작업내용을 STL로 저장하는 창을 엽니다.
Ctrl + I	리쏘페인창 열기	이미지를 모델로 불러오는 창을 엽니다.
Ctrl + R	자동정렬	불러온 모델을 자동으로 정렬합니다.
Ctrl + G	그룹 / 그룹해제	선택한 모델의 그룹을 설정하거나 해제합니다.

단축키 (Shift 조합)

단축키	기능	설명
Shift + (W, S, A, D, Q, E, X)	시점 변환	현재뷰의 시점을 변환합니다. (W)　(S)　(A)　(D) (Q)　(X)　(E)
Shift + F	화면 맞춤	현재의 화면에서 모델을 기준으로 최대한으로 확대합니다.

4. 컨텍스트 메뉴

화면 또는 3D 모델을 마우스 오른 클릭을 하면 컨텍스트 창이 나타나게 됩니다. 이후 편집 메뉴에 있는 기능 중 일부를 빠르게 사용할 수 있습니다.

stairV2
모델 크기
✓ 자동 바닥면 붙이기
바닥면 붙이기
모델 합치기(M)
모델 분리 (D)
모델 그룹 (Ctrl + G)
선택 숨기기
선택 제외 숨기기
모두 숨기기
모두 보이기

• **Display size(모델 크기)** : 3D 모델의 크기를 나타냅니다.

- **Landable(자동 바닥면 붙이기)** : 모델의 밑면을 베드에 밀착시키는데 이 상태를 항상 유지합니다. 모델 변환의 '자동 바닥면 붙이기' 체크와 같은 기능입니다.
- **Land(바닥면 붙이기)** : 모델의 밑면을 베드와 밀착시킵니다.
- **Separate(모델 분리)** : 각각 독립적인 3D 모델이지만 하나의 파일로 저장된 3D 파일을 분리합니다. (3D 편집 프로그램에서 사용하는 집합 단위로 모델을 구성하는 메쉬는 하나 이상일 수 있습니다.)

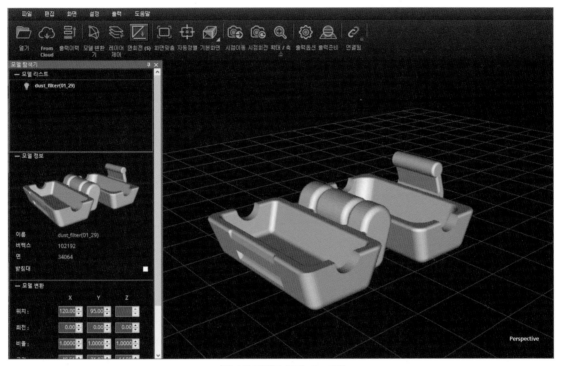

〈하나의 객체로 묶인 3D 모델〉

〈마우스 우 클릭으로 Separate 적용〉

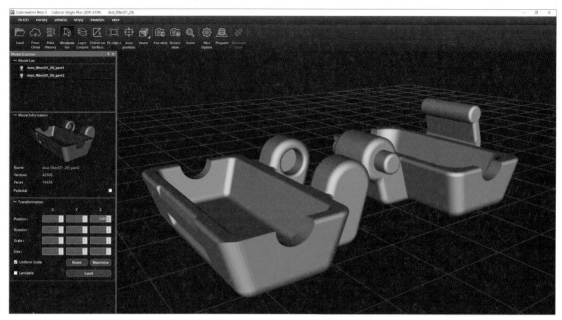

〈하나의 객체로 묶인 3D 모델〉

• **Merge(모델 합치기)** : 듀얼 출력을 위해 만들어진 모델들을 합치기 위해서는 이 항목을 사용해야 합니다. 합치려는 둘 이상의 모델을 선택하고 모델 합치기를 선택하면 기존의 모델 좌표로 이동되고 한 모델로 관리할 수 있게 됩니다.

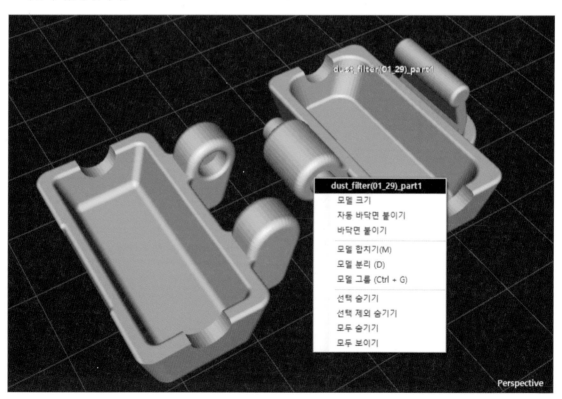

- **Hide(선택 숨기기)** : 선택한 3D 모델을 보이지 않게 합니다.
- **Hide unselected(선택 제외 숨기기)** : 선택되지 않은 3D 모델을 보이지 않게 합니다.
- **hide all(모두 숨기기)** : 모든 3D 모델을 보이지 않게 합니다.
- **show all(모두 보이기)** : 모든 3D 모델을 보이게 합니다.

슬라이서 출력 옵션

두 가지의 옵션(기본 옵션, 상세 옵션)을 지원합니다. 기본 옵션은 초보 사용자가 직관적으로 쉽게 옵션을 변경할 수 있도록 구성하였습니다. 상세 옵션은 여러가지 출력 옵션 모두를 사용자가 세밀하게 설정할 수 있도록 하였습니다.

1. 공통 옵션 기능

Cubicreator 4에서 제공하는 기본 옵션과 상세 옵션에서 공통으로 사용되는 기능입니다.

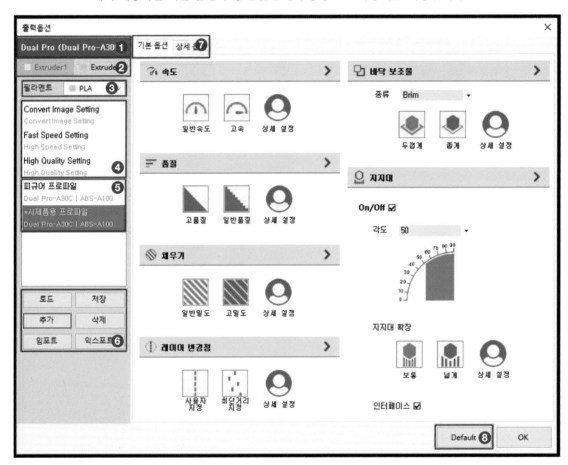

❶ **프린터 선택** : 제공하는 프린터를 선택할 수 있습니다. 선택된 프린터에 따라 옵션 값들은 자동으로 적용됩니다.

❷ **익스트루더 선택** : 듀얼 익스트루더를 제공하는 프린터에서 각 익스트루더별 옵션 값들을 설정하실 수 있습니다.

❸ **필라멘트 선택** : 필라멘트의 종류(ABS-A100, ABS, PLA, TPU 등)를 선택하실 수 있습니다.

TIP 각 필라멘트 마다 온도, Raft, Support 등 설정 값이 차이가 있으니 정확하게 필라멘트를 선택해야 합니다.

❹ **특수 프로파일 선택** : 특수 파일 로드 시 사용자의 출력 목적(품질 우선 / 출력 속도 우선 등)에 따라 최적의 기본값을 바로 적용합니다. 아래의 3가지 특수 프로파일을 지원합니다.

　– 2D 사진 3D 출력 시 특수 프로파일

　– 출력 속도 우선 특수 프로파일

　– 고품질 우선 특수 프로파일

❺ **일반 프로파일 선택** : 사용자가 추가한 프로파일들을 로드할 수 있습니다. 일반 프로파일 로드시 프로파일 옵션값들이 자동 적용됩니다.

TIP 일반 프로파일은 선택된 장비에 해당되는 프로파일만 화면에 나타납니다.

❻ **프로파일 조작 버튼**

　– **로드** : 특수 프로파일 / 일반 프로파일의 옵션 값이 자동으로 설정됩니다.

　– **저장** : 선택된 일반 프로파일에 현재 설정된 옵션 값들을 저장합니다.

　– **추가** : 현재 설정된 옵션 값으로 새로운 일반 프로파일을 생성합니다.

　– **삭제** : 선택된 일반 프로파일을 삭제합니다.

　– **임포트** : 외부에서 가져온 일반 프로파일을 프로파일 창에 추가합니다.

　– **익스포트** : 선택된 일반 프로파일을 원하는 위치에 파일로 생성합니다.

❼ **옵션 선택 탭** : 기본 옵션과 상세 옵션을 선택할 수 있습니다.

❽ **Default 버튼** : 선택된 프린터 기기에 맞는 기본 값으로 자동 적용됩니다.

2. 기본 옵션

기본 옵션(Normal setting)은 출력 시, 가장 많이 사용하는 옵션들의 기본 값들을 제공하여 초보자들도 쉽게 옵션 변경이 가능합니다. 아래 표와 같은 기능을 제공합니다.

기본 옵션 표

카테고리	1st 설정 값	2nd 설정 값
속도	일반속도 / 고속 / 상세설정	
품질	고품질 / 일반품질 / 상세설정	
채우기	일반밀도 / 고밀도 / 상세설정	
레이어 변경점	사용자 지정 / 최단거리 지정 / 상세설정	
바닥 보조물	Raft	높게 / 낮게
	Brim	두껍게 / 좁게
	Skirt	상세설정
지지대	지지대 On / Off	
	각도	
	지지대 확장	보통 / 넓게 / 상세 설정
	인터페이스 On / Off	

Normal Setting(기본 옵션)

• **속도** : 출력의 속도와 관련된 옵션으로 "일반속도"과 "고속" 두 가지를 제공합니다. "고속"의 경우, 출력 속도가 "일반속도"에 비해 빠르지만 출력 품질이 떨어질 수 있습니다.

• **품질** : 출력의 품질과 관련된 옵션으로 "고품질"과 "일반품질" 두 가지를 제공합니다. "고품질"의 경우 출력 품질이 뛰어나지만, "일반품질" 설정에 비해 더 많은 출력 시간이 소요됩니다.

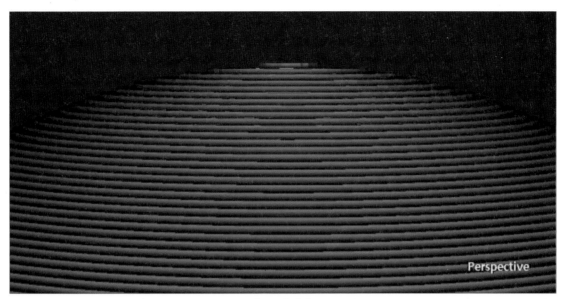

〈고품질 설정〉

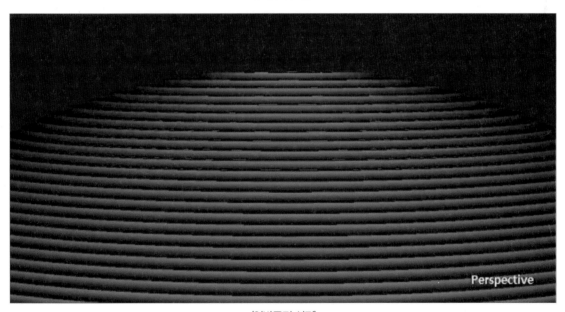

〈일반품질 설정〉

• **레이어 변경점** : 출력 레이어가 시작되는 부분을 정렬하는 방법에 대한 관련 옵션입니다. 방법에 따라 출력물 표면의 품질 및 최단 거리 이동으로 출력 시간을 단축할 수 있습니다.

• **채우기** : 내부의 채우기 비율을 선택할 수 있습니다. 일반밀도(20%), 고밀도(40%)

• **바닥 보조물** : 출력물과 Build plate 사이에 종류 별로 면을 만들어 출력합니다.

  – **Raft** : 출력물과 Build plate 사이에 뗏목 형태의 면을 만들어 출력합니다. 출력이 완료된 이후 출력물
    과 raft를 떼어내야 합니다. '높게'는 출력물과 raft 사이의 간격이 커 출력물을 떼어내기 쉬운 반면 바
    닥 품질은 좋지 않을 수 있습니다. '낮게'는 그 간격이 좁아 품질은 좋을 수 있으나 떼어내기 힘듭니다.

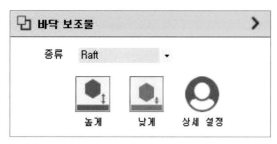 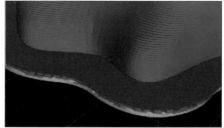

• **Brim** : 출력물의 첫 레이어 옆쪽으로 넓은 '챙'과 같이 덧대어 출력합니다. 수축과 같은 '바닥 들뜸' 현상
  을 다소 완화할 수 있습니다. '두껍게'는 20개의 선으로 덧대고 '좁게'는 10개의 선으로 덧대어 줍니다.

 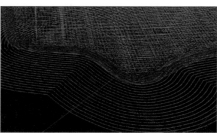

• **지지대** : 모델의 돌출 부분이 공중에 떠 있는 경우 지지대를 이용하여 안정적으로 출력할 수 있습니다. 기
  본 설정은 활성화(On)되어 있습니다.

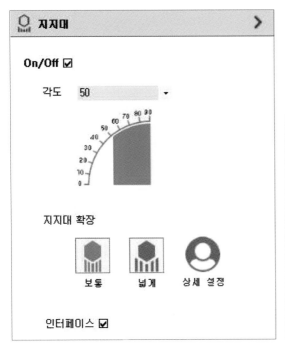

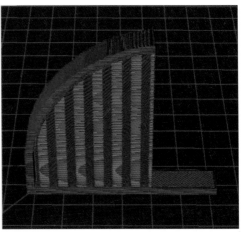

- **각도** : 돌출 부분의 지지대를 생성하는데 필요한 각도입니다. 각도가 작을수록 더 많은 지지대를 생성합니다. 각도가 0 °라면 모든 돌출 부분에 서포트가 생성됩니다.

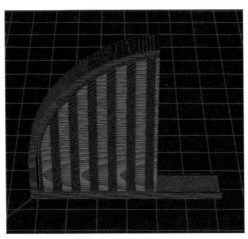

〈40도인 경우〉

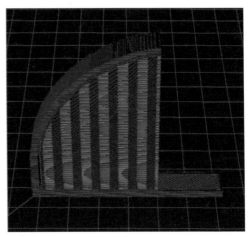

〈60도인 경우〉

- **지지대 확장** : 지지대를 X/Y평면으로 확장하여 출력합니다. 지지대의 범위가 넓어지는 만큼 견고해지나 제거가 힘들고 재료 소모량이 증가할 수 있습니다. 불규칙한 형태의 3D 모델에 적합합니다.

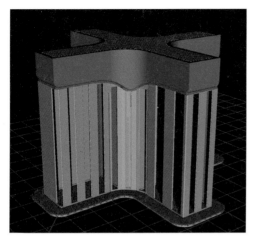 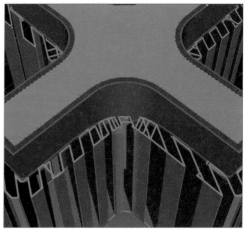

• **서포트 인터페이스** : 지지대와 출력물 사이에 별개의 면을 생성하여 마주 닿는 부분의 품질을 올릴 수 있습니다. 다만 출력 후 제거하기 힘들 수 있습니다.

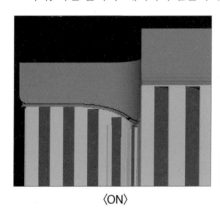 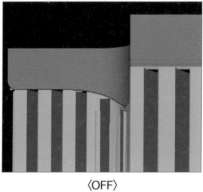

〈ON〉 〈OFF〉

3. 상세 옵션

기본적으로 'Normal setting(일반 옵션)' 이상의 품질을 추구하는 사용자들은 'User setting(상세 옵션)'을 선택하여 사용하시기 바랍니다.

☰ **품질**	레이어의 라인, 두께, 폭 등을 설정할 수 있습니다.
◎ **외벽**	TOP/BOTTOM 및 벽(wall)에 해당하는 옵션을 설정할 수 있습니다.
✿ **내부채움**	내부 채움과 관련된 옵션을 설정할 수 있습니다.
⊕ **재료**	소재의 온도 및 압출, 리트렉션 등의 옵션을 설정할 수 있습니다.
⌗ **속도**	출력 속도와 관련된 옵션을 설정할 수 있습니다.
✛ **이동**	노즐이 출력을 하지 않고 이동할 때의 옵션을 설정할 수 있습니다.

🌀	냉각	조형팬(Mold Fan)과 관련된 옵션을 설정할 수 있습니다.
⬡	지지대	지지대와 관련된 옵션을 설정할 수 있습니다.
⬡	바닥 보조물	Raft, Brim, Skirt 등의 옵션을 설정할 수 있습니다.
⬡	듀얼 익스트루더	Dual 노즐 관련된 옵션을 설정할 수 있습니다.(일부 모델에 한정됨)
✖	메쉬 수정	잘못된 Mesh를 가진 3D모델을, 출력할 수 있게 합니다. (일부 모델에 한정됨)
Ⓢ	특수 모드	출력 순서 선택, Mold 등의 특수한 옵션들에 대한 옵션입니다.
⬡	실험 모드	실험적인 설정들입니다.

User Setting(상세 옵션)

• 상세 옵션(User Setting) 창

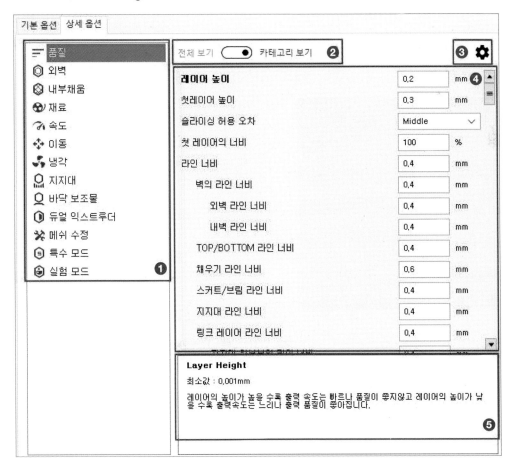

❶ **옵션 항목** : 하위 세부 옵션들을 선택하기 위한 메뉴입니다.

❷ **옵션 모드 선택** : 카테고리 보기 / 전체보기를 선택할 수 있습니다.

③ 즐겨 찾기 : 원하는 옵션만 체크를 통해 활성화시킬 수 있습니다.

④ 상세 옵션 항목 : 각각의 3D 모델마다 출력하는 옵션들은 동일하지 않습니다. 이 옵션들을 수정하여 더 나은 품질의 출력물을 출력할 수 있습니다.

⑤ 상세 옵션 설명 : 각각의 상세 옵션들의 설명을 보여줍니다.

TIP▶ 옵션은 언제든지 새롭게 생길 수 있고 사라질 수 있습니다.

▤ 품질

레이어 높이	필라멘트 한 층의 높이 값입니다.
첫레이어 높이	첫 레이어의 높이 값입니다.
슬라이싱 허용 오차	대각선 표면을 가진 레이어의 처리를 설정합니다.
첫 레이어의 너비	첫 레이어의 너비를 비율로 설정합니다.
라인 너비	한 라인의 너비 값입니다.

• **레이어 높이** : mm 단위로 인쇄된 한 층의 두께입니다. 값이 작을수록 인쇄 품질은 향상되며, 반대로 값이 크면 출력 시간을 줄일 수 있습니다. (참고 : 0.1mm 이하는 0.4mm 노즐에서는 품질이 좋지 않습니다.)

• **레이어 높이** : 인쇄물의 첫번째 레이어의 높이입니다. 이 값은 일반적으로 레이어 높이보다 두껍게 설정하여 Build Plate와의 접착력을 강하게 합니다.

• **라인 너비** : 인쇄물 한 라인의 넓이입니다. 노즐의 크기와 비슷한 값으로 설정합니다. 이 값에 따라 압출해야할 재료의 양을 자동으로 계산하게 됩니다. 라인 너비는 사용 가능한 모든 선 유형에 대해 개별적으로 설정할 수 있도록 제공합니다.

- 내벽/외벽 라인 너비   - 상단/하단 라인 너비
- 채우기 라인 너비   - 지지대 라인 너비
- 링크레이어 라인 너비   - 첫레이어 라인 너비

⬡ 외벽

벽 익스트루더	Wall 출력 시 사용 될 Extruder를 설정합니다.
벽 두께	가로 방향의 Wall 두께 값을 설정합니다.
외벽 닦는 거리	외벽의 레이어 마지막 부분 출력 후 이동하는 거리를 설정합니다.
Top 표면 레이어 개수	Top 표면의 레이어 개수를 설정합니다.
상/하단 익스트루더	상단 및 하단 스킨 출력시 사용 될 Extruder를 설정합니다.
TOP/BOTTOM 두께	상단 및 하단 스킨 두께를 설정합니다.
TOP/BOTTOM의 형상	상단 및 하단 스킨 패턴을 설정합니다.
첫레이어 형상	하단 스킨의 첫번째 레이어 패턴을 설정합니다.
TOP/BOTTOM 라인 방향	상단 및 하단 스킨에 생성되는 라인의 방향을 설정합니다.
외벽 삽입	외벽 경로에 덧붙이는 두께를 설정합니다.
외벽 이후 내벽 표현	외벽부터 출력하고 내벽을 출력하도록 설정합니다.
여분의 내벽 출력	내벽과 채우기가 겹치지 않는 부분들을 보강하도록 설정합니다.
벽 겹침 보정	겹쳐서 출력되는 부분의 흐름량을 조절하도록 설정합니다.
벽 사이 빈틈 채우기	외벽과 내벽 사이에 발생하는 빈틈을 채울지 설정합니다.
미세 간격 제거	작은 틈을 필터링하여 모델 외부의 얼룩을 줄이도록 설정합니다.
얇은 벽 출력	노즐의 직경보다 얇은 모델을 출력하도록 설정합니다.
수평 확장	각 레이어의 모든 다각형에 적용된 오프셋의 양을 설정합니다.
첫 레이어 확장	첫 레이어에 대한 오프셋의 양을 설정합니다.
레이어 변경점 정렬	각 레이어의 시작점 정렬을 설정합니다.
X 좌표	시작되는 지점의 x좌표를 설정합니다.
Y 좌표	시작되는 지점의 y좌표를 설정합니다.
경계선 코너 설정	모형 외곽선의 모서리가 솔기의 위치에 영향을 줄지 여부를 설정합니다.
상대적 레이어 변경점	활성화 될 경우 시작점 좌표는 각 파트의 중심을 기준으로 설정됩니다.
작은 Z축 틈을 채움	레이어 단위의 좁은 Z축 틈을 채웁니다.
여러분의 벽 개수	위쪽 / 아래쪽 패턴의 가장 바깥 쪽 부분을 여러 동심 선으로 바꿉니다.
다림질	Top 표면을 필라멘트 압출하지 않고 한번 더 표면을 노즐로 정리하도록 합니다.

- **벽 익스트루더** : 외벽/내벽을 인쇄한 익스트루더를 선택할 수 있습니다. (참고 : 듀얼 익스트루더를 지원하는 경우 사용할 수 있습니다.)

- **벽 두께** : 벽의 두께 값을 조정합니다. 값이 클수록, 모델이 견고해지며 값이 작을수록 출력 시간과 필라멘

트 비용을 줄일 수 있습니다. (참고 : 일반적으로 라인 너비의 두 배 또는 세 배 정도로 설정합니다.)

- **벽 라인 개수** : 벽 두께의 개수를 조정할 수 있습니다. 벽 두께 대신 이 값을 조정하여 비슷한 효과를 볼 수 있습니다. (참고 : 기본적으로 3개 Wall line을 구성합니다.)

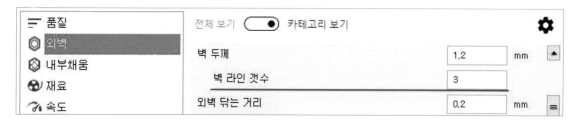

파란색 : 외벽 / 빨간색 : 내벽 (개수 2개 이상을 추천 드립니다.)

- **외벽 닦는 거리** : 벽의 레이어 마지막 부분 출력 직후 이동하는 거리입니다. 벽에서 3D 출력의 다른 부분으로 이동할 때 이음새가 줄어들게 됩니다. 모델에 따라 출력 품질을 높일 수 있습니다.
- **TOP 레이어** : 모델의 가장 위쪽의 스킨 레이어를 결정하는 레이어의 개수 입니다. 입력된 수 만큼 상단의 표면을 채움 100%로 출력하게 됩니다. 이를 통해 높은 품질로 출력할 수 있게 됩니다.

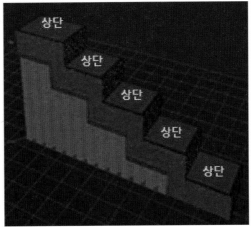

• **BOTTOM 레이어** : 모델의 가장 아래쪽의 스킨 레이어를 결정하는 레이어의 개수입니다. 입력된 수 만큼 하단의 표면을 채움 100%로 출력합니다.

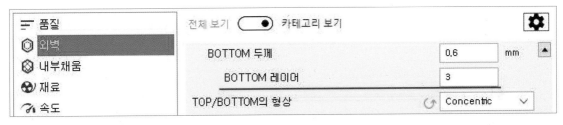

• **벽 사이 빈틈 채우기** : 이 설정은 노즐크기보다 좁은 영역을 출력합니다. 일부 3D모델은 'everywhere'로 설정하지 않을 경우 제대로 형성되지 않을 수도 있습니다. 한 레이어의 모든 과정을 완료한 이후 다시 이 좁은 영역에 해당되는 부분을 출력해야 하므로 출력 시간이 늘어납니다.

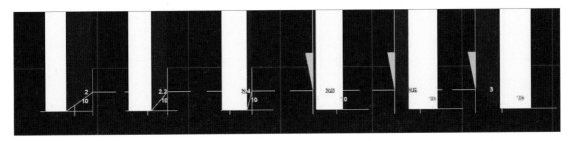

2mm부터 3mm까지 0.2mm씩 증가하는 3D 모델들입니다. 2.8mm 미만의 모델에서는 문제가 될 소지가 있습니다. 이런 좁은 부분의 모델이 존재한다면 Everywhere를 추천드립니다.

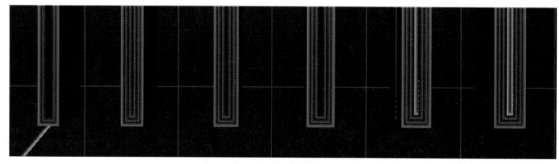

〈NOWHERE 적용 시〉

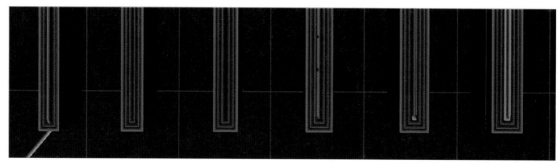

〈EVERYWHERE 적용 시〉

• **레이어 변경점 정렬** : 이 설정은 Z 방향의 각 레이어 시작점을 조절할 수 있습니다. 연속적으로 동일한 레이어가 있는 3D 모델에서는 두드러지게 나타나는 레이어 시작점을 조절함으로써 품질 향상을 기대할 수 있습니다. 다음과 같은 옵션이 있습니다.

- User Specified : 좌표를 지정하여 좌표에 근접한 부분들로 레이어 시작점을 배치합니다.
- Shortest : 이전 레이어 시작점 근처에서 다음 레이어의 시작점이 생성됩니다. 출력 시간이 소폭 빨라지는 옵션입니다.
- Random : 이전 레이어의 시작점 기준으로 다음 레이어의 시작점을 임의의 위치에 생성합니다. 레이어 시작점을 분산시킵니다.
- Sharpest Corner : 'Shortest'와 유사해 보이나 'Sharpest Corner'는 최대한 모서리를 찾아 레이어 시작점을 선택합니다.
- Auto Far : 3D 모델의 무게 중심을 기준으로 제일 먼 곳을 레이어 시작점으로 합니다. 일부 3D 모델에서 출력 품질 향상을 기대할 수 있습니다.
- Auto Near : 3D 모델의 무게 중심을 기준으로 제일 가까운 곳을 레이어 시작점으로 합니다. 일부 3D 모델에서 출력 품질 향상을 기대할 수 있습니다.
- Auto User : 레이어 시작점의 위치를 각도로 지정할 수 있습니다. 이 옵션은 'User Specified'에서는 지정 할 수 없는 위치도 레이어 시작점을 생성할 수 있습니다.

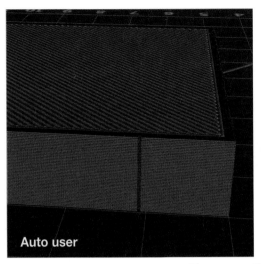 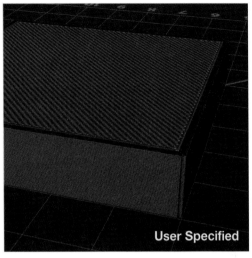

〈'Auto user'와 'User Specified' 차이〉

⬡ 내부채움

내부 채움 익스트루더	채우기 시 익스트루더를 설정합니다.
채우기 밀도	채우기 밀도를 설정합니다.
채우기 형상	채우기 패턴을 설정합니다.
채우기 라인 거리	채우기가 생성되는 라인의 방향을 설정합니다.
X축 내부채움 오프셋	채우기 패턴 X Offset 값을 설정합니다.
Y축 내부채움 오프셋	채우기 패턴 Y Offset 값을 설정합니다.
채우기 겹침 정도	외벽과 채우기의 겹치는 정도를 설정합니다.
표면 겹치기 정도	채우기의 겹침을 설정합니다.
채우기 닦는 거리	채우기가 내벽에 잘 붙게 하기 위한 설정입니다.
채우기 레이어 두께	채우기의 각 레이어에 해당하는 두께입니다.
채우기 순차 증가	전체적인 채우기의 밀도를 줄일 수 있습니다.
채우기 이후 벽 출력	벽을 출력하기 전에 채우기를 출력하도록 설정합니다.
채우기 최소 구역	적용 수치보다 적은 면적은 채우기를 출력하지 않도록 설정합니다.
내부 표면채우기 제거	이 값보다 작은 부분은 채우기를 출력하지 않도록 설정합니다.
표면 확장 거리	초기 설정된 수치는 표면에 생성된 작은 구멍을 채워서 출력합니다.
확장을 위한 최대 표면각도	객체의 상단 및 하단의 서페이스 스킨이 확장

• **채우기 밀도** : 출력물 내부에 사용되는 재료의 양 즉, 밀도를 조정합니다. 값이 높을수록 출력물 내부에 더 많은 재료가 있어 강도가 높아지지만 소재 소비량과 출력 시간이 증가하며 수축이나 뒤틀림과 같은 현상에 취약합니다. (참고 : 일반적으로 시각적 목적의 모델에는 약 20% 값을 적용합니다.)

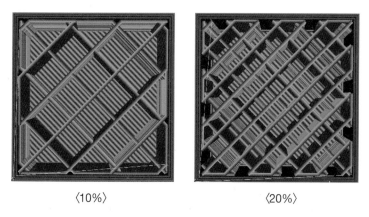

〈10%〉 〈20%〉

• **채우기 형상** : 내부 채움 패턴을 정의합니다. 아래와 같은 패턴의 종류를 제공합니다.

〈Zigzag〉 〈Honey comb〉 〈Concentric〉

〈Concentric 3D〉 〈Octet〉 〈Quarter Cubic〉

〈Cubic〉 〈Cubic Subdivision〉 〈Grid〉

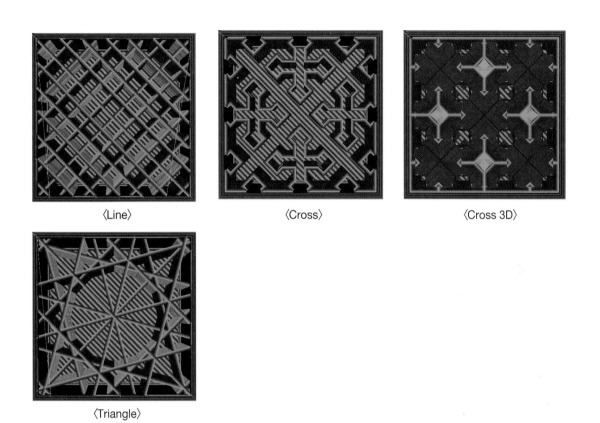

〈Line〉　　　　〈Cross〉　　　　〈Cross 3D〉

〈Triangle〉

- **채우기 겹침 정도** : 내부채움과 외벽 사이의 겹침 정도를 조정합니다. 값이 높을수록 일반적으로 충전물과 벽이 더 잘 결합되어지게 됩니다. 그러나, 너무 값이 높으면 압출로 이어져 인쇄 품질이 저하될 수 있습니다.

재료

기본 출력 온도	출력시 사용되는 기본 온도를 설정합니다.
노즐 온도	노즐 온도를 설정합니다.
첫 레이어 출력 온도	첫 레이어의 출력 온도를 설정합니다.
첫 출력 온도	대기 중인 노즐이 출력을 시작하기 위한 최소 온도를 설정합니다.
마지막 출력 온도	출력중인 노즐이 대기 상태로 넘어가기 전 온도를 설정합니다.
베드 온도	출력되는 Build Plate의 온도를 설정 할 수 있습니다.
첫 레이어 베드 온도	첫 레이어 출력 시 Build Plate의 온도를 설정합니다.
직경	필라멘트의 직경을 설정합니다.
밀도	필라멘트의 밀도를 설정합니다.
내부 온도	프린터 내부의 온도를 설정합니다.
흐름량	출력 압출량을 조절할 수 있습니다.

외벽 흐름량	외벽에 해당하는 부분의 흐름량을 설정합니다.
내벽 흐름량	내벽에 해당하는 부분의 흐름량을 설정합니다.
채우기 흐름량	채우기에 해당하는 부분의 흐름량을 설정합니다.
첫 레이어 흐름량	첫 레이어의 흐름량을 설정합니다.
리트렉션	출력 중 아닌 상태의 노즐이 이동 시 노즐에서 흘러내리지 않게 필라멘트를 되감습니다.
레이어 변경 시 리트렉션 사용	한 레이어의 출력이 끝나는 부분에서 되감기를 사용합니다.
리트렉션 속도	되감아지는 필라멘트의 길이입니다.
리트렉션 초기 보상	필라멘트의 되감는 속도입니다.
리트렉션을 위한 최소 거리	노즐이 이동 중에는 필라멘트가 조금씩 흘러내려 손실이 있습니다. 이 옵션은 손실된 필라멘트를 다소 보상합니다.
최대 리트렉션 제한 횟수	필라멘트를 동작시키기 위한 최소 거리를 설정합니다.
최소 압출 필라멘트 길이	되감기 횟수의 최대치를 제한하도록 설정합니다.
출력 대기온도	되감아지는 필라멘트의 최소값입니다.
노즐 스위치 리트렉션 길이	출력하지 않는 노즐의 대기 온도를 설정합니다.
노즐 스위치 리트렉션 속도	노즐이 대기상태로 변경될 때 필라멘트 되감기의 길이를 설정합니다.
마	노즐이 대기상태로 변경될 때 필라멘트 되감기 하는 속도를 설정합니다.

- **기본 출력 온도** : 출력 시 사용되는 기본 출력 온도를 조정합니다. 기본적으로 각 재료에 따라 최적의 온도 값을 제공합니다.

- **베드 온도** : Build Plate에 부착되는 레이어의 인쇄 온도를 조정합니다. 더 높은 온도에서 인쇄하면 Build Plate와 모델 사이의 접착력이 증가하게 됩니다.

속도

출력 속도	전체 출력 속도 입니다. 입력한 속도에 맞게 하위 속도들이 조절됩니다.
채우기 속도	내부 채우기에 대한 출력 속도를 설정합니다.
벽 속도	눈에 보이는 외벽에 대한 출력 속도를 설정합니다.
TOP/BOTTOM 출력 속도	상단/하단 레이어의 출력 속도를 설정합니다.
지지대 속도	지지대의 출력 속도를 설정합니다.
지지대 기둥 출력 속도	지지대 기둥의 출력 속도를 설정합니다.
이동 속도	노즐이 이동할 때의 속도입니다.
첫 레이어 속도	첫 레이어의 출력 속도 입니다. 30mm/s를 넘지 않는 것을 권장합니다.

Z축 최대 속도	Z축 출력시 최대 속도를 설정합니다.
느린 레이어 개수	첫 레이어부터의 출력 속도를 줄이도록 설정합니다.
필라멘트 흐름량 평준화	일반 라인보다 얇게 출력하지만 초당 압출되는 재료의 양이 동일하게 유지되도록 설정합니다.
가속도 제어 사용 여부	프린트 헤드의 가속도를 조정합니다.
움직임 제어 사용	X / Y축의 속도가 변경될때 프린트 헤드의 속도를 조정합니다.

- 출력 속도 : 출력 중 Print Head가 움직이는 속도(mm/s)를 조정합니다. 값이 높을수록 출력 시간은 짧아지며 출력 속도를 높이려면 필라멘트가 제대로 녹을 수 있도록 온도를 높여야 합니다. 전체 출력 속도를 조정할 수 있지만 출력물의 특정 부분마다 다른 출력 속도를 사용할 수도 있습니다.
    - 채우기 속도
    - 내벽/외벽 속도
    - TOP/BOTTOM 속도
    - 지지대 속도(기본 지지대 / 지지대 인터페이스) ＊ 지지대 기둥 속도

- 이동 속도 : 노즐이 이동할 때의 속도를 조정합니다. 값이 높으면 이동 속도가 빠르고 필라멘트가 노즐에서 새어 나올 확률이 줄어들어 출력 품질이 좋습니다. 하지만 속도가 너무 빠르면 노즐이 이전에 출력된 부분에 닿아 가열된 노즐로 인해 인쇄가 손상될 가능성이 있습니다.

✛ 이동

Combing 모드	노즐이 이동 시 출력된 모델을 피해서 이동하도록 설정합니다.
외벽 시작전 리트렉션	외벽 출력 시작 전에 필라멘트 되감기를 하도록 설정합니다.
레이어 시작점 X	시작 X좌표점을 지정합니다.
레이어 시작점 Y	시작 Y좌표점을 지정합니다.
리트렉션 시 Z hop	리트렉션이 끝난 후 노즐이 이동을 할때 Z축을 내려 노즐과 출력 중의 조형물과의 간섭을 최소화합니다.
이동경로에 출력된 모델이 있을 시에만 Z hop	이동 경로에 출력된 모델이 있을 시에만 Z축을 내립니다.
Z Hop 높이	Z Hop 높이는 설정합니다.
압출기 변경 후 Z Hop	다른 압출기로 변경된 후 Build Plate를 내려 흘러내린 필라멘트가 간섭하는 것을 줄여주도록 설정합니다.

- Combing 모드 : 노즐 이동 시 출력된 모델을 피해서 이동하도록 조정합니다. 이로 인해, 이동 거리가 늘어나 출력 시간이 늘어나지만, 외부 표면에 결함이 생길 가능성을 줄일 수 있습니다. Off 시 재료가 후퇴하고 노즐이 직선으로 다음 점으로 이동하게 됩니다.

냉각

조형물 냉각	출력하는 동안 조형물을 냉각시키도록 설정합니다.
조형팬 속도	조형물을 냉각시키는 조형팬의 속도를 설정합니다.
일반 팬 속도	조형팬이 임계값에 도달하기 전에 회전하는 속도를 설정합니다.
최대 팬 속도	입력된 레이어 설정 시간 미만일 경우 최대 팬 속도로 회전하며 그 이상의 경우 일반 팬 속도로 회전하도록 설정합니다.
일반/최대 팬 속도 설정 시간	일반 팬 속도와 최대 팬 속도 사이의 레이어 시간을 설정합니다.
첫 레이어 팬 스피드	첫 레이어 출력 시 조형팬 속도를 설정합니다.
일반 팬 속도 시작 레이어	Fan이 최고 속도로 증가할 높이값을 설정합니다.
최소 레이어 시간	한 레이어에서 최소로 출력하는 시간입니다. 이 속도보다 빠르면 강제적으로 최소 레이어 시간을 조정합니다.
최소 속도	최소 레이어 시간으로 출력이 느려지는 최소 속도를 설정합니다.
헤드 올림	최소 레이어 시간에 적용되면 노즐과 조형물을 떨어뜨려 그 시간만큼 대기 후 다시 출력을 시작하도록 설정합니다.

• **조형팬 속도** : 조형물을 냉각시키는 조형 Fan의 속도를 조정합니다. 더 높은 속도는 더 나은 냉각을 가능하게 하여 유출을 감소시키지만 재료의 수축을 증가시킬 수 있습니다. 이로 인해, 재료의 속성에 맞게 속도를 다르게 조정해야 합니다.

 지지대

지지대 생성	지지대를 적용합니다. 일부 3D 모델의 경우 돌출된 부분이 있어 출력 시 이 부분이 공중에 뜨게 될 경우가 있어 해당 부분에 지지 구조를 생성해야 합니다.
지지대 익스트루더	지지대 출력 시 Extruder를 설정합니다.
지지대 배치	지지대를 3D 모델 전체에 적용할 것인지 Build Plate와 직접적으로 관계가 있는 부분만 적용할 것인지 선택합니다.
지지대 생성 각도	지지대가 생성되는 최소 각도를 설정합니다.
지지대 형상	지지대의 패턴을 선택할 수 있습니다.
지지대 벽 선 개수	지지대를 지그재그로 연결하도록 설정합니다.
지지대 밀도	지지대 구조의 밀도를 조절할 수 있습니다. 높을수록 견고하나 떼어내기가 힘듭니다.
메인 지지대 각도	메인 지지대의 각도를 설정합니다.
지지대와 모델간의 Z축 거리	지지대와 모델 사이에 간격을 두어 출력합니다. 간격을 두어 출력하지 않으면 조형물과 지지대가 붙어버려 제거가 되지 않습니다.
지지대와 모델간의 XY축 거리	지지대와 3D 모델의 X/Y 방향으로 간격을 두어 출력하는 거리입니다.

지지대 우선 순위	지지대와 모델간의 X/Y/Z 거리를 무시하는지 여부를 설정합니다.
지지대 XY축 최소 거리	지지대와 모델간의 간섭을 최소화하는 거리를 설정합니다.
지지대 계단 높이	지지대의 한 스텝의 높이를 설정합니다.
지지대 계단 최대 넓이	모델에 계단식 지지대의 계단 모양 바닥의 높이를 설정합니다.
지지대 연결거리	X/Y 방향으로 지지대 범위를 확장하여 Hole과 같은 부분의 지지대가 생성되도록 설정합니다.
지지대 확장	지지대를 많이 생성할 수 있도록 X/Y 지지대 범위를 확장 설정합니다.
메인 지지대 레이어 두께	지지대와 인터페이스 두께를 설정할 수 있습니다.
지지대 순차 증가	전체적인 지지대의 밀도를 줄이도록 설정합니다.
지지대 인터페이스	조형물과 닿는 부분의 품질을 높일 수 있도록 지지대와 조형물 사이에 인터페이스라는 또다른 지지대를 생성하도록 설정합니다.
지지대 인터페이스 해상도	인터페이스의 해상도를 설정합니다.
지지대 인터페이스 밀도	지지대 인터페이스의 밀도를 설정합니다.
지지대 인터페이스 패턴	지지대 인터페이스의 패턴을 설정합니다.
타워 사용 여부	작은 돌출 부분을 위해 타워형 지지대를 설정합니다.

- **지지대 배치** : 지지대를 3D 모델 전체에 적용할 것인지 Build Plate와 직접적으로 관계가 있는 부분에만 적용할 것인지 선택합니다.
  - Touching Build : Build Plate와 직접적으로 관계가 있는 부분에만 지지대를 적용합니다.
  - Everywhere : 3D 모델의 모든 부위에 대해서 지지대를 적용합니다.

바닥 보조물

바닥 보조물	바닥과의 접착력을 높이거나 때때로 3D모델에 따라 바닥 수축이나 뒤틀림 현상에 좋은 출력 결과를 보여 줍니다.
빌드 플레이트 익스트루더	바닥 보조물을 출력할 Extruder를 설정합니다.
스커트 라인 개수	바닥 보조물인 Skirt 개수를 설정합니다.
스커트 거리	Skirt와 조형물 사이에 거리를 설정합니다.
스커트/브림 최소 길이	Skirt와 Brim의 최소 길이를 설정합니다.
브림 너비	Brim의 너비를 mm단위로 설정 할 수 있습니다.
Raft 여분	출력물의 X/Y방향으로 확장할 수 있습니다. 기본 설정 된 값을 권장합니다.
Raft 부드럽게 하기	Raft 윤곽에 있는 모서리의 둥근 정도를 설정합니다.
Raft 띄움 간격	Raft와 출력물 사이에 간격을 주어 출력합니다. 간격이 좁을수록 출력물과 Raft는 뜯어낼 수 없게 됩니다.

첫 레이어 겹침	첫 레이어와 Raft 사이의 간격으로 인한 손실을 보완하기 위해 첫번째, 두번째 레이어를 겹쳐서 출력하도록 설정합니다.
Raft 윗면 레이어	조형물과 맞닿는 최상층 수를 설정합니다.
Raft 윗면 두께	Raft 윗면의 두께를 설정합니다.
Raft 윗면 라인 너비	Raft 윗면의 라인 너비를 설정합니다.
Raft 윗면 간격	Raft 윗면의 라인들 간의 간격을 설정합니다.
Raft 중앙 라인 두께	Raft 중간 라인의 두께를 설정합니다.
Raft 중앙 라인 너비	Raft 중앙 라인의 너비를 설정합니다.
Raft 중앙 라인 간격	Raft 중앙 라인들 간의 간격을 설정합니다.
Raft 기초 두께	Raft의 기초 두께를 설정합니다.
Raft 기초 라인 너비	Raft 기초 라인의 너비를 설정합니다.
Raft 기초 라인 간격	Raft 기초 라인들 간의 간격을 설정합니다.
Raft 출력 속도	Raft 출력 속도를 설정합니다.
Raft 팬 속도	Raft 출력 시 팬 속도를 설정합니다.

- **바닥 보조물** : 바닥과의 접착력을 높이거나 3D 모델에 따라서 바닥 수축이나 뒤틀림 현상에 좋은 출력 결과를 보여줍니다. Skirt/Brim/Raft를 제공합니다.

  - Skirt : 첫 번째 Layer에서 객체 주위에 출력되지만 모델에는 연결되지 않는 선입니다. 압출 노즐을 준비하는데 도움이 되며, 출력이 시작되기 전에 Bed의 수평 조정을 위한 추가 검사가 될 수 있습니다.

  - Brim : 첫 레이어에 출력물과 연결된 평면을 추가합니다. 바닥 면적이 커져 출력물이 Build Plate에 잘 붙어있게 하여 들뜸과 같은 수축 현상에 좋은 결과를 보여줍니다. 특히 ABS와 같이 수축이 심한 소재에 좋은 옵션입니다.

  - 모델 외부에만 브림 적용 : Brim을 3D 모델의 내부에도 적용할 것인지를 선택합니다.

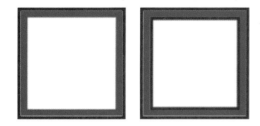

  - Raft : Raft는 3D 모델과 Build Plate 사이에 두꺼운 격자 형태로 두껍고 넓게 출력합니다. 3D 모델의 바닥 면적이 작거나 평평하지 않은 경우, Build Plate와 노즐 간격이 불안정한 경우 유용합니다.

🔘 듀얼 익스트루더

프라임 타워 사용 여부	모델 옆에 타워를 인쇄하여 각 노즐을 전환한 후에 재료를 프라이밍 (prime)하는 역할을 합니다.
원형 프라임 타워	타워의 형상을 원형으로 한다.
프라임 타워 사이즈	타워의 폭을 설정합니다.
프라임 타워 최소 용량	타워의 각 층에 대한 최소 볼륨을 설정합니다.
프라임 타워 두께	타워의 두께를 설정합니다.
X축 프라임 타워 위치	타워의 X 위치 좌표를 설정합니다.
Y축 프라임 타워 위치	타워의 Y 위치 좌표를 설정합니다.
프라임 타워 흐름량	흐름 보정 : 돌출된 재료의 양에 이 값을 곱합니다.
프라임 타워 노즐 청소 비활성	특정 노즐로 프라임 타워를 출력 후, 다른 타워의 오염된 물질을 프라임 타워에서 닦아냅니다.
교체 후 노즐 청소	Extruder를 전환한 후 인쇄된 첫 번째 타워에 노즐에서 닦아낸 물질을 닦아냅니다.
Ooze Shield 활성화	외장 방음 장치를 사용하도록 설정합니다.

✖️ 메쉬 수정

겹치는 용량 통합	메쉬 내부의 겹치는 부분으로 발생되는 내부 구조를 무시하고 하나로 출력하도록 설정합니다.
구멍 제거	각 레이어의 구멍을 제거하고 바깥에 보이는 모양만 유지하도록 설정합니다.
광범위 스티칭	이 옵션으로 미세한 구멍들을 닫을 수 있습니다. 다만 slice 처리 시간이 길어질 수 있습니다.
모델 수정	올바르게 생성되지 못한 모델의 일부를 간단하게 수정하여 처리할 수 있도록 설정합니다.
최대 해상도	분할 후 선분의 최소 크기를 설정합니다.
겹친 메쉬 합치기	서로 닿아있는 메쉬를 약간 겹치게 처리합니다.
교체 메쉬 제거	모델의 메쉬가 겹치는 것을 감지하여 하나의 메쉬를 부분적으로 제거하도록 설정합니다.
대체 메쉬 제거	모델의 메쉬가 겹치는 것을 감지하여 메쉬가 레이어별로 번갈아 출력될수 있도록 설정합니다.

🔘 특수 모드

내부 채움 메쉬	겹치는 메쉬의 Infill을 수정하도록 설정합니다.
내부 채움 메쉬 순서	어떤 infill mesh가 다른 infill mesh의 infill 내부에 있는지 결정하도록 설정합니다.
메쉬 절단	몰드에 생성된 외벽의 각도를 설정합니다.
몰드	캐스팅 할 수 있는 금형과 유사하게 출력할 수 있도록 설정합니다.
지지대 메쉬	지지대 영역을 설정합니다.
돌출부 메쉬	돌출 부분을 감지하도록 설정합니다.

표면 모드	표면을 설정합니다.
나선출력 외벽 개수	나선출력으로 바깥쪽 가장자리만을 표현합니다. 꽃병 형태와 같은 Solid 모델에 적합하며 단일 벽으로만 표현합니다.
상대적 압출	상대 압출보다 절대 압출을 사용하도록 설정합니다.

⬡ 실험 모드

벽 출력 최적화	벽이 인쇄되는 순서를 최적화하도록 설정합니다.
지지대 연결 제거	지지대의 지그재그 패턴에 적용될 수 있도록 일부 연결을 무시하도록 설정합니다.
드래프트 쉴드	이 설정은 3D 모델 주위에 벽을 생성하여 외부의 공기 흐름을 막아 수축과 같은 현상에 좋은 결과를 보여줍니다.
돌출부 출력 생성	지지대가 형성될 부분에 임의적으로 모델을 수정하여 출력할 수 있는 최소의 각으로 수정하여 출력하도록 수정합니다.
코스팅	압출 경로의 마지막 압출하는 부분을 이동 경로로 변경하여 레이어 시작 점의 품질 저하 등의 문제를 완화합니다.
코스팅 체적	Coasting 체적을 설정할 수 있습니다.
코스팅 전 최소값	Coasting 하기 전 압출 경로에 있어야 하는 최소의 체적을 설정합니다.
코스팅 속도	Coasting 이동 중에 압출 경로의 속도에 상대적인 속도를 설정합니다.
Top/Bottom 회전	Top/Bottom의 출력 방향을 바꿔주도록 설정합니다.
스파게티 내부채움	모델 내부에 필라멘트를 규칙없이 꽉 채웁니다.
원뿔 지지대	하단부에 작은 영역을 만들도록 설정합니다.
적응형 레이어 사용	모델의 내부를 비우게 설정합니다.
흐트러진 표면	외벽을 출력하는 동안 무작위로 노즐을 떨며 출력하여 표면이 거칠고 흐릿해 보이도록 설정합니다.
유량 보상 최대 압출 오프셋	보정할 최대 거리를 설정합니다.
유량 보정 계수	유속 → 거리 변환의 곱셈 계수를 설정합니다.
와이어 출력	얇은 공기로 인쇄하는 방법으로 설정합니다.

Flexble 필라멘트 출력 팁

1. Flexible 필라멘트

Flexible 필라멘트는 소재의 유연성 때문에 일반 PLA나 ABS와는 다른 느낌의 출력물을 뽑을 수 있고, 출력 모델에 따라 여러 분야에 이용할 수 있는 흥미로운 소재입니다. 그러나, 이 소재의 특성으로 인해 실제 3D 프린터를 사용하여 출력을 하기에는 어려운 것이 현실입니다.

당사에서는 TPU계열의 Flexible 필라멘트와 이를 인쇄할 수 있는 3D 프린터를 고객에게 공급하고 있습니다. 하지만 원하는 모델을 3D 프린터를 사용하여 출력하기 위해서는 장비의 상태가 적절히 관리되어야 하고, 적절한 출력 조건을 사용해야 출력 성공률을 높일 수 있으며 Flexible 필라멘트의 경우는 일반적인 PLA, ABS에 비해 좀 더 까다로워 이를 충분히 고려하여야 출력 성공률을 높일 수 있습니다.

이 문서는 성공적인 Flexible 필라멘트 출력을 위한 몇 가지 Tip에 관한 내용입니다. 사용자는 이 문서에서 제공하는 Tip을 충분히 이해하고 Cubicon 3D 프린터를 사용한다면 Flexible 필라멘트를 사용하여 출력하는 데 큰 어려움이 없을 것이라 생각됩니다.

> **TIP**
> • 일반적으로 판매되는 FFF(Fused Filament Fabrication) 방식의 Flexible 필라 멘트는 Polyester계인 TPEE(Thermoplastic Polyester Elastomer)와 Urethane계인 TPU(Thermoplastic Polyurethane)이 대표적입니다.
> • 당사에서 판매하는 Flexible 필라멘트는 TPU 계열의 필라멘트로 TPEE 계열의 경우 TPU보다 연성이 심해 일반 사용자가 3D 프린터에 사용하기에는 쉽지 않습니다.

2. Flexible 필라멘트 출력 팁

Flexible 필라멘트를 사용한 조형물의 출력 성공은 조형 모델의 형상에 맞는 출력 옵션 (Cubicreator의 옵션 설정) 및 출력하려는 프린터가 적절한 조건으로 구동될 수 있는 환경을 갖추고 있어야 합니다.

Flexible 필라멘트는 일반적인 PLA, ABS에 비해 필라멘트 자체로도 연성이 심한 소재입니다. FFF 방식의 일반적인 작동 방식은 필라멘트를 녹이는 히팅부와 토출하는 노즐이 붙어 있고 그 앞단에서 필라멘트를 기어의 힘으로 밀어주어 히팅부에서 녹은 필라멘트를 원하는 위치에서 기어를 회전시켜 이 힘으로 녹지 않은 필라멘트를 이동시키고 녹지 않은 필라멘트가 노즐 내부에서 녹은 필라멘트를 노즐 밖으로 밀어내는, 압출 (Extrude) 하는 방식입니다. 하지만, Flexible 필라멘트의 경우 필라멘트 고유의 연성으로 인하여 기어를 회전시켜 압출하는 것이 어렵습니다. 따라서 Flexible 필라멘트의 출력은 필라멘트를 녹여 밀어내는 것이 아닌 필라멘트를 녹여 흘려 내보내는 방식으로 출력이 진행되어야 합니다.

다음의 내용은 필라멘트를 녹여 흘려 내보내기 어려운 상황을 짚어보고 이를 개선하는 방법에 대한 내용으로 이를 충분히 이해하고 출력 환경을 설정하게 되면 출력 성공률을 높일 수 있게 됩니다.

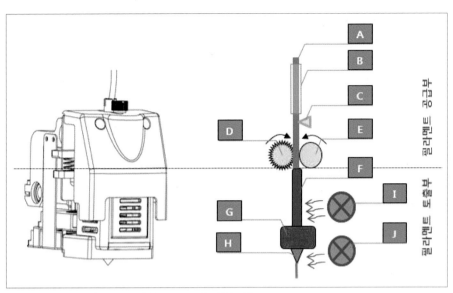

필라멘트 공급부

필라멘트 토출부

▲ Cubicon Single (3DP-110F)의 Extruder와 구성부 이해도

[A] 필라멘트	출력에 사용되는 필라멘트
[B] 테프론 튜브	Extruder까지의 필라멘트 경로에 사용되는 테프론 튜브
[C] 필라멘트 유무 감지 센서	필라멘트 유무를 감지하는 센서
[D] 드라이브(Drive) 기어	필라멘트 움직임을 제어하는 기어
[E] 아이들러(Idler)	드라이브 기어에 필라멘트를 안착시키는 아이들러
[F] 노즐봉	드라이브 기어에서 노즐까지의 필라멘트 경로 (Cooling Zone)
[G] 히팅 블럭 (Heating Block)	필라멘트를 가열하는 녹이는 히팅블럭
[H] 노즐	필라멘트가 노출되는 노즐
[I] 쿨링팬 (Cooling Fan)	히터의 열기를 식히기 위해 사용되는 팬
[J] 조형팬 (Mold Fan)	토출된 필라멘트를 식히기 위해 사용되는 팬

위의 그림은 Cubicon Single (3DP-110F)의 Extruder부와 각 기능을 이해하기 위한 요약도입니다. 당사에서 판매되는 Flexible 필라멘트가 토출 가능한 3D 프린터의 경우 유사한 기능을 하는 파트들이 포함되므로 참조하시기 바랍니다. (제품에 따라 차이가 있을 수 있습니다.)

이 그림을 기본으로 Flexible 필라멘트를 토출하기 위해 확인할 사항을 살펴보겠습니다. 그림에서 보는 것처럼 필라멘트가 토출되기 위해 프린터에서 이동하는 경로에는 여러가지 기능을 담당하는 부속품들로 구성되어 있습니다. 이 경로상의 여러 기능을 담당하는 부속들의 상태가 출력에 사용되는 필라멘트에 적합하지 않게 되면 출력에 문제가 발생하게 됩니다. 일반적인 PLA나 ABS의 경우 필라멘트의 특성(대표적으로 강도, 녹는 온도, 흐르는 온도)이 부속들의 상태 변화에 영향이 적지만 Flexible 필라멘트의 경우 약간만 문제가 되어도 토출에 큰 영향을 미치게 되고 출력이 어렵게 됩니다.

서두에서도 언급하였지만 Flexible 필라멘트를 사용할 경우 가장 중요한 것은 필라멘트를 녹여 밀어내는 방식이 아닌, 필라멘트를 녹여 흘러 내보내는 방식으로 출력이 진행되어야 합니다.

1.1 필라멘트 이동 경로의 부하 개선

편의상 그림과 같이 필라멘트 이동경로를 필라멘트 공급부와 필라멘트 토출부로 나누어 설명하겠습니다.

필라멘트 공급부의 부하 개선

필라멘트 공급부에는 필라멘트 스풀(그림 상에는 표시되지 않음), 테프론 튜브, 필라멘트 유무 감지 센서 (Cubicon Single), 드라이브 기어, 아이들러가 위치합니다. 각 부분에 문제가 생겨 필라멘트의 흐름에 문제가 있는 경우(저항이 심한 경우) 필라멘트 공급이 원활하지 않아 문제가 발생하게 됩니다.

❶ 필라멘트 스풀

- 필라멘트가 꼬여있거나 스풀의 회전이 원활한지 확인하시기 바랍니다.
- Flexible 필라멘트의 경우 필라멘트의 특성상 스풀에 감긴 상태에서 필라멘트 간의 접착이 심한 경우가 발생할 수 있습니다. 이 경우 프린터에서 필라멘트가 당겨지는 방향으로 스풀이 회전할 수 있도록 별도의 스풀 홀더를 사용하시면 개선할 수 있습니다.

❷ 테프론 튜브

- 스풀에서 Extruder까지의 필라멘트 경로를 담당하는 테프론 튜브는 지속 사용에 따라 마모가 발생하게 됩니다. 특히 표면이 거친 필라멘트 등을 사용할 경우 튜브 내부의 마모가 거칠게 발생하여 필라멘트 흐름을 방해하는 저항으로 작용합니다. 테프론 튜브는 소모품이므로 필라멘트 흐름에 문제가 있을 정도의 저항이 발생한 경우는 교체하여 주시기 바랍니다.
- 테프론 튜브에 꺾임이나 꼬임 등이 발생한 경우 필라멘트 흐름에 문제가 발생하게 됩니다. 꺾임이나 꼬임을 해소한 후 사용하시고, 계속 문제가 발생하는 경우는 교체하여 주시기 바랍니다.

❸ 필라멘트 유무 감지 센서

- Cubicon Single에는 필라멘트가 Extruder에 공급되지 않는 경우 사용자가 필라멘트를 교체할 수 있는 기능인 유무 감지 기능이 포함되어 있습니다. 이 유무 감지 센서는 필라멘트를 스위치로 눌러 감지하도록 되어 있습니다. 통상적인 환경에서는 Flexible 필라멘트를 사용하여도 이상이 없으나 스위치가 파손되었거나 스위치가 오염된 경우 필라멘트 흐름에 저항이 발생할 수 있습니다. 이 경우 스위치를 교체하여야 합니다.
- Flexible 필라멘트를 Extruder에 넣을 경우 유무 감지센서 스위치가 눌려 필라멘트의 삽입을 방해할 수 있습니다. 약간의 힘을 주어 필라멘트를 밀어 넣으시기 바랍니다.

TIP- Flexible 필라멘트는 공급 감지 센서에 필라멘트가 심하게 눌려 오동작할 수 있습니 다. 이 경우 필라멘트 공급 감지 기능을 사용하지 않도록 설정하시기 바랍니다. (메뉴의 Configuration-Filament Check "Off" 설정)

❹ 드라이브 기어 / 아이들러

- 기어의 톱니, 아이들러에 오염물 부착이 심한 경우 필라멘트를 이동시키는 힘이 부족하게 되어 정상 동작이 되지 않습니다. 보이는 부분을 솔 등으로 청소하시고 사용하시기 바랍니다.
- 관리의 잘못으로 기어의 톱니나 아이들러가 손상되어 필라멘트 이송에 문제가 발생한 경우는 교체가 필요합니다.

TIP ▶ 드라이브 기어 및 아이들러의 분해, 수리는 사용자가 하기 어렵습니다. 지정 AS점을 이용해 주시기 바랍니다. 지정되지 않은 사용자의 임의 분해/수리에 의한 고장은 무상 AS에서 제외됩니다.

필라멘트 토출부의 부하 개선

필라멘트 토출부는 노즐봉, 히팅 블럭, 노즐로 구성되어 있습니다. 히팅 블럭의 경우는 필라멘트와 직접 접촉하지 않고 노즐의 온도를 가열하는 역할을 하므로 설명에서 제외하겠습니다. 토출부의 노즐봉과 노즐의 내부는 눈으로 확인할 수 없는 내부의 부속이라 관리가 어렵고 문제가 발생한 이후에는 조치하기가 어렵습니다. 하지만, 토출 문제의 대부분은 이곳에서 발생하게 되고 문제가 발생하게 되면 수리가 쉽지 않아 교체하여야 하므로 문제가 발생하기 전에 적절한 관리가 필요합니다. 노즐봉이나 노즐은 FFF 방식에서는 필연적으로 오염이 발생하는 부품이고 사용자의 관리에 따라 부품의 수명이 결정되므로 지속적이고 적절한 관리가 중요합니다.

❶ 노즐봉

- 드라이브 기어에서 내려 보낸 필라멘트가 토출을 위해 이동하는 경로입니다.
- 노즐봉 입구에 필라멘트 조각 등의 오염물이 있을 경우 필라멘트 이동에 방해가 되므로 제거하시기 바랍니다.
- 사용하는 필라멘트에 부적절한 온도 조건으로 사용하는 경우 노즐봉 내부에서 필라멘트가 변형되어 필라멘트 흐름을 방해하게 됩니다. 노즐 관리핀 등을 사용하여 노즐봉 내부에 변형된 필라멘트가 쌓이지 않도록 하시기 바랍니다.
- 노즐이 가열되어 있는 상태에서 노즐 관리핀을 사용할 경우 노즐 관리핀 주위로 필라멘트가 녹아 붙고 이 녹아 붙은 필라멘트들이 노즐 관리핀 이동 중에 노즐봉 내부에 붙어 오염이 유발되므로 주의하여 사용하시고 오염이 발생하면 즉시 제거해 주시기 바랍니다.

❷ 노즐

- 노즐은 출력 시 필라멘트 조건에 맞게 지속 가열되는 부품이고, 출력물과 접촉되는 부품으로 필라멘트에 의한 오염이나 마모가 지속되는 부품입니다. 따라서 노즐 내/외부에 필라멘트 탄화가 지속되고 오염물이 노즐 내부/외부에 쌓이게 되어 필라멘트 토출에 문제를 유발하게 되고, 심한 경우는 Extruder 내부의 부품 고장으로 프린터가 고장 나는 결과를 가져오게 됩니다.
- 노즐 내부에서 탄화된 필라멘트나 오염물들이 쌓이지 않도록 노즐 관리핀을 사용한 노즐봉 및 노즐의 청소를 주기적으로 해주십시오.

- 필라멘트의 탄화는 토출되지 않은 필라멘트가 노즐 내부에 있는 상태에서 지속적으로 가열될 경우 심해 지므로 가열/냉각을 반복하지 마십시오.
- Flexible 필라멘트의 Extruder 노즐 온도(필라멘트 스풀에 표기됨)는 실제 녹는 온도보다 높고, 이렇게 사용하는 것은 필라멘트의 흐름성을 좋게 하기 위한 것입니다. 하지만 이 때문에 Flexible 필라멘트의 탄화는 일반적인 PLA나 ABS보다 심하게 됩니다. Flexible 필라멘트 사용시 필라멘트가 노즐에 끼워진 상태로 가열을 지속하지 마시고 최단 시간에 토출되도록 해주십시오. 또한, Flexible 필라멘트 사용시에는 노즐 관리핀을 사용한 노즐봉/노즐 청소를 자주 해주시기 바랍니다.

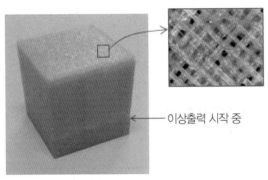

이상출력 시작 중

이상출력 조형물

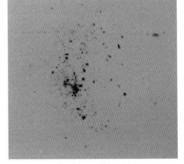

노즐내부의 탄화 찌꺼기

위의 사진은 품질문제가 발생한 조형물의 예입니다. 왼쪽 그림은 출력 중 일부 층부터 출력의 이상이 관찰된 예로서 토출되는 필라멘트의 양이 불규칙하여 출력이 비정상으로 된 것입니다. 문제된 Extruder의 노즐을 분리하여 확인하였을 경우 노즐 내부의 탄화가 심하여 우측과 같은 찌꺼기나 나왔고 이 찌꺼기들이 노즐로 나오지 않고 필라멘트의 토출을 방해한 것입니다. 노즐 관리핀 등을 사용하여 충분히 청소를 해주면 개선할 수 있으나, 노즐 관리핀을 사용하여도 개선되지 않을 경우는 노즐을 교체하여야 합니다.

❸ 필라멘트 교체 시 온도 조건 주의

- 동일한 Extruder에서 여러 종류의 필라멘트를 사용하는 경우 노즐 청소를 충분히 하여야 하고 교체 이전과 이후의 필라멘트 토출 온도를 고려하여야 합니다. 이는 노즐 내부에 이전에 출력하던 필라멘트가 남아 있는 상태이므로 이 남아있는 필라멘트를 충분히 제거하지 않으면 찌꺼기로 남아 탄화되거나 노즐로 녹아나가지 않고 노즐을 막는 원인으로 작용합니다.
- Flexible 필라멘트의 경우 녹은 필라멘트를 흘려 내보내는 식의 출력이 필요하므로 노즐 내부에 다른 종류의 필라멘트가 남았을 경우 부하가 증가하여 심각한 출력문제를 유발하게 됩니다.
- 필라멘트 교체시의 청소는 다음과 같이 진행합니다. 편의상 출력 시 노즐의 권장 온도를 ABS : 240℃, PLA : 210℃, Flexible : 230℃로 고려하겠습니다.

아래 표는 필라멘트(A)(노즐 속에 남아있는 필라멘트)를 필라멘트(B)로 교체하는 경우입니다.

	(A) PLA → (B) Flexible	(A) ABS → (B) Flexible	(A) Flexible → (B) PLA	(A) Flexible → (B) ABS
Unloading 노즐 가열 온도(UT)	210	240	230	230
Loading 노즐 가열 온도(LT)	230	240	230	240

① Extruder에서 필라멘트(A) 제거

UT의 온도로 Extruder의 노즐을 가열하고 필라멘트(A)를 Unloading 합니다.

② Extruder에서 필라멘트(B) 장착

LT의 온도로 Extruder의 노즐을 가열하고 필라멘트(B)를 Loading 합니다.

과정은 단순하나 다음의 사항을 충분히 주의하시기 바랍니다.

• Loading 온도는 교체 전후의 필라멘트 중 높은 온도의 필라멘트로 하시기 바랍니다.

• 필라멘트(B)의 Loading량은 충분히(30cm이상), 몇 회에 걸쳐 진행하십시오. 즉, 30cm 가량 Loading 후 10여초 기다린 후 다시 Loading을 하는 것을 몇 회 반복합니다.

• 각 단계에 추가하여 노즐 관리핀을 사용하여 노즐 내부에 남은 필라멘트를 밀어내는 것도 좋은 방법입니다.

• 교체 전후의 필라멘트(A)/(B)가 무엇인가에 따라 Unloading/Loading 온도에서 노즐 내의 필라멘트 탄화가 심해질 수 있으므로 교체 과정(청소 과정)은 가능한 빠른 시간 내에 진행하시고, 노즐 내부에 녹아 있는 필라멘트는 온도가 높은 상태에서 방치하지 마시기 바랍니다.

• 일반적으로 PLA나 Flexible 필라멘트의 경우에는 녹은 필라멘트의 끈적임이 심하므로 필라멘트 교체 전 노즐 내부에 남은 필라멘트가 PLA나 Flexible인 경우는 Loading시 좀더 많은 필라멘트를 토출하여 청소하는 것을 권장합니다.

• 필라멘트 교체 전 노즐 내부에 남은 필라멘트를 확인하지 못할 경우에는 프린터에 사용하는 필라멘트 중 가장 높은 온도의 필라멘트가 노즐 내부에 남은 것을 가정하고 청소하시기 바랍니다.

• 필라멘트 교체 전후의 노즐 청소는 동일한 종류의 필라멘트에서 색상만 교체하거나 새로운 필라멘트 스풀을 적용하는 경우에도 진행해 주시는 것을 권장합니다.

위의 표에 제시한 값은 절대적이 아닌 예시이므로 사용자가 충분한 경험을 통해 최적의 조건으로 설정하시기 바랍니다. 노즐의 청소는 무리하게 진행하여 부품을 파손하는 경우가 아니라면 자주 해주시는 것이 수명을 연장시키는 좋은 방법입니다.

TIP ▶ • 노즐 관리핀 사용시에는 Extruder 내부의 부품이 손상되지 않도록 부드럽고 적절한 힘을 서서히 가하면서 사용하시기 바랍니다.
• 액세서리에 포함된 노즐 관리핀은 사용자가 적절히 사용하게 되면 아주 좋은 관리 도구이나 과도한 힘을 주거나 지나친 사용을 하게 되면 Extruder 내부의 부품 손상이 발생하게 됩니다. 이렇게 발생된 고장은 무상 AS에서 제외되므로 주의하여 사용해 주시기 바랍니다.

Extruder 내부의 필라멘트 경로 상태

필라멘트 공급부와 필라멘트 토출부의 부하에 문제가 없는 경우 Extruder 내부에서 필라멘트가 이동할 경우 직진성을 유지하는지 경로 상태를 확인합니다.

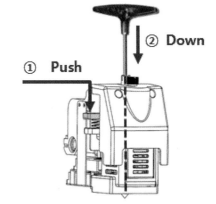

필라멘트가 Extruder 내부에서 직진성을 유지하지 못할 경우 PLA나 ABS는 연성이 상대적으로 없으므로 큰 문제가 없는 경우가 대부분이나, Flexible 필라멘트는 필라멘트의 연성으로 인해 노즐 쪽으로 움직임을 방해하므로 중간에 꼬이거나 하는 등의 필라멘트 흐름에 문제가 생기고 결국 노즐로 토출시 문제가 발생하게 됩니다.

Extruder 내부의 필라멘트 경로 직진성 확인은

① 필라멘트 누름 손잡이를 아래로 누른 상태에서
② 노즐 관리핀을 필라멘트 삽입구에서 Extruder 내부로 넣어 노즐 관리핀이 들어가는 상태를 확인합니다.

Cubicon Single의 경우 유무 감지 센서나 드라이브 기어/아이들러, 착탈부의 경계 등에서 약간의 턱이나 부하가 느껴지지만 노즐 관리핀이 벽에 부딪치는 정도의 심한 장벽이 느껴지면 내부 부품의 정렬 상태를 확인하여야 합니다. 이 경우 착탈 Extruder의 장착 상태를 다시 한 번 확인하시고 정렬 상태 문제가 지속되면 지정 AS센터에 정렬 상태 조정을 요청하시기 바랍니다.

출력 시작 시 노즐과 베드의 간격

Cubicon Single은 Auto Leveling 기능이 포함되어 있어 노즐과 베드의 간격을 자동으로 적절하게 조절합니다. 하지만, 기능에 문제가 발생하여 노즐과 베드의 간격이 너무 가까울 경우 필라멘트 토출시 베드에 막혀 토출이 되지 않고 필라멘트가 꼬이거나 갈리게 됩니다. 이 경우 전원을 끄신 후 10초 정도 기다린 다음 다시 켜서 재 동작 시키기 바랍니다. 계속해서 문제가 발생하면 지정된 AS점을 통해 점검을 요청하시기 바랍니다.

1.2 필라멘트 출력 옵션 설정

Flexible 필라멘트의 토출은 노즐에서 필라멘트를 녹여 밀어 내보내는 것이 아닌 흘려 내보내는 방식으로 출력하는 것이 필요합니다. 이런 조건을 확보하기 위해 프린터 점검뿐 아니라 출력옵션 설정이 중요합니다.

• 당사에서 권장하는 Flexible 필라멘트의 출력 온도는 Bed 65℃, Extruder 노즐 230℃입니다. 적정 온도는 필라멘트나 출력 모델에 따라 달라질 수 있으므로 충분한 경험 후 조절하시는 것을 권장합니다.

• Extruder 노즐의 온도는 출력 속도와 밀접한 관계가 있습니다. 출력 속도를 빠르게 한다면 노즐을 통해 필라멘트를 빨리 녹여 토출해야 하므로 출력 속도가 느린 경우보다 노즐의 온도를 올려야 합니다. 만일 속도에 적합하지 않은 낮은 온도를 설정하게 되면 필라멘트는 기어의 회전을 통해 계속 공급되지만 노즐로 녹아나가지 않으므로 필라멘트가 Extruder 내에서 꼬이거나 하여 토출이 되지 않고 노즐이 막힌 것

같은 토출 결과가 나타날 수 있습니다. 출력 속도에 따른 적절한 노즐 온도를 설정하시기 바랍니다.

- 노즐 온도의 설정은 Spool 스티커에 표기된 온도 범위 내에서 사용하시기 바랍니다. 출력 적정 온도보다 낮을 경우 흐름성이 나빠져 토출에 문제가 생길 수 있고, 출력 적정 온도보다 높을 경우 흐름성이 과다해 토출량에 문제가 생기거나 탄화가 발생할 수 있습니다. 통상적으로 Flexible 필라멘트의 출력 적정 온도 범위는 PLA나 ABS보다 작습니다. 또한, 적정 온도 범위를 벗어나는 경우 출력 실패 확률이 증가합니다.

- 모델에 따라 구간마다 출력 속도는 다를 수 있습니다. 직선 구간과 곡선 구간 등은 감가속이 포함되어 속도는 변하기 때문입니다. 모델에 따라 적절한 속도와 온도를 선택해야 합니다.

- 출력물의 표면이 거칠 경우 온도를 낮추면 표면 품질이 개선될 수 있습니다. Flexible 필라멘트를 사용한 출력 시 출력 속도의 적정 온도보다 높을 경우 노즐 내부에서 녹은 필라멘트가 원하는 위치에서 토출되기 전에 녹아 흘러내리는 경우가 생깁니다. 이 경우 실제 토출할 때는 필라멘트의 양이 모자라게 되고 기포 등이 포함되어 표면 거칠기가 불량해 집니다.

- 바닥 보조물 중 Raft를 사용하는 경우 온도 설정에 주의하여야 합니다. Raft는 출력 모델의 바닥이 불균일하거나 출력 Bed 표면에 문제가 있는 경우 이를 개선하기 위해 사용하는 보조물로 Raft 출력시에는 속도 뿐 아니라 노즐로 토출되는 필라멘트의 양이 많습니다. 즉, 노즐로 공급되는 필라멘트의 양이 통상적인 경우보다 많게 되므로 필라멘트를 녹이기 위해 열의 공급을 늘여야 합니다. Raft를 사용한 출력시 Raft를 출력하는 동안에는 노즐 온도를 5~10도 가량 높게 설정하면 도움이 됩니다.

1.3 필라멘트 변형 주의

필라멘트 Spool에 감긴 초기 필라멘트와 달리 Spool에서 풀리게 되면 필라멘트의 휨성질 등이 바뀌게 됩니다. Flexible 필라멘트의 경우 필라멘트 자체의 연성이 커서 Spool에서 풀린 필라멘트에 변형될 수 있는 힘을 가하게 되면 필라멘트의 직진성을 보장하지 못해(필라멘트가 쉽게 구부러짐) Extruder 내로 공급하기 어렵습니다. 따라서 Flexible 필라멘트의 경우 변형되지 않도록 Spool에 감은 채로 사용하는 것을 권장합니다. 또한 외부의 힘, 온도, 습도 등에 변형이 일어나지 않도록 주의해 주시기 바랍니다.

토출 불량 현상의 이해

1. 토출 불량

일반적인 FFF(Fused Filament Fabrication) 방식의 3D 프린터는 가는 선으로 만들어진 필라멘트를 Extruder(압출기)에 공급하고 Extruder 내에서 필라멘트를 녹여 기어의 힘으로 밀어내며 원하는 위치로 이동하여 토출하면서 출력물을 만들어내는 방식입니다. 필라멘트를 이동시키는 기어와 필라멘트를 녹여내는 Extruder의 노즐 그리고 필라멘트가 이동하는 경로는 프린터에서 중요한 부분이고 가장 고장이 많이 발생하는 곳입니다.

이 내용은 사용자들이 FFF 방식의 3D 프린터를 사용하면서 가장 흔한 문제인 토출 불량(노즐로 필라멘트가 녹아 나오지 않는 현상)이 어떤 경우에 발생되는지 당사 프린터인 Cubicon을 예로 들어 설명하도록 하겠습니다. 토출 불량 현상을 사용자가 충분히 이해한다면 사전에 문제를 예방할 수 있고 문제 발생시 간단한 자가 해결만으로도 문제 해결이 될 수 있으므로 본 문서의 내용을 충분히 이해하고 3D 프린터를 사용하시기 바랍니다.

2. Extruder 구조의 이해

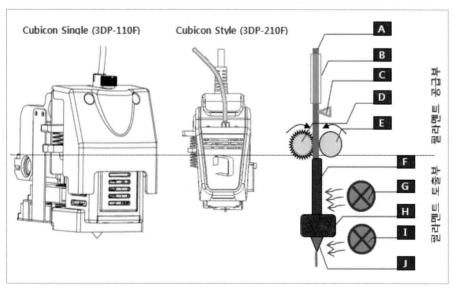

▲ Cubicon Single(3DP–110F) / Cubicon Style(3DP–210F)의 Extruder와 구성부 이해도

[A] 필라멘트	출력에 사용되는 필라멘트
[B] 테프론 튜브	Extruder까지의 필라멘트 경로에 사용되는 테프론 튜브
[C] 필라멘트 유무 감지 센서	필라멘트 유무를 감지하는 센서 (Cubicon Style은 없음)
[D] 드라이브(Drive) 기어	필라멘트 움직임을 제어하는 기어
[E] 아이들러(Idler)	드라이브 기어에 필라멘트를 안착시키는 아이들러
[F] 노즐봉	드라이브 기어에서 노즐까지의 필라멘트 경로 (Cooling Zone)
[G] 쿨링팬 (Cooling Fan)	히터의 열기를 식히기 위해 사용되는 팬
[H] 히팅 블럭 (Heating Block)	필라멘트를 가열하여 녹이는 히팅 블럭
[I] 조형팬 (Mold Fan)	토출된 필라멘트를 식히기 위해 사용되는 팬
[J] 노즐	필라멘트가 노출되는 노즐

위의 그림은 현재 판매되는 FFF 방식의 Cubicon 3D 프린터의 Extruder부와 각 기능을 이해하기 위한 요약도 입니다. (제품에 따라 차이가 있을 수 있습니다.)

출력 진행 시 필라멘트 이동은 다음과 같습니다. 편의상 필라멘트 공급부와 필라멘트 토출부로 역할을 나누도록 하겠습니다. 필라멘트 공급부는 필라멘트 스풀(그림에는 표현되지 않음)에서 공급되는 필라멘트[A]는 테프론 튜브[B]를 통해 Extruder까지 이동됩니다. Extruder로 삽입되는 필라멘트는 필라멘트 유무 감지 센서[C]를 지나 드라이브 기어[D]와 아이들러[E] 사이에 끼워지게 됩니다. 드라이브 기어는 Extruder 모터에 연결되어 모터 회전에 의해 필라멘트를 물어 아래로 내리는 역할을 하게 되고 아이들러는 필라멘트가 기어에 잘 물리도록 스프링력을 통해 필라멘트를 눌러 주도록 되어 있습니다.

필라멘트 공급부로 공급된 필라멘트는 필라멘트 토출부로 들어가게 되는데 노즐까지의 경로를 잡아주는 노즐봉[F]을 통한 필라멘트는 히팅 블럭[H] 속에 삽입된 노즐[J]로 공급됩니다. 히팅 블럭은 노즐에 열을 가하는 부품으로 노즐의 온도를 올려 노즐 속의 필라멘트를 녹이게 됩니다. 히팅 블럭의 열기를 식히기 위해 쿨링팬[G]이 사용되고 노즐을 통해 녹아 토출된 필라멘트를 조형시 식히기 위해 조형팬[I]을 사용하게 됩니다.

위에서 설명한 필라멘트가 토출되기 위해 프린터에서 이동하는 경로에는 여러 가지 기능을 담당하는 부속품들로 구성되어 있습니다. 이 경로상의 여러 기능을 담당하는 부속들의 상태나 사용 필라멘트에 맞는 출력 조건, 사용 필라멘트의 특성 등이 적합하지 않게 되면 필라멘트 토출에 문제가 발생하게 됩니다.

3. 필라멘트 토출 문제

필라멘트 토출에 문제가 생기는 일반적인 경우를 살펴보도록 하겠습니다.

3.1 필라멘트 이동 경로의 문제

프린터에서 필라멘트가 이동하는 경로에 심한 부하가 발생하거나 부품이 파손된 경우, 드라이브 기어가 필라멘트를 당겨서 토출하기 어려운 경우에는 필라멘트 토출에 문제가 발생하게 됩니다.

필라멘트 공급부의 문제

필라멘트 공급부에는 있는 필라멘트 스풀(그림상에는 표시되지 않음), 테프론 튜브, 필라멘트 유무 감지 센서(제품별로 다름), 드라이브 기어, 아이들러에 문제가 생겨 필라멘트의 흐름에 문제가 있는 경우(특히 저항이 심한 경우) 필라멘트 공급이 원활하지 않아 문제가 발생하게 됩니다.

❶ 필라멘트 스풀

필라멘트가 꼬여있거나 프린터에 필라멘트를 공급하는 스풀의 회전이 원활하지 않게 되면 문제가 발생하게 됩니다. 필라멘트의 공급을 확인하시기 바랍니다.

❷ 테프론 튜브

• 스풀에서 Extruder까지 필라멘트 경로를 담당하는 테프론 튜브는 지속 사용에 따라 마모가 발생하게 됩니다. 특히 표면이 거친 필라멘트 등을 사용할 경우 튜브 내부의 마모가 거칠게 발생하여 필라멘트 흐름을 방해하는 저항으로 작용합니다. 테프론 튜브는 소모품이므로 필라멘트 흐름에 문제가 있을 정도의 저항이 발생한 경우는 교체하여 주시기 바랍니다.

• 테프론 튜브에 꺾임이나 꼬임 등이 발생한 경우 필라멘트 흐름에 문제가 발생하게 됩니다. 꺾임이나 꼬임을 해결한 후 사용하시고, 계속 문제가 발생하는 경우는 교체하여 주시기 바랍니다.

❸ 필라멘트 유무 감지 센서 (Cubicon Single 3DP-110F만 해당)

• Cubicon Single (3DP-110F)에는 필라멘트가 Extruder에 공급되지 않는 경우 사용자가 필라멘트를 교체할 수 있는 기능인 유무 감지 기능이 포함되어 있습니다. 이 유무 감지 센서는 필라멘트를 스위치로 눌러 감지하도록 되어 있습니다. 스위치가 파손되었거나 스위치가 오염된 경우 필라멘트 흐름에 저항이 발생할 수 있습니다. 이 경우 스위치를 교체하여야 합니다.

• 필라멘트를 Extruder에 넣을 경우 유무 감지 센서 스위치가 눌려 필라멘트를 넣는 것을 방해할 수 있습니다. 약간의 힘을 주어 필라멘트를 밀어 넣으시기 바랍니다.

TIP ▶ 공급 감지 센서는 민감한 센서로 이루어져 있습니다. 필라멘트에 따라 오동작을 할 수 있으므로 이 경우 필라멘트 공급 감지 기능을 사용하지 않도록 설정하시기 바랍 니다. (메뉴의 Configuration-Filament Check 'Off' 설정)

❹ 드라이브 기어 / 아이들러

• 기어의 톱니, 아이들러에 오염물 부착이 심한 경우 필라멘트를 이동시키는 힘이 부족하게 되어 정상 동작이 되지 않습니다. 보이는 부분을 솔 등으로 청소하시고 사용하시기 바랍니다.

• 관리의 잘못으로 기어의 톱니나 아이들러가 손상되어 필라멘트 이송에 문제가 발생한 경우는 교체가 필요합니다. 특히 노즐 관리핀의 잘못된 사용으로 인해 기어가 마모되어 문제가 될 수 있으므로 주의하시기

바랍니다.

필라멘트 토출부의 문제

필라멘트 토출부는 노즐봉, 히팅 블럭, 노즐 그리고 팬으로 구성되어 있습니다. 히팅 블럭의 경우는 필라멘트와 직접 접촉하지 않고 노즐의 온도를 가열하는 역할을 하므로 설명에서 제외하겠습니다.

토출부의 노즐봉과 노즐의 내부는 눈으로 확인할 수 없는 내부의 부속이라 관리가 어렵고 문제가 발생한 이후에는 조치하기가 어렵습니다. 하지만, 토출 문제의 대부분은 이 곳에서 발생하게 되고 문제가 발생하게 되면 수리가 쉽지 않아 교체하여야 하므로 문제가 발생하기 전에 적절한 관리가 필요합니다.

노즐봉이나 노즐, 히터/온도 센서(히팅 블럭), 팬 등은 FFF 방식에서는 필연적으로 오염이 발생하고 수명이 있는 부품으로 사용자의 관리에 따라 부품의 수명이 결정되므로 지속적이고 적절한 관리가 중요합니다.

❶ 노즐봉

- 드라이브 기어에서 내려 보낸 필라멘트가 토출을 위해 이동하는 경로입니다.
- 노즐봉 입구에 필라멘트 조각 등의 오염물이 있을 경우 필라멘트 이동에 방해가 되므로 제거하시기 바랍니다.
- 사용하는 필라멘트에 부적절한 온도 조건으로 사용하는 경우 노즐봉 내부에서 필라멘트가 변형되어 필라멘트 흐름을 방해하게 됩니다. 노즐 관리핀 등을 사용하여 노즐봉 내부에 변형된 필라멘트가 쌓이지 않도록 하시기 바랍니다.
- 노즐이 가열되어 있는 상태에서 노즐 관리핀을 사용할 경우 노즐 관리핀 주위로 필라멘트가 녹아 붙고 이 녹아 붙은 필라멘트들이 노즐 관리핀 이동 중에 노즐봉 내부에 붙어 오염이 유발되므로 주의하여 사용하시고 오염이 발생하면 즉시 제거해 주시기 바랍니다.

❷ 노즐

- 노즐은 출력 시 필라멘트 조건에 맞게 지속 가열되는 부품이고, 출력물과 접촉되는 부품으로 필라멘트에 의한 오염이나 마모가 지속되는 부품입니다. 따라서 노즐 내/외부에 필라멘트 탄화가 지속되고 오염물이 노즐 내부/외부에 쌓이게 되어 필라멘트 토출에 문제를 유발하게 되고, 심한 경우는 Extruder 내부의 부품 고장으로 프린터가 고장의 원인이 되는 결과를 가져오게 됩니다.
- 노즐 내부에서 탄화된 필라멘트나 오염물들이 쌓이지 않도록 노즐 관리핀을 사용한 노즐봉 및 노즐의 청소를 주기적으로 해주시기 바랍니다.
- 필라멘트의 탄화는 토출되지 않은 필라멘트가 노즐 내부에 있는 상태에서 지속적으로 가열될 경우 심해지므로 가열/냉각을 반복하지 마시기 바랍니다.

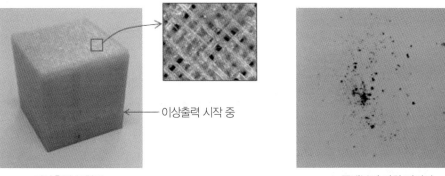

이상출력 조형물   노즐내부의 탄화 찌꺼기

위의 사진은 품질문제가 발생한 조형물의 예입니다. 왼쪽 그림은 출력 중 일부 층부터 출력의 이상이 관찰된 예로서 토출되는 필라멘트의 양이 불규칙하여 출력이 비정상으로 된 것입니다. 문제된 Extruder의 노즐을 분리하여 확인해 본 결과, 노즐 내부의 탄화가 심하여 우측과 같은 찌꺼기나 나왔고 이 찌꺼기들이 노즐로 나오지 않고 필라멘트의 토출을 방해한 것입니다. 노즐 관리핀등을 사용하여 충분히 청소를 해주면 개선할 수 있으나, 노즐 관리핀을 사용하여도 개선되지 않을 경우는 노즐을 교체하여야 합니다.

TIP ▶ • 노즐 관리핀 사용시에는 Extruder 내부의 부품이 손상되지 않도록 부드럽고 적절한 힘을 서서히 가하면서 사용하시기 바랍니다.
　　• 악세서리에 포함된 노즐 관리핀은 사용자가 적절하게 사용하게 되면 아주 좋은 관리 도구이나 과도한 힘을 주거나 지나친 사용을 하게되면 Extruder 내부의 부품 손상이 발생하게 됩니다. 이렇게 발생된 고장은 무상 AS에서 제외되므로 주의하여 사용해 주시기 바랍니다.

❸ 히팅 블럭 (히터, 온도 센서)

필라멘트를 녹이는 히팅 블럭은 열을 가하는 히터와 온도 센서로 구성됩니다. 히터 혹은 온도 센서에 문제가 발생할 경우 사용자가 지정한 온도로 가열되지 않고 너무 높거나 낮은 온도로 가열되어 필라멘트의 탄화가 심해지거나 필라멘트가 녹지 않아 토출이 되지 않게 됩니다. 화면 상의 온도가 지정한 온도와 크게 차이가 나거나 변화가 심하다면 지정 AS센터를 통해 점검하시기 바랍니다.

❹ 팬

Extruder부에 있는 팬 중 토출 문제에 중요한 팬은 쿨링팬입니다. 쿨링팬의 역할은 히팅 블럭의 열기를 적절하게 냉각시켜 상부로 열 전달이 되지 않게 하는 부품입니다.

쿨링팬에 문제가 생기게 되면 히팅 블럭의 열기가 상부로 전달되어 노즐봉 전체를 가열시키거나 상부 구조물에 손상을 주게 됩니다. 이럴 경우 필라멘트 변형으로 토출에 이상이 생기거나 Extruder가 고장나게 됩니다. 쿨링팬이 회전되지 않는 경우는 지정 AS센터를 통해 점검하시기 바랍니다.

Extruder 내부의 필라멘트 경로 상태

필라멘트 공급부와 필라멘트 토출부에 문제가 없는 경우 Extruder 내부에서 필라멘트가 이동할 때 직진성을 유지하는지 경로 상태의 확인이 필요합니다. 필라멘트가 Extruder 내부에서 직진성을 유지하지 못할 경우 직진성을 유지하지 못하는 구간에서 부하가 크게 되어 필라멘트가 노즐 쪽으로 움직이는 것을 방해하므로 중간에 꼬이거나 하는 등의 필라멘트 흐름에 문제가 생기고 결국 노즐로 토출시 문제가 발생하게 됩니다.

 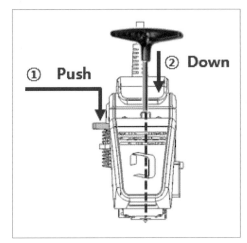

▲ Cubicon Single(3DP-110F) / Cubicon Style(3DP-210F)의 Extruder와 구성부 이해도

Extruder내부의 필라멘트 경로 직진성 확인은

① 필라멘트 누름 손잡이를 아래로 누른 상태에서
② 노즐 관리핀을 필라멘트 삽입구에서 Extruder 내부로 넣어 노즐 관리핀이 들어가는 상태를 확인합니다.

유무 감지 센서(Cubicon Single)나 드라이브 기어/아이들러, 노즐봉 입구 등에서 약간의 턱이나 부하가 느껴지지만 노즐 관리핀이 벽에 부딪치는 정도의 심한 장벽이 느껴지면 내부 부품의 정렬 상태를 확인하여야 합니다. 이 경우 Extruder의 장착 상태를 다시 한번 확인하시고 정렬 상태 문제가 지속되면 지정 AS센터에 정렬 상태 조정을 요청하시기 바랍니다.

출력 시작 시 노즐과 베드의 간격

인쇄를 시작하게 되면 노즐에서 필라멘트가 베드 위에 토출되며 형상을 그리게 됩니다. 이 때 노즐과 베드의 간격이 너무 가까울 경우 베드에 막혀 토출되지 못한 필라멘트가 Extruder 내부에서 꼬이거나 갈리게 됩니다. Cubicon Single, Style은 Auto Leveling 기능이 포함되어 있어 노즐과 베드의 간격을 자동으로 적절하게 조절합니다. 하지만 기능에 문제가 발생하여 노즐과 베드의 간격이 너무 가깝게 되면 문제가 될 수 있습니다. 이 경우 노즐 끝단, 히팅 베드 표면 등의 오염물을 제거한 후 전원을 끄고 10초 정도 기다리신 후 다시 켜서 재동작 시키시기 바랍니다. (Cubicon Single의 경우 착탈 Extruder부를 분리하고 노즐의 상하 운동 이상 유무 및 노즐봉 입구의 오염 등을 제거하십시오.) 계속해서 문제가 발생하면 지정된 AS점을 통해 점검을 요청하시기 바랍니다.

3.2 필라멘트 교차 사용 문제

하나의 프린터에서 여러 필라멘트를 교차 사용할 경우에는 노즐 내부의 청소나 토출 조건 등에 주의하여야 합니다. 필라멘트를 만들기 위해 사용하는 여러 가지 재료들의 특성들이 달라 동일 종류의 필라멘트도 색상별 특성이 다르고 동일 업체의 동일 색상 필라멘트의 Batch별 특성이 다를 수 있고, 심한 경우는 한 필라멘트 스풀에 감겨있는 필라멘트 내에서도 특성이 다르게 나타나는 경우가 있습니다. 물론 이런 특성 차이는 미미한 경우가 대부분이라 사용자가 크게 차이를 느끼지 못하고 사용하는 경우가 대부분이지만 필라멘트 교차 사용시 노즐 청소 등을 자주하는 습관과 Loading, Unloading시의 온도 설정 등을 주의하게 되면 교차 사용에도 큰 문제없이 프린터를 사용할 수 있습니다.

위의 사진은 다른 색상 혹은 다른 종류의 필라멘트를 교차 사용하면서 노즐 관리핀을 사용하여 노즐을 청소할 때 토출된 필라멘트 사진입니다. 사진에서 보는 것처럼 이전 필라멘트 찌꺼기 혹은 탄화된 오염물이 심함을 볼 수 있고 이런 상태로 지속 사용하게 되면 노즐 막힘이 발생하게 됩니다. 노즐 청소 등의 관리는 반드시 필요합니다.

• 동일한 Extruder에서 여러 종류의 필라멘트를 사용하는 경우 노즐 청소를 충분히 하여야 하고 교체 이전과 이후의 필라멘트 토출 온도를 고려하여야 합니다. 이는 노즐 내부에 이전에 출력하던 필라멘트가 남아있는 상태이므로 이 남아있는 필라멘트를 충분히 제거하지 않으면 찌꺼기로 남아 탄화되거나 노즐로 녹아나가지 않고 노즐을 막는 원인으로 작용합니다.

• 필라멘트 교체시의 청소는 다음과 같이 진행합니다. 편의상 출력 시 노즐의 권장 온도 를 ABS : 240℃, PLA : 210℃, Flexible : 230℃로 고려하겠습니다.

아래 표는 필라멘트(A)(노즐 속에 남아있는 필라멘트)를 필라멘트(B)로 교체하는 경우입니다.

	(A) PLA → (B) Flexible	(A) ABS → (B) Flexible	(A) Flexible → (B) PLA	(A) Flexible → (B) ABS
Unloading 노즐 가열 온도(UT)	210	240	230	230
Loading 노즐 가열 온도(LT)	230	240	230	240

① Extruder에서 필라멘트(A) 제거

　　UT의 온도로 Extruder의 노즐을 가열하고 필라멘트(A)를 Unloading합니다.

② Extruder에서 필라멘트(B) 장착

　　LT의 온도로 Extruder의 노즐을 가열하고 필라멘트(B)를 Loading 합니다.

과정은 단순하나 다음의 사항을 충분히 주의하시기 바랍니다.

- Loading 온도는 교체 전후의 필라멘트 중 높은 온도의 필라멘트로 하시기 바랍니다.
- 필라멘트(B)의 Loading량은 충분히(30cm 이상), 몇 회에 걸쳐 진행하십시오. 즉, 30cm 가량 Loading 후 10여 초 기다린 후 다시 Loading을 하는 것을 몇 회 반복합니다.
- 각 단계에 추가하여 노즐 관리핀을 사용하여 노즐 내부에 남은 필라멘트를 밀어내는 것도 좋은 방법입니다.
- 교체 전후의 필라멘트(A)/(B)가 무엇인가에 따라 Unloading/Loading 온도에서 노즐 내의 필라멘트 탄화가 심해질 수 있으므로 교체 과정(청소 과정)은 가능한 빠른 시간 내에 진행하시고, 노즐 내부에 녹아 있는 필라멘트는 온도가 높은 상태에서 방치하지 마시기 바랍니다.
- 일반적으로 PLA나 Flexible 필라멘트의 경우에는 녹은 필라멘트의 끈적임이 심하므로 필라멘트 교체 전 노즐 내부에 남은 필라멘트가 PLA나 Flexible인 경우는 Loading시 좀더 많은 필라멘트를 토출하여 청소하는 것을 권장합니다.
- 필라멘트 교체 전 노즐 내부에 남은 필라멘트를 확인하지 못할 경우에는 프린터에 사용하는 필라멘트 중 가장 높은 온도의 필라멘트가 노즐 내부에 남은 것을 가정하고 청소하시기 바랍니다.
- 필라멘트 교체 전후의 노즐 청소는 동일한 종류의 필라멘트에서 색상만 교체하거나 새로운 필라멘트 스풀을 적용하는 경우에도 진행해 주시는 것을 권장합니다.

위의 표에 제시한 값은 절대적이 아닌 예시이므로 사용자가 충분한 경험을 통해 최적의 조건으로 설정하시기 바랍니다. 노즐의 청소는 무리하게 진행하여 부품을 파손하는 경우가 아니라면 자주 해주시는 것이 수명을 연장시키는 좋은 방법입니다.

TIP ▶ • 노즐 관리핀 사용시에는 Extruder 내부의 부품이 손상되지 않도록 부드럽고 적절한 힘을 서서히 가하면서 사용하시기 바랍니다.
　　　• 액세서리에 포함된 노즐 관리핀은 사용자가 적절하게 사용하게 되면 아주 좋은 관리 도구이나 과도한 힘을 주거나 지나친 사용을 하게되면 Extruder 내부의 부품 손상이 발생하게 됩니다. 이렇게 발생된 고장은 무상 AS에서 제외되므로 주의하여 사용해 주시기 바랍니다.

3.3 필라멘트 문제

필라멘트는 FFF 방식의 프린터에서 프린터 못지 않게 중요합니다. 또한 다양한 회사, 다양한 모델마다 동일한 방식의 구동이라고 하여도 사용 부품 및 기능 등의 차이로 인해 필라멘트의 적합성이 다를 수 있습니다. 이런 부분을 고려하지 않으면 출력 품질뿐만 아니라 토출 불량이 쉽게 발생하고 장비 고장으로까지 확대될 수 있습니다. 각 프린터의 특성을 충분히 이해하고 적합한 필라멘트 적용이 필수적입니다.

비정상 필라멘트 사용

• 필라멘트 상태가 요철이 심하거나 오염된 경우 필라멘트 이동에 문제가 발생하거나 노즐 속에 오염물이 쌓여 토출에 문제가 됩니다. 필라멘트 보관에 주의하시고 (밀봉 보관 권장) 개봉된 필라멘트는 가급적 빨리 사용하시기 바랍니다.

• 재생 필라멘트나 스풀에 다시 감은 필라멘트는 필라멘트 공급 문제를 유발시키기 쉬우므로 사용하지 않는 것을 권장 드립니다.

• 당사의 프린터는 1.75mm 직경의 필라멘트를 사용하도록 설계되었습니다. 만일 너무 굵거나 얇은 필라멘트를 사용하게 되면 토출 불량이 발생될 수 있고 심하면 프린터가 고장날 수도 있습니다. 1.75mm(ABS/PLA의 경우 1.6~1.9mm 범위) 직경의 필라멘트만을 사용하시기 바랍니다.

변형이 심한 필라멘트 사용

필라멘트는 열을 가하면 변형이 시작됩니다. 필라멘트가 녹기전에 이런 변형은 발생하는데 특히 연성이 증가(말랑 말랑해짐)하고 부풀어 오름이 발생됩니다.

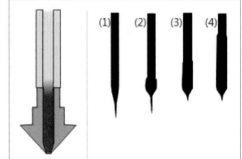

① 연성이 증가하게 되면 드라이브 기어와 아이들러 사이에서 쉽게 눌리게 되어 기어에서 물려서 이동하기 힘들게 됩니다.

② 부풀어 오름이 발생하게 되면 필라멘트 직경이 두꺼워 지게 되어 Extruder 내부에서 이동 시 부하가 증가하게 되어 토출에 영향을 주게 됩니다.

위의 그림은 노즐/노즐봉 내부에서 필라멘트의 변형을 보여주는 모양입니다. (이런 모양은 필라멘트를 Unloading 했을 때 관찰할 수 있고, 필라멘트의 종류, Extruder 토출 조건 및 프린터 내/외부의 대기 온도에 따라 달라질 수 있습니다.)

필라멘트가 노즐/노즐봉속에 있는 상태에서 가열이 지속될 경우 필라멘트에 영향을 주게 되어 필라멘트에 열변형이 일어납니다.

그림의 (4) 〉 (3) 〉 (2) 〉 (1) 순으로 열변형(부풀어 오름)이 심하게 발생한 필라멘트의 모습입니다. 열변형이 많이 발생할수록 필라멘트가 두꺼워지고 두꺼워진 부분이 길어지게 되어 이 두꺼워진 필라멘트에 의해 필라멘트 이동 시 부하가 증가됩니다.

통상적인 경우 출력이 진행되면서 필라멘트는 하단으로 이동하게 되어 열변형이 심해지기 전에 토출이 되나, 시판중인 일부 필라멘트는 심하게 열변형이 발생하여 사용하기에 적합하지 않습니다.

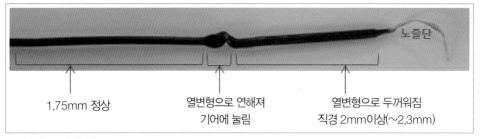

| 1.75mm 정상 | 열변형으로 연해져
기어에 눌림 | 열변형으로 두꺼워짐
직경 2mm이상(~2.3mm) |

노즐단

▲ 심하게 변형된 필라멘트

위의 사진은 열변형이 심한 필라멘트에서 토출 불량이 발생시 Extruder에서 제거한 사진입니다. 노즐에서 기어단까지의 필라멘트가 열변형으로 2mm 이상으로 두꺼워졌고 연성이 증가해 기어에 심하게 눌려 이동에 문제가 발생하였습니다.

이런 변형 현상은

1) Extruder의 노즐 온도 조건이 낮은 PLA 등에서 ABS 필라멘트보다 심하게 나타날 수 있고,

2) 프린터 도어를 개방하여 프린터 내부 온도를 낮추면 개선될 수 있습니다만,

3) 이런 현상이 쉽게 발생하지 않는 필라멘트를 선택하여 사용하여야 합니다.

필라멘트 열변형에 의해 필라멘트가 Extruder 내부에 끼인 경우는 노즐의 온도를 올린 상태에서 뽑아내어 변형된 부분을 제거하고 사용하시기 바랍니다. Extruder 내부에 끼인 필라멘트를 뽑아내기 어려운 경우는 노즐의 온도를 올린 상태에서 노즐 관리핀 등을 사용하여 노즐 쪽으로 밀어 제거하시기 바랍니다.

> TIP▶ 필라멘트의 열변형은 아래와 같은 경우도 심하게 발생할 수 있습니다.
> 1) 필라멘트를 이동하고 있지 않은 상태로 노즐 속에 넣어두고 Extruder 노즐을 지속 가열 (기어가 회전하여도 필라멘트가 이동하지 않는 경우 포함)
> 2) 녹는점이 낮은 PLA 소재 등의 출력 속도가 너무 느린 경우 (모델에 따라 다름) 3) 프린터 내부의 온도가 높아 내부 대기의 온도로 필라멘트의 열변형이 가속되는 경우
> 이 경우 열변형이 발생하여 부풀어 오른 필라멘트는 뽑아내기 어렵습니다. 노즐의 온도를 올린 상태에서 노즐 관리핀 등을 사용하여 노즐 쪽으로 밀어내어 제거하시기 바랍니다.

3.4 필라멘트 출력 옵션 설정

• Extruder 노즐의 온도는 출력 속도와 밀접한 관계가 있습니다. 출력 속도를 빠르게 한다면 노즐을 통해 필라멘트를 빨리 녹여 토출해야 하므로 출력 속도가 느린 경우보다 노즐의 온도를 올려야 합니다. 만일 속도에 적합하지 않은 낮은 온도를 설정하게 되면 필라멘트는 기어의 회전을 통해 계속 공급되지만 노즐로 녹아나가지 않으므로 필라멘트가 Extruder 내에서 꼬이거나 하여 토출이 되지 않고 노즐이 막힌 것 같은 토출 결과가 나타날 수 있습니다. 출력 속도에 따른 적절한 노즐 온도를 설정하시기 바랍니다.

• 노즐 온도의 설정은 Spool 스티커에 표기된 온도 범위 내에서 사용하시기 바랍니다. 출력 적정 온도보다 낮을 경우 흐름성이 나빠져 토출에 문제가 생길 수 있고, 출력 적정 온도보다 높을 경우 흐름성이 과다해 토출량에 문제가 생기거나 탄화가 발생할 수 있습니다. 특히 Flexible 필라멘트의 출력 적정 온도 범위는 PLA나 ABS보다 작습니다. 또한, 적정 온도 범위를 벗어나는 경우 출력 실패 확률이 증가합니다.

- 출력시 모델의 형상에 따라 구간마다 출력 속도는 다를 수 있습니다. 직선 구간과 곡선 구간 등은 감가속이 포함되어 속도는 변하기 때문입니다. 모델에 따라 적절한 속도와 온도를 선택해야 합니다.

- 출력물의 표면이 거친 경우 온도를 높이거나 낮추면 표면 품질이 개선될 수 있습니다. 이는 필라멘트의 흐름성이 설정한 온도에서 적절하지 않기 때문에 발생하는 현상입니다. 예를 들어 Flexible 필라멘트를 사용한 출력 시 출력 속도의 적정 온도보다 높을 경우 노즐 내부에서 녹은 필라멘트가 원하는 위치에서 토출되기 전에 녹아 흘러내리는 경우가 생깁니다. 이 경우 실제 토출할 때는 필라멘트의 양이 모자라게 되고 기포 등이 포함되어 표면 거칠기가 불량해집니다.

- 바닥 보조물 중 Raft를 사용하는 경우 온도 설정에 주의하여야 합니다. Raft는 출력 모델의 바닥이 불균일 하거나 출력 Bed 표면에 문제가 있는 경우 이를 개선하기 위해 사용하는 보조물로 Raft 출력 시에는 속도뿐만 아니라 노즐로 토출되는 필라멘트의 양이 많습니다. 즉, 노즐로 공급되는 필라멘트의 양이 통상적인 경우보다 많게 되므로 필라멘트를 녹이기 위해 열의 공급을 늘려야 합니다. Raft를 사용한 출력 시 Raft를 출력하는 동안에는 노즐 온도를 5~10도 가량 높게 설정하면 도움이 됩니다.

08 출력 품질 향상 팁

1. USB 메모리로 출력하기

3D 프린터가 미래의 신기술 산업으로 크게 각광을 받고 있습니다. 이유는 기존 제품 제작 방식을 획기적으로 바꿀 수 있기 때문입니다. 앞으로 3D 프린터의 사용자는 점차 증가할 것으로 예상되며, 개인이 제품을 제작할 수 있는 날이 올 것입니다. 그에 앞서 3D 프린터는 일반 사람들한테 생소한 제품이고, 사용방법도 간단하지 않습니다. 처음 출력하게 되면 출력이 제대로 되지 않는 경우가 많습니다. 그래서 3D 프린터를 처음 접하는 사람들이 쉽게 3D 프린터의 사용법과 특성을 이해할 수 있도록 Application Note를 제작하게 되었습니다.

본 내용은 자사 3D 프린터 제품인 Cubicon 3DP-110F에 기반해서 내용을 제작하였습니다. 일부 옵션이나 프린터 사용법은 Cubicon에서만 유효합니다. 본 내용은 3D 프린터를 개발하면서 얻은 노하우(Know how)를 일반인이 쉽게 이해할 수 있도록 제작하였습니다.

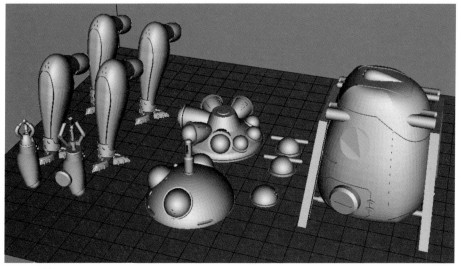

▲ 프린터 출력물

2. Cubicreator 옵션

모델을 3D 프린터에서 출력하기 위한 옵션을 설정하는 부분입니다. 처음 사용하는 사용자는 빠른 설정의 고속, 보통, 저속을 사용하시거나 매뉴얼을 참조하셔서 상세 설정의 옵션을 조정하면 출력 품질을 향상시킬 수 있습니다.

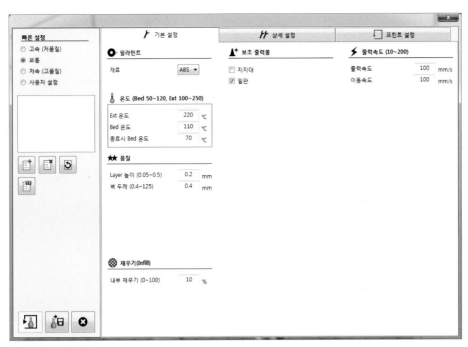

▲ 출력 옵션 기본 설정

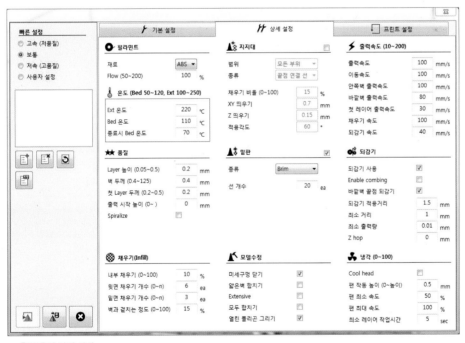

▲ 출력 옵션 상세 설정

TIP▶ 모델을 Slicing하는 부분은 Cubicon만을 위해 최적화하였기 때문에 타사 3D 프린터 제품에는 사용할 수 없습니다.

3. 3D 프린터 특징 및 특성

3.1 문제점

3D 프린터는 3차원으로 모델의 단면을 쌓는 방식으로 조형물이 만들어지기 때문에 출력하는 부분에 있어서 몇 가지 문제점이 발생합니다. 또한 출력물에 사용하는 재질에 따른 특성 때문에 문제점이 발생합니다.

▲ 캐릭터에 팔이 있는 모델

모델 중간에 튀어 나온 경우

첫 번째는 대표적으로 캐릭터 모델에서 팔이 몸에서 수평으로 되어있는 경우 공중에서 출력을 시작하기 때문에 출력이 쌓이지 않습니다.

Extruder 움직임에 따른 진동

3D 프린터는 일반적으로 0.1mm까지도 표현할 수 있는 매우 정밀한 기계입니다. FFF(Fused Filament Fabrication 또는 FMD) 방식의 경우 물리적으로 노즐을 이동해서 모델 단면을 그리기 때문에 노즐의 움직임에 따른 미세한 진동에 영향을 받습니다.

필라멘트 흐름 문제

또한 중력에 의해서 필라멘트가 노즐에서 자연적으로 흘러 출력 품질에 영향을 미치기도 합니다.

재질에 따른 문제

FFF(Fused Filament Fabrication 또는 FMD) 방식에서 일반적으로 ABS, PLA가 많이 사용되는 데 재질에 따른 문제점은 ABS의 경우 온도에 따른 수축 현상 때문에 출력물이 커질수록 휘거나 갈라짐 현상이 커집니다. 출력물의 모서리 부분은 온도 차가 심하기 때문에 모서리 부분이 휘어짐에 취약합니다.

출력 보조물에 의한 문제

Support나 Brim은 출력이 잘 되도록 도와주는 추가물이기는 하나 여기에도 문제점이 있습니다. Support의 경우 모델을 지지하기 위해서 모델에 더 밀착되고 밀도가 높을수록 제거하기 힘들고, 제거 후에도 자국을 남기게 됩니다. 그렇다고 밀도를 낮추고 모델과 거리를 띄울수록 모델을 지지하는 역할을 제대로 하지 못해 실패할 확률이 높습니다.

▲ Support 사용

▲ Support 사용하지 않음

▲ Support 사용

▲ Support 사용하지 않음

3.2 출력 품질 향상을 위한 방안

위에서 설명한 문제들 때문에 3D 프린터 프로그램은 SW적으로 Support와 같은 출력 보조물을 설치해서 출력을 돕습니다. 하지만 Support의 경우 유용하기는 하나 출력 모델에 붙기 때문에 떼어냈을 때 자국을 남기게 되어 많이 사용하면 오히려 출력 표면을 지저분하게 만들 수 있습니다. 가장 좋은 방법은 Support 와 같은 출력 보조물을 사용하지 않는 것인데, 그렇게 하기 위해서는 모델의 형상을 바꿔야 합니다. 쉽게 모델의 형상을 바꾸는 방법은 모델을 회전하거나 위치를 변경하는 것입니다.

방사형 형태

출력 모델을 모델링 단계에서 가능한 방사형으로 만들게 되면 Support와 같은 출력 보조물이 없이도 출력이 가능합니다.

방사형 형태

모델 모양 자체를 회전 이동 변환해서 방사형 형태로 만들어도 효과가 있습니다. 예를 들면 아기 모델의 경우 세워 있는 형태보다 누워 있는 형태가 support의 사용 영역을 줄여서 사용할 수 있기 때문에 출력 품질이 더 좋게 됩니다.

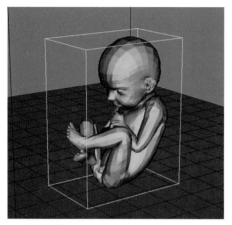
▲ 세워진 형태

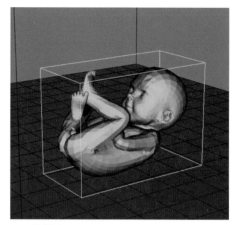
▲ 누운 형태

수축되는 모델

ABS 출력 모델이 갈라지는 이유는 여러 요인이 있겠지만 대표적으로 온도차로 인한 수축 현상 때문입니다. 이를 방지하기 위해서는 내부 온도를 일정하게 유지하고 서서히 온도를 내려야 합니다. 다른 방법으로는 Layer height는 작게 하면 레이어 간 접착력이 높아지기 때문에 갈라짐 방지에 도움이 됩니다.

모델 분리

로봇과 같이 복잡한 모델의 경우는 Support를 최소화 하기 위해서 모델을 부분 부분으로 나누어서 출력을 하면 Support 사용을 줄일 수 있고, 출력 시간도 많이 단축시킬 수 있습니다.

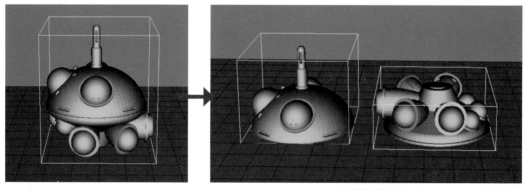
▲ 복잡한 모델 분리

시뮬레이션 사용

출력모델을 일일이 출력해보면서 잘못된 점을 수정하려면 시간이 많이 들기 때문에 Cubicreator에서 제공하는 G-Code 시뮬레이터를 사용하면 출력된 결과물을 미리 볼 수 있으므로 필요한 부분을 수정할 수 있습니다.

TIP 시뮬레이션 기능은 G-Code 패스를 그린 것이기 때문에 실제 출력 때 영향을 미치 는 수축이나 중력의 영향은 알 수 없습니다.

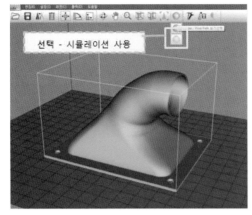

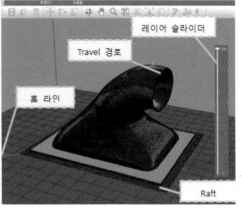

▲ 시뮬레이션 사용   ▲ 모델 출력 시뮬레이션

4. 옵션 별 출력

출력 품질을 향상시키기 위해서는 옵션의 특성을 파악하고 각 모델에 맞게 옵션을 조정하면 최적의 품질을 얻을 수 있습니다.

TIP 여기에서 서술하는 내용은 Cubicon 3DP-110F에서 테스트하였기 때문에 타사 프린터에는 맞지 않을 수 있습니다.

4.1 Raft 및 Support 사용

바닥 보조물

모델 밑 면적이 작거나 높이가 높은 모델은 출력 도중 넘어져 출력이 실패할 확률이 높습니다. 이럴 때 Raft를 사용하면 모델이 넘어지지 않고 출력이 잘 되도록 돕습니다.

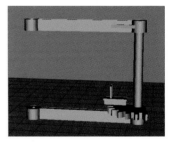

넘어지기 쉬운 모델

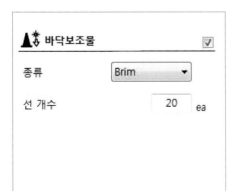

▲ Raft 옵션   ▲ Raft 적용 출력물

▲ Brim 옵션

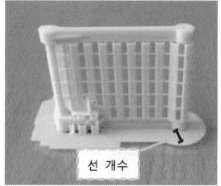

▲ Brim 적용 출력물

지지대

▲ Support

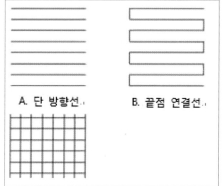

▲ Support 패턴 종류

옵션	설명
단 방향선	지지대의 구조를 직선 형태로 해서 쌓습니다. 출력 완료 후 제거하기 쉬우나 높이 올라가면 쓰러질 수 있습니다.
끝점 연결선	지지대의 구조를 직선 형태에서 끝점을 연결하면서 쌓습니다. 서포터도 튼튼하며 출력 후 제거는 격자 방식에 비해 수월합니다
격자	지지대의 구조를 직선으로 교차하여 격자 모양으로 쌓습니다. 튼튼하나 제거하기 힘듭니다.

▲ Support 범위 모든 부위 적용　　　　　　▲ Support 범위 선택적 부위 적용

4.2 3D 프린팅 기술의 4가지 주요 활용

출력 속도는 기본적으로 Extruder가 빨리 움직이면 진동으로 인해 품질이 나빠집니다. 하지만 출력하는 것을 자세히 살펴보면 내부를 채우는 부분의 안쪽 벽을 그리는 부분과 바깥 벽을 그리는 부분이 각각 나뉘어져 있습니다. 출력 모델이 외부로 노출되는 부분은 바깥벽이기 때문에 바깥벽의 속도만 낮춰줘도 품질이 향상됩니다.

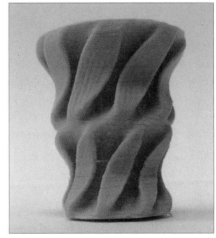

▲ 최대 속도 적용 출력　　　　　　▲ 바깥벽 속도 30 적용 출력물

4.3 Retraction

FFF(Fused Filament Fabrication 또는 FMD) 방식에서 사용하는 일반적인 필라멘트는 액체와 고체의 중간 상태입니다. 이 상태가 특별한데, 중력에 의해서 토출을 하지 않아도 조금씩 노즐에서 나오거나 출력하지 않고 이동해도 고무줄처럼 늘어나고 계속 거미줄처럼 연결된 상태가 됩니다. 이러한 부분이 출력물에 거

미줄이나 뭉침 현상으로 영향을 주기 때문에 Retraction(역토출)을 통해서 끊어주거나 흘러내리는 것을 막아줍니다. 하지만 Retraction을 과도하게 사용하면 필라멘트가 빨려 올라갈 때 내부에 공기층이 형성돼 출력물에 작은 구멍을 만들 수 있기 때문에 적정한 값을 사용해야 합니다.

▲ Retraction을 과도하게 했을 경우

4.4 온도

온도는 사용하는 재질 ABS, PLA에 따라 다르므로 각 재질별 권장 온도를 사용하는 것이 품질에 좋습니다. 너무 높거나 낮으면 Bed에 잘 안 붙고 조형물이 흘러내리거나 노즐이 막힐 수 있습니다.

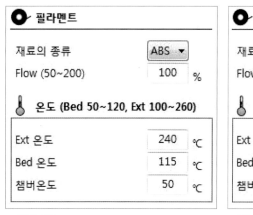

▲ ABS 온도

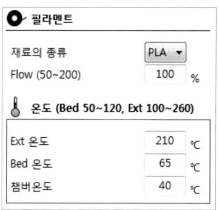

▲ PLA 온도

4.5 모델수정

모델 수정은 slicing한 모델이 특정 모델에서는 출력할 수 없는 부분이 있기 때문에 이를 보정하기 위해서 사용합니다. 예를 들면 기본적으로 3D 모델을 slicing 했을 때 단면이 폐곡선이 되어야 하는데, 그렇지 않은 경우 그 부분을 뛰어넘고 진행할 수 있습니다. 이럴 때 **폴리곤 열린 상태**를 체크해 주면 폐곡선이 아닌 부분도 출력을 하게 됩니다.

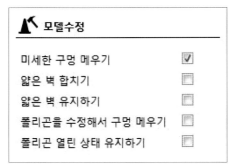

▲ 모델 수정 옵션

미세한 구멍 메우기

벽에 있는 작은 구멍을 무시하고(메우기) 출력합니다.

얇은 벽 합치기 및 얇은 벽 유지하기

이 두 기능은 유사한 기능으로 알고리즘적으로 차이가 있으며 처리가 복잡합니다. 모델 벽의 두께가 얇을 경우 Slicing을 하면 얇은 부위는 사라지거나 프린터가 얇은 부분을 출력하기 위해 벽을 겹쳐서 출력하기도 합니다. 이 기능을 사용하면 외곽 라인만을 가지고 Slicing을 하며 내부는 자동으로 채우기가 되므로 **내부 채우기** 체크를 해제하면 두께감이 있는 모델을 출력할 수 있습니다.

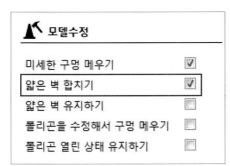

▲ 모델 수정 옵션

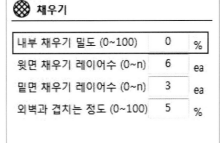

▲ 모델 채우기 옵션 – 두께감이 없어져 내부 채우기가 되지 않으므로 0으로 한다.

▲ 기본 옵션 출력

▲ 얇은 벽 합치기 적용 출력

폴리곤 수정해서 구멍 메우기

모델에 있는 작은 구멍들을 모두 폴리곤을 추가해서 메웁니다. 이 기능은 많은 작업 시간이 소요되며, 다양한 결과가 나올 수 있어 신중하게 사용해야 합니다.

폴리곤 열린 상태 유지하기

출력물을 층층이 잘랐을 때 아웃라인이 폐곡선이 아니면 이 부분은 출력이 되지 않습니다. 이런 경우 이 옵션을 사용하면 폐곡선이 아니어도 강제로 출력을 할 수 있습니다.

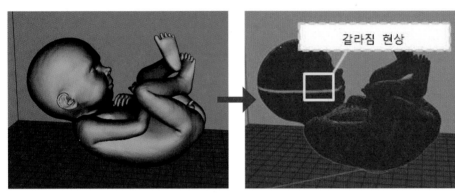

▲ 아기 모델　　　　　　　　　　　▲ 귀 부위에 구멍이 있는 모델. 레이어 전부가 사라지는 문제 발생

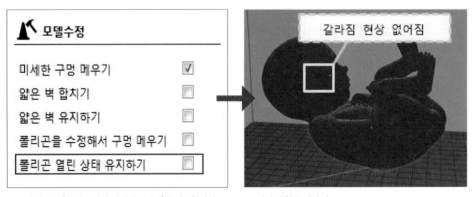

▲ 모델 수정의 '폴리곤 열린 상태 유지하기'를 체크합니다.　　▲ 갈라짐 현상 사라짐

4.6 특수기능

프린터 설정 중 상세 설정의 품질 카테고리에 속한 **나선형 출력**과 **레이어 채우기 사용** 옵션은 특수한 옵션으로 특별한 경우에만 사용해야 합니다.

★★ 품질

레이어 높이 (0.1~0.5)	0.2	mm
외벽 두께 (0.4~125)	0.8	mm
첫 레이어 두께 (0.2~0.5)	0.2	mm
모델 하부 잘라내기 (0~)	0	mm
나선형 출력	☐	
레이어 채우기 사용	☑	

▲ 특수 기능 옵션

나선형 출력

컵과 같은 원통형 모델을 출력하기 위한 모드로 물이 새지 않도록 밑부분 벽을 두껍게 처리합니다.

▲ 일반 출력

▲ 나선형 출력

레이어 채우기 사용

이 기능은 윗면과 밑면을 제외한 중간 부분의 수평면을 채우는 기능입니다. 중간에 수평면이 존재하지 않는 모델(컵 같은 형태의 모델)에서 해제하면 출력 품질을 향상시키고 출력 시간을 단축할 수 있습니다.

레이어 채우기 미사용

5. 모델 별 출력 예제

일반적인 상황에서 3D 모델을 몇 가지 유형으로 분류하여 출력을 향상시키기 위한 옵션 설정과 방법을 소개합니다.

5.1 원통형 모델

★★ 품질		
레이어 높이 (0.1~0.5)	0.2	mm
외벽 두께 (0.4~125)	0.8	mm
첫 레이어 두께 (0.2~0.5)	0.2	mm
모델 하부 잘라내기 (0~)	0	mm
나선형 출력	☐	
레이어 채우기 사용	☐	

▲ 원통형 모델 옵션 설정

컵이나 원처럼 한 레이어를 그릴 때 한 번의 패스 그리기로 끝날 수 있는 모델의 경우에는 나선형 출력을 설정합니다. 단, 손잡이가 있는 컵 같은 경우는 한 번의 패스로 끝날 수 있는 출력물이 아니기 때문에 적용 대상이 아닙니다.

▲ 기본 옵션 출력

▲ 레이어 채우기 미사용 출력

5.2 캐릭터 모델

사람이나 동물같은 형태의 모델은 굴곡이 심하고 복잡한 형태로 되어 있기 때문에 Support를 많이 필요로 하게 됩니다. 그래서 이런 모델은 Support를 최소화하기 위해 회전 변환을 통해서 최대한 방사형 형태로 만든 후 출력을 하면 출력 품질을 향상시킬 수 있습니다.

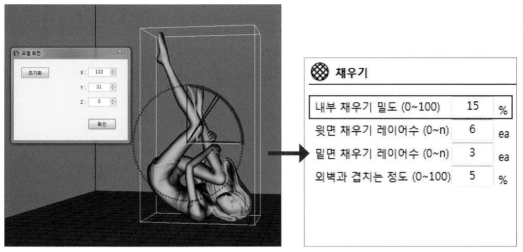

▲ 모델의 다리가 방사형 형태가 되도록 회전시킴

▲ 내부 채우기를 15% 정도로 해서 모델이 잘 부서지지 않도록 함

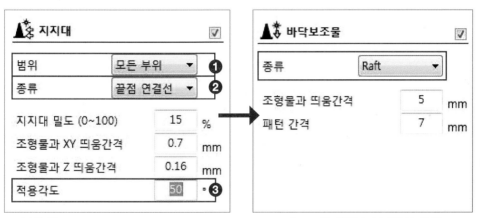

▲ 지지대 사용

▲ Raft나 Brim을 사용하여 바닥과 잘 붙도록 함

❶ **범위** : 모든 부위 – 몸 위의 다리 부분을 지지합니다.

❷ **종류** : 끝점 연결선(몸 안쪽에 있는 Support가 잘 떼어지게 합니다.)

❸ **적용 각도** : 50도 (적용 각도 값이 클수록 Support는 적어집니다.)

▲ 시뮬레이션 결과 Support 감소 및 바닥면 균일 세팅 완료됨

다리부분이 떨어져 나감

Support가 많아 떼어내기 어려움

다리 부분이 잘 나옴

Support가 많이 줄어듦

▲ 기본 상태로 출력   ▲ 회전 적용해서 출력

5.3 복잡한 모델

로봇과 같이 복잡한 모델은 한번에 출력하기보다 부분적으로 나누어서 출력하면 좋은 품질의 출력물을 얻을 수 있습니다. 출력물을 분리하면 출력 보조물의 사용을 최대한 줄일 수 있기 때문에 출력 시간 및 필라멘트를 아낄 수 있는 장점이 있습니다. 출력 모델을 수정하기 위해서는 3D 편집 프로그램을 사용해야 하는데 일반적인 3D 편집 프로그램은 가격도 비싸고 사용하기도 힘들기 때문에 처음 사용자들은 쉬운 프로그램을 사용해야 합니다. 대표적으로 오토데스크사의 123D Design, 또는 TinkerCAD, Google의 Sketch up 등이 있습니다. 대부분의 툴은 모델을 자르고 삭제하는 기능이 포함되어 있습니다.

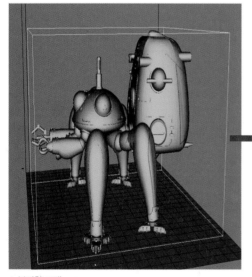

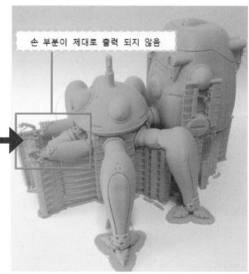

손 부분이 제대로 출력 되지 않음

▲ 복잡한 모델   ▲ 일반 옵션 출력

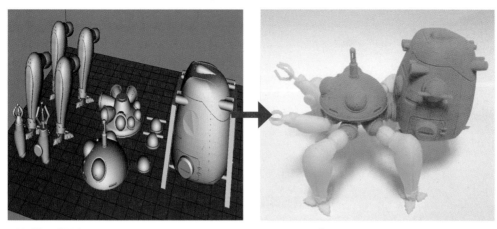

▲ 복잡한 모델 분리   ▲ 복잡한 모델 출력

5.4 사용자 Support 추가

소프트웨어에서 자동으로 만들어주는 Support는 완벽하지 않기 때문에 모든 모델에 일률적으로 적용하는 것 보다 사용자가 필요한 부분에 Support를 추가하면 출력 시간을 줄이고 출력 품질을 올릴 수 있습니다. 사용자 Support 추가도 3D 편집 툴을 사용해서 추가해야 합니다.

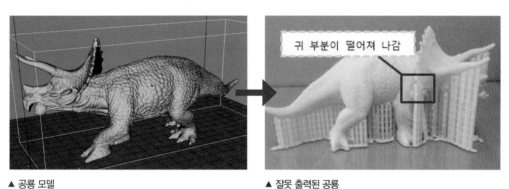

▲ 공룡 모델   ▲ 잘못 출력된 공룡

▲ 사용자 서포트 적용   ▲ 사용자 서포트 적용 출력

6. 마치며

3D 프린터는 이제 막 일반인들한테 활성화되기 시작했습니다. 하지만 아직까지 기존 용지에 글자나 그림을 출력하는 프린터처럼 출력 버튼을 누르면 완벽하게 나오지 않습니다. 앞으로 SW나 재료 및 메카트로닉스 기술이 발전이 되어야 하겠지만 현재 나온 프린터 수준에서 출력 옵션을 다양하게 설정하고 가능한 모델을 3D 프린터에 맞게 제작하면 괜찮은 품질의 출력물을 얻을 수 있습니다. (주)큐비콘은 앞으로 많은 연구 개발을 통해서 사용하기 쉽고 출력 품질이 좋은 프린터를 만들겠습니다.

memo

PART

8

3D 프린팅용 파일과 오류 검출 소프트웨어

01 STL 파일이란?

STL 파일은 CAD 프로그램에 의해 생성되며 3D 모델에 대한 정보를 저장하는 STL 파일 형식의 파일 확장자명으로 이 형식은 색상, 질감 또는 모델 특성을 제외한 3차원 객체의 표면 형상만을 나타내는 것으로 3D 프린팅에 가장 일반적으로 사용되는 파일 형식이다. 이 용어는 '표준 삼각형 언어(Standard Triangle Language)' 또는 '표준 테셀레이션 언어(Standard Tessellation Language)' 라고도 일컬어지지만, STL(StereoLithography)이라는 단어의 약어로 널리 알려져 있다.

3D 프린팅 분야에서 3차원 CAD 데이터를 표현하는 국제 표준 형식 중의 하나로 대부분의 3D 프린터와 호환되는 형식이라는 점 때문에 입력 파일로 널리 사용되고 있다. 1987년도에 이 파일의 형식을 창안한 사람은 미국 3D 시스템즈사의 공동 설립자로 알려진 척 훌(Chuck Hall)이라고 한다. STL 파일은 입체 물체의 3차원 형상의 표면을 수많은 삼각형 면으로 구성하여 표현해 주는 일종의 폴리곤 포맷으로 삼각형의 크기가 작을수록 고품질의 출력물 표면을 얻을 수 있다. STL 파일을 생성하는 방법은 의외로 간단한데 오늘날 대부분의 3차원 CAD 프로그램에서 STL 파일 생성을 지원하는데 디자인한 모델을 내보내기(export)로 하여 STL 파일로 간단히 저장하면 된다. 저장한 STL 파일을 사용자의 3D 프린터에서 지원하는 슬라이싱 소프트웨어(슬라이서, Slicer)로 불러온 후, 원하는 출력 방식으로 환경을 설정하고 G-code로 변환시켜 출력하면 되는 것이다. STL 파일은 모델의 색상에 대한 정보는 별도로 저장되지 않으므로 다양한 색상으로 출력이 필요한 모델의 경우에는 석고 분말 방식이나 잉크젯 방식 등의 3D 프린터를 사용하는데 이런 경우에는 STL 파일이 아니라 색상 정보의 보존이 가능한 PLY, VRML, 3DS 등의 포맷을 사용한다. STL 파일을 편집하고 복구할 수 있는 FREE 소프트웨어로는 FreeCAD, SketchUp, Blender, MeshMixer, MeshLab, 3D Slash, SculptGL 등이 있다.

그림 8-1 **SCAN-STL Converting Data**

그림 8-2 **STL-Slicing Data**

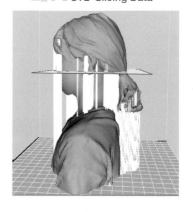

1. STL 파일 형식의 3D 모델 저장

STL 파일 형식의 주된 목적은 3D 객체의 표면 형상을 인코딩하는 것으로 테셀레이션(Tessellation)이라는 간단한 개념을 사용하여 정보를 인코딩하게 된다. 테셀레이션은 겹치거나 틈이 생기지 않도록 하나 이상의 기하학적 모양으로 서페이스를 바둑판 형식으로 배열하는 프로세스로 욕조의 타일 바닥이나 벽을 연상하면 이해하기 쉽다.

그림 8-3 테셀레이션의 예

2. STL 파일 형식에 대한 대안과 장단점

반드시 STL 파일 형식만 3D 프린팅에 사용되는 것은 아니며, 3D 프린팅을 하기 위한 파일 형식만 해도 30여 종류가 넘는다. 이 중에 OBJ 파일 형식은 색상 및 질감 프로파일을 저장할 수 있고 또 다른 옵션으로 Polygon(PLY) 파일 형식이 있으며 원래 3D 스캐닝한 객체를 저장하는 용도로 사용된다.

STL 파일 형식의 장점은 보편적이며 거의 모든 3D 프린터에서 출력을 지원한다는 것이며 단일 색상의 소재로 프린팅하려면 STL이 OBJ보다 나으며 간단하기 때문에 파일 용량도 작고 처리 속도 또한 빨라진다. 하지만 STL 파일을 사용하는 데에도 몇 가지 단점이 있는데 아주 매끄러운 곡면을 표현하기 위해서는 많은 삼각형으로 이루어져야 하기 때문에 파일 용량의 크기가 커질 수 있고, STL 파일에 대한 메타 데이터(예 : 저작자 정보 및 저작권 정보)를 포함시키는 것이 불가능하다.

STL 파일 형식이 다양한 색상의 모델을 처리할 수가 없다고 했는데 STL 파일 형식에 이처럼 색상 정보가 부족한 이유는 신속조형(Rapid Prototype)기술이 1980년대에 태동했을 때만해도 당시에는 누구도 컬러 프린팅을 생각하지 못했다는 것이 아닐까 추측한다.

현재 인터넷 상에서는 싱기버스와 같은 다양한 3D 프린팅용 모델 공유 플랫폼을 통해 무료 STL 파일을 언제든지 다운로드 받아 출력할 수 있다.

무료로 다운로드 받은 STL 파일이 손상되어 버린 경우에도 파일의 오류를 복구하고 수정할 수 있는 유용한 프로그램들이 있으며, STL 파일은 일정한 규칙이 있는데 인접한 삼각형은 두 개의 꼭지점을 공유해야 하며 꼭지점에 적용된 오른 손의 규칙은 법선 벡터와 동일한 방향이 되어야 한다는 것이다. 이런 조건이 STL 파일에서 위반된 경우 파일이 손상되어 버리는 것이다. 이렇게 손상된 STL 파일을 복구하는 데 유용한 프로그램 중에 하나로 오토데스크 'Netfabb Basic' 같은 소프트웨어가 가장 일반적인 STL 파일 문제를 해결하는 상업용 툴이다.

3. STL 파일의 오류 복구

출력을 성공적으로 하기 위한 3D 프린팅용 파일은 몇 가지 기준을 만족해야 하는데 본인이 직접 모델링한 파일이 아니고 공유 플랫폼에서 무료로 다운로드 받은 모델이 문제가 있을 가능성이 높다.

일반적으로 나타나는 문제점을 살펴보면 메시의 일부분이 잘못된 방향으로 향해 뒤집힌다거나 표면이 열림, 서로 겹침, 에지가 반듯하지 않음, 파일 형식의 오류, 척도 오류 등의 문제를 들 수 있다.

직접 모델링을 하여 원본 소스파일을 가지고 있다면 바로 수정이 가능하지만 외부에서 전달받았거나 다운로드 받은 경우 해결하기가 쉽지 않은데, 이런 파일의 오류를 자동으로 복구해주는 효과적인 프로그램들이 있으므로 염려하지 않아도 된다. STL 파일의 오류를 복구해주는 프로그램은 유료와 무료 버전이 있으며, 대표적으로 벨기에 Materialise사의 MAGICS, 미국 Autodesk사의 Meshmixer, Netfabb Basic, Autodesk Print Studio 등을 추천한다.

슬라이서(Slicer)란?

슬라이서(Slicer)는 3D CAD에서 변환한 STL 파일을 G-code라고 하는 형식의 컴퓨터 수치제어(CNC)기계에서 사용하는 프로그래밍 언어로 변환하여 3D 프린터에게 제어 명령을 하달해 주는 소프트웨어를 지칭한다. 프린트 헤드를 어느 방향으로 움직일지 압출기에서 언제 소재를 압출할지 등의 명령을 주는 것으로 출력물의 품질과 출력 속도 등을 좌우하는 중요한 요소이다. 일반적으로 보급형 데스크 탑 3D 프린터에서 사용하는 슬라이서는 큐라(Cura)와 같은 오픈소스형 소프트웨어를 사용자화하여 제조사의 형편에 맞게 수정하여 사용하기도 하고 제조사에서 C언어 등을 활용하여 직접 프로그램을 개발하여 사용하기도 한다.

슬라이서에서 지원하는 기능이나 소프트웨어의 완성도에 따라 3D 프린팅 결과물의 품질에 커다란 영향을 주는데 FFF 방식 3D 프린터의 경우 국내에서는 큐라(Cura), 심플리파이3D(Simplify3D), 큐비크리에이터(Cubicreator), 3DWOX Desktop, 키슬라이서(Kisslicer), Repetier-Host 등을 많이 사용하며, 보통 3D 프린터를 구매하면 무료로 제공되지만 성능과 퀄리티가 좋다고 알려진 미국의 Simplify3D는 유료로 라이선스를 구매하여 사용해야 한다.

그림 8-4 **3D 프린터 슬라이서 Cura**

03 무료 STL 파일 뷰어 도구

STL 파일을 무료로 다운로드 한 뒤 출력이 가능한지 확인해야 하는데 다행히도 무료로 지원되는 STL 뷰어 들이 많이 있어 아래에 소개한다.

뷰어	지원 파일 포맷	시스템	사용 난이도
ViewSTL	OBJ, STL	Online	★
3DViewerOnline	STEP, IGES, STL, PLY, OBJ, 2D-DXF, 2D-DWG, 2D-DXF	Online	★★
Autodesk A360 Viewer	DWG, DWF, RVT, Solidworks, STP, STL 등	Online	★★
ShareCAD	STEP, STP, IGES, BREP, AutoCAD DWG, DXF, DWF, PLT, STL 등	Online	★
Openjscad	AMF, X3D, JSCAD, STL	Online	★★★
Dimension Alley	STL	Online	★
STL Viewer for WordPress	STL	WordPress	★
Gmsh	STEP, IGES, BREP, STL	Windows, Linux	★★★
GLC-Player	OBJ, STL	Windows, Mac, Linux	★★★
Autodesk 123D Make	OBJ, STL	Windows, Mac, iOS	★
3D-Tool Free Viewer	OBJ, CATIA, X_T, IGES, VDA, SA, SAB, STL	Windows	★★
MiniMagics	MAGICS, MGX, STL	Windows	★★
ADA 3D	OBJ, STL	Windows	★
Open 3D Model Viewer	OBJ, 3DS, BLEND, FBX, DXF, LWO, LWS, MD5, MD3, MD2, NDO, X, IFC, DAE, STL	Windows	★★★
EasyViewSTL	STL	Windows	★★
STLView	STL	Windows, Android	★
Mac OS X Preview	STL	Mac	
Pleasant3D	GCode, STL	Mac	★
STL File Viewer	STL	Android	
MeshLab for iOS	PLY, OFF, OBJ, STL	iOS	

① ViewSTL(https://www.viewstl.com/)

ViewSTL은 온라인 상에서 3D 모델을 확인할 수 있는 가장 쉽고 간단한 방법으로 웹사이트를 방문하여 파일을 사각형 점선 안으로 드래그해주면 STL 파일이 로딩되어 자동으로 회전해가며 모델의 정보를 보여준다. 이 무료 STL 뷰어의 디스플레이 옵션에서는 Flat Shading, Smooth Shading, Wireframe과 다른 색상의 3가지 뷰 중에서 모델을 표시할 수 있다.

그림 8-5 **Flat Shading**

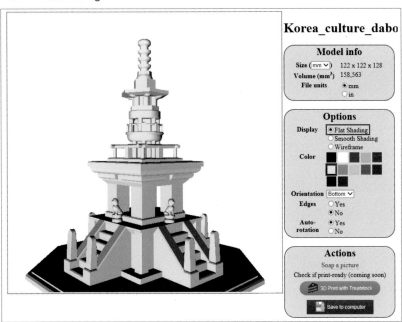

그림 8-6 **Smooth Shading**

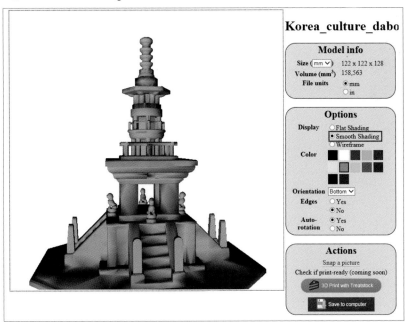

그림 8-7 Wireframe

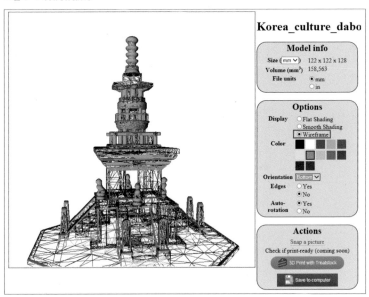

또한, 3D 프린터가 없는 사용자를 위한 온라인 출력 서비스와 연동되어 원하는 소재 및 색상 등을 선택하면 등록되어 있는 3D 프린팅 서비스 기업들의 견적 금액이 자동으로 리스트업 되므로 마음에 드는 업체를 골라 의뢰인의 정보를 입력 후 결제하면 제작하여 배송해주는 서비스를 이용할 수 있다.

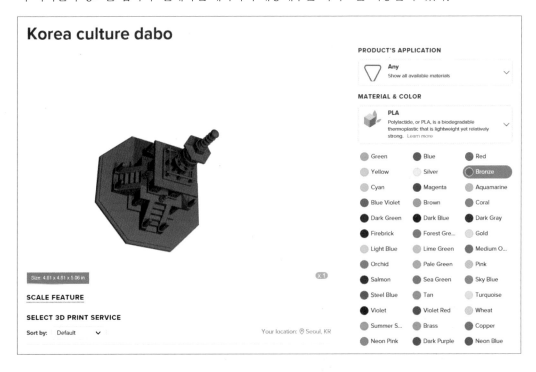

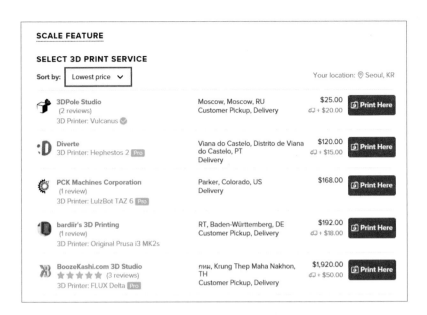

② 3DViewerOnline(https://www.3dvieweronline.com/)

3DViewerOnline은 사용자의 편의성을 지향하는 무료 STL 뷰어이다. 이 도구는 3D 모델 파일을 무료로 볼 수 있을 뿐만 아니라 이메일이나 소셜 미디어를 통해 쉽게 공유할 수도 있다. 이 기능을 이용하려면 기존 Facebook, Google 또는 Twitter 계정을 사용하거나 전자 메일을 통해 사이트에 등록해야 한다. 이 도구에는 두 지점 사이의 거리 측정 및 숨기기, 스마트 선 표시 또는 지정된 축을 따라 열린 메쉬 자르기와 같은 몇 가지 고급 옵션이 있으며, 등록된 사용자는 웹 사이트에 STL 파일 뷰어를 포함시킬 수도 있다.

무료 STL 뷰어 버전의 기능은 일부 제한되어 있으므로 STL 파일 뷰어의 기능을 최대한 사용하려면 프리미엄 계정으로 업그레이드해야 한다. 프리미엄 에디션은 광고가 없으며 클릭 한 번으로 최대 100개의 파일을 업로드하고 3D 뷰어에 회사 로고와 스타일을 추가할 수 있다. 이 기능은 브랜드 상품에 이용하려는 경우 특히 유용하다. 또한 능률적인 사용자 환경을 위해 보기 옵션을 사용하지 않도록 설정할 수도 있다.

PC 상의 STL 파일을 드래그하여 업로드시킨 후 메뉴에서 [Settings]을 클릭하면 모델이 나타나면서 사용자 화면이 표시된다. X, Y, Z 축 방향으로 자유롭게 모델을 돌려보면서 확인할 수가 있다.

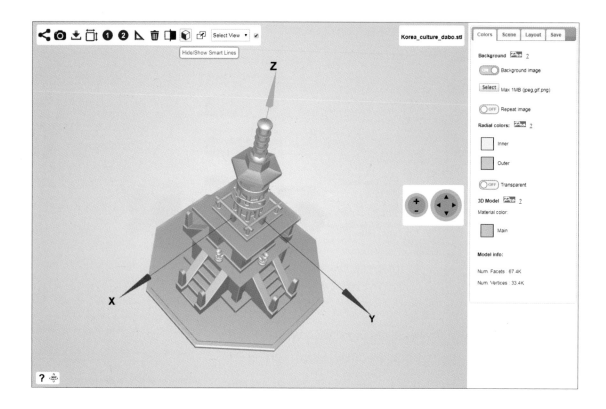

③ Autodesk A360 Viewer(https://viewer.autodesk.com/)

2D & 3D 모델링 소프트웨어 전문 기업인 미국의 Autodesk 사는 현재 초중고 및 대학교와 같은 정규 교육기관에 자사 소프트웨어를 무료로 사용할 수 있는 정책을 실시하고 있는데 A360 Viewer도 무료로 제공하고 있다. 이용하기 위해서는 먼저 무료로 계정을 생성한 후 STL 파일을 브라우저에 업로드하여 확인하면 A360 온라인 3D 뷰어는 많은 고급 기능을 제공하는 것을 알 수 있다. 단순한 화면 확대 및 축소, 패닝 및 모델의 회전과 같은 다양한 기능 뿐만 아니라 모델의 치수를 측정 등을 매우 직관적으로 검사할 수 있다.

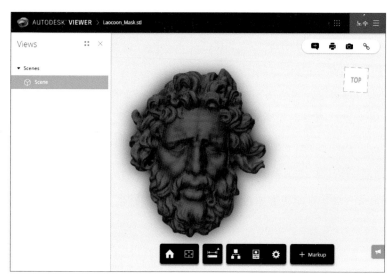

A360 3D 뷰어를 사용하면 디자인을 가져 와서 링크를 통해 공유하고, 스크린 샷을 찍고, 프린팅하거나 심지어 웹 사이트에 삽입할 수도 있다(단, Autodesk 계정을 사용할 때 가능하다). 파일을 업로드하는 대신 클라우드 저장 서비스를 A360 STL 뷰어에 연결할 수 있다. 또한 다양한 분야의 전문가와 관련된 가장 일반적인 2D 및 3D 파일 형식도 50여 가지를 지원하고 있다.

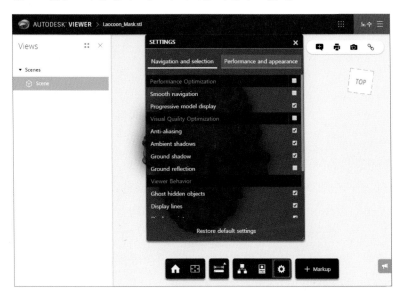

A360 STL 파일 뷰어의 [SETTING]고급 기능 중 일부는 30일 후에는 정식으로 구입을 해야 실행이 된다.

아래 파일 형식은 Autodesk Viewer 무료 및 유료 버전 A360, A360 Team으로 볼 수 있다.

3DM	GLB	SAT
3DS	GLTF	SESSION
ASM	IAM	SKP
CATPART	IDW	SLDASM
CATPRODUCT	IFC	SLDPRT
CGR	IGE	SMB
COLLABORATION	IGES	SMT
DAE	IGS	STE
DGN	IPT	STEP
DLV3	IWM	STL
DWF	JT	STLA
DWFX	MAX	STLB
DWG	MODEL	STP

DWT	NEU	STPZ
DXF	NWC	WIRE
EMODEL	NWD	X_B
EXP	OBJ	X_T
F3D	PRT	XAS
FBX	PSMODEL	XPR
G	RVT	
GBXML	SAB	

④ ShareCAD(http://beta.sharecad.org/)

ShareCAD는 무료로 제공되는 STL 뷰어로 웹 브라우저에서 STL 파일을 바로 확인할 수 있다. 브라우저 상에서 [Select] 버튼을 누르고 [Send]를 선택하면 파일이 업로드가 되면 다양한 쉐이더 및 보기 모드 중에서 선택할 수 있다. 또한 기본 측정 도구를 제공하며 사용자들에게 흥미로운 CAD, 3D, 벡터 및 래스터 파일 형식의 주목할만한 범위를 지원한다. 아카이브를 서비스에 업로드하고 파일을 공유하며 웹 사이트에 뷰어를 포함시킬 수도 있는데 지원 가능한 최대 파일 크기는 50MB로 제한된다.

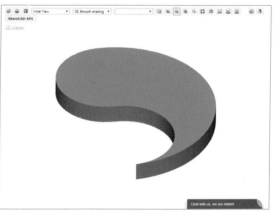

⑤ Openjscad(https://openjscad.org/)

OpenJSCAD.org는 무료 온라인 STL 파일 뷰어로 OpenJsCad 및 OpenSCAD.org를 기반으로 한다. 이 STL 파일 뷰어는 3D 모델을 보고 개발할 수 있는 프로그래머의 접근 방식을 제공한다. 특히 이 향상된 기능은 3D 프린팅을 위한 정밀한 모델을 만드는 방향으로 조정되며 OpenSCAD와 마찬가지로 대화식 모델링 도구를 사용하여 3D 모델을 만들지 않지만 대신 부울 연산을 사용하여 기본 모양을 결합한다. 또한 브라우저가 오프라인일 경우에도 작동하며 뷰어는 객체를 중심으로 회전시킬 수 있으며 일부 파일 형식만 표시할 수도 있다.

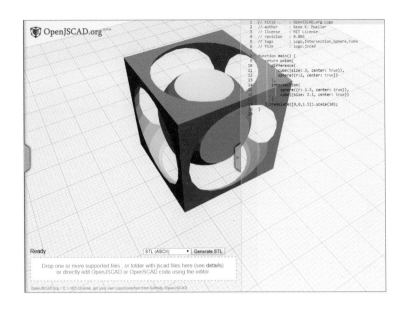

⑥ Dimension Alley(http://dimensionalley.com/)

Dimension Alley는 독일 베를린에 위치한 '3D 프린팅 체험 샵 및 카페'이다. 3D 워크샵, 3D 스캐닝, 모델링 서비스, 3D 프린팅 서비스 이외에도 웹 사이트 방문자들에게 온라인으로 무료 STL 뷰어를 이용할 수 있도록 하고 있다. 이 3D 뷰어는 별로 기능이 없어 보이지만 STL 파일을 업로드하면 간단하고 빠르게 3D 모델의 형상을 확인할 수 있다. 그런 다음 사이트에서 지원하는 다양한 플라스틱 소재로 온라인 3D 프린팅 서비스를 통해 색상, 크기 등을 선택하고 주문할 수 있다.

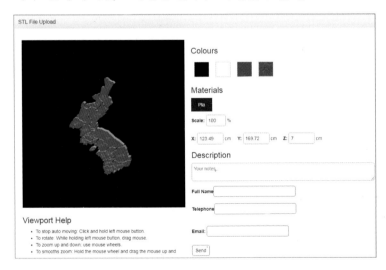

⑦ STL Viewer for WordPress(https://de.wordpress.org/plugins/stl-viewer/)

이 무료 STL 뷰어는 블로그(Blog)에 3D 파일을 쉽게 표시할 수 있는 WordPress 플러그인으로 간단한 단축 코드를 사용하여 구현된다. 플러그인은 WebGL을 기반으로 하고 있는데 다른 3D 뷰어와 비교할 때 기능이 상당히 제한적이다. 원하는 방향으로 객체를 자유롭게 확대와 축소 및 회전시켜 볼 수 있다. 현재 플러그인은 2015년에 마지막으로 업데이트 되었으며 페이지 당 한 번만 사용할 수 있다.

⑧ Gmsh(http://gmsh.info/)

Gmsh는 단순한 무료 STL 뷰어 이상의 기능을 제공하는데 복잡한 물리적 시뮬레이션을 수행하는 데 사용되는 CAD 엔진이 있는 3차원 유한 요소 메쉬 생성기이다. 퍼블릭 도메인에는 없지만 GNU(General Public License)에 따라 배포되므로 자유롭게 사용할 수 있다. 그러나 이 무료 STL 뷰어는 초보자에게 꽤 압도적인 기능을 제공하며 보기 도구를 사용하면 단면 3D 파일을 연결할 수 있다. 현재 윈도우(32 bit), 리눅스, MacOS에서 사용이 가능하며 3D 모델 뷰어 기능 이외에도 점, 선 및 표면을 정의하여 처음부터 3D 모델을 생성할 수도 있다. 이 STL 파일 뷰어는 산업계에서 주로 사용하는 CAD 형식을 가져올 수 있으므로 엔지니어에게 유용한 도구이다.

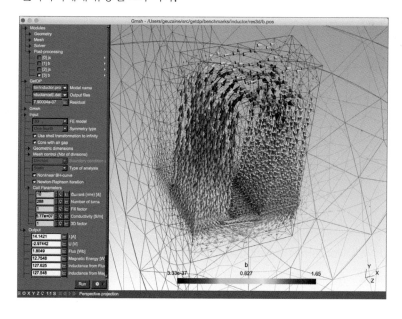

⑨ GLC Player(http://www.glc-player.net/download.php)

GLC Player는 다양한 기능을 갖춘 무료 STL 뷰어로 COLLADA, 3DXML, OBJ, 3DS, STL, OFF 및 COFF 형식과 같은 일반적인 3D 파일 형식을 지원한다. 이 프로그램은 또한 고급 뷰어 도구를 제공하는데 예를 들어 사용자가 3D 모델의 교차 단면을 보고 스냅 샷을 찍을 수도 있다. 무료 STL 뷰어에서 일반적으로 찾아 볼 수 없는 기능으로 모델 관리를 할 수 있으며 텍스처를 포함하여 모델 요소의 트리 뷰가 가능하고 각 속성을 나타내고 켜고 끌 수 있다.

그림 4-7 GLC Player Mac OS X

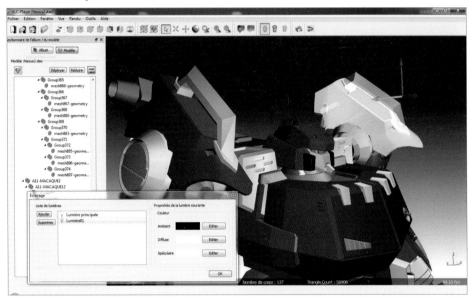

이 STL 뷰어의 렌더링 기능은 매우 멋지고 카메라 속성을 변경하여 다른 각도에서 정확하게 볼 수 있으며, 또 다른 멋진 기능으로 네 가지의 쉐이더 옵션을 선택하고 광원을 변경할 수도 있다. GLC 플레이어는 STL 뷰어일 뿐이지만 초보자에게는 상당히 어려울 수 있으며 능숙하게 다룰 수 있는 사용자는 풍부한 기능을 확실히 체험할 수 있다.

⑩ 3D-Tool Free Viewer(https://www.3d-tool.com/)

3D-Tool은 Windows용 고급 STL 파일 뷰어이다. 무료 버전에서도 크로스 섹션 기능을 제공하므로 모델 내부를 확인할 수 있다. 기본적인 애니메이션 기능이 있어 모델을 회전하거나 분해된 뷰를 추가할 수 있다. 3D 프린팅의 경우 벽 두께를 검사하는 옵션도 있으며 프로그램의 특별한 장점은 정밀한 측정 도구가 제공된다는 점이다. 또한 렌더링 품질이 좋으며 조명의 광원과 방향을 쉽게 변경할 수도 있다.

3D-Tool의 폭넓은 CAD 지원은 엔지니어 및 산업 디자이너에게 특히 유용한데 3D-Tool은 모델을 확인하고 테스트할 수 있는 다양한 도구를 제공하는 STL 뷰어이다.

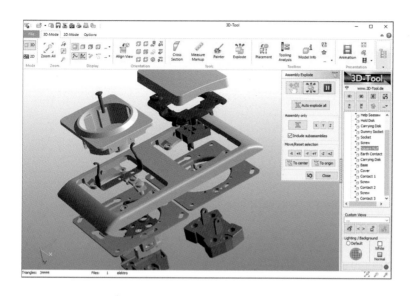

⑪ MiniMagics(http://www.materialise.com/ko/software/minimagics)

Materialize의 3D 프린팅용 무료 STL 뷰어인 MiniMagics는 3D 프린팅 서비스를 염두에 두고 설계되었다. 이 프로그램은 3D 모델을 시각화하고 고객 및 파트너에게 3D 프린팅 견적을 낼 수 있도록 프로그램 되었다. 장점은 로드(Load)된 모든 파일의 품질을 신속한 분석을 할 수 있게 해주는 프로그램의 사용자 친화적인 인터페이스를 들 수 있다. 기본적인 기능으로 모델의 회전, 이동 및 확대와 축소를 통해 확인할 수 있으며, 고급 기능 중 내부 및 주석 도구를 검사할 수 있는 횡단면 보기가 있다. MiniMagics는 보다 전문적인 STL 뷰어로서 사용자가 모델을 빠르고 효율적으로 복구할 수 있는 "3DPrintCloud" 버튼이 통합되어 있다.

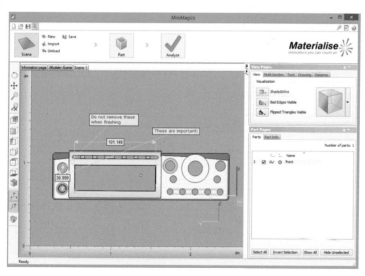

⑫ ADA 3D(http://www.ada.bg/)

ADA 3D는 간단한 사용자 인터페이스를 갖춘 기본적인 무료 STL 뷰어로, 3D Studio Max, MAYA 및 Z Brush나 기타 CAD 시스템에서 모델링되거나 물리적 객체의 3D 디지털화 생성된 3D 모델을 표시하고 다각형 메쉬를 검사하는 데 이상적인 뷰어이다. 사용자는 선호도에 따라 시각화 색상을 조정할 수 있으며, 뷰포트는 메쉬(Mesh)의 미세한 디테일을 검사하기 위해 평평하거나 부드러운 쉐이더로 객체를 렌더링하도록 조정할 수 있다.

⑬ Open 3D Model Viewer(http://www.open3mod.com/)

이 뷰어는 강력한 기능과 직관적인 사용자 인터페이스를 제공하며 40여 개가 넘는 3D 파일 형식을 가져올 수 있으며, 모델 뷰어에서는 탭이 있는 UX가 있어서 다중 장면을 동시에 열어 볼 수 있다. 3D 뷰는 최대 4개의 뷰포트로 분할되며 각 뷰 포트에 대해 서로 다른 카메라 모드를 사용할 수 있다. STL 파일 외에 OBJ, 3DS, BLEND, FBX, DXF, LWO, LWS, MD5, MD3, MD2, NDO, X, IFC and Collada를 지원하며 일부 파일 형식은 가져오기 형식으로 지원된다.

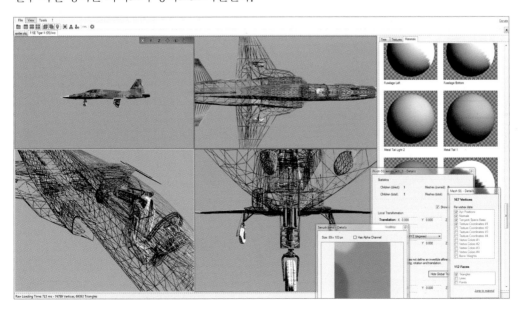

⑭ EasyViewSTL(http://www.gcad3d.org/EasyViewStl.htm)

EasyViewSTL은 무료 STL 뷰어로 이 소프트웨어에는 3D 모델이 뷰 포트에서 렌더링되는 방식을 변경하는 많은 설정 및 옵션이 있다. 그리드(Grid)와 같은 여러 기능을 사용하면 객체를 더 잘 이해할 수 있다.

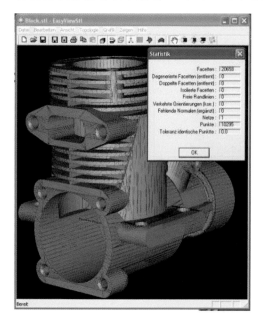

⑮ STLView(http://www.freestlview.com/)

STLView는 터치 스크린 지원이 되는 Windows 및 Android용 초보자를 위한 무료 STL 뷰어이다. 이 3D 뷰어는 CNC 밀링 회사인 ModuleWorks에서 제공하고 있는데 그 기능은 아주 간단하여 다른 방향으로 카메라를 이동하고 객체와 배경의 색상을 변경할 수 있는 기능이 전부이지만, 어떤 각도에서든지 3D 프린팅 모델을 볼 수 있는 빠른 뷰어이다.

⑯ Pleasant3d(http://pleasantsoftware.com/developer/pleasant3d/)

Pleasant3D는 Mac OS X 사용자용의 가볍고 간단한 무료 STL 뷰어로 치수 및 위치를 변경할 수 있고 X, Y 및 Z 축을 따라 모델을 회전시킬 수 있다. 3D 프린팅을 하기 위해 파일을 준비하려면 슬라이서 소프트웨어에서 G-Code로 변환하고 레이어를 검사하여 프린팅시 발생될 수 있는 문제를 미리 파악할 수 있다. 새로운 버전에서는 Finder의 Quicklook 기능에 통합할 수 있어서 이 3D 뷰어는 3D 모델을 빠르게 볼 수 있는 방법 뿐만 아니라 컴퓨터에서 3D 모델 파일을 구성하는 데 유용한 도구가 될 수 있다.

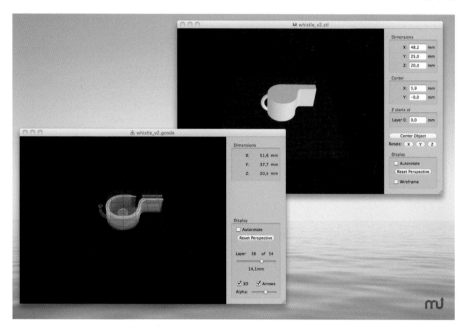

⑰ STL File Viewer(구글 플레이스 스토어에서 앱 다운로드 가능)

ModuleWorks의 이 STL 뷰어를 사용하면 Android 스마트폰 또는 태블릿에서 3D 파일에 액세스할 수 있다. 무료 앱으로 아주 기본적인 기능을 지원하는 3D 뷰어로 이 앱은 스마트폰에 내장된 자이로스코프 기능이 있어 'Gyrocam'이라는 보기 모드를 사용하면 스마트 폰에서 3D 객체를 회전시켜 볼 수 있으며 또한 이 앱은 여러 모델을 동시에 처리할 수도 있다.

⑱ MeshLab for iOS(http://www.meshpad.org/)

MeshLab for iOS는 사용하기 쉬운 STL 뷰어로서 복잡한 3D 모델을 간단하고 직관적인 방식으로 표시하므로 직접 탐색을 통해 3D 모델을 정확하게 검사할 수 있다. 무료로 제공되는 iOS 앱이지만 이 3D 뷰어는 다양한 표준 3D 파일 형식을 읽고 iPad에 매우 복잡한 모델(최대 2,000,000 개의 삼각형)을 효율적으로 표시할 수 있다. 이 응용 프로그램은 Visual Computing Lab에서 이탈리아 국립 연구위원회(CNR)의 연구그룹에서 개발되었다.

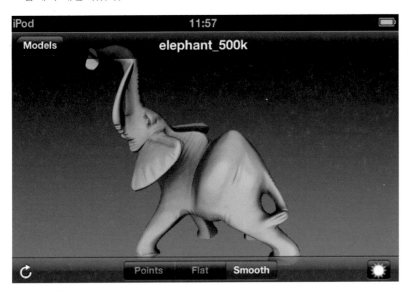

⑲ All3DP (https://print.all3dp.com/)

3D 프린팅 서비스 가격 비교 사이트인 All3DP에도 무료 STL 뷰어가 있는데 간단하게 3D 모델을 업로드하고, 원하는 출력 소재를 선택하면 Shapeways나 i.materalise와 같은 전문 온라인 3D 프린팅 서비스 업체와 연결해 준다.

2. Choose a material

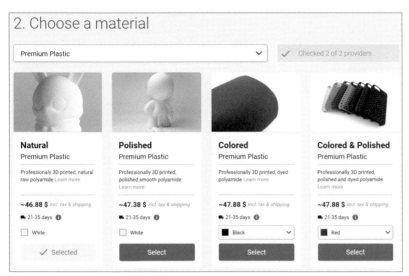

Premium Plastic ⌄   ✓ Checked 2 of 2 providers

Natural
Premium Plastic

Professionaly 3D printed, natural raw polyamide Learn more

~46.88 $ incl. tax & shipping
🚚 21-35 days ℹ

☐ White

✓ Selected

Polished
Premium Plastic

Professionally 3D printed, polished smooth polyamide Learn more

~47.38 $ incl. tax & shipping
🚚 21-35 days ℹ

☐ White

Select

Colored
Premium Plastic

Professionally 3D printed, dyed polyamide Learn more

~47.88 $ incl. tax & shipping
🚚 21-35 days ℹ

⬛ Black ⌄

Select

Colored & Polished
Premium Plastic

Professionally 3D printed, polished and dyed polyamide Learn more

~47.88 $ incl. tax & shipping
🚚 21-35 days ℹ

🟥 Red ⌄

Select

3. Choose a provider and shipping option

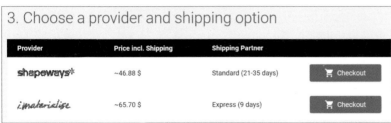

Provider	Price incl. Shipping	Shipping Partner	
shapeways⁎	~46.88 $	Standard (21-35 days)	🛒 Checkout
i.materialise	~65.70 $	Express (9 days)	🛒 Checkout

3D CAD 소프트웨어에 따라 3D 모델링한 파일은 다양한 파일 형식으로 저장될 수 있다. 대부분의 3D CAD 소프트웨어에서는 인벤터(Inventor)의 ipt 파일, 솔리드웍스(SolidWorks)의 SLDPRT와 같이 각자 고유의 포맷을 지원하고 있다. 무료로 사용할 수 있는 블렌더(Blender)와 같은 일부 오픈소스 소프트웨어도 다양한 파일 형식을 불러오거나 내보내는 것을 지원하고 있다.

1. STL

STL(Standard Tessellation Language)은 3D System 사에서 개발된 파일 형식으로 STereoLithography 소프트웨어용 기본 확장자로 현재 3D 프린팅 시스템의 파일 포맷으로 사실상 표준 데이터 전송 형식이 되어 널리 이용되고 있다.

STL 파일 형식은 신속하게 시제품(프로토타입)을 제작하고 CAM(computer-aided manufacturing)에 흔히 사용되는데 3D STL 파일은 일반적인 CAD 모델의 색상, 텍스처, 재료 또는 다른 특성 등이 없으며, 3차원 물체의 표면 기하 정보만 담고 있다.

3D CAD에서 작업한 모델을 STL 파일로 내보내면 이러한 정보들은 사라지게 되며, 출력 및 모델 측정 단위에 대한 정보도 포함되지 않으므로 주의를 필요로 하게 된다. 따라서 열용해적층방식(FDM/FFF)이나 광조형방식(SLA/DLP), 분말소결방식의 단일 색상을 출력하는 3D 프린터에서 많이 사용하고 있는 것이다.

STL 파일은 3차원 데이터를 표현하는 국제 표준 형식 중 하나로 대부분의 3D 프린터에서 입력 파일로 많이 사용되고 있는데 1980년대 이 파일의 형식을 창안한 사람은 3D System의 공동 설립자 찰스 홀이라고 한다. STL은 입체 물체의 표면 즉, 3차원 형상을 무수히 많은 삼각형 면으로 구성하여 표현해 주는 일종의 폴리곤 포맷이기 때문에 삼각형의 크기가 작을수록 고품질의 출력물 표면을 얻을 수 있는 것이다.

폴리곤 형식이란 3D CAD에서 삼각형이나 사각형 등의 조합으로 물체를 표현할 때 요소를 가르키는 것으로 폴리곤의 수가 많을수록 자세한 표현이 가능하다고 이해하면 된다.

STL 파일은 곡면을 표현하기가 곤란하지만 삼각형의 분할 수를 보다 많이 늘려서 섬세한 삼각형으로 그려 내면 거의 곡면과 유사한 형상이 된다. STL 파일의 생성은 보통 3D CAD 프로그램에서 Export(내보내기)로 저장할 수 있는데 STL 포맷으로 저장할 때 폴리곤의 분할 수를 지정할 수 있는 소프트웨어도 있지만 보통은 3D 프린터로 출력하는 경우 기본 설정만으로도 내보내도 큰 문제는 없을 것이다.

최근 3D CG(컴퓨터 그래픽) 프로그램들에서도 STL 포맷을 지원하는 경우가 늘었지만 예전의 프로그램에

선 STL 포맷을 지원하지 않는 것들이 많았는데 이런 경우 우선 OBJ 포맷 형식으로 저장한 후에 Freeware인 MeshLab 등을 사용하여 STL 포맷으로 변환하면 된다.

다시 한번 강조하는데 STL 포맷은 모델의 컬러(색상)에 대한 정보는 저장하지 않으며 오직 한 가지 색상만으로 저장하게 되므로 여러 가지 색상의 컬러 출력이 가능한 석고 분말 기반(CJP, MJM, SLS 등) 방식의 3D 프린터에서는 STL 포맷이 아니라 색상 정보의 보존이 가능한 PLY 포맷이나 VRML 포맷의 3D 데이터를 사용한다.

STL은 ASCII와 Binary의 두 가지 형태가 있으며 Binary 포맷은 동일한 해상도에서 ASCII보다 6배 정도 더 작은 파일 사이즈를 가지지만 파일의 품질에는 차이가 없기 때문에 일반적으로 많이 사용한다.

그림 8-8 **STL 파일의 옵션 조정에 따른 차이**

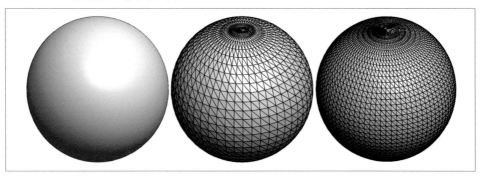

2. OBJ

OBJ 파일 형식도 일반적인 유형의 3D 파일로 다양한 3D 편집 프로그램에서 내보내고 열어 볼 수 있는 표준 형식이며 3D 좌표, 텍스처 맵, 다각형면 및 기타 객체 정보를 포함하는 3차원 객체로 색상이나 재질에 대한 정보가 필요한 경우 STL 파일 대신에 많은 3D 소프트웨어에서 교환 형식으로 사용된다.

OBJ 파일 형식은 Advanced Visualizer 패키지에서 사용하기 위해 Wavefront Technologies (3D Maya 모델링 소프트웨어 디자이너) 에서 개발했다.

OBJ 파일에는 사용된 재료와 색상을 나타내는 MTL (Material Library) 파일이 수반될 수 있는데 MTL은 Waterfront에서 만들어진 또 하나의 표준으로 연결된 파일들을 통해 색상 정보를 확인할 수 있고, 멀티컬러 출력에 가장 적합한 형식 중 하나이지만 투명도와 반사재질과 같은 정보는 3D 프린터로 출력할 수는 없다.

그림 8-9 OBJ 파일

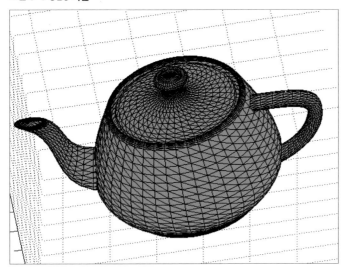

3. PLY

PLY 파일 형식은 폴리곤 파일 포맷(Polygon File Format. ply) 또는 Stanford Triangle Format 으로도 알려진 형식으로 주로 3D 스캔 장비에서 추출한 3차원 데이터를 저장할 수 있어 디지털 제조 방식에서 자주 사용된다. 파일 형식에는 STL과 마찬가지로 ASCII와 Binary의 두 가지 버전이 있는데 색상 및 투명도, 텍스처 등의 다양한 속성을 포함하고 있어 그래픽 프로그램에서 주로 사용된다. PLY는 3D 메쉬를 처리하고 편집하는 오픈소스 스스템인 MeshLab(http://www.meshlab.net/)과 같은 소프트웨어를 사용하여 간단하게 STL 파일로 변환이 가능하다.

그림 8-10 PLY 파일-ASCII Polygon Format

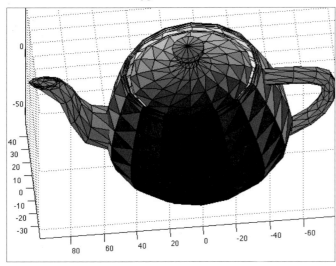

4. VRML (가상현실 모델링 언어, Virtual Reality Modeling Language)

VRML 파일 형식은 1995년 최초의 웹 기반으로 개발된 3D 파일 형식으로 VRML은 3D 지오메트리, 애니메이션 및 스크립팅을 지원했으며 3D 그래픽을 표현하기 위한 표준 파일 형식이다. 1997년 VRML은 ISO 인증을 받았으며 계속해서 많은 아티스트와 엔지니어의 사용자를 확보했으며 VRML은 도구 및 뷰어에서 가장 널리 지원되는 3D 형식이며, X3D는 특히 애니메이션 분야에서 많이 사용하고 있는데 이 포맷은 더욱 정밀한 실사 수준의 렌더링을 가능하게 한다.

이 국제 표준은 원래 3D 프린팅용으로 개발된 것은 아니지만 UV 텍스처를 가진 3차원 폴리곤에 적합하며 A4 종이를 소재로 한 컬러 프린터인 Mcor IRIS HD 3D 프린터와 같은 컬러 3D 프린터에서 자주 사용되고 있다.

5. COLLADA (https://www.khronos.org/collada/)

COLLADA(COLLAborative Design Activity) 파일 형식은 전 세계의 서로 다른 3D CAD 소프트웨어에서 파일을 쉽게 공유하기 위해 만든 파일 형식으로 현재 비영리 기술 컨소시엄인 Khronos Group이 관리하고 있으며 ISO에서 공개적으로 사용 가능한 ISO / PAS 17506 사양으로 채택되었다.

COLLADA는 2004년 SIGGRAPH(시그라프, Special Interest Group on Computer Graphics)에서 Sony Computer Entertainment America의 기술에 의해 개발이 시작된 3D 데이터를 위한 파일 포맷이다.

게임 등 3D 그래픽을 사용하는 응용 프로그램에서는 모델 데이터 및 텍스처, 쉐이더, 애니메이션 등 다양한 데이터가 필요하다. 이러한 데이터를 생성하기 위해서는 여러 소프트웨어를 사용할 수 있도록 소프트웨어 간에 데이터를 전달해야 한다. 이때, 소프트웨어 고유의 파일 포맷으로 변환하여 전달을 계속하면 데이터가 손상되는 등 여러 가지 문제가 발생한다. 그래서 소프트웨어 간에 데이터의 손상없이 원활하게 전달할 수 있는 통합 형식으로 COLLADA가 개발되었다.

COLLADA를 지원하는 도구로 3D 모델링 소프트웨어인 3Ds MAX나 Maya, SoftImage XSI와 SketchUp 등의 상용 소프트웨어 외에 무상으로 사용할 수 있는 것으로는 Blender 등이 있다.

COLLADA는 기존 모델 데이터 파일처럼 3D 모델의 형상 데이터 및 자료 데이터, 애니메이션 데이터 이외의 데이터도 저장할 수 있는데 DAE(Digital Asset Exchange) 파일은 XML COLLADA 형식을 기반으로 하며, Khronos Group 에서 COLLADA 형식에 대한 자세한 내용을 볼 수 있다. 참고로 파일 확장자명이 비슷해 보이지만 DAE 파일은 DAA , DAT 또는 DAO (Disk at Once CD / DVD Image) 파일과 아무 상관이 없다.

05 STL 파일 편집 및 복구 소프트웨어

S/W	OS	유·무료	파일 포맷
Trinckle	Browser	무료	ply, stl, 3ds, 3mf
Open3mod	Windows	무료	obj, 3ds, blend, stl, fbx, dxf, lwo, lws, md5, md3, md2, ndo, x, ifc, collada
Ansys SpaceClaim	Windows, Linux		acis, pdf, amf, dwg, dxf, model, CATpart, CATproduct, crg, exp, agdb, idf, emn, idb, igs, iges, bmp, pcx, gif, jpg, png, tif, ipt, iam, jt, prt, x_t, x_b, xmt_txt, xmt_bin, asm, xpr, xas, 3dm, rsdoc, skp, par, psm, sldprt, sldasm, stp, step, stl, vda, obj
Autodesk Meshmixer	Windows, OS X, and Linux	무료	amf, mix, obj, off, stl
LimitState : FIX	Windows	유료	stl
Blender	Windows, OS X, and Linux	무료	3ds, dae, fbx, dxf, obj, x, lwo, svg, ply, stl, vrml, vrml97, x3d
Autodesk Netfabb	Windows	유료	iges, igs, step, step, jt, model, catpart, cgr, neu, prt, xpr, x_b, x_t, prt, sldprt, sat, wire, smt, smb, fbx, g, 3dm, skp
Free CAD	Windows, OS X, and Linux	무료	brep, csg, dae, dwg, dxf, gcode, ifc, iges, obj, ply, stl, step, svg, vrml
Emendo	Windows, OS X	유료	stl
MeshFix	Windows	무료	stl
MeshLab	Windows, Mac OS X, Linux, iOS and Android	무료	3ds, ply, off, obj, ptx, stl, v3d, pts, apts, xyz, gts, tri, asc, x3d, x3dv, vrml, aln
Materialise Cloud	Browser	유료	3dm, 3ds, 3mf, dae, dxf, fbx, iges, igs, obj, ply, skp, stl, slc, vdafs, vda, vrml, wrl, zcp, and zpr
3D Tools	Browser	무료	stl, obj, 3mf and vrml
3DprinterOS	Browser	무료	3ds, 3mf, amf, obj and stl
MakerPrintable	Browser	무료 및 유료	3ds, ac, ase, bvh, cob, csm, dae, dxf, fbx, ifc, lwo, lws, lxo, ms3d, obj, pk3, scn, stl, x, xgl, and zgl

① Trinckle (https://www.trinckle.com/en/printorder.php)

2013년에 설립된 독일의 3D 프린팅 서비스 제공 업체인 Trinckle은 강력한 웹 기반 플랫폼을 사용하여 사용자가 웹상에서 모델을 업로드하고 재료와 색상 등을 선택하고 결재할 수 있는 출력서비스 플랫폼으로 고품질의 복구 소프트웨어를 제공하고 있다.

② Open3mod (http://www.open3mod.com/)

이 오픈 소스 3D 모델 뷰어는 다양한 파일 형식을 가져 오기 위해 4개의 뷰포트로 분할하여 동시에 볼 수 있는 탭형 디스플레이의 멋진 기능을 자랑한다. 이 도구를 사용하면 부적절한 벡터 및 변형된 형상 제거와 같은 일부 모델의 오류를 수정할 수 있다. 이 프로젝트의 사이트에서는 곧 업데이트가 예정되어 있는데 3D 프린팅을 위한 강력한 메시 복구 기능이 추가될 예정이라고 한다.

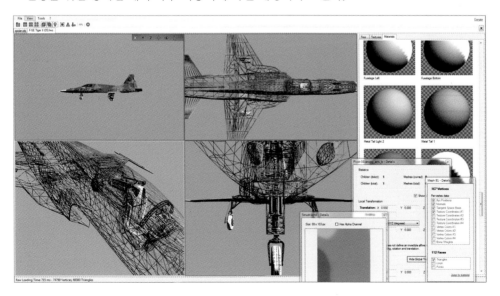

③ Ansys SpaceClaim (http://www.ansys.com/products/3d-design/ansys-spaceclaim)

ANSYS SpaceClaim은 범용 모델링 작업에 효율적인 솔루션을 제공하는 다용도 3D 모델링 애플리케이션이다. 엔지니어링 시뮬레이션 전문가가 설계한 SpaceClaim은 직관적인 인터페이스를 제공하며 3D 프린팅 및 리버스 엔지니어링을 위한 소프트웨어로 손상된 STL 파일을 복구하여 최적화 시켜준다.

④ Autodesk Meshmixer (http://meshmixer.com/)

오토데스크사의 메시믹서(Meshmixer)는 3D 프린팅에서 활용할 수 있는 풍부한 기능들을 지원하는 무료 소프트웨어로 간단한 STL 복구 기능 이상을 지원하는 거의 완벽한 모델링 솔루션이다. Meshmixer는 초보자용 소프트웨어는 아니지만 잘 익혀두면 아주 유용하게 사용할 수 있는 툴로 캐릭터나 동물 뿐만 아니라 기계부품 등 모델링 된 그 어떤 메시라도 간단하고 쉽게 보정하고 믹싱(다른 모델들을 합치는 등)할 수 있는 최적화된 디자인 툴이다.

브러시 기능을 통해 메시 표면 형태를 빠르고 쉽게 조정할 수 있으며 오브젝트(Object)를 잘라주거나 채우고 두께를 줄 때에도 매우 유용하게 사용할 수 있는 소프트웨어이다.

Analysis(분석기능)를 지원하기 때문에 모델 데이터의 무게 중심과 프린팅시 중력에 의한 힘이 걸리는 부위 등을 미리 파악할 수 있고 3D 프린팅에서 가장 문제가 되는 행오버(Hangover-지면에서 떨어져서 공중에 돌출된 부분)에 서포터를 생성할 때 Slic3r, KISSlicer 등 일반 슬라이서들 보다 훨씬 더 정교하고 효율적인 서포트를 생성하는 강력한 기능도 지원한다.

⑤ LimitState : FIX (https://print.limitstate.com/)

LimitState : FIX는 20년 이상 개발되어 오고 있으며 3D 모델링 업계의 표준인 Polygonica 기술을 사용한다. STL 파일의 결함을 자동으로 확인하고 신속하게 복구해주는 툴로 제품 설계, 치과, 쥬얼리, 항공, 건축 분야 등에 이르기까지 다양한 분야에서 사용하고 있다. 출력할 수 없는 3D 모델은 시간과 비용이 들게 되는데 LimitState를 사용하면 STL 파일의 대부분의 문제들을 빠르게 해결할 수 있다.

⑥ Blender (https://www.blender.org/)

지난 20여년 동안 블렌더는 3D 모델링 및 애니메이션을 위한 표준 오픈 소스 도구가 되었다. 또한 이 프로그램은 3D 프린팅을 위한 메쉬를 수정하는 STL 복구 솔루션을 제공하며 3D 파이프 라인 모델링, 리깅, 애니메이션, 시뮬레이션, 렌더링, 합성 및 모션 추적, 심지어 비디오 편집 및 게임 제작까지 지원한다.

⑦ Autodesk Netfabb (https://www.autodesk.com/products/netfabb/)

넷팹(Netfabb)은 적층 제조용 소프트웨어로 적층 워크플로우를 간소화하고, 3D 모델을 빠르고 간편하게 프린팅할 수 있는 도구를 제공하는 오토데스크사의 유료 소프트웨어이다. 사용하는 기간에 따라 비용을 지불하는 과금 방식으로 Netfabb Standard, Premium, Ultimate의 버전이 있다. 넷팹은 주요 CAD 모델을 가져와서 편집이 가능한 STL 파일로 변환시켜 파일 처리속도가 빨라지고, 여러 개의 파일을 신속하게 평가하기 위하여 일괄적으로 가져올 수 있다.

넷팹은 강력한 메쉬 분석과 복구 스크립트로 수밀 파일을 생성하고 구멍을 막아 자체 교차점 등을 제거할 수 있기 때문에 전체적으로 CAD에서 출력까지 빠른 처리가 가능하다.

또한 넷팹에는 설계 최적화 도구가 포함돼 있어 독특한 소재 속성을 사용해 가볍고 유연한 결과를 얻을 수 있으며 기존 모델링을 기반으로 격자구조를 갖는 모델 데이터를 쉽게 만들 수 있고 사용자가 원하는 강성과 무게를 기반으로 설계 최적화를 구현할 수 있다.

선택적 레이저 용융(SLM)과 전자 빔 용융(EMB), 광 조형(SLA), 디지털 광처리(DLP), 융합형 증착 모델링(FDM) 프로세스에 대한 빌드 지원을 작성할 수도 있다.

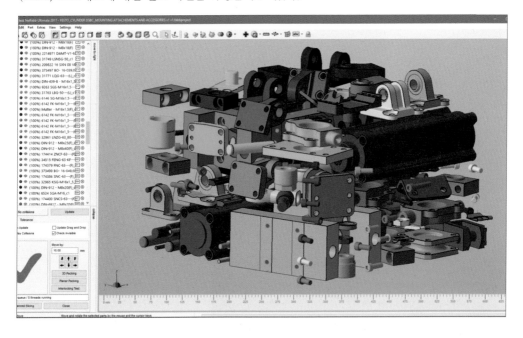

⑧ FreeCAD (https://github.com/FreeCAD/FreeCAD)

FreeCAD는 엔지니어링 및 제품 설계를 염두에 두고 개발된 오픈 소스 3D 모델링 프로그램으로 이 프로그램의 많은 기능 중에는 STL 파일을 복구할 수 있는 기능이 있다.

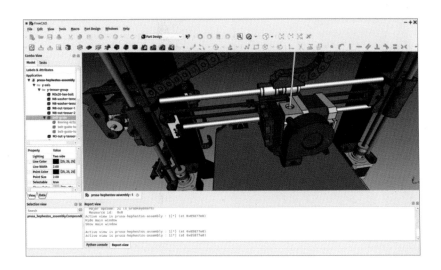

⑨ Emendo (http://www.avante-technology.com/emendo-stl-validation-repair-software/)

Emendo는 프린팅하기 전에 STL 파일의 유효성을 검사하는 자동화된 플랫폼을 제공한다. 사용자는 STL 파일을 신속하게 확인하고 필요한 경우 자동으로 복구할 수 있으며 처음 사용하는 초보자에게 적합한 툴이다. 파일을 더블 클릭하면 Emendo가 파일의 오류를 자동으로 분석하여 발견된 오류의 수와 유형을 나타내준다.

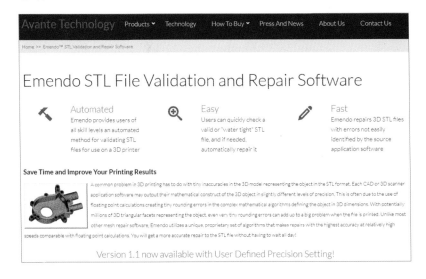

⑩ MeshFix (https://sourceforge.net/projects/meshfix/)

MeshFix는 구멍, 비다양성 요소 및 자체 교차점과 같은 메쉬의 다양한 결함을 수정하는 오픈 소스 3D 모델 복구 툴이다.

⑪ MeshLab (http://www.meshlab.net/)

MeshLab은 구조화되지 않은 3D 메쉬를 처리하고 편집하는 오픈소스 프로그램으로 메뉴 편집, 복구, 검사, 렌더링, 텍스처링 및 변환을 위한 기능을 제공하며 MeshLab은 메시의 구멍을 자동으로 채울 수 있다.

⑫ Materialize Cloud (https://cloud.materialise.com/tools)

이 온라인 STL 복구 서비스는 Materialize 에코 시스템에 통합되어 STL 파일을 위한 편리한 자동 복구 기능이 지원되며 구멍을 채우고 표면을 다듬어 STL 파일의 오류를 수정한다. 다른 기능으로 Wall Thichness Analyzer 도구는 모델이 깨질 수 있는 세부 사항과 얇은 벽의 두께를 측정하며, 컬러 맵에서 모델을 성공적으로 프린팅할 수 있도록 수정을 해야 하는 특정 문제 영역이 강조 표시된다. 또한 3D 프린팅 모델을 준비하여 온라인 출력 서비스를 하는 i.materialise로 보내어 출력 의뢰를 할 수 있다.

⑬ 3D Tools (https://tools3d.azurewebsites.net/)

3D Tools는 Netfabb Cloud Service를 통해 자체 스킨을 사용하여 사용자가 메쉬를 복구하기 전에 치수, 부피, 표면적 등과 같은 매개 변수에 따라 STL 파일을 분석할 수 있도록 한다. Windows 10 API가 탑재된 Microsoft 3D Tools를 사용하여 3D 파일을 자동으로 수정하며 3D 파일의 일반적인 오류를 처리하여 시간을 절약할 수 있다.

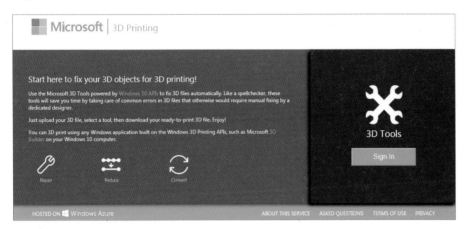

⑭ 3DprinterOS (https://cloud.3dprinteros.com/)

3DPrinterOS는 대부분의 3D 프린터에서 작동하는 사용하기 쉬운 인터페이스를 지원하는 솔루션으로 모든 웹 브라우저에서 사용자, 프린터 및 파일을 실시간 중앙 집중식으로 관리할 수 있다.

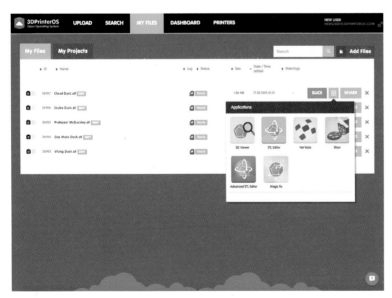

⑮ MakePrintable (https://makeprintable.com/)

대부분의 무료 온라인 서비스와 달리 MakePrintable은 인상적인 수준의 제어 기능을 제공한다. 품질 수준(프로토타입, 표준 및 높음)을 선택하고 메쉬를 수정하고 복구하며 다각형 수를 최적화할 수 있으며 심지어 여러 메쉬를 하나로 합칠 수도 있다.

또한 Blender와 Sketchup을 완벽하게 연결하는 플러그인을 자랑하며 3D 프린팅 출력 서비스 파트너인 Shapeways, 3D Hubs로 주문할 수 있다.

본 무료 STL 파일 뷰어 도구에 대한 내용은 "Creative Commons Attribution 4.0 International License"에 따라 사용 허가를 준수한 내용으로 All3DP(https://all3dp.com)의 웹사이트에서 발췌하였음을 밝힌다.

PART
9

3D 프린터 출력물의
후처리

01 후처리용 기본 공구

현재 가장 대중화되어 있는 FFF 방식 보급형 3D 프린터나 산업용 FDM 방식으로 인쇄한 출력물은 열가소성 플라스틱 소재를 고온으로 녹여 압출시켜 적층제작하는 방식의 특성상 출력물의 표면에 특유의 결(레이어)이 생겨 다소 거칠 수 밖에 없는데 출력물에 대해서 보다 나은 품질의 제품을 얻기 위하여 사포질, 연마 등의 표면처리와 채색, 도색, 도장, 도금 등을 실시하는 과정을 보통 후가공 또는 후처리라고 부른다. 이 장에서는 일반적으로 많이 사용하고 있는 여러 가지 후처리용 공구와 도색 및 도장의 개념에 대해서 간략히 알아보도록 하겠다.

사용하는 3D 프린터의 종류나 사용 재료에 따라 후가공을 하는 방식에 차이가 있는데 여기서는 보급형 FFF 3D 프린터로 출력한 출력물의 후처리에 필요한 도구들에 대해 알아볼 것이다. 보다 전문적인 후가공을 위해서는 기본적으로 모형 재료에 관한 지식, 표면처리 방식 선정에 따른 지식, 표면처리 후 조립에 관한 전문지식 등이 필요하고 원하는 색상을 낼 수 있는 미적 감각이 필요한 분야이다.

간혹 ABS 소재의 출력물의 외관을 매끄럽게 하기 위하여 아세톤을 분사하여 후처리를 하는 경우가 있는데 세심한 주의를 기울여야 한다. 밀폐된 공간이나 화기 근처에서 작업은 엄격히 피해야 하며, 반드시 야외나 통풍과 환기가 잘 되는 공간에서 작업해야 한다. 일부에서는 아세톤 훈증기를 상품화하여 판매하는 경우도 있지만 개인적인 견해로는 이러한 후처리 방법은 권장하고 싶지 않다. 익히 알려진대로 아세톤은 위해, 위험물질로 취급시 반드시 주의사항을 숙지하고 안전하고 조심스럽게 다루어야 하는 물질이기 때문이다.

그림 9-1 **아세톤 훈증기로 출력물의 표면을 녹여 매끄럽게 한 것**   polysher

1. 니퍼

일반적인 니퍼의 사용 용도는 철사나 전선 등을 절단하는 경우에 사용하지만 3D 프린터로 출력한 모델에서는 불필요한 지지대(서포트)를 떼어내거나 절단할 때 사용한다. 기본적으로 사용되는 공구로 니퍼의 날이 열처리가 잘되어 견고한 것을 구입하는 것이 좋다.

그림 9-2 **지지대가 있는 출력물**

그림 9-3 **니퍼**

2. 디자인 나이프

펜처럼 생긴 손잡이 끝 부분에 소형 칼날을 고정하여 사용하는 날 교환식 나이프이다. 견고한 플라스틱 판을 작게 잘라내거나 적층 라인 처리, 부품이나 모양을 정밀하게 수정할 때 사용하는 공구로 디자인 나이프 또는 아트 나이프라고 부른다.

3. 줄

줄은 여러 가지 단면형태로 된 공구강에 수많은 작은 줄 눈을 만들고 단단하게 열처리한 대표적인 손다듬질용 공구로, 사용하는 용도에 따라서 철공용, 목재용, 가죽용, 왁스용 등으로 분류할 수 있다. 단단한 출력물의 표면을 깎고 다듬질 작업시 사용하는데 사포 작업에 비해서 다소 거친 편이다. 줄은 단면 형태에 따라 평줄, 반원줄, 원줄과 같은 것이 있고 거칠기에 따라 거친날, 보통날, 가는날, 고운날 등으로 구분되며 초보자들은 줄 세트를 구입하여 플라스틱 뿐만 아니라 금속이나 퍼티 종류에 따라 여러 가지 재료의 절삭에 사용할 수 있는 것을 구입하는 것이 좋다.

그림 9-4 **세공용 줄 세트**

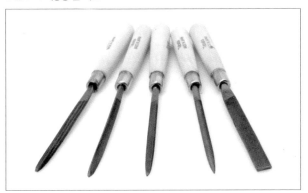

4. 핀셋

소형 부품을 접착하거나 좁은 공간에서의 작업, 데칼 등을 다룰 때 효과적인 공구가 바로 핀셋이다. 핀셋은 모양이나 용도에 따라 직선형, 곡선형, 역작동형이 있다.

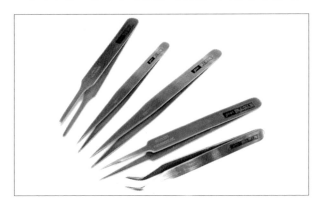

5. 커터

사무실에서도 흔히 볼 수 있는 커터는 재료를 잘라내거나 간단한 절삭 작업시에 편리하게 사용할 수 있는 공구인데 가능하면 소형 커터와 대형 커터의 2가지 종류를 준비하여 사용하면 좋다.

6. 전동공구

전동공구는 수작업으로 작업이 곤란한 소재에 구멍을 뚫거나 가공을 하기 위한 공구로 전동 모터를 내장한 공구를 총칭하는데 모형 제작시에 사용하는 전동공구는 보통 라우터라 불리는 전동모터가 내장된 것을 말하며 회전축의 끝에 구멍을 뚫는 용도의 드릴날이나 연삭용의 비트를 장착하여 사용한다.

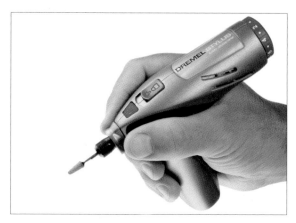

FFF 방식 출력물의 후처리 샘플

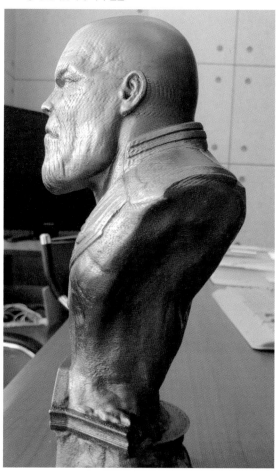

퍼티는 모형의 접합선 수정이나 표면 정리 등 보다 세밀한 작업을 하거나 출력물의 틈새나 흠집 등을 메울 때 사용하는 찰흙같은 성질을 지닌 제품이다. 서페이서와 유사한 효과를 낼 수 있지만 젤 형태의 퍼티는 도료로 가릴 수 없거나 사포질로 수정이 불가능한 부분을 매끄러운 표면으로 만들기 위한 용도로 사용하는 재료이다.

1. 락카 퍼티

작은 흠집이나 패인 곳을 메우는 데 사용하며 락카 계열의 용제를 포함하고 있어 기화하면서 딱딱해지는 반고체 상태의 퍼티로 모형의 표면에 발라서 질감을 바꾸는 용도로 사용한다. 플라스틱이나 기타 부품의 흠집을 메우거나 갈라진 틈새를 메우는 용도로 적합하다.

2. 폴리 퍼티

적당히 붙여서 굳은 뒤에 다듬는 용도로 사용하는 퍼티로 폴리에스텔 수지가 주성분인 조형용 퍼티로, 건조 속도가 빨라 경화시간이 짧고 퍼티를 바른 후 가공을 빠른 시간 내에 할 수 있다는 점과 적당히 단단하여 가공이나 정형을 하기에 용이하다. 하지만 굳을 때 냄새가 심하다는 단점이 있기 때문에 안전 마스크 착용과 작업장의 적절한 환기는 필수이다.

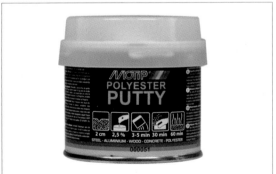

3. 에폭시 퍼티

폴리에폭시수지를 원료로 한 퍼티로 주제와 경화제로 나뉘어져 있으며 찰흙처럼 주물러서 디테일을 만들 수 있는 퍼티로 경화 후에는 자유롭게 조형할 수 있고 경화시간, 질감, 절삭성이 좋다. 주로 메꿈 작업과 조형 작업에 적합한 퍼티로 주제와 경화제를 1:1의 비율로 떼어내어 마블링이 보이지 않을 때까지 잘 반죽하여 수정할 부분에 퍼티를 붙여 펴주고 경화 후에 사포질을 한다.

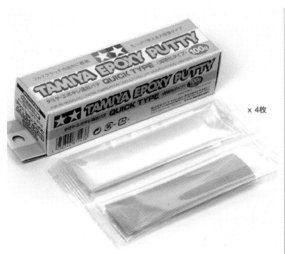 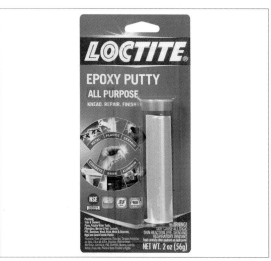

4. 순간 접착 퍼티

순간 접착제에 파우더를 혼합하여 사용하는 퍼티로 경화시간이 매우 짧으며 강력한 접착력이 특징이다.

03 사포

사포는 출력물의 표면을 곱게 샌딩(연삭)하기 위해 사용하는 도구로 바탕이 되는 종이에 연마용 가루(금속이나 숫돌입자)를 부착시킨 것으로 후처리 작업시에 가장 많이 사용한다.

1. 종이 사포

가장 일반적인 샌딩용 사포로 원하는 크기나 형태로 자유롭게 잘라서 사용할 수 있다.

2. 스틱 사포

버팀판이 부착되어 있는 사포로 적당한 탄력이 있으며 평면을 다듬거나 표면을 매끄럽게 하는 작업에 많이 사용된다.

3. 스폰지 사포

스폰지 표면에 사포가 붙은 형태로 되어 있는 내수성 사포이며 구부려서 사용할 수 있고 주로 곡면을 다듬는 데 사용한다. 표면과 밀착도가 좋고 찌꺼기가 늘어붙어도 물로 세척하면 재사용이 가능하다.

4. 샌딩 가이드

모형 작업에서 많은 시간을 할애하는 연삭 작업인 만큼 손잡이가 달려 있어 손의 피로를 덜어주고 안정적인 작업을 할 수 있도록 도움을 주는 사포 부착용 도구로 필름 사포를 별도로 구입하여 부착해서 사용할 수 있는 제품이다.

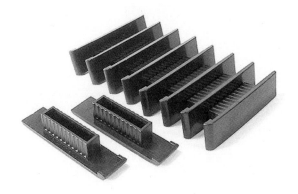

서페이서(Surfacer)

서페이서는 샌딩작업으로 출력물 표면에 생긴 미세한 스크래치를 덮어 안정화시키고 도료를 칠하기 전에 표면의 마감, 밑도장(바탕색)을 칠하는 용도로 도료의 착색을 원활하게 해 줌과 동시에 미세한 흠집을 메우는 곳에 사용한다. 서페이서를 사용할 때는 여러 방향으로 손을 빠르게 움직여서 칠해주는데 이는 서페이서를 골고루 많은 부위에 칠하기 위함이다. 서페이서의 호칭 번호가 높을수록 입자가 곱다.

1. 플라스틱용 서페이서

일반적으로 플라스틱 모델에 사용하는 것으로 기본 색상은 회색이다.

2. 레진 프라이머

일반 플라스틱 서페이서는 레진(수지)이나 금속 재질에 정착이 잘 되지 않는데 이런 재질에 사용하는 서페이서이다.

3. 메탈 프라이머

금속용 바탕 도료(하지도장용)로 메탈 부품이나 스테인리스와 같은 금속 표면에 도색 전에 붓으로 바르거나 에어브러시로 뿌려주면 착색이 좋아지고 도료 피막이 튼튼하게 유지될 수 있도록 해준다.

여러 가지 후처리 출력물 샘플(Gluck)

1. 락카 계열 도료

모형용 락카 도료는 색상도 다양하고 가장 널리 사용되며 건조가 빠르고 특히 플라스틱에 접착성이 좋다.

2. 수성 도료

물 성분이 포함되어 있는 수용성 도료로 마른 후에는 내수성도 생기고 냄새도 순한 편이지만 락카 계열 도료에 비해 건조가 느린 편이다.

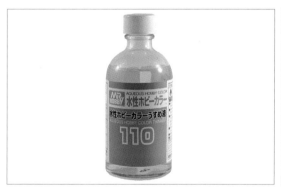
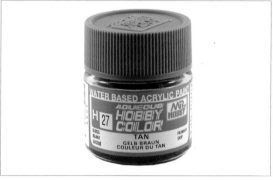

3. 에나멜 계열 도료

유성으로 건조 시간이 더디지만 도료의 발색이 좋고 잘 칠해져 붓도장에 적합하고, 또한 침투성이 좋아 먹선을 넣는 경우에도 사용하며 색상도 다양하다.

4. 마커

도색용 페인트 마커는 펜 타입의 도료로 간편하게 칠할 수 있으며 색상이 구분되어 있지 않은 부분의 도색이나 패널 라인 등에 먹선 넣기, 웨더링 도색 등을 손쉽게 할 수 있다.

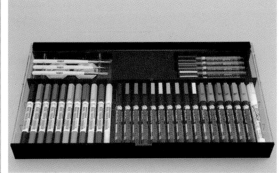

5. 캔 스프레이

손쉽게 분사하여 도색할 수 있는 장점은 있으나 조색이 불가하고 단위 가격이 비싼 편이다.

6. 웨더링 재료

웨더링은 도색작업을 마친 모형을 보다 사실적으로 표현하기 위해 모형 상에 진흙이나 먼지, 모래 등의 다양한 재료를 부착하는 것으로 주로 디오라마에 사용한다.

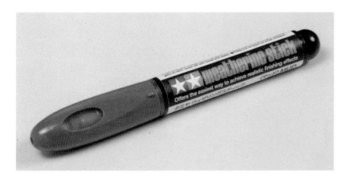

출력물의 후처리 샘플(Gluck)

도색 용구(Painting Tool)

1. 붓

붓은 호칭 숫자가 클수록 붓의 크기가 큰데 전체적인 면을 한번에 고르게 칠하는 경우 10호 이상의 붓을 사용하고 적은 면적이나 세밀한 부분을 칠할 때는 1~2호가 적당하다. 도료를 직접 묻혀서 작업할 수 있으며 다양한 느낌을 주는 다색 작업에 용이하고 저렴한 가격에 품질도 안정적인 합성모로 된 것이 무난하다.

2. 에어브러시(스프레이건)

스프레이건은 중력식과 흡상식의 두 종류가 있는데 작업장 환경과 용도에 알맞은 것을 선택해서 사용한다. 미려한 도색면을 얻기 위한다면 에어브러시를 사용하는 것이 가장 바람직하며 도료를 직접 분사하는 스프레이 건으로 정밀한 도장 작업에 사용한다.

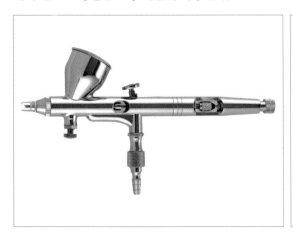

3. 컴프레셔

에어브러시에 압축 공기를 공급하는 장치로 용도에 따라 공업용과 모형용으로 분류한다.

4. 스프레이 부스

분사 도색 작업을 하기 위한 공간으로 외부 이물질의 침투를 막고 도색 작업시 유해한 냄새를 흡수한다.

5. 건조 부스

도색 작업 후에 먼지나 이물질이 달라 붙는 것을 방지하며 모형의 빠른 건조를 도와준다.

6. 보호 도구

사포질을 하는 경우 미세 분진이 발생할 수 있어 산업용 방진마스크와 보호 장갑 등을 착용하는 것이 좋으며 도색 작업시에도 작업자의 안전과 건강을 위해 착용하는 각종 보호 도구는 작업장 환경과 난이도에 따라 선택한다.

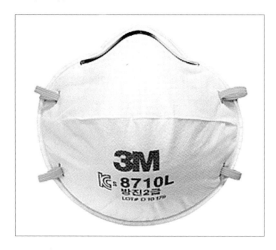

7. 아크릴 도료

아크릴 수지를 원료로 하여 만든 물감으로 비닐물감에 비해 부착력이 강하고 바탕재료에 착색할 수 있으며 건조가 빠르다는 장점이 있다. 아크릴 도료는 에나멜이나 락카의 단점인 유독성을 해결하여 어린이들도 사용할 수 있으며 유독성 위험물질인 신나 대신에 물을 섞어 사용할 수 있는 도료이며 냄새 또한 적지만 다른 도료들에 비해 건조시간이 느려 작업시간이 길어 드라이어를 사용하여 건조시키기도 한다.

접착제 도구

1. 수지 접착제

합성수지 성분이 포함된 일반적인 프라모델용 접착제이다.

2. 무수지 접착제

수지 성분이 포함되어 있지 않은 접착제로 플라스틱의 조직을 녹여 붙이는 타입이다.

3. 순간 접착제

공기 중이나 접착면의 수분에 의해 화학반응을 일으켜 빠르고 강력하게 접착시킬 수 있는 편리한 접착제이다.

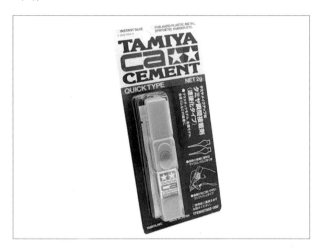

4. 에폭시 접착제

에폭시 재료를 짜서 접착면에 붙이는 것으로 경화 시간이 아주 빠르다.

08 기타 공구

1. 핀 바이스, 드릴

출력물의 구멍이 서포트 재료에 막혀있거나 둥근 구멍 가공이 필요한 경우 사용한다.

2. 컴파운드

부드러운 천이나 헝겊에 묻혀 사용하는 마감용 액상 재료이다.

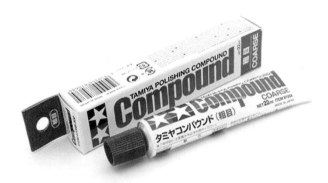

3. 조각도

출력물을 잘라내거나 정밀한 형상을 조각하기 위해 사용한다.

4. 악어 집게(모델링 클립)

도색 작업한 출력물을 공중에 띄워 건조시킬 때 사용하는 집게이다.

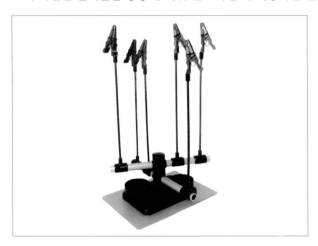

5. 페인팅 스탠드

악어 집게로 공중에 띄운 부품을 고정하는 용도로 사용하는 판으로 스티로폼으로 대신하기도 한다.

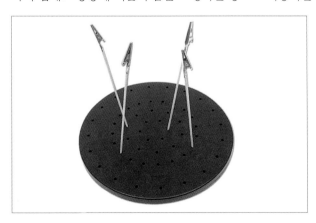

09 마감재

마감재는 후처리 작업 중에 가장 마지막 공정에 실시하는 도료 작업으로 도료의 변색이나 외부 충격에 의한 도료의 훼손을 방지해주는 역할을 한다.

1. 무광 마감재

은은한 무광 느낌을 주는 마감재로 부드러운 느낌을 원하는 곳에 사용한다.

2. 반광 마감재

일반적으로 반광 느낌을 줄 때 사용하는 마감재이다.

3. 유광 마감재

표면에 광택 느낌을 주고 싶을 때 사용하는 마감재이다.

10 후가공 하기

이번에는 PLA 소재를 가지고 출력한 강아지 모델을 간단하게 후가공하는 과정을 소개할 것인데 단색으로 출력된 출력물에 어떤 방식으로 후가공을 하느냐에 따라서 결과물은 많은 차이를 보이게 된다.

1. 강아지 모델의 출력물을 베드에서 제거한다.

2. 먼저 불필요한 바닥 보조 출력물을 제거한다.

3. 니퍼 등의 공구를 이용해 지지대를 전부 제거해 준다.

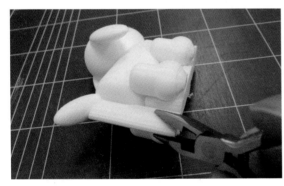

4. 지지대를 제거한 부위가 거칠므로 쇠줄을 이용하여 지저분한 부위를 갈아준다.

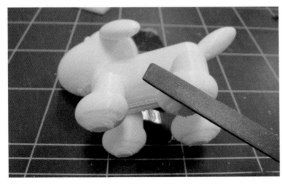
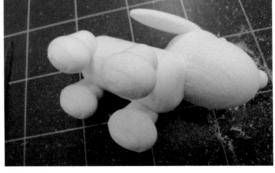

5. 거친 부분을 제거하고 난 뒤에 모형용 퍼티를 골고루 펴 발라준다.(안전 장갑 착용)

6. 퍼티가 건조된 후에 스틱 사포를 이용하여 표면을 매끄럽게 다듬질한다. 이때 미세 먼지나 분진이 발생할 수 있으니 안전 마스크를 착용하고 가급적 환기가 잘 되는 곳에서 작업할 것을 권장한다.

7. 2차 사포질이 완료되고 나면 캔 서페이서를 골고루 도포해준다.

8. 서페이서가 완전히 건조된 뒤 캔 스프레이를 골고루 뿌려준다.

9. 검은색 마커를 이용하여 간단하게 눈동자와 코를 칠해준다.

10. 간단하게 강아지 모형 제작이 완성되었다.

주요 후가공 용어 정리

- 3D 프린팅 출력물 후가공은 지지대(서포트) 제거, 표면 다듬질, 도색(채색) 및 도장, 건조 및 경화 등의 단계로 출력물 소재의 특성에 알맞도록 출력물의 표면 또는 내면을 가공하는 단계를 말한다.

- 표면처리나 후가공 방법은 사용 소재(고체 기반, 액체 기반, 분말 기반 등)나 3D 프린팅 출력 방식에 따라 서로 상이할 수 있다.

- ABS나 PLA와 같은 고체 기반 소재의 표면처리에 사용하는 쇠줄은 비교적 단단한 출력물의 거친 표면을 갈아내는 용도로 사용하며, 사포는 출력물의 표면을 곱게 다듬질하기 위해 사용하는 도구로 종이 사포, 스틱 사포, 스폰지 사포, 샌딩 가이드 등이 있다.

- 사포질은 출력물의 상태에 따라 적층라인, 파트의 접합부분, 출력물의 수축부분, 흠집 등을 매끄럽게 다듬질하는 작업을 의미한다.

- 도색용 재료 중에 퍼티는 보다 디테일한 작업을 실시하거나 출력물의 틈새나 흠집을 메울 때 사용하는 일종의 찰흙같은 성질을 지닌 재료를 말하며 사용 용도에 따라 락커퍼티, 폴리퍼티, 에폭시퍼티, 순간접착 퍼티 등이 있다.

- 서페이서는 출력물에 도료를 칠하기 전에 바탕색(밑색)을 칠하는 재료로 부품 표면에 발생한 흠집을 제거하거나 다른 재료의 질감을 동일한 느낌으로 만들어주는 것으로 도료의 착색을 도와주고, 부품의 색상을 동일하게 한다거나 빛의 투과를 방지하는 용도로 사용한다.

- 도색작업에서 클리어 도색이란 부품의 표면 상에 투명한 도료를 칠하는 과정으로 표면의 광택을 얻거나 도색 및 마크의 보호 등을 목적으로 사용하며 클리어 도색용 도료에는 용제의 종류에 따라 광택의 차이가 있으므로 제품의 특징을 파악하여 사용 용도에 알맞은 도료를 선택해야 한다.

- 도색작업에서 마스킹이란 디테일한 부분의 구분 도색을 위하여 실시하는 작업으로 먼저 도료를 칠하고 나서 마스킹 테이프 등으로 덮어준 후 그 외의 부분에 덧칠하는 작업을 말한다.

- 출력물의 후가공 작업 중에서 가장 마지막 공정에 사용하는 마감재 도료 작업은 도료의 변색이나 외부 충격 등에 의한 훼손을 방지주는 역할을 하며 무광 마감재, 반광 마감재, 유광 마감재 등이 있다.

- 플라스틱 소재의 출력물을 접합시키기 위해 접착제를 사용하는데 그 종류에는 수지 접착제, 무수지 접착제, 순간 접착제, 에폭시 접착제 등이 있으며 각각의 특성이 있으므로 사용 용도에 알맞게 선택한다.

- 에어브러시를 이용한 도색은 간단한 캔스프레이와 유사하게 도료를 붓으로 칠하지 않고 뿌려서 작업하는 도색을 말한다. 에어브러시에 공기압을 전달하는 전용 공기압축기(컴프레서)를 수반하며 도색농도조절, 뿌리는 압력조절 방법 등을 파악하여 사용한다.

- 광택도색이란 출력물을 보다 미려하고 부드럽게 처리하기 위한 마감기법으로 도료막 표면의 미세한 굴곡을 깎아내서 다듬질하는 작업으로 거울면처럼 광택이 나는 상태로 마감할 수 있는데 전용 연마제를 사용

하여 마감한다.

- 도금처리란 플라스틱과 같은 출력물 소재를 가지고 금속이나 비금속의 느낌을 내게 하거나 시제품 제작 시 실물과 같은 효과를 내기 위해 실시하는 표면처리 기법을 말한다.

정밀 3D 피규어

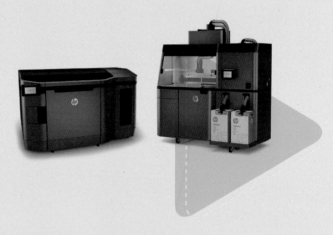

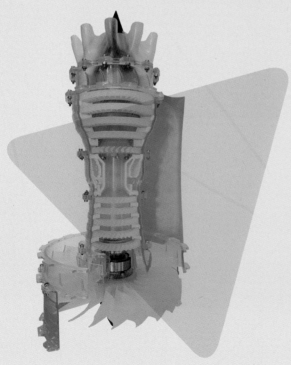

3D프린터운용기능사 시험, 이것이 궁금하다!

3D프린터운용기능사는 2018년 12월 수시 기능사 1회 필기시험이 예정된 신설 국가기술자격 증으로 올해 처음 실시되는 종목이며 3D 프린터 운용에 필요한 관련 지식을 기반으로 디자인 및 엔지니어링 모델링, 3D 프린터 S/W 및 H/W 설정, 제품출력, 후가공 및 장비유지보수 등의 직무 수행 능력을 평가한다.

필기시험 및 실기시험 등 자격의 취득 정보 관련해서는 한국산업인력공단에서 운영하는 큐넷 (www.q-net.or.kr)에서 확인하기 바란다.

자격 취득 방법

시행처		한국산업인력공단
시험과목	필기	1. 3D 스캐너, 2. 3D 모델링, 3. 3D 프린터 설정, 4. 3D 프린터 출력 및 후가공, 5. 3D 프린터 교정 및 유지 보수
	실기	3D 프린팅 운영 실무
응시자격		제한없음
검정방법		필기 : 객관식 60문항(총 60분), 실기 : 작업형(4시간 정도)
합격기준		필기·실기 : 100점을 만점으로 하여 60점 이상

필기시험에 필요한 기초 과목은 국가직무능력표준(NCS)의 학습모듈 분야별 검색에서 [19.전기·전자]-[중분류 : 03. 전자 기기 개발]-[소분류 : 11. 3D 프린터 개발]-[세분류 : 02.3D 프린터용 제품 제작]으로 들어가면 관련 [능력 단위별 학습 모듈]을 다운로드 받을 수 있다.

출처 : https://www.ncs.go.kr/

NCS 능력단위

∷ NCS능력단위

순번	분류번호	능력단위명	수준	변경이력	첨부파일		선택
1	1903110201_15v1	시장조사	5	변경이력	HWP	PDF	
2	1903110202_15v1	제품기획	5	변경이력	HWP	PDF	
3	1903110203_17v1	제품스캐닝	2	변경이력	HWP	PDF	
4	1903110205_17v2	엔지니어링모델링	3	변경이력	HWP	PDF	
5	1903110206_17v2	출력용데이터확정	2	변경이력	HWP	PDF	
6	1903110207_17v2	3D프린터 SW 설정	2	변경이력	HWP	PDF	
7	1903110208_17v2	3D프린터 HW 설정	2	변경이력	HWP	PDF	
8	1903110209_17v2	제품출력	2	변경이력	HWP	PDF	
9	1903110210_17v2	후가공	4	변경이력	HWP	PDF	
10	1903110211_17v1	역설계	4	변경이력	HWP	PDF	
11	1903110212_17v2	넙스 모델링	2	변경이력	HWP	PDF	
12	1903110213_17v2	폴리곤 모델링	2	변경이력	HWP	PDF	
13	1903110214_17v1	3D프린팅 안전관리	2	변경이력	HWP	PDF	

NCS 능력단위

∷ NCS학습모듈　　　　※ 학습모듈 관련 문의(한국직업능력개발원): 044-415-3926　 과적재산권 관련 고지

순번	학습모듈명	분류번호	능력단위명	첨부파일	연관컨텐츠
1	시장 조사	LM1903110201_15v1	시장조사	PDF	0건
2	제품기획	LM1903110202_15v1	제품기획	PDF	0건
3	제품 스캐닝	LM1903110203_15v1	제품스캐닝	PDF	0건
4	디자인 모델링	LM1903110204_15v1	디자인모델링	PDF	0건
5	엔지니어링모델링	LM1903110205_15v1	엔지니어링모델링	PDF	0건
6	출력용 데이터 확정	LM1903110206_15v1	출력용데이터확정	PDF	0건
7	3D프린터 SW설정	LM1903110207_15v1	3D프린터 SW 설정	PDF	0건
8	3D프린터 HW설정	LM1903110208_15v1	3D프린터 HW 설정	PDF	0건
9	제품출력	LM1903110209_15v1	제품출력	PDF	0건
10	후가공	LM1903110210_15v1	후가공	PDF	0건

기개발된 직무명 '3D 프린터용 제품제작'은 능력단위와 학습모듈은 [시장조사], [제품기획], [제품 스캐닝], [디자인 모델링], [엔지니어링 모델링], [출력용 데이터 확정], [3D 프린터 SW설정], [3D 프린터 HW설정], [제품출력], [후가공]의 10가지 항목인데 필기 시험 출제기준의 주요 항목에는 1. 제품 스캐닝, 2. 넙스 모델링, 3. 엔지니어링 모델링, 4. 3D 프린터 SW 설정, 5. 3D 프린터 HW 설정, 6. 출력용 데이터 확정, 7. 제품출력, 8. 3D 프린터 안전관리의 항목으로 공지되어 있다.

따라서 큐넷에서 공지하는 최신의 필기 및 실기시험 출제 기준을 파악하고 해당되는 학습모듈명을 찾아 다운로드하여 이론 및 필기시험에 대비하기 바라며, 학습모듈의 경우 현재 2015년도에 개발된 것으로 관련 산업기술의 동향에 따라 추후 업데이트 될 가능성도 있으므로 참고하기 바란다.

본 서에서는 학습모듈에서 좀 부족하다고 느끼는 부분에 대한 내용을 추가로 기술하고 있으며 필기 시험 모의평가 문제는 집필진이 관련 업종에 종사하면서 습득한 경험과 기술지식 등을 정리하여 예상 문제로 구성한 것이다.

앞으로 3D 프린팅 관련 산업이 발전하고 교육이나 현장에서의 활용이 많아질수록 능력단위별 더욱 다양한 지식이 축적되어 문제의 내용이나 수준이 올라갈 것으로 생각된다.

특히 실기시험의 경우 주어진 도면을 보고 3D 모델링 작업을 하거나 주어진 제품을 실측한 후 3D 모델링 작업하여 도면으로 출력하여 제출하고, 또 3D 프린터 출력용 파일(STL 등)로 변환해서 직접 시험장에 설치된 3D 프린터로 제품출력을 실시하는 방안이 유력해 보이지만 3D 프린터의 특성상 출력시간에 제약이 있고 장비의 조건에 따라 다양한 문제점들이 노출될 수 있을 것이다.

현재 3D 프린터 운용기능사와 3D 프린터 개발 산업기사는 국가기술자격의 시행에 앞서 많은 이들이 노력하여 파일럿 테스트를 마친 상태이며, 국가기술자격과 시장의 간극을 해소하고 자격 취득자들이 산업현장에서 요구하는 역량의 보유여부를 제대로 평가하기 위해 더욱 노력하고 있는 상황이다.

향후 시험장의 환경 및 여러 가지 제반 조건에 따라 시행착오를 겪으며 차차 정착해 나갈 것으로 예상된다.

또한 모델링 작성 후 도면화 제출 및 STL 파일로 변환하고 시험장에 준비된 슬라이서를 사용하여 G-Code로 변환하여 제출하는 방안도 예상이 되는 바이다.

이 때 여러 가지 제품출력에 설정조건을 제시하여 요구하는 조건에 맞게 G-Code로 변환하여 제출하게 될 수도 있으니 참고하기 바란다.

● 출제기준(필기) ●

직무분야	전기 · 전자	중직무분야	전자	자격종목	3D 프린터운용기능사	자격종목	2018.07.01.~ 2020.12.31.

○ 직무내용 : 3D 프린터 기반으로 아이디어를 실현하기 위하여 시장조사, 제품스캐닝, 디자인 및 엔지니어링모델링, 출력용데이터 확정, 3D 프린터 SW설정, 3D 프린터 HW설정, 제품출력, 후가공, 장비 관리 및 작업자 안전사항 등의 직무 수행

필기검정방법	객관식	문제수	60	시험시간	60분

필기과목명	문제수	주요항목	세부항목	세세항목
3D 스캐너, 3D 모델링, 3D 프린터 설정, 3D 프린터 출력 및 후가공, 3D 프린터 교정 및 유지 보수	60	1. 제품스캐닝	1. 출력방식의 이해	1. 3D 프린팅의 개념과 방식 2. 3D 프린팅 적용분야
			2. 스캐너 결정	1. 3D 스캐닝의 개념과 종류 2. 적용 가능 스캐닝 방식 선택
			3. 대상물 스캔	1. 3D 스캐닝의 개념과 종류 2. 적용 가능 스캐닝 방식 선택
			4. 스캔데이터 보정	1. 하나 스캔데이터 생성 2. 스캔데이터 보정
		2. 넙스(Nurbs) 모델링	1. 3D 형상 모델링	1. 3D CAD 프로그램 활용 2. 작업지시서 작성
			2. 3D 형상 데이터 편집	1. 생성 객체의 편집 변형 2. 통합 객체 생성
			3. 출력용 데이터 수정	1. 편집된 객체의 수정 2. 출력용 데이터 저장
		3. 엔지니어링 모델링	1. 도면의 이해	1. 도면해독
			2. 2D 스케치	1. 소프트웨어 기능 파악 2. 스케치요소 구속 조건 3. 도면작성
			3. 3D 엔지니어링 객체형성	1. 형상 입체화 2. 파트 부품명과 속성부여
			4. 객체 조립	1. 파트 배치 2. 파트 조립
			5. 출력용 설계 수정	1. 파트 수정 2. 파트 분할
		4. 3D 프린터 SW 설정	1. 출력보조물 설정	1. 출력보조물의 필요성 판별 2. 출력보조물 선정 3. 슬라이서 프로그램 운용
			2. 슬라이싱	1. 제품의 형상 분석 2. 최적의 적층값 설정 3. 슬라이싱

필기과목명	문제수	주요항목	세부항목	세세항목
			3. G코드 생성	1. 슬라이싱 상태 파악 2. 슬라이서 프로그램 운용 3. G코드 생성
		5. 3D 프린터 HW 설정	1. 소재 준비	1. 3D 프린터 사용 소재 2. 3D 프린터 소재 장착 3. 소재 정상 출력 확인
			2. 데이터 준비	1. 데이터업로드 방법 2. G코드 파일 업로드 3. 업로드 확인
			3. 장비출력 설정	1. 프린터별 출력 방법 확인 2. 3D 프린터의 출력을 위한 사전 준비 3. 출력 조건 최종 확인
		6. 출력용 데이터 확정	1. 3D 형상 모델링	1. 오류 검출 프로그램 선정 2. 문제점 리스트 작성
			2. 데이터 수정	1. 자동 수정 기능 2. 수동 수정 기능
			3. 수정데이터 재생성	1. 3차원 객체 수정 2. 출력용 파일 저장 3. 오류 수정
		7. 제품출력	1. 출력과정 확인	1. 3D 프린터 바닥고정 2. 출력보조물 판독 3. G코드 판독
			2. 출력오류 대처	1. 3D 프린터 오류 수정 2. G코드 수정
			3. 출력물 회수	1. 출력별 제품회수 2. 출력별 제품회수절차 수립
			4. 장비 교정	1. 장비 교정 2. 장비 개선
		8. 3D 프린터 안전 관리	1. 안전수칙 확인	1. 작업 안전수칙 준수 2. 안전보호구 취급 3. 응급처치 수행 4. 장비의 위해 요소 5. 소재의 위해 요소
			2. 예방점검 실시	1. 작업환경 관리 2. 관련설비 점검

직무분야	전기 · 전자	중직무분야	전자	자격종목	3D 프린터운용기능사	자격종목	2018.07.01.~ 2020.12.31.

○ 직무내용 : 3D 프린터 기반으로 아이디어를 실현하기 위하여 시장조사, 제품스캐닝, 디자인 및 엔지니어링모델링, 출력용 데이터 확정, 3D 프린터 SW설정, 3D 프린터 HW설정, 제품출력, 후가공, 장비 관리 및 작업자 안전사항 등의 직무 수행
○ 수행준거 : 1. 3D 프린터 작품제작의 원활한 3D 프린팅을 위하여 출력과정 중 출력오류에 대처하고 출력 후 안전하게 제품을 회수할 수 있다.
　　　　　　 2. 3D 모델링의 비정형 객체를 생성하기 위해 3D 모델링 프로그램을 사용하여 정해진 디자인스케치나 도면을 3차원 형상 데이터로 생성할 수 있다.
　　　　　　 3. 대상물의 형상을 X, Y, Z 값의 수치정보를 가진 데이터로 취득하여 컴퓨터상에 3D 데이터로 구현하기 위하여 스캐너를 결정하고, 스캔 데이터의 후처리를 보정할 수 있다.
　　　　　　 4. 3D 프린터 유지보수를 위한 점검을 통한 장비 보전을 하고 고장부위를 정비하거나 유지 및 보전할 수 있다.

실기검정방법	작업형		시험시간	4시간 정도

실기과목명	주요항목	세부항목	세세항목
3D 프린팅 운영실무	1. 제품스캐닝	1. 스캐너 결정하기	1. 세미나자료, 스캐너 활용영상을 통해서 3차원 스캐닝의 기본 개념, 원리, 스캐닝 방식을 파악할 수 있다. 2. 스캐닝의 개념, 원리, 스캐닝 방식 정보를 활용하여 측정할 대상에 따라 적용 가능한 스캐닝(Scanning) 방식을 선택할 수 있다. 3. 선택한 스캐닝 방식을 고려하여 최적의 스캐너(Scanner)를 선택할 수 있다.
		2. 대상물 스캔하기	1. 선정한 스캐너(Scanner)의 필요한 부대장비, 준비사항을 파악할 수 있다. 2. 파악한 부대장비, 준비사항의 정보를 고려하여 스캔 대상물의 측정 범위, 스캐닝 설정을 할 수 있다. 3. 측정범위, 스캐닝 설정이 된 스캐너를 활용하여 스캔을 실시하고 스캔데이터로 저장할 수 있다.
	2. 넙스(Nurbs) 모델링	1. 3D 형상 모델링	1. 결정된 디자인을 구현하기 위하여 넙스(Nurbs) 방식의 3D CAD 프로그램 기능과 활용방법을 파악할 수 있다. 2. 파악된 넙스(Nurbs) 방식의 3D CAD프로그램 기능을 바탕으로 필요한 작업방식을 선정할 수 있다. 3. 선정된 작업방식을 활용하여 제품의 용도, 효용성, 규격, 디자인 요구사항에 대한 정보를 도출하여 작업지시서를 작성할 수 있다. 4. 작성된 작업지시서를 기반으로 정확한 치수 구현 기술을 통하여 객체형상 데이터를 구현할 수 있다.
		2. 3D 형상 데이터 편집	1. 각각의 생성된 객체를 변환 명령에 의하여 편집, 변형할 수 있다. 2. 변형이 완료된 객체를 합치기, 빼기, 결합하기 등을 이용하여 통합된 객체를 생성할 수 있다. 3. 하나의 완성된 객체를 생성하기 위하여 통합된 객체 형상 데이터를 조립할 수 있다.

실기과목명	주요항목	세부항목	세세항목
		3. 출력용 데이터 수정하기	1. 편집된 객체를 제품의 용도, 효용성, 오류 개선, 디자인 요구사항의 변화에 따라 수정할 수 있다. 2. 3D 프린팅 출력물의 후가공 작업 편리성을 위하여 3D 형상 데이터를 분할할 수 있다. 3. 3D 프린팅 출력물의 품질을 고려하여 3D형상데이터에 출력 보조물을 추가하고 출력용 디자인 모델링 데이터로 저장할 수 있다.
	3. 엔지니어링 모델링	1. 2D 스케치하기	1. 결정된 디자인 구현을 위하여 3D 엔지니어링 소프트웨어 기능을 파악할 수 있다. 2. 파악된 3D 소프트웨어 기능을 활용하여 정투상도 중 한 개의 평면을 선택할 수 있다. 3. 선택한 평면상에 다양한 기하학적 형상을 드로잉(Drawing) 할 수 있다. 4. 드로잉(Drawing)된 형상에 설계변경이 용이하도록 구속조건을 부여할 수 있다.
		2. 3D 엔지니어링 객체 형성하기	1. 드로잉(Drawing)한 형상을 바탕으로 설계 조건을 고려하여 파트(Part)를 만드는 순서를 정할 수 있다. 2. 정해진 작업순서에 따라 드로잉(Drawing)한 형상을 활용하여 입체화할 수 있다. 3. 입체화된 파트의 관리가 용이하도록 부품명, 속성을 부여할 수 있다.
		3. 객체 조립하기	1. 조립의 기준이 될 파트(part)를 우선 배치할 수 있다. 2. 우선배치 된 기준파트를 중심으로 나머지 파트를 조립할 수 있다. 3. 조립된 파트간의 정적간섭, 틈새여부, 충돌여부를 파악하여 파트를 수정할 수 있다.
		4. 출력용 설계 수정하기	1. 3D 프린터 방식과 재료를 고려하여 파트의 공차, 크기, 두께를 변경할 수 있다. 2. 3D 프린팅 출력물 후가공 작업 편리성을 위하여 파트를 분할할 수 있다. 3. 3D 프린팅 출력물의 품질을 고려하여 파트의 부가요소를 추가하고 출력용 엔지니어링 모델링데이터로 저장할 수 있다.
	4. 3D 프린터 SW 설정	1. 출력 보조물 설정하기	1. 확정된 출력용 데이터를 근거로 출력보조물의 필요성을 판단할 수 있다. 2. 출력보조물이 필요할 경우 슬라이서(Slicer) 프로그램으로 형상을 분석할 수 있다. 3. 분석된 형상을 토대로 출력보조물을 선정할 수 있다. 4. 선정된 정보를 활용하여 슬라이서 프로그램에서 출력보조물을 설정할 수 있다.
		2. 슬라이싱하기	1. 선정된 3D 프린터에서 지원하는 적층 값의 범위를 파악할 수 있다. 2. 파악된 적층 값의 범위 내에서 적층 값을 결정할 수 있다. 3. 결정된 적층 값을 활용하여 제품을 슬라이싱 할 수 있다.

실기과목명	주요항목	세부항목	세세항목
		3. G코드 생성하기	1. 슬라이싱 된 파일을 활용하여 실제 적층을 하기 전 가상 적층을 실시하여 슬라이싱의 상태를 파악할 수 있다. 2. 슬라이서(Slicer)프로그램의 3D 프린터 설정기능을 활용하여 기타 설정 값을 설정할 수 있다. 3. 슬라이싱 된 파일과 기타 설정 값을 기준으로 G코드를 생성할 수 있다.
	5. 3D 프린터 HW 설정	1. 소재 준비하기	1. 선택한 소재를 바탕으로 3D 프린터 장착 방식을 파악할 수 있다. 2. 파악한 3D 프린터 장착 방식에 따라 소재를 3D 프린터에 장착할 수 있다. 3. 소재가 장착된 3D 프린터를 활용하여 정상 출력 여부를 파악할 수 있다.
		2. 데이터 준비하기	1. 선택한 3D 프린터를 바탕으로 데이터업로드 방법을 파악할 수 있다. 2. 파악된 데이터업로드 방법에 따라 G코드 파일을 업로드 할 수 있다. 3. G코드 파일이 3D 프린터에 정상적으로 업로드 되었는지 3D 프린터 LCD화면을 통해 파악할 수 있다.
		3. 장비출력 설정하기	1. 선택한 3D 프린터의 매뉴얼을 활용하여 작동 방법, 원리, 출력방식을 파악할 수 있다. 2. 파악된 정보를 활용하여 3D 프린터의 출력을 위한 사전준비를 할 수 있다. 3. 사전 준비된 3D 프린터의 상태를 점검하여 출력 조건을 최종 확인할 수 있다.
	6. 출력용 데이터 확정	1. 문제점 파악하기	1. 저장된 출력용 파일의 종류와 특성을 검토할 수 있다. 2. 파악된 출력용 파일의 특성에 맞추어 오류검출 프로그램을 선택할 수 있다. 3. 선택된 프로그램으로 출력용 파일을 불러 들여 오류 검사를 실행할 수 있다. 4. 오류 검사 수행 결과를 기반으로 문제점 리스트를 작성할 수 있다. 5. 오류가 없을 경우 오류 검출프로그램에서 최종 출력용 모델링 파일의 형태로 저장할 수 있다.
		2. 데이터 수정하기	1. 파악된 문제점 리스트를 기반으로 자동오류수정 기능을 수행할 수 있다. 2. 자동오류수정 수행 결과를 바탕으로 자동으로 수정되지 않는 부분은 수동으로 수정 가능 여부를 확인할 수 있다. 3. 수동 수정이 불가능시 출력용 모델링 데이터를 모델링 소프트웨어에서 재수정하도록 문제점 리스트를 작성할 수 있다.
		3. 수정데이터 재생성 하기	1. 재수정 요청된 문제점 리스트를 바탕으로 원본 모델링데이터의 수정 부분을 파악할 수 있다. 2. 파악된 부분의 원본 모델링데이터를 수정하여 출력용 모델링 파일로 저장할 수 있다. 3. 재저장된 출력용 모델링파일을 활용하여 오류검출프로그램에서 자동 검사를 실행할 수 있다. 4. 실행결과를 바탕으로 최종 모델링파일의 형태로 재 저장할 수 있다.

실기과목명	주요항목	세부항목	세세항목
	7. 제품출력	1. 출력과정 확인하기	1. 3D 프린터 출력 중 제품이 바닥에 단단히 고정되어 있는지 확인할 수 있다. 2. 3D 프린터 출력 중 출력보조물이 정상적으로 출력되고 있는지 확인할 수 있다. 3. 3D 프린터 출력 중 제품 출력경로가 G코드와 일치하는지 확인할 수 있다.
		2. 출력오류 대처하기	1. 출력오류 감지 시 3D 프린터를 중지하여 프린터장치의 오류를 파악할 수 있다. 2. 프린터장치의 오류를 바탕으로 G코드 상의 오류를 파악할 수 있다. 3. 파악한 문제점을 활용하여 소프트웨어 프로그래밍, 3D 프린터, 출력방식별로 출력오류에 대처할 수 있다.
		3. 출력물 회수하기	1. 고체방식 3D 프린터는 재료를 녹여 적층하는 방식으로써 전용공구를 이용하여 회수할 수 있다. 2. 액체방식 3D 프린터는 광경화성 수지에 광원을 활용한 방법으로써 제품회 방법으로써 제품회 시 전용공구를 이용하여 회수할 수 있다. 3. 액체방식 3D 프린터는 제품 회수 후 표면을 세척제로 세척할 수 있다. 4. 액체방식 3D 프린터는 세척된 출력물을 경화기를 이용하여 경화시킬 수 있다. 5. 분말방식 3D 프린터는 분말을 광원으로 용융시켜 제품을 제작하거나 분말에 접착제를 분사하여 제품을 제작하는 형태로써 표면에 붙은 가루 분말들을 제거할 수 있다.
	8. 3D 프린팅 안전 관리	1. 안전수칙 확인하기	1. 산업안전보건법에 따라서 3D 프린팅의 안전수칙을 준수할 수 있다. 2. 산업안전보건법에 따라 안전보호구를 준비하고 착용할 수 있다. 3. 안전사고 행동 요령에 따라 사고 발생 시 행동에 대비할 수 있다. 4. 3D 프린터의 안전수칙을 숙지하여 장비에 의한 사고에 대비할 수 있다.
		2. 예방점검 실시하기	1. 안전사고 예방을 위하여 3D 프린팅 작업환경을 정리 · 정돈하여 관리할 수 있다. 2. 안전사고 예방을 위하여 3D 프린터 관련 설비를 점검할 수 있다. 3. 안전사고 예방을 위하여 3D 프린터 관리 지침을 만들고 점검할 수 있다.
		3. 안전사고 사후대책 수립하기	1. 작업자의 안전을 위하여 안전사고 예방수칙과 행동지침을 숙지할 수 있다. 2. 숙지한 행동지침을 현장 근무자들에게 안내할 수 있다. 3. 사고원인, 결과, 재발방지에 대한 사후대책 보고서를 작성할 수 있다.

3D프린터운용기능사 필기시험 모의평가 문제

국가기술자격검정 필기시험문제(모의평가)				비번호	성명
자격종목	시험시간	배점	문제지형별		
3D프린터운용기능사	1시간	100점	A		

1 제품스캐닝

01. 레이저나 백색광을 대상물에 투사하여 측정 대상으로부터 형상정보 즉 3차원 좌표의 X, Y, Z값을 읽어내는 일련의 과정을 무엇이라 하는가?

① 3D 모델링　　② 3D 프린팅
③ 3D 스캐닝　　④ NC 가공

02. 접촉식 3차원 측정기의 대표적인 방법은 무엇인가?

① CMM(Coordinate Measuring Machine)
② CCD(Change-Coupled Device)
③ CMOS(Complementary Metal-Oxide Semiconductor)
④ CT(Computed Tomography)

[해설]
접촉식의 대표적인 방법인 CMM은 터치 프로브(Touch probe)가 직접 측정 대상물과의 접촉을 통해 좌표를 읽어내는 방식이다.

03. 3D 프린팅과 연계해서 많이 사용하는 광학 방식의 비접촉 3차원 스캐닝 방식이 아닌 것은?

① Time-Of-Flight(TOF) 방식 레이저 3차원 스캐너
② 레이저 기반 삼각 측량 3차원 스캐너
③ 패턴 이미지 기반 삼각 측량 3차원 스캐너
④ 터치 프로브(Touch probe)방식 레이저 3차원 스캐너

[해설]
터치 프로브 방식은 측정 대상물과의 직접 접촉을 통해 좌표를 획득하는 방식이다.

04. 다음 설명 중 ( )안에 공통으로 들어갈 용어를 고르시오.

> 주로 광 패턴 방식에서는 패턴의 모서리들을 카메라로 한꺼번에 측정하기 때문에 측정 데이터는 보통 ( )이다. 레이저 삼각 측량법 역시 라인 타입의 빔을 회전하면서 피측정물에 주사하고 좌표를 획득하기 때문에 측정 데이터는 ( )이다.

① 메쉬(mesh)
② STL
③ B-Spline
④ 점군(Point Cloud)

[해설]
3차원 스캐너의 주 목적은 물체의 표면으로부터 기하정보(주로 X, Y, Z)가 샘플링된 점군(Point Cloud)을 형성하는 것이다.

05. 비접촉방식의 광학식(Optical)스캐닝의 경우 한번의 스캔만으로 물체를 완전한 모델로 만들기 어렵다. 여러 번의 스캔을 통해 얻어진 여러 장의 이미지들을 하나의 좌표계로 변환하는 작업을 하여 정렬(또는 정합)된 여러 데이터들을 하나의 데이터로 합치는 작업을 무엇이라 하는가?

① 정렬(Alignment)
② 정합(Registration)
③ 머징(Merging)
④ 보정(Fairing)

[해설]
하나의 좌표계로 변환하는 작업을 정렬(Alignment) 또는 정합(Registration)이라 부르고 이렇게 정렬된 여러 데이트 셋을 하나의 데이터로 합치는 작업을 머징(Merging)이라고 부른다.

정답 01 ③　02 ①　03 ④　04 ④　05 ③

06. CMM 3차원 측정기에 대한 설명으로 틀린 것은?

① 매우 빠른 측정 속도
② 측정시 복잡한 사전 준비 작업 필요
③ 항온, 항습 시설 등 독립된 측정 공간 필요
④ 측정 대상물의 크기 제한

[해설]
CMM(Coordinate Measuring Machine)측정기는 대상물의 표면 위치를 검출하는 프로브가 3차원 공간을 이동하면서 각 측정 점의 공간 좌표를 검출하기 때문에 측정 속도가 매우 느린 편이다.

07. 3D 스캔한 데이터는 스캐너의 종류에 따라 다를 수 있는데 기본적으로 점군의 형태로 저장이 된다. 이러한 점군은 다른 소프트웨어에서도 사용이 가능한 표준 포맷으로 저장할 수도 있고, 스캐너 자체 지원 소프트웨어에서만 사용이 가능한 전용 포맷으로 저장할 수도 있다. 스캔 소프트웨어 혹은 데이터 처리 소프트웨어에서 사용이 가능한 표준적인 포맷이 아닌 것은?

① XYZ 데이터
② IGES(Initial Graphics Exchanges Specification)
③ STEP(Standard for Exchange of Product Data)
④ dxf

[해설]
dxf는 CAD 프로그램에서 캐드파일을 가독성이 가능한 텍스트 파일(ASCII)로 변환하는 파일 포맷으로 소스가 공개된 파일 포맷으로 사실상 산업표준으로 널리 사용되고 있다.

08. 3D 프린팅 제작 방식과 가장 관련 깊은 항목을 고르시오.

① 적층식(Additive Manufacturing) 제작방식
② 금형을 이용한 대량 생산 방식
③ CNC 장비를 이용한 정밀 절삭가공 방식
④ 제작 가능한 모델의 형상에 한계가 있음

09. CMM 측정기의 특징과 비교하는 경우 3차원 스캐너의 장점이 아닌 것은?

① 비교적 빠른 측정 속도
② 이동성 및 휴대성 양호
③ CMM에 비해 상대적으로 높은 측정 정확도
④ 폭 넓은 활용 분야

[해설]
3D스캐너는 CMM 측정기에 비해 상대적으로 낮은 측정 정확도를 가지고 있다는 단점이 있다.

10. TOF(Time-Of-Flight) 방식 레이저 3D 스캐너의 특징이 아닌 것은?

① 이 방식은 주로 펄스 레이저(pulse laser)를 사용한다.
② 위상간섭(phase interference)을 통해서도 시간측정이 가능하며 이 경우는 펄스 레이저 대신 연속 레이저(continuous laser)를 사용한다.
③ 먼 거리의 대형 구조물을 측정하는데 용이하다.
④ 측정 정밀도가 매우 높고 작은 형상일수록 아주 정밀한 측정이 가능하다.

[해설]
TOF 방식 3D 스캐너는 측정 정밀도가 비교적 낮아 작은 형상이면서 정밀한 측정이 필요한 경우에는 부적합하다.

11. 일반적으로 가장 널리 사용되는 스캔 방식으로 라인 형태의 레이저를 측정 대상물에 주사하여 반사된 광이 수광부 혹은 CMOS의 특정 셀(cell)에서 측정이 되는 스캐너 방식은 무엇인가?

① TOF(Time-Of-Flight)방식 레이저 스캐너
② 레이저 기반 삼각 측량 3차원 스캐너
③ 패턴 이미지 기반 삼각 측량 3차원 스캐너
④ CT(Computed Tomography) 3차원 스캐너

12. 다음 설명에서 (　)안에 들어갈 용어로 알맞은 것은?

> (　)은 광 패턴 방식 및 라인 레이저 방식에서 측정 대상물의 좌표를 구하는 방식으로 대상물에 레이저 빔의 한 점이 형성될 때 레이저 헤드, 측정부, 그리고 대상물 사이에 삼각형(ABC)이 형성되고 사인 법칙을 적용해서 거리를 구하는 방식이다.

① 삼각 측량법　　　② 백색광
③ 광 패턴　　　　　④ 위상간섭

13. 다음 중 금속 분말을 소재로 한 직접 소결 방식의 3D 프린팅 기술 방식은?

① SLS(Selective Laser Sintering)
② FFF(Fused Filamant Fabrication)
③ LOM(Laminated Object Manufacturing)
④ SLA(Stereo Lithography Apparatus)

[해설]
플라스틱, 금속 등의 분말(Powder)을 소재로 하여 레이저 등의 광원으로 출력하는 방식은 SLS이다.

14. 영국에서 처음 시작된 3D 프린터의 개발과 공유를 위한 커뮤니티로서 지금처럼 전 세계적으로 3D 프린터가 대중화되는 데 지대한 공헌을 한 온라인 커뮤니티로 오픈소스 프로젝트는 무엇인가?

① Arduino　　　　　② Maker movement
③ Open Platform　　④ RepRap

[해설]
공유와 개방의 오픈소스 커뮤니티는 렙랩 프로젝트이다.

15. 다음 중 인물이나 반려동물 피규어와 같이 다양한 색상의 풀 컬러 석고 재질 3D 프린팅이 가능한 기술방식은 어느 것인가?

① LS(Laser Sintering)
② CJP(Color Jet Printing)
③ DLP(Digital Light Processing)
④ SLA(Stereo Lithography Apparature)

[해설]
다양한 색상으로 출력할 수 있는 기술은 컬러젯 프린팅(CJP)방식이다.

16. 미국재료시험학회 ASTM에서 규정하고 있는 대표적인 3D 프린팅 방식 기술 중에 [고온으로 가열한 소재를 노즐을 통해 압출시켜가며 단면 형상을 조형하는 기술]의 정의에 해당하는 것은?

① Vat Photopolymerization
② Powder Bed Fusion
③ Sheet Lamination
④ Meterial Extrusion

[해설]
재료압출(Meterial Extrusion) 방식은 출력물이나 출력보조물이 노즐이나 오리피스를 통해 압출되고, 이를 적층시켜가며 3차원 형상의 출력물을 만든다.

17. 얇은 판재 형태의 재료를 단면 형상으로 자른 후 이를 서로 층층이 붙여 형상을 만드는 3D 프린팅 방식은?

① Vat Photopolymerization
② Powder Bed Fusion
③ Sheet Lamination
④ Binder Jetting

[해설]
판재 적층(Sheet Lamination)방식이다.

18. SLS방식에서 (　)이란 압축된 금속분말에 적절한 열에너지를 가해 입자들의 표면을 녹이고 녹은 표면을 가진 금속 입자들을 서로 접합시켜 구조물의 강도와 경도를 높이는 공정을 말한다. (　)에 들어갈 알맞은 용어는 무엇인가?

① 소결(Sintering)
② UV Resin
③ 광중합
④ 재료압출

[해설]
분말 재료에 압력을 가해서 밀도를 높인 후 여기에 적절한 에너지를 가하여 분말의 표면을 녹여 결합시키는 공정을 통칭하여 '소결'이라고 한다.

---

19. SLS 기술방식에서 사용하지 않는 소재는 무엇인가?

① 플라스틱 분말(Powder)
② 필라멘트(Fillament)
③ 금속 분말
④ 세라믹 분말

[해설]
필라멘트는 FFF/FDM 방식에서 주로 사용하는 소재이다.

20. 렙랩 프로젝트를 기반으로 발전하여 현재 3D 프린터가 대중화가 되어 가는데 큰 역할을 한 오픈소스 기술방식은 무엇인가?

① SLS   ② DLP
③ FFF   ④ DMLS

[해설]
FFF(Fused Fillament Fabrication)방식은 렙랩에서 공개한 오픈소스 방식이다.

21. 3차원 스캐너의 종류 중에 광 패턴(structured light)을 이용하기 때문에 한꺼번에 넓은 영역을 신속하게 측정할 수 있으며 휴대용으로 개발하기 용이한 방식은?

① TOF(Time-Of-Flight)방식 레이저 스캐너
② 레이저 기반 삼각 측량 3차원 스캐너
③ 패턴 이미지 기반 삼각 측량 3차원 스캐너
④ CT(Computed Tomography) 3차원 스캐너

22. CAD 설계 데이터나 도면이 없는 상태에서 제품의 3차원 스캐너 등을 이용하여 형상을 3차원 모델링 데이터를 얻고 이를 기반으로 기계나 기구의 개발을 위한 수치화된 데이터를 얻는 기술과 가장 적합한 용어는?

① 3D 스캐닝
② 3D 시뮬레이션
③ 최적화 설계
④ 역설계(Reverse Engineering)

23. 레이저 기반 삼각 측량 3D 스캐너를 통해 획득할 수 있는 데이터의 유형과 가장 거리가 먼 것은?

① 점군(Point Cloud)
② 폴리라인(Polyline)
③ 자유 곡선
④ 대상물의 내부 단면정보

24. 스캔 데이터는 보통 여러 번의 측정에 의한 점군 데이터를 서로 합친 최종 데이터를 활용하는데 개별 스캐닝 작업에서 얻어진 데이터들이 합쳐지는 과정을 무엇이라 하는가?

① 정합(Registration)
② 병합(Merging)
③ 역설계
④ 데이터 크리닝

[해설]
병합은 정합을 통해서 중복되는 부분을 서로 합치는 과정을 말한다.

25. 스캔 데이터 및 데이터의 보정작업에 대한 설명과 가장 관계가 먼 것은?

① 3차원 스캐너를 활용한 스캔 데이터는 측정 환경, 측정 대상물의 표면상태 및 스캐닝 설정 등에 따른 영향을 받지 않는다.
② 일반적으로 스캔 데이터는 노이즈를 포함하고 있어 측정, 정합 및 병합 후에 불필요한 데이터를 필터링해야 한다.
③ 데이터 클리닝이 끝나고 정합 전후로 다양한 보정작업 과정을 거치게 된다.
④ 스캔한 데이터는 페어링(fairing) 과정을 통해서 불필요한 점을 제거하고 다양한 오류를 바로잡아 최종적으로 삼각형 메쉬(trianglar mesh)를 형성하고 3차원 프린팅을 할 수 있다.

[해설]
스캔 데이터는 측정 환경, 측정 대상물의 표면상태 및 스캐닝 설정 등에 따라서 다양한 노이즈를 포함할 수 있다.

26. 스캔데이터는 형상수정, 삼각형 메쉬 생성 등의 페어링(fairing) 과정을 실시하는데 다음 보기 중에서 삼각형 메쉬 생성 작업과 관련 없는 것은?

① 삼각형의 크기를 균일하게 하는 작업
② 큰 삼각형에 노드를 추가하여 작은 삼각형으로 만드는 작업
③ 형상을 부드럽게 하는 작업
④ 삼각형 메쉬 생성 작업시 삼각형들은 꼭짓점을 항상 공유하지 않아도 된다.

[해설]
삼각형 메쉬를 생성할 때 몇 가지 법칙이 있는데, 이 법칙을 벗어난 삼각형들을 페어링 과정을 통해서 바로잡을 수 있다. 그 중 점과 점 사이의 법칙(vertex-to-vertex rule)으로 삼각형들은 항상 꼭짓점을 공유해야 한다.

27. 3차원 모델 데이터를 얻기 위한 입력장치는?

① 플랫베드 스캐너
② 3D 스캐너
③ 인코더
④ 3D CAD

28. 3차원 CAD 프로그램에서 입체물을 만들기 위한 좌표 X, Y, Z축의 설명으로 옳은 것은?

① X=높이, Y=너비, Z=깊이
② X=길이, Y=깊이, Z=너비
③ X=선, Y=면, Z=면적
④ X=너비, Y=높이, Z=깊이

29. 3D CAD에서 작업한 모델링 데이터에 빛, 명암 등을 부여하여 시각적인 실제감을 부여하는 작업은?

① 렌더링
② 컬러링
③ 모델링
④ 매핑

30. 덩어리감으로 입체를 생성하며 물체의 성질과 부피 등의 물리적 성질까지 알 수 있어 상업적으로 가장 많이 사용되고 있는 모델링 방식은?

① 와이어프레임 방식
② 서페이스 모델링
③ 솔리드 모델링
④ 프렉탈 모델링

---

2 넙스(Nurbs) 모델링

01. 3D 모델링에 관한 내용 중 잘못된 것은?

① XYZ 좌표상의 특정한 위치에 고정된 객체들은 다른 특성들을 그대로 유지하면서 쉽게 위치, 크기, 각도를 변형할 수 있다.
② 축을 중심으로 회전시켜 모델링하는 것을 Lathe라고 한다.
③ 크기조절(scale)은 대상물의 크기와 비율을 바꾼다.
④ 폴리곤은 거의 대부분 B-spline으로 정의될 수 있다.

[해설]
비균일 유리 B-스플라인을 의미하는 NURBS는 표면을 디자인하고 모델링하는 산업 표준으로 복잡한 곡선이 많은 표면을 모델링하는데 적합한 방식이다.

02. 3D 모델링 방식으로 거리가 먼 것은?

① 폴리곤 방식
② 넙스 방식
③ 솔리드 방식
④ 렌더링 방식

[해설]
렌더링은 2차원의 화상에 광원, 색상, 위치 등 외부의 정보를 고려하여 사실감을 불어넣어 3차원 화상을 만드는 과정을 의미하는 컴퓨터그래픽스 용어이다.

03. 다음 설명에 적합한 3D 모델링 방식은 무엇인가?

> 수학 함수를 이용하여 곡면의 형태를 만들고 부드러운 곡선을 이용한 모델링에 많이 사용되는 방식으로 자동차나 비행기의 표면과 같은 부드러운 곡면을 설계할 때 효과적이다.

① 폴리곤 방식
② 넙스 방식
③ 솔리드 방식
④ 역설계 방식

[해설]
넙스 방식은 폴리곤 방식에 비해 많은 계산이 필요하지만 부드러운 곡선을 이용한 모델링에 많이 이용된다.

---

04. 다음의 설명에 맞는 3차원 모델링에 해당하는 것은?

> • 데이터의 구조가 간단하다.
> • 처리 속도가 빠르다.
> • 단면도 작성이 불가능하다.
> • 물리적 성질의 계산이 불가능하다.

① 와이어 프레임 모델링
② 솔리드 모델링
③ 서피스 모델링
④ 시스템 모델링

[해설]
와이어 프레임 모델링은 점과 선으로 구성되어 실체감이 나타나지 않으며 데이터 구조가 간단하나 물리적 성질(질량, 관성모멘트 등)의 계산에 대한 정보가 부족하다.

05. 서피스 모델링에 대한 설명으로 올바르지 않은 것은?

① 은선제거가 가능하다.
② 단면도를 작성할 수 있다.
③ NC 가공 정보를 얻을 수 있다.
④ 유한요소법(FEM)의 적용을 위한 요소 분할이 쉽다.

[해설]
서피스 모델은 와이어 프레임 모델의 선으로 둘러싸인 면을 정의한 것으로 은선처리가 가능하고, 면의 구분이 가능하여 가공면을 자동으로 처리할 수 있어서 NC 가공이 가능하다.

06. 다음 중 컴퓨터 시스템의 기본 구성장치가 아닌 것은?

① 입력장치   ② 출력장치
③ 중앙처리장치   ④ 스피커장치

07. 다음 중 물체의 고유한 질감(Texture)을 표현해 주기 위한 기능은?

① 디더링(Dithering)
② 블랜드(Blend)
③ 스미어(Smear)
④ 매핑(Mapping)

08. 2개의 라인을 사용하여 3D 객체를 만드는 방식으로 라인 중 하나는 경로(Path)로 사용되며, 다른 하나는 표면(Shape)을 만들게 된다. 이렇게 표면이 경로를 따라가며 입체 형태를 만들 수 있는 기능은?

① 돌출
② 스윕(Sweep)
③ 로프트
④ 회전

09. 다음 설명에 해당하는 방식은?

> 기본 객체들에 집합 연산을 적용하여 새로운 객체를 만드는 방법이다. 집합 연산은 합집합, 교집합, 차집합 연산이 있다. 합집합은 두 객체를 합쳐서 하나의 객체로 만드는 것이고, 교집합은 두 객체의 겹치는 부분만 남기는 방식이다. 차집합은 한 객체에서 다른 한 객체의 부분을 빼는 것이다. 합집합과 교집합은 피연산자의 순서가 변경되어도 동일한 결과를 나타내지만, 차집합의 경우는 피연산자의 순서가 변경되면 다른 객체가 만들어진다.

① 2D 라인을 3D 객체로 만드는 방법
② CSG(Constructive Solid Geometry) 방식
③ 폴리곤 모델링 기법
④ 3D 스캐닝 기법

10. 3D 객체를 모델링하기 위한 3D 작업 공간을 뷰포트(Viewport)라고 하는데 다음 보기 중 원근감이 있는 입체적인 장면을 나타내는 View는?

① Top view
② Front view
③ Left view
④ Perspective

[해설]
Top view는 객체를 위에서 바라본 장면을 나타내고, Front view는 정면에서 바라본 장면, Left view는 왼쪽에서 바라본 장면을 나타낸다.

11. 3차원 컴퓨터그래픽스의 가장 기본적인 형태의 제작 기법으로 꼭짓점의 좌표값을 기본으로 모든 형상의 데이터 구성을 해가는 것은?

① 큐빅(cubic)　　② 그래비티(gravity)
③ 메타볼(metaball)　④ 폴리곤(polygon)

12. 3차원 모델의 처리속도의 빠르기를 올바르게 표현한 것은?

① 솔리드 모델〉와이어프레임 모델〉서피스 모델
② 서피스 모델〉솔리드 모델〉와이어프레임 모델
③ 와이어프레임 모델〉서피스 모델〉솔리드 모델
④ 서피스 모델〉와이어프레임 모델〉솔리드 모델

13. 컴퓨터그래픽을 활용하여 제작한 이미지를 인쇄하고자 할 때 사용하는 인쇄의 4원칙은?

① CMYB(Cyan, Magenta, Yellow, Blue)
② CMYK(Cyan, Magenta, Yellow, Black)
③ RGBY(Red, Green, Blue, Yellow)
④ RGBK(Red, Green, Blue, Black)

14. 래피드 프로토타이핑(Rapid prototyping)에 관한 설명 중 옳은 것은 무엇인가?

① 디자이너가 제품의 평가척도를 만드는 데 필요한 도구
② 짧은 시간 내에 디자인의 실제 모델을 다양하게 만드는 방법
③ 단기간 내에 디자인 기획을 수행할 수 있는 방법론
④ 디자이너가 스케치를 통해 형태를 검토하는 방법

15. 컴퓨터그래픽(CG)에서 3차원 입체 형상 모델링의 표현 방식이 아닌 것은?

① 와이어프레임 모델링(Wireframe Modeling)
② 서페이스 모델링(surface Modeling)
③ 솔리드 모델링(Solid Modeling)
④ 목업 모델링(Mock-up Modeling)

16. 삼각형을 기본 면으로 3D 객체를 모델링하는 방법인 폴리곤 모델링 방식의 서브 오브젝트가 아닌 것은?

① 폴리라인　　② 점(Vertex)
③ 선(Edge)　　④ 면(Polygon)

17. 3D 디자인 소프트웨어의 주요 기능과 거리가 먼 것은?

① 구조, 열, 유동해석 기능
② 3차원 객체 모델링과 편집 기능
③ 재질 입히기 기능
④ 랜더링 기능

18. 3D 객체에 색상이나 문양, 질감 등을 표현하는 기능으로 유리나 플라스틱, 금속, 나무, 돌 등의 효과를 낼 수 있는 기능은?

① 정합 기능　　② 파라메트릭 기능
③ 재질 입히기 기능　④ Modify 기능

19. 고체 기반의 플라스틱 필라멘트 소재를 사용하는 3D 프린터의 설명으로 옳지 않은 것은?

① ABS나 PLA 소재를 주로 사용한다.
② 비교적 작동원리가 간단하고 오픈소스도 많아 가장 보편적으로 사용하는 방식이다.
③ 액상기반 소재를 사용하는 방식 대비 출력 품질이 우수하다.
④ 출력시 미세 분진과 가열된 플라스틱의 냄새가 발생할 수 있다.

20. 슬라이서 프로그램에서 출력시 적층 높이를 설정하는 것은?

① 레이어 높이(Layer height)
② 벽 두께
③ 내부 채움 밀도
④ 오토레벨링

21. 슬라이서에서 오픈하여 G-code로 변환하여 3D 프린터로 출력하는 것이 일반적인데 다음 중 슬라이서 입력용 데이터 저장 파일로 사용하는 포맷이 아닌 것은?

① STL
② OBJ
③ PLY
④ IGES

[해설]
형상 데이터를 나타내는 엔터티(entity)로 이루어져 있는 IGES 파일은 점뿐만 아니라 선, 원, 자유 곡선, 자유 곡면, 트림 곡면, 색상, 글자 등 CAD/CAM 소프트웨어에서 3차원 모델의 거의 모든 정보를 포함할 수 있다.

22. STL 포맷의 설명과 거리가 먼 것은?

① STL은 STereoLithography의 약자이다.
② STL 포맷은 3차원 데이터의 surface 모델을 삼각형 면에 근사시키는 방식이다.
③ STL 포맷은 삼각형의 세 꼭짓점이 나열된 순서에 따른 오른손 법칙을 사용한다.
④ STL 포맷은 색상, 질감과 표면 윤곽이 반영된 면을 포함하며 곡면을 디테일하게 표현할 수 있다.

[해설]
AMF(Additive Manufacturing) 포맷은 XML에 기반해 STL의 단점을 다소 보완한 파일 포맷으로 색상, 질감과 표면 윤곽이 반영된 면을 포함하며 곡면을 디테일하게 표현할 수 있다.

23. 렌더링에 관한 설명 중 옳은 것은?

① 머리 속에 떠오르는 이미지를 그리는 것을 말한다.
② 디자인의 개념을 나타내는 이미지 스케일을 말한다.
③ 목업을 제작하기 위하여 그리는 도면의 일종이다.
④ 실제 제품과 같은 상태의 형태, 재질감, 색상 등을 실감 있게 표현하는 것이다.

24. 와이어 프레임 모델링의 특징과 가장 거리가 먼 내용은?

① 회전 이동이 신속하다.
② 비교적 데이터 량이 적다.
③ 추가 삭제가 신속하다.
④ 물체의 면을 잘 표현한다.

25. 스캔할 이미지의 해상도를 지정하는 항목은?

① Document source
② Resolution
③ Image Type
④ Destination

26. 입체 각 방향의 면에 화면을 두어 투영된 면을 전개하는 투상법은?

① 정투상
② 사투상
③ 2점 투시 투상
④ 표고 투상

27. 3차원 형상 모델링 중에서 물체의 속이 꽉 차 있어 수치 데이터 처리가 정확하여 제품생산을 위한 도면제작과 연계된 모델은?

① 와이어프레임 모델
② 서피스 모델
③ 솔리드 모델
④ 곡면 모델

28. 3D 오브제의 표면을 사실적으로 표현하기 위하여 프로그램 상 만들어진 무늬와 2D 이미지를 적용하여 사실적인 이미지를 만들 수 있도록 하는 작업은?

① 포토리얼(Photoreal)
② 안티앨리어싱(Anti-Aliasing)
③ 매핑(Mapping)
④ 패치(Patch)

29. 3차원 물체를 표현하는 가장 간단한 방법으로, 정보처리에는 제한적이나 모델링 시간이 빠르고 물체의 앞면뿐만 아니라 뒷면의 선들도 관찰되는 특징을 갖는 모델링 방식은?

① 솔리드 모델링
② 와이어 프레임 모델링
③ 서페이스 모델링
④ 폴리곤 모델링

30. 3차원 CAD 프로그램에서 2차원 도형에 Z축으로 깊이를 주어 3차원 오브젝트(object)를 만드는 방식은?

① Revolver 방식
② Extrude 방식
③ Bevel 방식
④ Compound 방식

3	엔지니어링 모델링

01. 3D 엔지니어링 CAD에서 돌출이나 회전을 이용하여 작성하기 힘든 자유 곡선 등을 작성하는 기능은?

① 쉘(Shell) ② 스윕(Sweep)
③ 모깎기(Fillet) ④ 회전(Revolve)

[해설]
스윕은 자유곡선이나 하나 이상의 스케치 경로를 따라가는 형상을 모델링하는 기능이다.

02. 3D 엔지니어링 CAD에서 3차원 형상의 표면뿐만 아니라 내부에 질량, 체적, 부피 값 등 여러 가지 정보가 존재할 수 있는 것은?

① 스케치 ② 솔리드
③ 서피스 ④ 프로파일

[해설]
솔리드 모델링은 3차원 형상의 표면뿐만 아니라 내부에 질량, 체적, 부피 값 등 여러 가지 정보가 존재할 수 있으며 점, 선, 면의 집합체로 되어 있다.

03. 솔리드 모델링의 특징이 아닌 것은?

① 데이터의 구성이 간단하다.
② 복잡한 형상의 표현이 가능하다.
③ 물리적 성질 등의 계산이 가능하다.
④ 부품 상호간의 간섭을 체크할 수 있다.

[해설]
솔리드 모델링은 간섭 체크가 용이하고 물리적 성질 등의 계산이 가능하지만 데이터 처리가 많아지고 컴퓨터의 메모리량이 많아진다.

04. 3D CAD에서 스케치(SKETCH) 드로잉 메뉴가 아닌 것은?

① 선 ② 원
③ 모깎기 ④ 폴리선

[해설]
모깎기는 스케치 편집 도구이다.

---

05. CAD 프로그램에서 사용되지 않는 좌표계는?

① 원형 좌표계   ② 직교 좌표계

③ 원통 좌표계   ④ 극 좌표계

[해설]
CAD 프로그램에서는 2차원 또는 3차원에서의 한 점을 정의할 수 있는 좌표계를 사용하는데 원형 좌표계는 2차원 평면 상의 모든 점을 정의할 수 없기 때문에 사용되지 않는다.

06. 3D CAD에서 스케치(SKETCH)에 대한 설명으로 틀린 것은?

① 스케치는 보통 2차원 스케치와 3차원 스케치로 구분이 된다.

② 2차원 스케치는 평면을 기준으로 선, 원, 호 등 작성 명령을 이용하여 형상을 표현하는 것이다.

③ 3차원 스케치는 3차원 공간에서 직접적으로 선을 작성하는 기능이다.

④ 스케치를 작성한 후 3D 프린터로 출력하기 위해 파일을 변환하는 것이 기본이다.

[해설]
스케치를 통해 프로파일을 작성한 후 솔리드 모델링하여 출력용 파일로 변환한다.

07. 3D 엔지니어링 소프트웨어에서 객체들간의 자세를 흐트러짐없이 잡아 두고, 차후 디자인 변경이나 수정 시 편리하고 직관적으로 업무를 수행하기 위해서 필요한 중요한 기능을 무엇이라고 하는가?

① 드로잉   ② 단축키

③ 구속조건   ④ 솔리드 모델링

[해설]
구속 조건에는 크게 형상 구속과 치수 구속의 두 가지가 있으며 이 두 구속 조건을 모두 충족해야 정상적이고 안정적인 형상을 모델링할 수 있다.

08. 3차원 물체를 외부 형상 뿐만 아니라 내부 구조에 대한 정보까지도 표현하여 물리적 성질 등의 계산이 가능한 모델링은 어느 것인가?

① 와이어프레임 모델링

② 서피스 모델링

③ 솔리드 모델링

④ 엔티티 모델링

[해설]
솔리드 모델링은 물리적 성질 등의 계산이 가능하고 FEM을 위한 메쉬 자동분할이 가능하다.

09. 3D 형상 모델링 명령 중 2D로 작성된 스케치를 그 모양대로 입체화시키는 기능을 무엇이라고 하는가?

① 쉘   ② 돌출

③ 회전   ④ 모따기

[해설]
2D 스케치 후 돌출 기능을 이용하면 입체화된 도형이 나타나며 돌출 높이를 지정하여 형상을 완성한다.

10. 생성된 3차원 객체의 면 일부분을 제거한 후 남아 있는 면에 일정한 두께를 부여하여 속(내부)을 만드는 기능은 무엇인가?

① 모깎기   ② 구멍

③ 쉘   ④ 모따기

[해설]
쉘은 속을 비게 만드는 기능으로 주로 플라스틱 케이스 등 제품 목업(Mock-up)을 목적으로 하는 경우 많이 사용된다.

11. 한국산업표준(KS)규격의 분류 중 기계 분야를 나타내는 분류 기호는?

① KS A   ② KS B

③ KS C   ④ KS D

[해설]
KS A는 기본, B는 기계, C는 전기전자, D는 금속 분야이다.

12. 축의 끼워맞춤에 사용되는 IT 공차의 등급에 해당하는 것은?

① IT01~IT4 ② IT01~IT5
③ IT5~IT9 ④ IT6~IT10

[해설]
일반 끼워맞춤 공차에서 축의 끼워맞춤은 IT5~IT9, 구멍의 끼워맞춤은 IT6~IT10의 공차등급을 적용한다.

13. 치수나 공식같은 매개변수를 사용하여 모델의 형상 또는 각 설계 단계에 종속 및 상호관계를 부여하여 설계작업을 진행하는 동안 언제든 수정 가능한 가변성을 지니고 있는 것을 무엇이라고 하는가?

① 제약조건 ② 파라메트릭
③ 파트 ④ 어셈블리디자인

[해설]
솔리드 모델링에서의 파라메트릭 요소에 해당하는 매개변수(치수, 피처 변수), 기하학적 형상(스케치 엔티티나 솔리드 모델의 면, 모서리, 꼭짓점)을 이용해 항상 설계 의도에 의해 수정 가능한 모델링을 하는 것을 파라메트릭 모델링이라고 부른다.

14. 3D CAD 프로그램에서 두 개의 원의 중심을 서로 같게 만드는 구속조건을 무엇이라고 하는가?

① 수평구속조건 ② 동일선상구속조건
③ 동심구속조건 ④ 동일구속조건

[해설]
동심구속조건은 서로 떨어져 있는 두 개의 원의 중심을 일치하게 만드는 구속조건이다.

15. IT 기본 공차의 등급 수는 몇 가지인가?

① 16 ② 18
③ 20 ④ 22

[해설]
IT01, IT0, IT1~IT18까지 모두 20가지이다.

16. 끼워맞춤방식에서 축의 지름이 구멍의 지름보다 큰 경우 조립 전 두 지름의 차를 무엇이라고 하는가?

① 틈새 ② 죔새
③ 공차 ④ 허용차

17. 조립을 위한 부품 배치에서 각 파트를 모델링해 놓은 상태에서 조립품 파일을 열어 부품 요소들을 조립하는 방식은 무엇인가?

① 기준파트배치 ② 상향식 방식
③ 하향식 방식 ④ 파트조립

[해설]
상향식 방식은 파트를 모델링해 놓은 상태에서 조립품을 구성하는 것을 말한다.

18. 치수보조기호 중 SØ는 무엇을 의미하는가?

① 표면거칠기 ② 나사의 피치
③ 구의 지름 ④ 구의 반지름

[해설]
S는 구(Sphere)의 첫 글자를 나타내며 구의 반지름은 SR로 표기한다.

19. 기하공차의 구분 중에서 모양공차에 해당하지 않는 것은?

① 진직도 ② 평행도
③ 진원도 ④ 면의 윤곽도

[해설]
평행도 공차는 자세공차에 해당한다.

20. 도면에서 구멍의 치수가 [Ø40 $^{+0.03}_{-0.02}$]로 기입되어 있다면 치수공차는 얼마인가?

① 0.01 ② 0.02
③ 0.03 ④ 0.05

[해설]
치수공차 = 최대허용치수 − 최소허용치수 = (+0.03) + (−0.02) = 0.05

21. 다음 설명 중 (   )안에 들어갈 알맞은 용어는 어느 것인가?

> 3D 엔지니어링 소프트웨어에서 형상의 기본적인 프로파일(단면)을 생성하기 위해 (   )라는 영역에서 형상의 레이아웃을 작성하는 곳으로 형상의 완성도를 결정하는 가장 중요한 부분이다.

① 스케치　　　② 솔리드 모델링
③ 곡면 모델링　　　④ 파트 모델링

[해설]
2차원 스케치는 평면을 기준으로 선, 원, 호 등 작성 명령을 이용하여 형상을 표현하는 것이며, 3차원 스케치는 3차원 공간에서 직접적으로 선을 작성하는 기능이다.

22. 3D 엔지니어링 프로그램에서 형상 구속은 스케치 객체들간의 자세가 자유롭게 변형되는 것을 막고 설계자가 의도한 대로 스케치 형상을 유지할 수 있도록 설정하는 구속을 말하는데 형상구속 조건에서 두 개 이상 선택된 스케치 선을 동일한 위치로 선을 구속하는 조건을 무엇이라 하는가?

① 수평 구속　　　② 수직 구속
③ 동일 선상 구속　　　④ 일치 구속

[해설]
수평 구속 : 선택한 선분이 수평(가로선)이 되도록 구속한다.
수직 구속 : 선택한 선분이 수직(세로선)이 되도록 구속한다.
일치 구속 : 떨어져 있는 점과 선을 정확하게 붙이거나 떨어져 있는 두 끝점을 정확하게 연결시키는 구속이다.

23. 다음 중 피처 명령에 해당하지 않는 것은 무엇인가?

① 돌출(Extrude)　　　② 회전(Revolve)
③ 구멍(Hole)　　　④ 스케치(Sketch)

[해설]
3D 엔지니어링 프로그램에서 형상의 기본 단면을 표현하기 위한 스케치는 선, 원, 사각형, 호 등의 드로잉 도구를 이용하여 완성한다.

24. 3D 프린터 출력 의뢰가 들어온 도면의 부품도에서 구멍과 축의 치수에 다음과 같이 Ø30H7/Ø30g6 로 표기되어 있는데 이에 대한 설명으로 틀린 것은?

① 구멍기준식 끼워맞춤이다.
② 구멍의 끼워맞춤 공차는 H7이다.
③ 축의 끼워맞춤 공차는 g6이다.
④ 억지 끼워맞춤에 해당한다.

[해설]
Ø30H7/Ø30g6은 헐거운 끼워맞춤을 의미한다.

25. 어떤 3D 프린팅 출력물을 조립하는 경우 구멍의 치수가 축의 치수보다 작은 경우 생기는 구멍과 축의 끼워맞춤 관계를 무엇이라 하는가?

① 틈새
② 죔새
③ 공차
④ 허용차

[해설]
구멍의 치수가 축의 치수보다 작으면 항상 죔새 발생
구멍의 치수가 축의 치수보다 크면 항상 틈새 발생

26. 구멍의 최소 치수가 축의 최대치수보다 큰 경우는 무슨 끼워맞춤에 해당하는가?

① 헐거운 끼워맞춤
② 중간 끼워맞춤
③ 억지 끼워맞춤
④ 압입 끼워맞춤

[해설]
헐거운 끼워맞춤은 구멍의 치수가 축의 치수보다 클 경우에 생기는 끼워맞춤이다.

27. 투상도의 올바른 선택방법으로 틀린 것은?

① 대상 물체의 형상이나 기능을 가장 잘 표현할 수 있는 면을 주투상도로 선택한다.

② 조립도와 같이 주로 물체의 기능을 표시하는 도면에서는 대상물을 사용하는 상태로 작도한다.

③ 부품도는 원칙적으로 조립도와 동일한 방향으로만 작도해야 한다.

④ 축과 같이 길이가 긴 부품은 특별한 사유가 없는 한 축 중심선을 수평방향으로 놓고 작도한다.

[해설]
부품도는 부품을 가공하거나 조립하는데 알맞은 방향으로 작도한다.

28. 다음 중 기계설계용 엔지니어링 CAD에서 사용하는 3차원 모델링 방식이 아닌 것은?

① 와이어프레임 모델링(Wire Frame Modeling)

② 오브젝트 모델링(Object Modeling)

③ 솔리드 모델링(Solid Modeling)

④ 서피스 모델링(Surface Modeling)

[해설]
3차원 모델링의 방식에는 와이어프레임 모델링, 서피스 모델링, 솔리드 모델링이 있다.

29. 최대 허용한계치수와 최소 허용한계치수와의 차를 무엇이라고 하는가?

① 치수공차   ② 끼워맞춤

③ 기준치수   ④ 기하공차

[해설]
치수공차는 공차라고도 하며 치수공차는 최대허용한계치수에서 최소허용한계치수를 뺀 값이다.

30. 도면작성에서 선의 종류에 따른 용도의 명칭과 선의 종류를 올바르게 연결한 것은?

① 외형선 : 굵은 1점쇄선

② 중심선 : 가는 2점쇄선

③ 치수보조선 : 굵은 실선

④ 지시선 : 가는 실선

[해설]
외형선은 굵은 실선, 중심선은 가는 1점쇄선, 치수보조선은 가는 실선으로 작도한다.

4	**3D 프린터 SW 설정**

01. 3D 프린팅을 하기 위하여 슬라이싱 프로그램에서 생성하는 코드는 무엇인가?

① G-Code   ② Z-Code

③ C-Code   ④ D-Code

[비고]
G-code, G 프로그래밍 언어 혹은 RS-274 규격은 대부분의 수치제어(NC)에서 사용되는 프로그래밍 언어로서, 자동제어 공작기계를 통한 컴퓨터 지원 제조에 주로 사용된다.

02. 다음은 어떤 용어에 관한 설명인가?

> 3D 프린팅은 CAD 프로그램에서 모델링한 3차원 형상물을 2차원적 단면으로 분해한 후 적층하여 다시 3차원적 형상물을 얻는 방식을 말하는데, 3D 모델링한 파일을 3D 프린터에서 적층하기 위하여 층층히 썰어낸다는 의미를 말하는 용어이다.

① 슬라이싱   ② 스캐닝

③ G-Code   ④ Layer

[해설]
3D 프린팅을 하기 위해서는 모델의 단면을 한 층씩 얇게 썰어내는 과정을 말하며 이 작업을 도와주는 소프트웨어를 보통 슬라이서(Slicer)라고 부른다.

03. 프린트 헤드가 이동 중 출력이 불필요한 공간에 필라멘트가 배출되어 거미줄과 같은 출력물이 나오지 않도록 슬라이서에서 설정하는 기능은 무엇인가?

① Enable Retraction
② Fill Density
③ Shell Thickness
④ Layer Height

[해설]
불필요한 출력이 되지 않도록 해주는 기능은 리트랙션(Retraction, 되감기)이다.

04. 출력물 형상의 특성상 베드에 닿는 면적이 좁고 위로 올라갈수록 형상이 커지는 모델과 같은 경우 출력 도중에 쓰러질 우려가 있다. 이런 경우 어떤 바닥보조물을 설정해주면 좋은 것은 어느 것인가?

① 스커트(Skirt)
② 지지대(Support)
③ 라프트(Raft)
④ 레이어(Layer)

[해설]
라프트(Raft)는 출력 모델의 맨 아래 부분에 출력되어 출력 도중 쓰러지기 쉬운 형상을 베드로부터 지지해주는 바닥보조물을 말한다.

05. 슬라이서 프로그램의 기능 중에서 출력물의 내부 채우기 정도를 의미하는 것으로 보통 0~100%까지 채우기 설정이 가능한 것은?

① Support
② Infill
③ Raft
④ Brim

06. 적층높이를 설정하는 메뉴 중 레이어 두께(Layer thickness) 또는 레이어 높이(Layer height)라고 하는 것이 있다. 동일한 크기의 모델을 동일한 조건하에서 출력된다고 가정했을 때 다음의 레이어 높이 설정값 중에서 가장 출력 시간이 오래 걸리는 것은 무엇인가?

① 0.02
② 0.05
③ 0.1
④ 0.2

[해설]
레이어 높이는 각 3D 프린터마다 설정할 수 있는 최소값이 정해져 있는 것이 보통이며 레이어 높이 값을 작게 할수록 출력시간은 오래 걸리지만 비교적 부드러운 표면을 얻을 수 있다.

07. G-코드 명령어 중 급속 이송을 의하는 것은?

① G0
② G1
③ G4
④ G90

[비고]
G-코드 명령 중 G0는 빠른 이송을 의미한다. 즉 프린트헤드나 베드를 빠르게 이송시키기 위해서 사용한다.

08. 현재 위치에서 지정된 위치까지 프린트 헤드나 베드를 직선 이동하는 G-코드 명령어는 무엇인가?

① G0
② G1
③ G02
④ G03

[비고]
G1은 현재 위치에서 헤드나 플랫폼을 직선 이송시키는 명령이다.

09. M명령어 중에 압출기 온도를 설정하는 것은?

① M1
② M17
③ M104
④ M106

[비고]
M104는 Snnn으로 지정된 온도로 압출기의 온도를 설정한다.

10. FFF 방식의 슬라이서 설정값 중에 [내부채우기 밀도]에 대한 설명으로 올바르지 않은 것은?

① 내부채우기 밀도는 조형물의 내부에 채워지는 양을 말한다.
② 내부채우기 밀도가 클수록 제거하기가 쉬워진다.
③ 내부채우기 밀도가 클수록 출력시간이 오래 걸린다.
④ 내부채우기 밀도는 출력물의 특징에 따라 적당하게 설정해 주는 것이 좋다.

[해설]
내부채우기 밀도가 클수록 꽉 채우게 되므로 나중에 제거하기가 어렵게 된다.

11. 보조기능인 M-코드에서 모델이 조형되는 플랫폼(베드)을 가열하는 기능은 무엇인가?

① M109

② M104

③ M135

④ M190

[해설]

M190은 플랫폼(베드)을 가열하는 기능이다.

12. 슬라이서(slicer)에 대한 설명으로 틀린 것은 어느 것인가?

① STL 파일을 G-코드로 변환시켜 준다.

② 출력하려고 하는 소재를 설정하고, 레이어 두께를 설정할 수 있다.

③ 모델을 불러와 오류가 난 부분이나 마음에 들지 않는 부분을 수정작업할 수 있다.

④ 출력속도를 설정할 수 있다.

[해설]

슬라이서는 모델링한 것을 수정하거나 편집할 수 없다.

13. STL 포맷에 대한 설명으로 틀린 것은?

① STL 포맷은 삼각형의 세 꼭짓점이 나열된 순서에 따른 오른손 법칙을 사용한다.

② 아스키코드 형식과 바이너리코드 형식이 있다.

③ 3D 프린터용 출력 파일로 널리 사용되고 있다.

④ STL 포맷은 색상, 질감 등을 포함하여 컬러 출력물에 최적화된 파일 형식이다.

[해설]

STL은 메쉬의 표면 정보만 포함한다.

14. 다음의 설명 중 ( )안에 들어갈 용어로 적당한 것은?

> 3D 프린터에서 모델을 출력하기 전에 슬라이싱 소프트웨어를 통해 출력될 모델의 형상을 미리 볼 수 있다. 실제 출력하기 전에 먼저 ( )을 통해 출력되는 경로와 출력보조물들의 모양을 미리 알 수 있고 사전에 오류를 검출할 수 있는 유용한 기능이다.

① 가상적층

② 플랫폼

③ 내부채움

④ 적층값

[해설]

가상적층 기능(Layer View Mode)을 통해 슬라이싱 된 파일의 상태를 파악할 수 있다.

15. 다음은 G-코드에 대한 설명이다. 올바르지 않은 것은 어느 것인가?

① G-code에서 지령의 한 줄을 블록(Block)이라 한다.

② 준비기능(G : preparation function)은 로마자 G 다음에 2자리 숫자(G00~G99)를 붙여 지령한다.

③ 좌표어에서 좌표를 지령하는 방법에는 절대(absolute)지령과 증분(incremental)지령이 있다.

④ 보조기능은 프린터 헤드 이외의 장치의 제어에 관련한 기능으로 구성되어 있으며 X코드를 사용한다.

[해설]

보조기능은 M코드를 사용한다.

16. 슬라이서 프로그램에서 할 수 없는 기능은 무엇인가?

① 가상적층 시뮬레이션

② 모델의 크기 조절

③ 모델의 복사

④ 모델의 형상 변경 및 수정

정답 11 ④ 12 ③ 13 ④ 14 ① 15 ④ 16 ④

17. 다음 중 슬라이서 프로그램에서 직접 불러들일 수 있는 파일 형식은?

① DWG   ② OBJ
③ IGES   ④ STEP

18. 다음 중 FFF 방식의 출력보조물인 지지대(support)에 대한 설명으로 틀린 것은?

① 출력 후 조형물과 함께 생기는 지지대는 공구 등을 이용하여 제거하고 사용하는 것이 일반적이다.
② 일반적으로 슬라이서 프로그램에서 자동으로 지지대를 생성할 수가 있다.
③ 지지대는 많으면 많을수록 재료 소모량도 적고 좋은 출력물을 얻을 수 있다.
④ 가상적층을 통해 가급적 지지대가 생기지 않는 자세로 출력하는 것이 좋다.

19. 다음 중 출력물의 한 층의 높이를 설정하는 적층값을 나타내는 옵션은 어느 것인가?

① Layer Height
② Shell thickness
③ Enable retraction
④ Support

20. 출력물의 벽 두께를 설정하는 옵션으로 알맞은 것은?

① Layer Height
② Shell thickness
③ Raft
④ Platform

21. 다음 중 출력물의 바닥 보조출력물에 해당하지 않는 것은?

① Auto Leveling   ② Raft
③ Brim   ④ Skirt

22. G-code에서 지령의 한 줄을 무엇이라고 하는가?

① 캠(CAM)
② 레이어(Layer)
③ 블록(Block)
④ 절대(Absolute)지령

23. ME 방식의 3D 프린터 헤드에서 소재를 녹이는 열선의 온도를 지정하고 해당 조건에 도달할 때까지 가열 혹은 냉각을 하면서 대기하는 명령은?

① M190   ② M126
③ M109   ④ M127

24. 3D 프린팅에서 사용하는 G-code 파일에 대한 설명으로 틀린 것은?

① NC 가공장비에서 사용하는 G-code와 유사하다.
② G-code에서 지령의 한 줄을 레이어(Layer)라고 한다.
③ 사용자가 코드를 읽기 쉽도록 해석해 주는 문장으로 세미콜론 ';'과 '( )'가 사용된다.
④ 슬라이서 프로그램에서 STL 파일을 불러들인 후 출력설정을 마치고 G-code로 변환하여 저장한다.

[해설]
G-code에서 지령의 한 줄을 블록(Block)이라고 한다.

25. 보급형 FFF 방식 3D 프린터의 슬라이서에서 설정할 수 있는 사항은 어느 것인가?

① 출력용 소재 설정
② 적층 두께 설정
③ 지지대 설정
④ 풀컬러 출력 유무 설정

[비고]
보급형 3D 프린터는 한 가지 색상의 필라멘트만을 출력할 수 있는 싱글 노즐이나 두 가지 색상의 필라멘트를 사용할 수 있는 듀얼 노즐 타입 등이 있지만 풀 컬러 출력을 할 수 있는 것은 아니다.

26. 슬라이스의 출력보조물 항목 중에 압출기에서 출력을 시작할 때, 노즐에서의 압출량을 일정하게 유지해주며, 핫앤드의 노즐이 비어 있거나 출력 전 미세막힘 등의 사유로 압출량이 일정하지 않은 것을 사전에 선택할 수 있는데 객체를 출력하는 가장 기본적인 이 설정은 무엇이라 하는가?

① 스커트(Skirt) ② 브림(Brim)
③ 라프트(Raft) ④ 서포트(Support)

27. 3D 프린팅 분야에서 3차원 CAD 데이터를 표현하는 국제 표준 형식 중의 하나로 대부분의 3D 프린터와 호환되는 형식으로 '표준 삼각형 언어' 또는 '표준 테셀레이션 언어'라고도 하는 파일 형식은?

① OBJ ② VRML
③ STL ④ AMF

28. 다음 중 널리 알려진 슬라이서 소프트웨어의 종류가 아닌 것은?

① Cura ② Simplify3D
③ Slic3r ④ AutoCAD

29. 다음 설명과 가장 관계가 있는 용어는 무엇인가?

> 3D 프린팅은 CAD 프로그램에서 모델링한 3차원 데이터를 2차원적 단면형상으로 분해한 후 적층하여 다시 3차원적 형상물을 얻는 방식을 말한다.

① 슬라이싱 ② 오토레벨링
③ 3D 스캐닝 ④ 솔리드 모델링

30. 소재가 경화하면서 수축에 의해서 뒤틀림이 발생하는 현상을 무엇이라 하는가?

① Sagging
② Warping
③ Overhang
④ Unstable

[해설]
지지대와 관련한 성형 결함으로는 제작 중 하중으로 인해 아래로 처지는 현상을 'Sagging'리 하며, 소재가 경화하면서 수축에 의해서 뒤틀림이 발생하게 되는데 이러한 현상을 'Warping'이라고 한다.

5 3D 프린터 HW 설정

01. PLA 필라멘트에 대한 설명으로 틀린 것은?

① 농작물을 원료로 하여 제작한다.
② 금속이나 목재가루 등을 혼합한 필라멘트도 있다.
③ 커피찌꺼기나 해조류 등을 이용하여 제작되는 필라멘트도 있다.
④ PLA 필라멘트의 색상은 현재 흰색과 검은색 두 가지만 사용가능하다.

[해설]
PLA 필라멘트의 색상은 수십 가지로 다양하다.

02. 3D CAD로 모델링한 데이터가 3D 프린터로 출력되기까지의 과정을 순서대로 나열한 것은?

① 3D CAD 모델링〈STL 파일 변환〈슬라이싱〈3D Object

② STL 파일 변환〈3D CAD 모델링〈슬라이싱〈3D Object

③ 슬라이싱〈STL 파일 변환〈3D CAD 모델링〈3D Object

④ 3D CAD 모델링〈3D Object〈슬라이싱〈STL 파일 변환

03. 다음 설명 중 ( )안에 들어갈 말로 알맞은 것은?

( ) 프로젝트는 영국에서 시작되었으며 오픈소스를 지향하는 프로젝트 단체이다. 원조 특허 기술이던 FDM(Fused Deposition Modeling)방식을 ( )에서는 FFF(Fused Filament Fabrication)방식이라고 부른다.

① 렙랩
② 메이커스 무브먼트
③ 아두이노
④ 3D 프린팅

04. FDM/FFF 방식의 3D 프린터에서 주로 사용하는 소재가 아닌 것은?

① PLA
② ABS
③ PVA(Polyvinyl Alcohol)
④ 광경화성수지

[해설]
광경화성수지는 액상 소재 기반의 SLA나 DLP, MJM 방식 등에서 사용하는 소재이다.

05. FDM/FFF 방식의 3D 프린터에서 조형물의 서포트 재료로 사용하는 소재로 물에 녹는 수용성 소재는 어느 것인가?

① PC(Polycarbonate)
② HIPS(High-Impact Polystyrene)
③ Resin
④ PVA(Polyvinyl Alcohol)

[해설]
PVA는 고분자 화합물로 폴리아세트산비닐을 가수 분해하여 얻어지는 무색 가루로 물에는 녹고 일반 유기용매에는 녹지 않는다.

06. 다음의 3D 프린팅 방식 중 액상의 빛에 닿으면 민감한 반응을 보이는 광경화성수지를 소재로 사용하는 것은?

① FDM(Fused Deposition Modeling)
② SLS(Selective Laser Sintering)
③ SLA(Polyvinyl Alcohol)
④ DMLS(Direct Metal Laser Sintering)

07. STL 파일 형식으로 변환된 파일을 3D 프린터에서 인식가능한 G코드 파일로 변환할 때 아래 보기와 같은 내용들이 추가되는데 거리가 먼 것은?

① 3D 프린터가 원료를 적층하기 위한 경로 및 속도, 적층 두께, 내부채움비율 등
② 프린팅 속도, 압출 온도 및 히팅베드 온도
③ 필라멘트 직경, 압출량 비율, 노즐 직경
④ 출력물이 완전하게 프린팅될지 여부

08. 고온으로 가열된 노즐에 필라멘트 형태의 열가소성수지를 투입하고, 투입된 재료들이 노즐 내부에서 용융 가압되어 노즐 출구로 토출되는 형식의 ME 방식 3D 프린팅 기술은?

① FDM(Fused Deposition Modeling)
② LOM(Laminating Object Manufacturing)
③ PBF(Powder Bed Fusion)
④ DMLS(Direct Metal Laser Sintering)

정답 02 ① 03 ① 04 ④ 05 ④ 06 ③ 07 ④ 08 ①

09. 수조 안에 담긴 액체 상태의 광경화성수지에 적절한 파장을 갖는 빛을 주사하여 모델의 단면을 선택적으로 경화시켜가며 3차원 형상을 조형하는 방식은?

① FFF(Fused Filament Fabrication)
② SLA(Stereo Lithography Apparatus)
③ LOM(Laminating Object Manufacturing)
④ SLS(Selective Laser Sintering)

10. 다음의 설명 중 ( )안에 들어갈 용어로 맞는 것은?

> ( ) 방식은 원래 플라스틱 분말 위에 레이저를 선택적으로 조사하여 플라스틱 시제품을 만들기 위해 개발되었다. ( ) 방식은 별도의 지지대가 필요하지 않은 방식인데, 융접되지 않은 주변 분말들이 제품을 제작하면서 자연스럽게 지지대 역할을 하기 때문에 필요하지 않게 된다. 다만 금속 분말은 융접할 때 수축 등 변형이 일어날 수 있으므로 별도의 서포터가 필요한 경우가 있다.

① MJM(Multi Jet Modeling)
② DLP(Digital Light Processing)
③ LOM(Laminating Object Manufacturing)
④ SLS(Selective Laser Sintering)

[해설]
SLS(Selective Laser Sintering) 방식은 '선택적 레이저 소결' 방식으로 여러 가지 형태의 분말 소재를 사용한다.

11. SLA(Stereo Lithography Apparatus) 방식의 3D 프린팅 기술에 대한 설명으로 잘못된 것은?

① 광경화성수지 조형방식이다.
② 액상의 소재를 자외선(UV) 레이저 등의 광원을 이용해 적층하는 기술이다.
③ 분말 소재를 사용하여 소결시키는 방식이다.
④ SLA방식에서 사용되는 재료인 광경화성 수지는 광 개시제(photoinitiator), 단량체(monomer), 중간체(oligomer), 광 억제제(light absorber) 및 기타 첨가제로 구성된다.

12. 박막시트 재료 접착 조형방식인 LOM(Laminating Object Manufacturing)방식의 소재로 사용하지 않는 것은?

① 롤 상태의 PVC 라미네이트 시트(sheet)
② 여러 가지 합성수지의 얇은 판
③ 얇은 종이(A4 용지)
④ 금속 분말

[해설]
금속 분말 소재는 SLS(Selective Laser Sintering), DMLS(Direct Metal Laser Sintering) 등의 방식에서 사용하는 소재이다.

13. FDM/FFF 방식의 3D 프린터 HW에서 고온으로 소재가 압출되는 중요한 파트를 무엇이라고 하는가?

① 압출기(Extruder)
② 스테핑 모터
③ 히팅 베드
④ 냉각 팬

14. FDM/FFF 방식의 3D 프린터 출력물의 후가공 도구 및 방법에 대한 설명으로 틀린 것은?

① 출력물의 표면을 다듬는 용도로 사포가 많이 사용된다.
② 사포의 거칠기 번호가 낮을수록 표면이 거칠고 높을수록 표면이 곱다.
③ 아세톤 훈증으로 표면을 녹여 후처리하는 방법이 가장 친환경적이고 안전하다.
④ 서포트가 생성되어 있는 조형물의 경우 후가공은 보통 서포트 제거부터 시작된다.

[해설]
아세톤은 상온에서 휘발성이 강하고 인화성이 크므로 안전장비를 착용하고 주의해서 취급해야 한다.

---

15. 다음 설명 중 가장 올바르지 못한 내용은?

① FDM/FFF 방식은 열을 이용하여 출력물을 적층하는 방식으로 압출기나 히팅베드의 온도 조절이 중요하다.

② PLA 소재의 출력용 3D 프린터는 히팅베드가 필수적이다.

③ SLS 방식은 분말을 열에너지를 이용하여 용융시켜 접합하는 방식으로 보통 CO2 레이저 같은 열원이 사용된다.

④ 빛의 주사 조건에 따라 광경화조형기술은 자유액면방식과 규제액면방식으로 분류한다.

[해설]
PLA 소재는 ABS와 달리 온도변화에 의한 출력물의 변형이 비교적 작기 때문에 히팅베드가 아니더라도 출력이 가능하다.

16. 다음의 설명 중 ( ) 안에 들어갈 적당한 용어는 무엇인가?

> 주로 NC 가공에서 사용하지만 3D 프린터에서도 사용되는 코드이다. ( )는 제어 장치의 기능을 작동하기 위한 준비를 하기 때문에 준비기능이라 불린다.

① A코드
② B코드
③ C코드
④ G코드

17. G코드의 종류 중에서 정지 시간을 정해 두고 미리 정해 둔 시간만큼 지연하는 것은?

① G0
② G1
③ G4
④ G10

[해설]
G0 : 빠른 이동, G1 : 제어된 이동, G4 : 드웰(Dwell), G10 : 시스템 원점좌표 설정

18. M코드는 기계를 제어 및 조정해 주는 코드로 보조기능이라 불린다. 아래 M코드 중에서 프로그램을 정지하여 3D 프린터의 동작을 정지시키는 것은 무엇인가?

① M0
② M106
③ M17
④ M101

[해설]
M0 : 프로그램 정지, M106 : 냉각팬 ON, M17 : 스테핑 모터 사용, M101 : 압출기 전원 ON

19. 조형물을 적층하는 베드의 수평(기울기)을 사람 손을 거치지 않고 장비내에서 자동으로 레벨을 맞추어 주는 기능을 무엇이라 하는가?

① 핫 엔드 노즐
② 오토 베드 레벨링
③ 익스트루더
④ 히팅 베드

20. 다음의 3D 프린터 HW의 사양에 관한 용어 중 서로 공통성이 없는 것은?

① 빌드 볼륨(Build Volume)
② 최대 조형크기(Maximum Build Size)
③ 최소 적층두께(Minimum Layer Thickness)
④ 출력가능한 모델의 최대 사이즈(X, Y, Z mm)

21. 풀컬러 출력이 가능한 CJP(Color Jet Printing) 3D 프린팅 방식에 대한 설명으로 틀린 것은?

① 분말소재에 액상의 결합제를 분사하여 모형을 제작하는 방식이다.

② 기종에 따라 풀컬러의 색상을 구현할 수 있다.

③ 액상 바인더가 분말 속으로 침투하여 한층씩 적층하면서 입체형상을 만든다.

④ 완성된 출력물은 타 방식에 비해 매우 튼튼하고 강도가 가장 높다.

[해설]
CJP 방식 출력물은 컬러 구현이 가능하지만 충격에 취약하다는 단점이 있다.

22. 다음 설명 중 ( )안에 들어갈 알맞은 용어는?

> 분말 융접 3차원 프린팅에서는 금속뿐 아니라 다른 종류의 분말들도 이용한다. 하지만 기본적으로는 일반적인 소결 공정과 마찬가지로 분말 재료에 압력을 가해서 밀도를 높인 후 여기에 적절한 에너지를 가해서 분말의 표면을 녹여 결합시키는 공정을 이용하므로, 이를 통칭하여 ( )이라는 용어를 사용한다

① 소성가공　　　　　② 소결
③ 열가소성　　　　　④ 분말용융성

23. 보급형 FFF 3D 프린터에서 주로 사용하지 않는 소재는 무엇인가?

① PLA　　　　　② ABS
③ TPU　　　　　④ 액상 바인더

24. 열가소성 폴리우레탄 탄성체 수지로 내마모성이 우수한 고무와 플라스틱의 특징을 고루 갖추고 있어 탄성, 투과성이 우수하며 마모에 강하다. 탄성이 뛰어나 휘어짐이 필요한 부품 제작에 주로 사용되나 PLA 소재에 비해 대체적으로 가격이 비싼 편인 이 소재는 무엇인가?

① PC(Polyvinyl Alcohol) 소재
② PVA(Polyvinyl Alcohol) 소재
③ TPU(Thermoplastic polyurethane) 소재
④ HIPS(High-Impact Polystyrene) 소재

25. G코드의 종류와 의미에서 어떤 점으로 이동하라는 것과 같은 표준 G코드 명령은 어느 것인가? (참고로 대문자 옆 'nnn'은 숫자를 표현한다)

① Gnnn　　　　　② Mnnn
③ Tnnn　　　　　④ Xnnn

[해설]
Mnnn : RepRap에 의해 정의된 명령, Tnnn : 도구 nnn 선택, Xnnn : 이동을 위해 사용하는 X 좌표

26. G코드의 종류와 의미에서 압출형의 길이를 나타내는 것은? (참고로 대문자 옆 'nnn'은 숫자를 표현한다)

① Xnnn　　　　　② Ynnn
③ Znnn　　　　　④ Ennn

[해설]
Xnnn : 이동을 위해 사용하는 X 좌표, Ynnn : 이동을 위해 사용하는 Y 좌표, Znnn : 이동을 위해 사용하는 Z 좌표

27. 보조 기능인 M코드에서 압출기 전원을 켜고 준비하는 코드는?

① M0　　　　　② M17
③ M101　　　　④ M107

[해설]
M0 : 프로그램 정지, M17 : 스테핑 모터 사용, M107 : 냉각팬 OFF

28. FFF 방식 3D 프린터의 HW 중 주요 구성 요소에 속하지 않는 것은?

① 스테핑 모터와 노즐　　② 히팅베드
③ 필라멘트 피더　　　　④ 수조(Vat)

[해설]
수조(Vat)는 SLA나 DLP 방식의 3D 프린터에서 액상의 광경화성수지 소재를 담는 부분이다.

29. 3D 프린터 HW의 유지보수 및 사용 후 소재 처리에 관한 내용 중 올바르지 못한 것은?

① 사용 후 남은 소재는 진공포장 등을 하여 서늘한 곳에 보관한다.
② 출력되는 내부 공간이나 노즐 등에 이물질이 있으면 출력에 방해가 될 수 있으니 출력 전에 내외부 청소 및 확인한다.
③ 광경화성수지를 이용하여 출력 후 남은 소재는 전용용기에 담아 아이들 손에 닿지 않도록 주의하여 보관한다.
④ 광경화성수지로 출력한 출력물은 인체에 무해하고 친환경적이므로 실생활속의 소품(그릇, 컵 등)으로 그대로 사용하면 좋다.

30. 3D 프린터의 작업장 관리 중 잘못된 사항은?

① 3D 프린터 작업장은 계절별로 적절한 온도와 습도를 유지한다.
② 분진이나 유해가스 등의 제거를 위한 적절한 환기시설을 설치한다.
③ 장기간 3D 프린터 동작시 일정 시간 주기로 환기를 시켜주는 것이 좋다.
④ 3D 프린터는 안전한 장비이므로 좁은 공간에 많은 대수를 설치하고 사용하는 것이 좋다.

6 출력용 데이터 확정

01. 3D 프린터의 입력용 파일로 현재 가장 널리 사용하는 국제적인 표준 파일 형식은 무엇인가?

① STL(StereoLithography)
② JPG
③ hwp
④ dwg

[해설]
STL(StereoLithography) 파일 포맷으로 일반적인 CAD에서 쉽게 생성되도록 단순하게 설계되었다.

02. 다음 중 3D 프린터로 출력하기 위한 슬라이서용 파일 형식이 아닌 것은 무엇인가?

① STL(StereoLithography)
② OBJ
③ PLY(Polygon File Format)
④ dwg

[해설]
DWG는 AutoCAD의 2D 도면 파일 저장 포맷이다.

03. XML에 기반해 색상 단계를 포함하여 각 재료 체적의 색과 메쉬의 각 삼각형의 색상을 지정할 수 있는 3D 프린터 출력용 포맷은 무엇인가?

① AMF(Additive Manufacturing File)
② 바이너리(Binary)코드
③ 아스키(ASCII)코드 형식
④ STL(STereoLithography)

04. 다음 중 3D 프린팅용 오류 검출 및 메쉬 수정 프로그램이 아닌 것은?

① NetFabb   ② Meshmixer
③ MeshLab   ④ Inventor

[해설]
Inventor는 미국 Autodesk사의 3차원 설계 프로그램이다.

05. STL 파일에 대한 설명으로 틀린 것은?

① STL 포맷은 삼각형의 세 꼭짓점이 나열된 순서에 따른 오른손 법칙(Right hand rule)을 사용한다.
② 유한 요소 mesh generation 방식을 사용하여 3D 모델을 삼각형들로 분할한 후 각각의 삼각형으로 출력하고 쉽게 STL 파일로 출력할 수 있기 때문에 특별한 해석 없이 사용할 수 있다.
③ 3D 모델 데이터의 한 형식으로 기하학적 정점, 텍스처 좌표, 정점 법선과 다각형 면들을 포함하며 색상과 질감 정보를 갖고 있는 것이 특징이다.
④ STL 포맷은 동일한 vertex가 반복된 법칙으로 인해 파일의 크기가 매우 커지게 되어 전송 시간이 길고 저장 공간을 많이 차지한다.

[해설]
OBJ 포맷은 3D 모델 데이터의 한 형식으로 기하학적 정점, 텍스처 좌표, 정점 법선과 다각형 면들을 포함하며 색상과 질감 정보를 갖고 있는 것이 특징이다.

06. 출력용 파일의 오류 종류 및 오류 검출 소프트웨어에 대한 설명으로 가장 거리가 먼 것은?

① 클로즈 메쉬와 오픈 메쉬
② 비(非)매니폴드 형상
③ 메쉬가 서로 떨어져 있는 경우
④ 현재 3D 프린터의 슬라이서는 자동으로 오류를 복구시켜 출력을 도와주므로 오류 검출 소프트웨어가 필요없다.

[해설]
스캔데이터 등 오류가 있는 모델은 별도로 오류 검출 소프트웨어로 검사 및 복구하여 오류를 수정하고 출력해야 정상적인 출력물을 얻을 수 있다.

07. 오류검출 프로그램인 Meshmixer의 [Edit] 기능 중에서 '선택한 메쉬를 지우고 다시 채우거나 이미 구멍이 있는 부분을 채워주는 기능'은 무엇인가?

① Erase & Fill
② Discard
③ Reduce
④ Remesh

[해설]
[Erase & Fill]은 [Inspector]와 유사한 기능으로 구멍을 채워준다.

08. Meshmixer의 [Edit]에서 [Extrude]기능은 선택된 메쉬를 설정한 방향으로 오프셋시키는 기능으로 여러 가지 옵션이 있는데 이 중에서 선택한 메쉬와 거리를 조절하는 옵션은 무엇인가?

① Offset
② Density
③ Direction
④ Normal

[해설]
[Offset] 옵션은 선택한 메쉬와 거리를 조절해주는 옵션이다.

09. 오류 검출 프로그램의 하나인 [Meshmixer]의 [Analysis] 도구 중에 모델 데이터에 구멍이 나졌거나 결함이 있는 경우 자동으로 검사하여 복구시켜주는 기능으로 알맞은 것은?

① [Brush]−[Drag]
② [Inspector]−[Auto Repair All]
③ [Modify]−[Expand Ring]
④ [Properties]−[Spacing]

[해설]
자동검사 및 복구 기능은 [오토 리페어, Auto Repair]이다.

10. 가져오기 형식(Import Formats) 중 폴리곤 파일 포맷으로 주로 3D 스캔 장비에서 추출한 3차원 데이터를 저장할 수 있으며, 색상 및 투명도, 텍스처 등의 다양한 속성을 갖는 것은?

① STL(STereoLithography)
② OBJ
③ mix
④ PLY

[해설]
PLY(Polygon File Format, ply) 파일형식은 색상 및 투명도, 텍스처 등의 다양한 속성을 포함하고 있어 그래픽 프로그램에서 주로 사용된다.

11. 다음 중 FFF 방식 데스크탑 3D 프린터로 출력을 하고자 하는데 큰 문제점이 될 수 없는 사항은?

① 모델의 사이즈가 최대조형크기를 벗어나는 경우
② 출력물에 서포트(지지대)가 없는 경우
③ 상호 조립되는 출력물의 조립성을 위해 공차를 부여한 경우
④ 오류검출 소프트웨어로 검사하여 오류가 많아 복구 및 수정한 경우

[비고]
출력물의 형상에 따라 지지대가 필요한 경우도 있지만 형상의 특성상 지지대가 없는 경우도 많으며 반드시 지지대가 필요한 것은 아니다.

12. 다음 설명의 (   )안에 들어갈 용어로 가장 알맞은 것은?

> 현재 stl 포맷은 3D 프린팅 표준 포맷으로 단순하고 쉽게 사용할 수 있다는 장점이 있지만 단순하기 때문에 여러 가지 정보가 결여되어 있고 많은 단점이 있다. 이러한 단점으로 인해 기술이 발전될수록 쓸 수 없는 포맷이 될 가능성이 많다. (   )는 색상, 재질, 재료, 메쉬 등의 정보를 한 파일에 담을 수 있도록 했으며 매우 유연한 형식으로 필요한 데이터를 추가할 수 있는데 마이크로소프트 주도로 stl 포맷을 대체하기 위해 만든 포맷으로 알려져 있다.

① PLY
② stl(Binary)
③ 3mf
④ stl(ACSCII)

13. 메쉬믹서에서 수동 오류 수정을 위한 기능 중 [Open Part]의 각 도구들의 기능에 관한 설명으로 틀린 것은?

① Size : 합성할 파트의 크기를 키우는 기능
② Offset : 파트와 모델 사이의 거리를 늘리는 기능
③ Dscale : 모델과 결합된 메쉬의 크기 변화없이 나머지 부분의 크기를 키운다.
④ Optimize : 파트의 결합 부분을 넓혀 좀 더 부드럽게 합성되도록 하는 기능

[해설]
Optimize는 합성을 최적화시키는 기능이고 SmoothR은 파트의 결합 부분을 넓혀 좀 더 부드럽게 합성되도록 하는 기능이다.

14. 메쉬믹서에서 수동 오류 수정을 위한 기능 중 [Solid Part]의 도구들의 기능에 관한 설명으로 틀린 것은?

① Dimension : 파트의 크기를 키우는 기능
② Offset : 파트와 모델 사이의 거리를 늘리는 기능
③ Composition Mode의 [Append TO Mesh]는 원래 모델의 메쉬에 [Solid Part]의 메쉬를 더하는 옵션이다.
④ Boolean Subtract는 [Open Part]처럼 [Solid Part]를 모델과 결합시키는 옵션이다.

[해설]
Boolean Subtract는 모델에 [Solid Part]가 교차된 메쉬를 제거하는 옵션이며, Boolean Union은 [Open Part]처럼 [Solid Part]를 모델과 결합시키는 옵션이다.

15. 메쉬믹서에서 [Edit] 도구에는 여러 가지 기능이 있는데 해당 명령의 기능에 대한 설명으로 틀린 것은?

① [Erase & fill]-F : 선택한 메쉬를 지우고 다시 채우거나 이미 구멍이 있는 부분을 채워 주는 기능으로, 채우는 방식은 구멍을 자동 오류 수정 기능인 [Inspector]과 비슷하다.
② [Discard]-X : 수정하기 위해 선택한 메쉬를 제거해 주는 기능이다.
③ [Reduce]-Shift+R : 선택한 메쉬의 수를 줄여 주는 기능으로 [Reduce Target]-[Percentage]는 메쉬의 비율을 조절해 줄여 주고 [Percentage] 옵션만 조절 가능하다.
④ [Remesh]-R : 선택된 메쉬를 자신이 설정한 방향으로 오프셋시키는 기능이다.

[해설]
[Remesh]-R : 선택한 메쉬를 재배치시켜주는 기능이다.
[Extrude]-D : 선택된 메쉬를 자신이 설정한 방향으로 오프셋시키는 기능이다.

16. 메쉬믹서에서 [Edit] 도구에는 여러 가지 유용한 기능이 있는데 해당 명령의 기능에 대한 설명으로 틀린 것은?

① [Remesh]-R : 선택한 메쉬를 재배치시켜주는 기능이다.
② [Extrude]-D : 선택된 메쉬를 자신이 설정한 방향으로 오프셋시키는 기능이다.
③ [Extract]-Shift+D : 선택한 메쉬를 노말 벡터 방향으로 오프셋시켜 주는 기능이다.
④ [Tube Handle] : 서로 떨어져 있는 메쉬를 선택하면 선택한 메쉬를 연결시켜 준다.

[해설]
[Extract]는 선택한 메쉬를 오프셋 시키는 기능으로 [Extrude]와 다르게 오프셋된 메쉬와 선택된 메쉬 사이에 연결되는 메쉬가 없다는 것 말고는 큰 차이가 없다.
[Offset]-Ctrl+D는 선택한 메쉬를 노말 벡터 방향으로 오프셋시켜 주는 기능이다.

17. 원본 모델링 데이터를 수정하여 자동 검사 후 모델링 파일로 저장하는 순서를 차례대로 나열한 것은?

> A. 원본 모델링 데이터를 수정하고 자동 검사한다.
> B. 수정하고 자동 오류를 검사한다.
> C. 최종 출력용 데이터로 저장한다.
> D. 슬라이서에서 오픈하여 G-코드 파일로 저장한 후 출력을 실시한다.

① A-B-C-D
② B-A-C-D
③ A-B-D-C
④ D-C-B-A

18. 메쉬믹서의 [Select] 도구에는 여러 가지 기능이 있는데 이 중 Deform(변형)에 속한 도구에 대한 설명으로 틀린 것은?

① Smooth : 선택 영역의 메쉬의 골곡진 표면을 부드럽게 해주는 기능
② Transform : 선택 영역을 축에 대해 회전, 팽창, 수축 변형 또는 이동시킬 수 있는 기능
③ Color : 모델에 색상을 입히는 기능
④ Warp : 선택 영역의 형상을 미세하게 조정할 수 있어 메쉬 표면을 보다 부드럽게 생성할 수 있는 기능

[비고]
Color는 모델에 색상을 입히는 기능으로 [Select] 도구가 아니라 [Sculpt] 도구에 있는 기능이다.

19. 메쉬믹서의 [Edit] 도구에는 여러 가지 기능을 지원하고 있는데 각 기능에 대한 설명으로 잘못된 것은?

① Mirror : 대칭 복사 기능
② Duplicate : 모델을 카피하여 복제하는 기능
③ Transform : 모델의 형상을 변화시키거나 이동시킬 수 있는 기능
④ Transform : 모델의 크기를 동일한 배율로 변경시키는 기능

[해설]
모델의 크기를 동일한 배율로 변경시키는 기능은 Scale XYZ 이다.

20. 3D 프린터로 상호 조립되는 축과 구멍이 있는 부품을 출력하고자 한다. 가장 양호한 출력물을 얻기 위한 사항으로 가장 거리가 먼 것은?

① 3D 프린팅 출력물이 다른 부품과 부품끼리 결합 또는 조립되는 경우 두 부품간의 공차를 고려해야 한다.
② FDM/FFF 방식의 출력물은 가장 정밀도가 높기 때문에 축과 구멍을 동일한 치수로 하여 출력 시 아무런 문제없이 정확하게 끼워맞춤이 된다.
③ 동일한 3D 프린터로 출력시 FDM/FFF 방식의 경우 적층과정에서 수축과 팽창으로 치수가 달라질 수 있다.
④ 출력 전에 두 부품의 공차관계를 미리 확인하고 늘어나는 값을 고려해서 수정해주어야 출력 후 결합을 못해 다시 수정하거나 재출력하는 일이 적다.

21. ( ) 포맷은 OBJ 포맷의 부족한 확장성으로 인한 성질과 요소에 개념을 종합하기 위해 고안되었으며, 90년대 중반 스탠포드 그래픽 연구소의 Greg turk에 의해 개발되었으며 스탠포드 삼각형 형식 또는 다각형 파일 형식으로, 주로 3D 스캐너를 이용해 물체나 인물 등을 3D 스캔한 후 데이터를 저장하기 위해 설계되었다. ( )안에 알맞은 용어는?

① PLY
② 3MF
③ STL
④ AMF

22. 다음의 3D 프린터 HW 용어 중 사용 용도 측면에서 거리가 가장 먼 것은?

① 베드(Bed)
② 조형판
③ 빌드 플레이트(Build Plate)
④ 오토 레벨링(Auto Leveling)

23. 어떤 3D 프린터의 제품 사양에서 최대출력 가능크기가 100×100×100mm(X×Y×Z)라고 했을 때 제작가능한 부피인 빌드 볼륨(Build Volume)은?

① 0.1㎥
② 0.01㎥
③ 0.001㎥
④ 1m

24. 다음 출력 사양 중 적층 두께값으로 설정하여 출력하는 경우 가장 출력시간이 느린 것은?(단, 모델사이즈, 기타 출력조건, 장비조건 등은 모두 동일한 상태로 가정한다)

① 0.02mm
② 0.05mm
③ 0.1mm
④ 0.4mm

25. 알파벳 T 자 형상의 모델을 FFF 방식 3D 프린터로 출력하는 경우 다음의 보기 중 가장 안정적이고 출력시 서포트 발생이 없으며 출력 시간도 빠른 자세는 어느 것인가?

① ├   ② ┤
③ ┳   ④ ┴

26. 어떤 모델의 Z축 치수가 100mm라고 하고 레이어 두께를 0.2mm로 설정했다고 하자. 슬라이싱하면 가상 적층(레이어 뷰)에서 최대 몇 층의 레이어가 적층될 것으로 나오는가?

① 100
② 200
③ 500
④ 1,000

27. 보급형 3D 프린터에서 사용하는 일반적인 슬라이서의 기능으로 올바르지 못한 것은?

① 모델을 복사하여 출력 수량을 증가시킬 수 있다.
② 베드 허용 범위내에서 모델을 원하는 출력 위치로 이동시킬 수 있다.
③ 모델을 X, Y, Z 방향으로 마음대로 회전시킬 수 있다.
④ 모델에 구멍이나 탭을 내거나 모깎기 등 간단한 편집이 가능하다.

28. 일반적인 보급형 3D 프린터에서 사용하는 슬라이서에서 출력용 데이터를 확정할 때 설정할 수 없는 요소는 무엇인가?

① 3D 프린터가 지원하는 소재의 종류 선택
② 레이어 높이
③ 출력시 부족한 필라멘트 자동공급 기능 선택
④ 쉘 두께

29. 슬라이서(Slicer)프로그램의 출력 설정 기능 중에 내부 채움(Infill) 밀도(Density)라는 것이 있는데 다음 중 가장 출력 시간이 오래 걸리는 설정값은 어는 것인가?

① 20%
② 40%
③ 70%
④ 100%

30. 다음은 직접 모델링을 하거나 스캔받은 데이터가 있다고 했을 때 일반적인 3D 프린터의 출력 순서이다. 출력 과정을 순서대로 나열한 것으로 가장 올바른 순서는 어느 것인가?

> [가] 3D CAD에서 3D 모델링 작업 또는 3D 스캐너로 스캔하여 데이터 생성
> [나] 변환된 stl 파일의 무결점 체크(Meshmixer 등)
> [다] 3D CAD에서 데이터를 stl 파일 형식의 포맷으로 변환 저장
> [라] 슬라이서(Slicer)에서 stl 파일을 G-code로 변환 저장
> [마] G-code를 3D 프린터에 입력하여 출력 실행

① [가]-[나]-[다]-[라]-[마]
② [가]-[다]-[나]-[라]-[마]
③ [나]-[가]-[라]-[다]-[마]
④ [가]-[나]-[라]-[다]-[마]

---

7 제품 출력

01. FDM/FFF 기술방식의 3D 프린터에서 사용하는 필라멘트 소재가 아닌 것은 무엇인가?

① PLA(Polylactic Acid)
② ABS(Acrylonitrile Butadiene Styrene)
③ 광경화수지(Photo-polymer Resin)
④ PVA(Polyvinyl Alcohol)

[해설]
광경화성수지는 SLA나 DLP 방식에서 사용하는 액상 기반의 소재이다.

02. ABS 필라멘트에 대한 설명으로 옳지 않은 것은?

① 내충격성, 내약품성, 내후성이 뛰어나다.
② 사출, 압출 성형 등의 성형성과 착색 등 2차 가공성이 좋다.
③ 석유찌꺼기에서 유해가스를 제거한 후 제조하는 필라멘트이다.
④ 필라멘트의 색상은 한 가지로 밖에 제조되지 않는다.

03. 옥수수, 사탕수수, 고구마와 같은 농작물을 원료를 발효시켜 얻은 락타이드를 이용하여 제조된 필라멘트 소재로 널리 사용되고 있는 것은?

① PLA
② PC
③ TPU
④ ABS

[해설]
색소를 혼합하지 않은 상태의 PLA 원소재는 농작물을 원료로 하는 친환경 소재로 알려져 있다.

04. 다음 중 고체 기반 소재를 사용하는 용융압출 적층 조형 방식에서 모델을 출력할 때 허공에 떠 있는 부분을 출력하는 경우 생성되는 출력보조물을 무엇이라고 하는가?

① 리트랙션(Retraction)
② 서포트(Support)
③ 스커트(Skirt)
④ 라프트(Raft)

05. FDM/FFF 방식의 3D 프린터로 출력한 출력물을 보다 정밀하고 매끄러운 표면을 얻기 위해 후가공(후처리)을 하는 이유와 가장 관계가 먼 것은?

① 적층 조형 방식의 특성상 필요하다.
② 출력물 표면에 생기는 특유의 레이어의 결 때문에 필요하다.
③ 고가의 FDM/FFF 3D 프린터로 출력하면 레이어가 생기지 않으므로 별도의 후가공이 필요 없다.
④ 부품간의 조립성을 좋게 하고 상품 가치를 높이기 위해 실시한다.

[해설]
고가의 프린터라 할지라도 특유의 레이어는 발생한다.

06. 후가공 시 사포 작업으로 생긴 미세한 흠집을 메워주고 표면을 안정화시켜 도색 전 도료나 물감이 잘 안착되도록 도와주는 용도로 사용하는 것은?

① 스펀지 사포
② 훈증기
③ 종이 사포
④ 퍼티

[비고]
퍼티는 표면을 흠집이나 결, 틈새를 메워 준 후 사포 등으로 표면을 정리하는 목적으로 사용한다.

07. FDM/FFF 방식의 3D 프린터용 소재와 가장 관련이 먼 것은 어느 것인가?

① 열가소성수지
② 필라멘트
③ ABS, PLA
④ 분말(Powder)

[비고]
파우더(분말)는 주로 SLS 방식에 사용하는 소재이다.

08. 후가공 도구 중 서페이서의 주요 용도로 보기 어려운 것은?

① 출력물의 흠집을 메우기 위한 용도
② 출력물의 레이어나 틈새를 메우기 위한 용도
③ 밑칠효과, 도색효과
④ 서페이서를 바르면 서포트제거가 용이해진다.

[비고]
서포트 제거는 니퍼 같은 공구를 이용한다.

09. 3D 프린터에서 PID 제어 동작을 하는 부분은 무엇인가?

① 이송
② 속도
③ 가속도
④ 온도

[비고]
3D 프린터에서 이송이나 속도 등을 제어하는 부분은 오픈 루프 제어를 하며, 온도 제어는 폐루프 제어인 PID 제어를 한다.

10. 3D 프린팅시 주의할 사항이 아닌 것은?

① 모델의 크기가 3D 프린터에서 출력할 수 있는 범위를 벗어나면 분할출력 또는 모델의 비율을 줄여서 출력한다.
② 모든 모델은 서포트를 최대한 많이 생성시켜주는 것이 출력 시간을 최소화시킬 수 있다.
③ 모델의 최적 출력 방향을 설정하여 출력하면 빨리 출력할 수 있다.
④ 출력물이 다른 출력물과 결합 또는 조립되어야 한다면 부품간의 조립공차를 고려해야 한다.

[해설]
서포트는 불필요하게 많이 생성시킬 필요가 없는 사항으로 추후 후가공이나 출력시간 등을 고려하여 꼭 필요한 부분에만 생성시켜주는 것이 좋다.

11. 3D 프린터의 제품출력 사양을 나타내는 용어 중에 빌드 볼륨(Build Volume)이라는 것이 있는데 이것의 의미로 가장 관계있는 것은 무엇인가?

① 제작 가능한 조형물의 최대 부피(또는 X, Y, Z의 크기)
② 빌드 플랫폼(프린터 베드)의 최대 크기
③ 프린터의 전체 크기
④ 프린터 베드의 밑면적

12. 미국재료시험학회 ASTM에서 규정하고 있는 대표적인 3D 프린팅 방식 기술 중에 '고온으로 가열한 소재를 노즐을 통해 압출시켜가며 단면 형상을 조형하는 기술'의 정의에 해당하는 것은?

① Vat Photopolymerization
② Powder Bed Fusion
③ Sheet Lamination
④ Meterial Extrusion

[해설]
Meterial Extrusion은 재료입출방식(ME)으로 FDM, FFF 등의 방식이 이에 속한다.

13. 3D 프린팅 기술과 가장 밀접한 관련이 있는 설명을 고르시오.

① 대량생산방식에 매우 유리한 제조방법이다.
② 다품종소량생산과 개인맞춤형 생산에 적합한 방식이다.
③ 시제품제작에 매우 불리한 방식이다.
④ 현재 고체기반의 소재만 사용할 수 있는 적층 제조공법이다.

14. G코드를 이용하여 3D 프린터를 구동하기 위해서는 좌표계에 대한 이해가 필요하다. 일반적으로 사용되는 좌표계가 아닌 것은?

① G코드 좌표계
② 기계 좌표계
③ 공작물 좌표계
④ 로컬 좌표계

[해설]
G코드를 이용해서 3D 프린터를 구동하기 위해서 사용되는 좌표계는 기계 좌표계(Machine Coordinate System), 공작물 좌표계(Work Coordinate System) 그리고 로컬 좌표계(Local Coordinate System)가 있다.

15. 3D 프린터에서 사용하는 위치결정방식 중 '움직이고자 하는 좌표를 지정해 주면 현재 설정된 좌표계의 원점을 기준으로 해서 지정된 좌표로 헤드 혹은 플랫폼이 이송되는 방식은?

① 증분 좌표 방식
② 로컬 좌표 방식
③ 공작물 좌표 방식
④ 절대 좌표 방식

[해설]
증분 좌표 방식은 프린트 헤드 또는 플랫폼의 현재 위치를 기준으로 지정된 값만큼 이송된다.

16. G코드에 대한 설명으로 틀린 것은?

① G코드는 NC 프로그래밍을 기반으로 한다.
② G코드 명령어에서 Fnnn은 이송속도(mm/min)를 의미한다.
③ G코드 명령어에서 G0은 매우 느린 이송을 의미한다.
④ G코드 명령어에서 Ennn은 압출 필라멘트의 길이(mm)를 의미한다.

[해설]
'G0'는 빠른 이송을 의미한다. 즉, 프린트 헤드나 플랫폼(베드)을 목적지로 가장 빠르게 이송시키기 위해서 사용한다.

17. 다음의 M 명령어 중 플랫폼 온도 설정과 관련 있는 것은?

① M1   ② M104
③ M107   ④ M140

[해설]
M1은 휴면, M104는 압출기 온도 설정, M107은 냉각팬 전원 끄기 명령이며 M140은 제품이 출력되는 플랫폼의 온도를 Snnn 으로 지정된 값으로 설정한다.

18. M 명령어 중 출력이 종료되는 것을 알려주는 용도로 '삐' 소리를 재생하는 것은?

① M300   ② M141
③ M140   ④ ; (세미콜론)

19. G코드에서 세미콜론 (;)을 사용하는 용도는?

① 주석을 넣을 때
② 플랫폼(베드)의 온도를 설정할 때
③ 압출기를 원점으로 복귀시킬 때
④ 모든 스테핑모터의 전원을 차단시킬 때

13 ② 14 ① 15 ④ 16 ③ 17 ④ 18 ① 19 ①

20. 다음 중 용어 중 출력보조물로 분류하기 어려운 것은?

① 라프트(Raft) ② 리트랙션(Retraction)
③ 블림(Brim) ④ 스커트(Skirt)

[해설]
리트랙션은 역회전으로 3D 프린팅시 출력을 하지 않고 이동해야 하는 구간에서 필라멘트가 노즐을 통해 흘러나오지 않도록 핫엔드로 밀어주는 익스트루더의 회전방향을 순간적으로 역회전 시킴으로써 어느 정도의 점성을 갖고 녹은 상태의 소재를 뒤로 당겨주어 마치 거미줄(String)처럼 흘러나오는 것을 방지하는 기능을 의미한다.

21. 3D 프린터 슬라이서(Cubicreator)의 출력설정에서 출력속도 설정 항목과 거리가 먼 것은?

① 지지대 출력 속도 ② 이동 속도
③ 필라멘트 교체 속도 ④ 채우기 속도

[해설]
Cubicreator의 출력속도 설정 항목에는 지지대 출력 속도, 이동 속도, 안쪽벽/바깥벽 출력속도, 첫 레이어 출력 속도, 채우기 속도, 리트랙션 속도 설정 항목이 있다.

22. 보급형 3D 프린터 방식 중에 압출기 노즐에 필라멘트 공급 피더가 달려 있지 않고 핫엔드로부터 떨어져 원거리에서 밀어주는 방식은?

① 직결방식 ② 레이저 방식
③ 보우덴 방식 ④ 델타 방식

23. 화학 물질을 안전하게 사용하고 관리하기 위해서 필요한 정보를 기재한 것이다. 물질안전 보건자료에는 해당 화학 물질의 제조자, 제품명, 성분과 성질, 취급상의 주의 사항, 적용된 법규, 사고가 발생했을 때 응급 처치 방법 등이 서술되어 있는 것은?

① KS ② OSHA
③ JIS ④ MSDS

[해설]
물질안전 보건자료(Material Safety Data Sheet, MSDS)는 1983년 미국 노동 안전 위생국(Occupational Safety and Health Administration, OSHA)이 화학 물질이 작업장에서 일하는 근로자에게 유해하다고 여겨 이들 물질의 유해 기준을 마련하고자 한 것에서 시작되었다.

24. 다음 중 출력물 회수시 적절하지 않은 사항은 무엇인가?

① 액상 광경화성수지로 출력한 것은 친환경소재로 안전하므로 안전장갑이나 마스크, 보안경의 착용이 필요없다.
② 3D 프린터에서 출력물을 제거할 때 이물질이 튀거나 상처를 입을 수 있으므로 안전 장갑 및 보안경을 착용한다.
③ 반드시 3D 프린터가 동작을 완전히 멈춘 것을 확인하고 가열된 히팅베드가 식은 상태에서 출력물을 회수한다.
④ 플랫폼(베드)에 달라 붙은 출력물을 제거시에 안전장갑을 착용하고 전용 공구를 사용해 제거한다.

25. 분말 소재를 사용하는 3D 프린터의 장비 가동시나 출력물 회수시에 주의사항으로 올바르지 못한 사항은?

① 3D 프린터에서 출력물을 제거할 때 분말이 날리거나 이물질이 튈 수 있으므로 안전 장갑, 마스크 및 보안경을 착용한다.
② 후처리 작업 중 분말을 흡입해도 인체에 무해하므로 신경쓰지 않아도 된다.
③ 분말을 흡입하였을 경우 즉시 가까운 병원에서 의사의 진단과 치료를 받아야 한다.
④ 손이나 얼굴 등 피부에 직접적으로 분말이 묻었을 경우 즉시 깨끗한 흐르는 물에 씻어야 한다.

26. 3D 프린팅을 활용한 제품제작 방식을 지칭하는 용어 중 가장 관계가 먼 것은?

① Additive Manufacturing(AM)
② Additive Layer Manufacturing(ALM)
③ Additive Fabrication(AF)
④ Computer Numerical Control(CNC)

[해설]
CNC는 컴퓨터수치제어를 말한다.

27. 모델의 단면을 한 층 한 층씩 쌓아 가면서 조형을 완성하는 디지털 프로토타이핑 방식을 무슨 가공이라고 하는가?

① 절삭가공
② 레이저 가공
③ 적층가공
④ 수치제어가공

28. 다음에서 설명하는 용어와 가장 관계가 깊은 것을 고르시오.

DfM(Design for Manufacturing)은 제조가 용이한 방식으로 제품을 설계하는 엔지니어링으로 제조 프로세스를 고려하여 부품, 기기의 설계를 하는 것을 말한다. 부품의 수를 감소시키고, 제조공정이나 조립이 용이하고 측정 및 검사시험도 쉽도록 전체의 공수나 Cost를 낮추며 신뢰성이 높은 제품을 만들기 위한 설계로 생산성 설계라고도 한다. DfM에서 보다 진보된 기술로 획기적인 디자인 적용이 가능해지고 최적화 설계를 통한 파트의 경량화, 고강성 구조의 구현, 복잡한 형상의 제품을 별도의 조립과정 없이 원스톱으로 생산 가능하거나 다양한 복합소재의 동시적용이 가능한 것으로 3D 프린팅 기술로만 가능하며 기존의 설계와 제조 과정에서 마주치는 여러 가지 공정상의 제약들을 해결하고 극복하는 솔루션을 제공할 수 있다는 점에서 큰 의미가 있다. 이 기술은 파라메트릭 및 생성적 디자인, 최적화, 격자 구조 및 생체 모방과 같은 용어가 합쳐진 설계기법으로 기능 성능, 제품 수명주기, 정확도는 적층제조(AM)기술에 최적화되어 반복성 및 균일한 출력 품질을 보장한다.

① 3D CAD
② DfAM(Design for Additive Manufacturing)
③ BIM
④ 파라메트릭 디자인(Parametric Design)

[해설]
BIM은 빌딩 정보 모델링을 말한다.

29. 3D 프린팅과 가장 관계가 먼 용어는?

① 신속조형기술
② 절삭가공(Subtractive Manufacturing)
③ 프로토타입 시제품제작
④ RP System(Rapid Prototyping System)

[해설]
신속조형기술(RP, Rapid Prototyping System)은 3D 프린팅이 대중화되기 전에 사용하던 용어이다.

30. 보급형 FFF 방식 3D 프린터로 출력할 때 처음부터 재료가 제대로 압출되지 않을 때의 주요 원인으로 가장 적절하지 못한 것은?

① 압출기 노즐 내부에 재료가 고착되어 붙어버려 노즐이 막힌 경우
② 필라멘트 소재의 직경이 균일하지 않고 얇아지거나 끊어진 경우
③ 스풀에 필라멘트가 장착되어 있지 않을 때
④ 3D 프린터가 저가의 DIY KIT이기 때문

8   3D 프린터 안전관리

01. 출력보조물이나 출력용 소재를 처리하는 방법으로 옳지 않은 것은?

① 사포질을 하는 경우 안전 마스크와 보호장구를 착용하고 실시해야 한다.
② 출력물의 제거는 반드시 프린터의 작동이 완료된 후 실시해야 한다.
③ 광경화성수지는 친환경 재료이므로 사용 후 남은 소재는 하수구 등에 버려도 된다.
④ 레이저나 UV Light 등의 광원은 출력시에 눈으로 직접 보지 않도록 해야 하며 보안경 등을 착용해야 한다.

[해설]
광경화성수지는 환경이나 인체에 해로운 성분이 들어있는 것들이 있으므로 반드시 산업안전법에 의한 폐기물처리 기준에 따라 취급해야 한다.

02. 3D 프린터 출력 중 안전 및 유의사항에 대한 설명으로 올바르지 못한 것은?

① 3D 프린터 설명서 및 재료 사양서를 충분히 파악하여 사용 중 주의사항에 대해 숙지해야 한다.

② 고체 방식 3D 프린터 중 재료를 고온으로 녹여 적층하는 방식은 압출 노즐, 플랫폼, 출력 챔버가 고온이므로 화상이나 화재에 주의하여야 한다.

③ 액체방식 3D 프린터에 사용되는 빛은 피부에 노출되거나 눈에 빛이 들어가지 않도록 주의해야 한다.

④ 분말 방식 3D 프린터의 재료는 미세한 분말로 흡입해도 인체에 해가 없으므로 안전 마스크나 안전장갑 등이 필요하지 않다.

[해설]
분말 방식의 미세한 가루 소재는 플라스틱이나 금속가루 등으로 호흡기에 들어가지 않도록 반드시 지정된 안전마스크나 보안경, 안전장비들을 착용하고 취급해야 한다.

03. 출력물의 후가공에서 하도 단계의 설명으로 가장 적절한 것은?

① 단순한 표면 처리 및 사포질, 중도는 서페이서/퍼티 작업/아세톤 등으로 표면을 매끄럽게 하는 가공이다.

② 퍼티 계통(핸디코트, 퍼티, 서페이서 스프레이 등) 또는 화학적인 연마를 위하여 아세톤 등을 준비하며 이때 아세톤 증기의 배출을 위한 환기 시설이 필요하다.

③ 도색 및 코팅 작업 단계로 채색 및 출력물의 내구성을 향상시키기 위한 코팅이 이루어지기 때문에 도료, 채색 도구, 탈포기, 코팅제 등이 필요하다.

④ 출력물을 UV 경화기를 이용하여 경화시키는 단계를 말한다.

[해설]
• 중도 : 퍼티 계통(핸디코트, 퍼티, 서페이서 스프레이 등) 또는 화학적인 연마를 위하여 아세톤 등을 준비하며 이때 아세톤 증기의 배출을 위한 환기 시설이 필요하다.
• 상도 : 도색 및 코팅 작업 단계로 채색 및 출력물의 내구성을 향상시키기 위한 코팅이 이루어지기 때문에 도료, 채색 도구, 탈포기, 코팅제 등이 필요하다.

04. 3D 프린팅 방식에 따라 지지대(서포트)를 생성시켜서 모델을 출력하는 경우가 있다. 이때 지지대를 제거하는 내용으로 가장 적절하지 못한 것은?

① 재료압출방식인 FDM/FFF 방식 출력물의 지지대는 전부 수용성 소재를 사용하므로 별도의 공구를 사용하지 않고 물에 녹여서 제거한다.

② 재료압출방식인 FFF 방식 출력물의 지지대는 보통 비수용성 소재를 사용하므로 니퍼나 커터 등의 공구를 사용하여 떼어낸다.

③ 모델에서 지지대를 제거하고 나면 표면상태가 비교적 거칠고 깨끗하지 않은 경우가 많아 사포 등으로 후처리를 하기도 한다.

④ 수용성 지지대로 폴리비닐알코올(PVA)을 재료로 사용한 PVA는 물에 용해되는 특성을 가지고 있는 저온 열가소성 소재이다.

[해설]
FFF 방식에서는 수용성 소재를 지지대로 사용하는 일부 장비도 있지만 현재 대부분의 보급형 장비에서는 모델 조형재료와 동일한 비수용성소재로 출력하게 된다.

05. 출력물의 후가공시 사용하는 사포에 대한 설명으로 틀린 것은?

① 사포는 번호가 낮을수록 거칠고 높을수록 입자가 곱다.

② 사포를 사용해서 출력물의 표면거칠기를 개선할 때에는 고운 사포로 시작해서 점차 거친 사포로 단계를 밟아가야 한다.

③ 천으로 된 사포는 종이사포에 비해 질기고 오래 쓸 수 있으며 종이사포는 구겨지고 접히는 특성을 활용해서 특수한 다듬기에 유리하다.

④ 종이 사포는 접어서 깊숙한 곳을 칼처럼 다듬을 때나 봉처럼 말아서 둥근 면 안쪽을 줄처럼 갈아 내기 등 형태를 변형시켜서 사용이 가능하다.

[해설]
사포를 사용해서 출력물의 표면거칠기를 개선할 때에는 거친 사포로 시작해서 점차 고운 사포로 단계를 밟아가야 한다.

06. 거친 플라스틱 출력물을 아세톤을 기화시켜 출력물의 거친 표면을 녹여 후처리하는 방법으로 매끈한 표면을 얻을 수 있는 훈증기에 대한 설명으로 틀린 것은?

① 훈증기의 단점은 사용할 때 냄새가 많이 나고 출력물의 미세한 형상 등이 뭉개지는 경우가 있다는 것이다.

② 출력물에 아세톤이 닿게 되면 출력물이 녹는 현상이 발생하여 표면 거칠기를 좋게 한다.

③ 휘발성 액체와 뜨거운 열이 나는 장비를 이용한 작업이므로 반드시 환기가 되는 곳에서 작업하고 항상 주의하여야 한다.

④ 아세톤은 무색의 액체로 휘발성이 전혀 없으므로 폭발의 위험이 없다.

07. 다음은 여러 가지 후처리 관련 사항이나 소재 보관에 관한 내용이다. 보기 중에서 적절하지 못한 사항은 어느 것인가?

① 훈증 처리가 종료되면 훈증기 내부에 남아 있는 폐액을 제거하여 별도의 폐액 수거 통에 보관하여 안전한 장소에 둔다.

② PLA나 ABS 필라멘트로 출력한 모델의 후처리 시 사포질을 하는 경우가 많은데 사포질시 안전마스크를 착용하고 가급적 출력물에 물을 묻혀가며 분진이 발생하지 않도록 주의한다.

③ 대형 출력물이나 전문적인 도장 작업이 필요한 경우에는 환기 및 부대시설 등이 갖추어진 청정작업실에서 작업하는 것이 좋다.

④ 도장 작업은 인체에 무해한 작업환경으로 복장, 마스크, 보안경 및 장갑을 착용하지 않고 도장 작업을 수행해도 좋다.

[해설]
도장 작업은 인체에 유해한 작업환경으로 반드시 피부를 보호할 수 있는 안전장비를 착용하고 작업해야 한다.

08. 표면처리작업을 할 때 주의 사항으로 맞지 않는 것은?

① 보호 장구(안전 마스크, 안전 장갑 보안경, 작업복 등)을 착용한다.

② 훈증기를 사용하는 경우 발생하는 가스를 마시지 않도록 주의한다.

③ 사포를 이용해 표면처리하는 경우 출력물에 물을 묻혀가며 작업하거나 안전 마스크를 반드시 착용하여 분진을 흡입하지 않도록 주의한다.

④ 훈증기에서 사용하는 액체 재료는 휘발성이 약하고 냄새도 별로 나지 않으므로 환기를 시키지 않아도 된다.

09. ABS와 PLA 필라멘트 소재에 대한 설명으로 거리가 먼 것은?

① PLA는 옥수수, 사탕수수 고구마 등의 식물성 원료가 주재료로 사용된다.

② ABS는 두께가 얇은 제품이나 크기가 큰 제품의 출력시 수축이 발생하여 출력물이 휘어지는 등 변형이 발생하기도 한다.

③ ABS는 플렉서블(Flexible)한 소재로 고무의 탄성과 플라스틱의 가소성을 겸비한 고분자 재료이다.

④ 사용하고 남은 소재는 대기 중 수분의 흡수를 막기 위해 진공포장이나 밀봉을 시켜 보관하는 것이 좋다.

10. 3D 프린팅 출력물의 도장용 도료에 대한 설명으로 틀린 것은?

① 유광 도료는 도장 후 도료가 건조되었을 때 도장면이 광택이 나는 도료이다.

② 에나멜 도료는 일반적으로 전용 희석제(보통 에나멜 시너가 사용된다)에 희석해서 사용한다.

③ 에나멜 시너는 휘발성이 전혀 없으므로 사용시나 보관시 크게 주의하지 않아도 된다.

④ 에나멜 도료는 유성 페인트와 성분이 유사하지만 인체에 해로운 납 성분이 상대적으로 적게 들어가 있다.

---

11. 물질안전보건자료(MSDS : Material Safety Data Sheets)에 대한 설명으로 맞는 것은?

① 한국산업표준규격이다.
② 산업안전보건법이다.
③ 3D 프린팅 안전 관련법이다.
④ 물질안전보건자료이다.

[해설]
물질안전보건자료(MSDS : Material Safety Data Sheets)란 화학물질 및 화학물질을 함유한 모든 재료의 명칭, 구성성분의 명칭, 함유량, 안전보건상의 취급주의 사항, 건강 유해성 및 물리적 위험성 등을 설명한 자료이다.

12. SLA, DLP 3D 프린팅 방식은 액상의 광경화성수지를 사용하여 조형하는데 이 기술방식은 ASTM, ISO에서 대표적으로 분류하는 어떤 방식에 속하는가?

① 재료분사방식(MJ)
② 광중합방식(PP)
③ 재료압출방식(ME)
④ 분말용융방식(PBF)

13. 3D 프린팅의 활성화에 따른 부정적인 영향으로 거리가 먼 것은?

① 처리할 쓰레기가 늘어나고 환경 부담이 증가한다.
② 저작권이나 지적재산권의 침해 발생이 우려된다.
③ 총과 같이 남용의 소지가 높은 위험한 제품을 제작할 수 있다.
④ 3D 프린팅 관련 업종의 고용창출로 종사자가 늘어난다.

14. 다음 중 3D 프린팅 산업에 관련한 지식재산권 위반 이슈에 가장 해당되지 않는 것은?

① 개인이 직접 아이디어를 내어 디자인하고 3D 프린터로 출력한 상품을 판매하는 행위
② 지식재산권으로 보호되는 제품을 권리자의 허락없이 3D 프린팅 출력물에 사용될 수 있는 콘텐츠나 소프트웨어 등의 디지털 도면으로 제작하여 타인에게 제공하는 행위
③ 지식재산권으로 보호되는 타인의 3D 프린팅 도면을 정당한 권리없이 사용하여 출력한 3D 프린팅 출력물을 판매하는 행위
④ 3D 프린팅 관련 제품을 사용하여 정당한 권한 없이 타인의 지식재산권을 침해하는 출력물을 제작하는 행위

15. 광중합방식(PP) 3D 프린팅의 출력물 세척과 취급시 주의사항과 거리가 먼 내용은 어느 것인가?

① 액상 레진을 사용하는 3D 프린팅 방식은 출력 완료 후 출력물에 묻은 레진을 세척하는데 일반적으로 알코올을 이용하여 세척을 한다.
② 알코올은 인화성이 높은 물질로 보관시에 상당한 주의를 요하고 특히 화재 등의 위험이 따르므로 반드시 안전사고를 미연에 방지해야 한다.
③ 출력하고 남은 액상 레진이나 제거한 지지대 등은 하수구나 일반 쓰레기통에 무단으로 버려도 된다.
④ 출력물 세척시 알코올이 들어있는 분무기로 출력물 표면에 분사하여 표면의 찌꺼기나 레진을 제거하는데 이때 반드시 안전마스크와 안전장갑을 착용한다.

16. 광중합방식(PP) 3D 프린터의 출력물 세척과 세척용제로 많이 사용하는 이소프로필알코올(2-프로판올)의 특성에 해당하지 않는 것은?

① 이소프로필알코올 중독 증상으로 홍조, 두통, 중추신경계 억제, 구토, 마취 증상
② 이소프로필알코올은 에탄올보다 독성이 약 2배가량 강하다.
③ 눈과 호흡기에 자극적이고 높은 인화성이 있다.
④ 사용시 보호장갑을 착용하고 창문이나 환기시설이 없는 곳에서 사용한다.

17. 재료분사방식(MJ)에서 사용하는 UV 광경화성수지 취급과 유해 위험에 대한 설명 중 틀린 것은?

① 액상소재는 어린이나 동물이 접근하지 않는 안전한 곳에 보관한다.
② 사용 후 남은 소재나 찌꺼기(출력보조물 등)는 환경으로 배출하면 안된다.
③ 손이나 피부에 묻었을 경우 다량의 비누나 물로 씻어내지 않아도 된다.
④ 폐기물관리법에 따라 내용물과 용기를 폐기한다.

18. 3D 프린팅 방식 중 레이저를 사용하는 것이 있는데 레이저에 의한 유해위험요인으로 거리가 먼 것은?

① 4등급 가시광선 레이저는 눈에 심한 위해를 유발한다.
② 표면에서 볼 때 레이저 '도트(dot)'에서 산란된 빛은 눈에 위험할 수 있으므로 오랜 시간 레이저 점을 쳐다보지 말아야 한다.
③ Class 4등급 레이저 광선은 피부와 일부 물질을 태울 수 있다.
④ 레이저를 사용하는 3D 프린터 작업시 일반 안경을 써도 무방하다.

[해설]
사용하는 장비의 레이저 파장에 적합한 보안경(차광보안경)을 착용하고 레이저의 빔을 직접 바라보는 것은 매우 위험하다.

19. 광경화수지 출력물의 후가공에 따른 위험요인으로 볼 수 없는 것은?

① 완성 조형물을 세척시 사용하는 화학물질은 피부, 안구 및 호흡기에 염증을 유발할 수 있고, 용제 등은 중추신경계에 영향을 줄 수 있다.
② 연삭이나 연마 작업시 발생하는 분진을 흡입하면 염증을 일으킬 수 있다.
③ 조형물의 표면을 처리하는 작업을 수행하면 다양한 화학물질에 노출될 수 있는데 알레르기를 유발할 수 있는 에폭시, 시아노아크릴레이트 및 아크릴 혼합물질을 사용하는 경우 특별한 주의가 필요하다.
④ 액상 소재는 식품 및 음료의 안전성이 테스트된 제품으로 액상 소재로 출력한 출력물은 식품이나 음료를 담는 도구나 용기로 사용해도 무방하다.

[해설]
액상 소재는 식품 및 음료의 안전성이 테스트된 제품이 아니므로 액상소재로 출력한 출력물은 식품이나 음료를 담는 도구나 용기로 절대 사용해서는 안된다.

20. 폐기물에 대한 설명으로 틀린 것은?

① 금속분말은 위험요소가 거의 없어 안전하므로 물질안전보건자료(MSDS)를 참고하지 않아도 된다.
② 폐기물이란 처분, 연소, 소각 또는 재활용을 통해 폐기되는 고체, 액체, 가스 등이 포함된 물질을 말한다.
③ 유해 폐기물은 지정된 폐기물과 특정 폐기물이 있다.
④ 광경화성수지들의 위험정보는 안전보건자료(SDS) 또는 물질안전보건자료(MSDS)를 참고하여야 한다.

[해설]
일부 금속분말은 다른 것들보다 더 위험하기 때문에 사용하기 전에 합금재료와 같은 분말들의 경우는 모두 SDS시트를 요청하는 것이 중요하다.

21. 3D 프린팅 작업장 환기시설에 대한 사항 중 올바르지 못한 것은?

① 실내 공간 크기에 적절한 풍량의 환풍기 선택
② 환풍기는 창문이나 출입문 반대편에 설치
③ 환풍기 작동 중 오부 공기 유입로 확보
④ 환풍기는 3D 프린터 작동이 완료되고 출력물을 꺼낼 때 작동

[비고]
환풍기는 3D 프린터 작동 전후에 꼭 작동하는 것이 좋다.

22. 3D 프린팅 작업장 환경의 안전 수칙과 거리가 먼 것은?

① 계절별 실내 적정 온도 및 습도 유지
② 3D 프린터의 경우 개방형 장비보다 박스형(밀폐형)장비, 장비 내 오염물질제거장치(헤파필터 등)가 별도로 구비된 장비 사용 권장
③ 3D 프린터를 여러 대 설치한 경우 여러 가지 소음이 발생할 수 있으니 창문을 꼭 닫고 환풍기도 꺼두어야 한다.
④ 소재 선택시 성분표시나 KC인증마크 및 기타 친환경 인증 소재 사용 권장

23. 다음 중 3D 프린팅 기술에 대한 내용과 가장 거리가 먼 것은?

① 금형제작 대량생산 방식
② 레이어를 추가하면서 쌓아올리는 방식
③ 추가하고 더하는 방식
④ 신속조형 또는 쾌속조형 방식

24. ASTM에서 규정하는 대표적인 7가지 3D 프린팅 기술 방식에 속하지 않는 것은?

① 광중합방식(PP : Photo Polymerization)
② 재료분사방식(MJ : Material Jetting)
③ 재료압출방식(ME : Meterial Extrusion)
④ 플라스틱분사방식(PJP : Plastic Jet Printing)

25. ASTM에서 규정하는 대표적인 7가지 3D 프린팅 기술 방식의 정의에서 '석고나 수지, 세라믹 등 파우더 형태의 분말재료에 바인더(결합제)를 선택적으로 분사하여 경화시키는 기술'로 정의한 기술 명칭은?

① 시트적층(Sheet Lamination)
② 접착제분사방식(BJ : Binder Jetting)
③ 분말용융결합방식
   (PBF : Powder Bed Fusion)
④ 고에너지직접조사방식
   (DED : Direct Energy Deposition)

26. 산업안전보건법령상 안전·보건표지의 종류 중 경고표지에 해당하지 않는 것은?

① 레이저 광선 경고
② 급성 독성 물질 경고
③ 매달린 물체 경고
④ 차량 통행 경고

27. 방진마스크의 선정기준으로 적합하지 않는 것은?

① 배기저항이 낮을 것
② 흡기저항이 낮을 것
③ 사용면적이 클 것
④ 시야확보가 넓을 것

28. 다음에서 설명하는 3D 프린팅 기술방식으로 가장 알맞은 것을 고르시오.

> 액상 기반의 재료인 광경화성수지를 이용하는데 광경화성 수지라는 말 그대로 빛을 쪼이면 굳어버리는 성질의 수지를 소재로 사용하는 대표적인 3D 프린팅 방식으로 액체 상태의 재료를 자외선 레이저나 UV(자외선) 등을 이용하여 한층 한층 경화시켜 조형하는 방식

① SLA   ② FDM
③ DMLS   ④ LOM

29. 다음에서 설명하는 3D 프린팅 기술방식으로 가장 알맞은 것을 고르시오.

> 액상의 광경화성수지를 광학 기술을 Mask Projection 하여 모델을 조형하는 방식. 쉽게 설명하면 프로젝터를 사용하여 액상수지를 경화시켜 모델을 제작하는 방식으로 우리말로 '마스크 투영 이미지 경화방식'이라고도 한다. 주로 주얼리, 보청기, 덴탈, 완구 등의 분야에서 많이 사용하는 기술방식이다.

① FFF (Fused Filament Fabrication)
② SLS (Selective Laser Sintering)
③ DLP (Digital Light Processing)
④ MJP (Multi Jet Printing)

30. 안전한 3D 프린팅 작업장 환경 조성에 관한 사항으로 옳지 않은 것은?

① 가급적 3D 프린터는 개방형보다 밀폐형(박스형)의 사용이 권장되며 장비 내 오염물질 제거 장치가 구비된 장비를 설치하는 것이 좋다.
② 소재의 선택시 KC인증 및 기타 친환경인증 소재를 사용하는 것이 좋으며 소재 선택시 물질안전정보(MSDS)를 확인한다.
③ 3D 프린터 가동시 유해물질의 저감을 위해 기본적으로 실내용 환기팬과 같은 환기설비를 설치하고 창문이 있어 수시로 외부 공기를 유입할 수 있는 공간을 작업장으로 하면 좋다.
④ 3D 프린터를 수십대씩 설치하여 사용하는 경우 소음이나 실내온도가 올라갈 수 있고, 작업장 내 공기질이 나빠질 우려가 있으므로 실내 적정 온도를 가능한 한 고온으로 유지하는 것이 좋다.

자격종목	3D프린터운용기능사	과제명	3D 모델링

○ 비번호 :
○ 시험시간 : [○ 표준시간 : 4시간]

1. 요구사항

[3차원 CAD 작업]

지급된 재료 및 시설을 이용하여 아래 작업을 완성하시오.

가. 제1과제 : 3D 모델링

• 시험시간 : 1시간

1) CAD 도면 작업 : 투상법 3각법, 척도 1:1, 용지 크기 : A4(420×297)

2) CAD S/W를 이용하여 주어진 치수로 3차원 모델링 작업을 한다.

3) 흑백으로 출력 시 형상이 잘 표현되도록 도면의 윤곽선 영역 내에 적절하게 배치하도록 한다.

4) 3차원 모델링은 제품 특성을 가장 이해하기 좋은 위치의 투시도를 작업하여 배치한다.

5) 기타 지시되지 않은 사항은 기계제도 및 KS 제도법에 따라 완성한다.

6) 출력용 재료 : PLA 필라멘트

7) 최종 제출해야 할 파일은 다음과 같다.

　가) 3D 모델링 출력 그림파일(비번호.JPG 또는 PDF)

　나) 3D 모델링 STL파일(비번호.STL)

8) 3D 모델링 후 남는 시간을 3D 프린터 제품제작에서 사용할 수 없다.

9) 정확한 치수가 명시되지 않은 개소는 도면 크기에 따라 유사하게 완성한다.

10) 흑백출력은 A4규격 용지에 들어가도록 크기를 변환(척도 NS)하여 수험자 본인이 직접 출력한다.

나. 제2과제 : 3D 프린터 제품제작

• 시험시간 : 1시간

작성된 3차원 모델링 작품을 주어진 3D 프린터용 슬라이싱 소프트웨어를 이용하여 제시된 출력조건을 설정하여 G-코드로 변환하여 제출하고, 3D 프린터를 이용하여 출력 후 제출한다.

1) 제1과제가 미완성되었거나 불합리한 작품은 감독위원의 합의하에 3D 프린터로 작품제작을 할 수 없다.

2) 작성된 STL 파일을 전용 슬라이싱 소프트웨어를 실행하여 아래에 주어진 출력조건으로 설정한다.

3) 3D 프린터로 출력을 하기 위한 G-코드를 생성한 후 3D 프린터로 출력한다.

4) 3D 프린터로 출력을 하기 위한 전용 슬라이싱 소프트웨어 설정값은 다음과 같이 설정하여 정해진 시간 내에 출력이 될 수 있도록 한다.

[3D 프린터 출력조건 슬라이서 설정값 요구 사항]
• 노즐 직경 : Ø0.4mm
• 레이어 높이 : 0.2mm
• 내부채움(Infill) : 15%
• 사용 재료 : PLA 필라멘트

5) 작품의 지지대(서포트)생성 여부는 전용 슬라이싱 소프트웨어에서 제공하는 기능을 이용하여 자동설정하거나 또는 수험자가 직접 모델링에서 생성시켜 출력해도 무관하다.

6) 제출 모델링 작성 예시

3D 프린터 출력용 모델링 파일 제출용 그림파일(척도 NS)

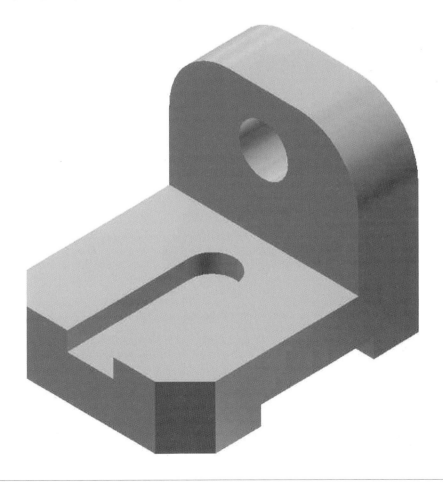

2. 수험자 유의사항

1) 시작 전 바탕화면에 본인 비번호로 폴더를 생성한 후 이 폴더에 파일명을 비번호로 하여 작업내용을 저장하고, 시험 종료 후 하드디스크의 작업내용은 삭제한다.

2) 정전 또는 기계고장으로 인한 자료 손실을 방지하기 위하여 10분에 1회 이상 저장(save)한다.

3) 좌측 상단에 수험번호, 성명을 작성한다.

4) 장비조작 미숙으로 파손 및 고장을 일으킬 염려가 있거나 출력 시간이 초과하는 경우 시험위원 합의하에 실격된다.

5) 응시자가 원하는 3차원 CAD 프로그램을 이용하여 문제에서 제시하는 형상과 치수를 참고하여 현척(1:1)로 작성한다.

6) 응시자가 작성한 3차원 모델링 모델링 파일은 수험번호.STP(STEP 호환파일 포맷)로 저장해야 하며 3D 프린터 출력용 파일은 수험번호.STL로 저장한다.

7) 3D 프린터로 출력할 때 지급된 3D 프린터 전용 슬라이싱 소프트웨어를 이용하여 출력하되 주어진 설정 조건 이외의 사항은 응시자의 판단에 따라 설정하며, 정해진 시간 내에 출력이 완료될 수 있도록 설정한다.

8) 3D 프린터에서 출력이 완료되면 안전장갑을 착용하고 지급된 공구를 이용하여 지지대나 찌꺼기 등을 제거한 후 제출한다.

9) 미리 작성된 파일은 일체 사용할 수 없다.

10) 다음 사항에 해당하는 작품은 채점 대상에서 제외된다.

　　가) 시험시간 내에 3D 모델링을 완성하지 않은 작품

　　나) 주어진 요구사항을 준수하지 않고 제출한 작품

　　다) 시험시간(표준시간)을 초과한 작품

　　라) 요구한 척도를 지키지 않고 작성한 작품

　　마) 시험 중 지급된 이동식 디스크 외에 다른 저장매체에 저장하는 경우

　　바) 시험 중 수험자 간에 대화를 하는 경우

　　사) 기타 시험과 관련된 부정행위를 하는 경우

　　아) 타인의 도움을 받아 작업을 완료한 경우

　　자) 휴대폰 또는 기타 통신기기를 휴대하여 사용하는 경우

　　차) 수험자간 상호 이동식 디스크 등으로 정보를 주고 받는 경우

11) 작업이 끝나면 제공된 USB에 바탕화면의 비번호 폴더 전체를 저장하고, 출력 시에는 시험위원이 USB를 삽입한 후 수험자 본인이 시험위원 입회하에 직접 출력하며, 출력 소요시간은 시험기간에서 제외한다.

12) 지급된 시험 문제는 비번호 기재 후 반드시 제출한다.

3. 과제 도면 예시

자격종목	3D프린터운용기능사	과제명	3D 프린터 운용	척도	1:1

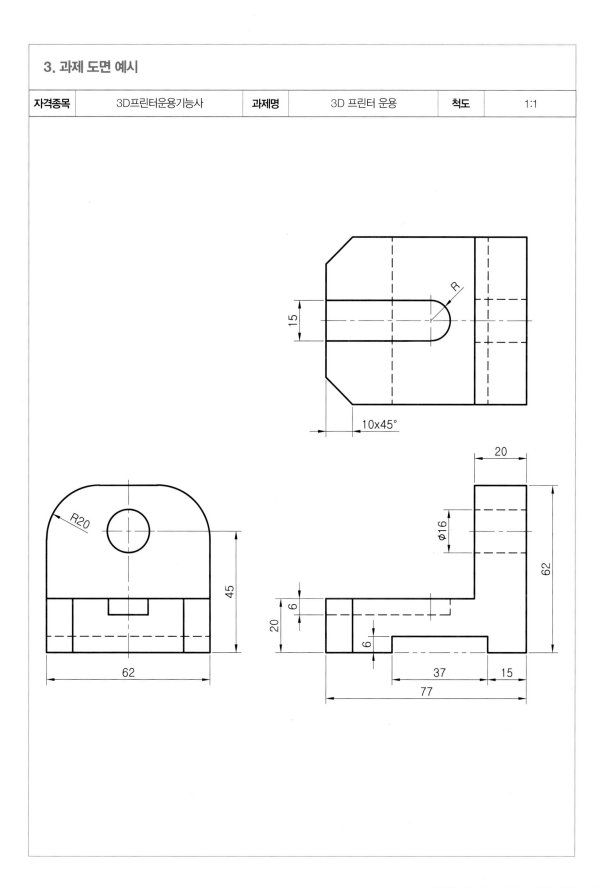

4. 실기 도면 예시 ①

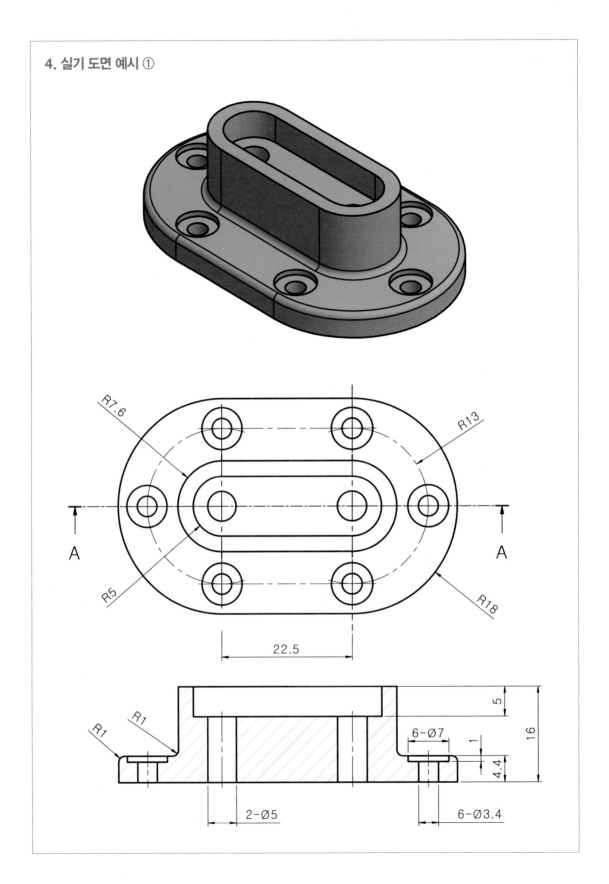

5. 실기 도면 예시 ②

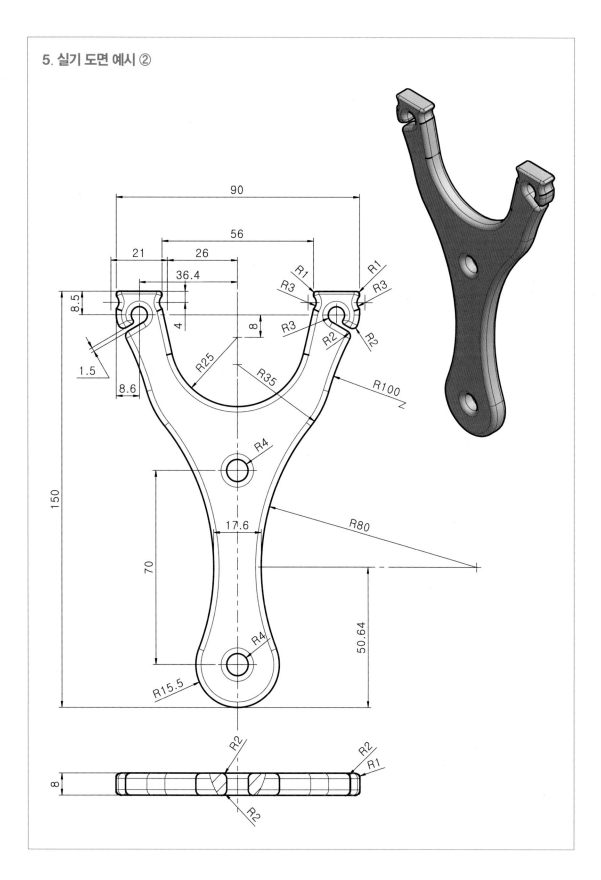

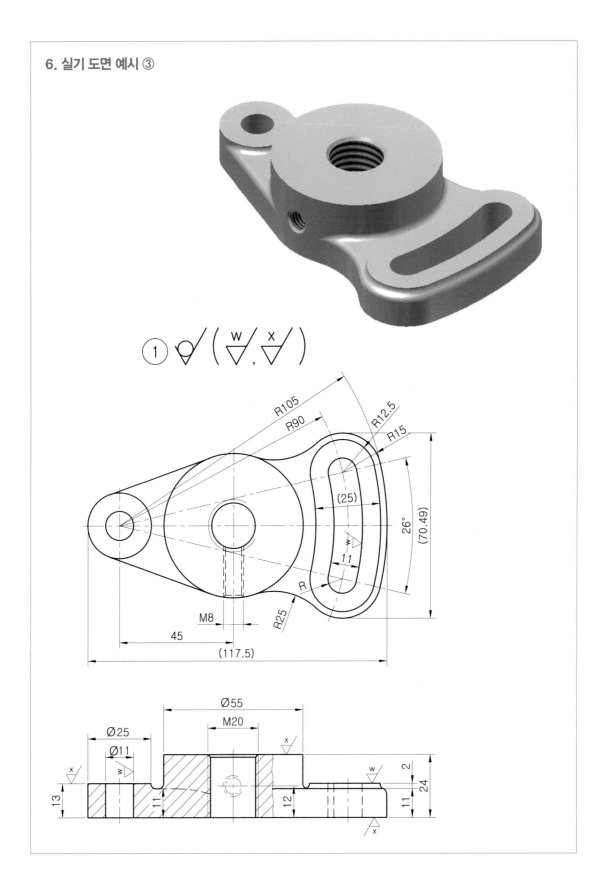

7. 실기 도면 예시 ④

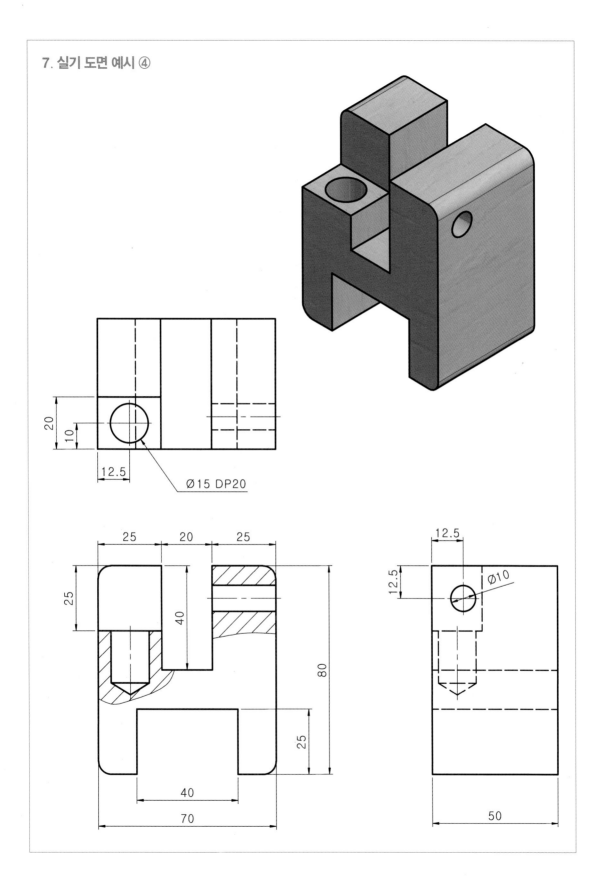

Ø15 DP20

12.5

20

10

25 20 25

25

40

80

25

40

70

12.5

12.5

Ø10

50

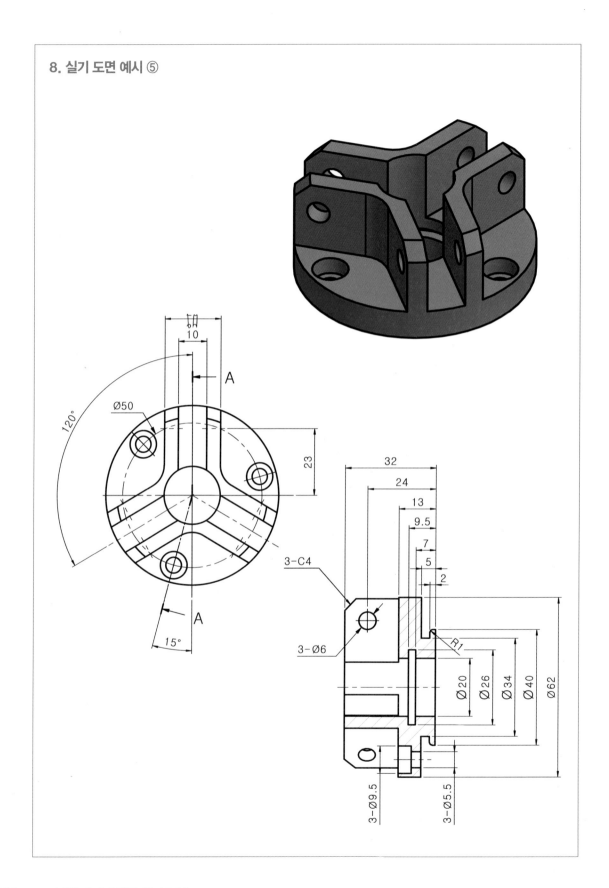

9. 실기 도면 예시 ⑥

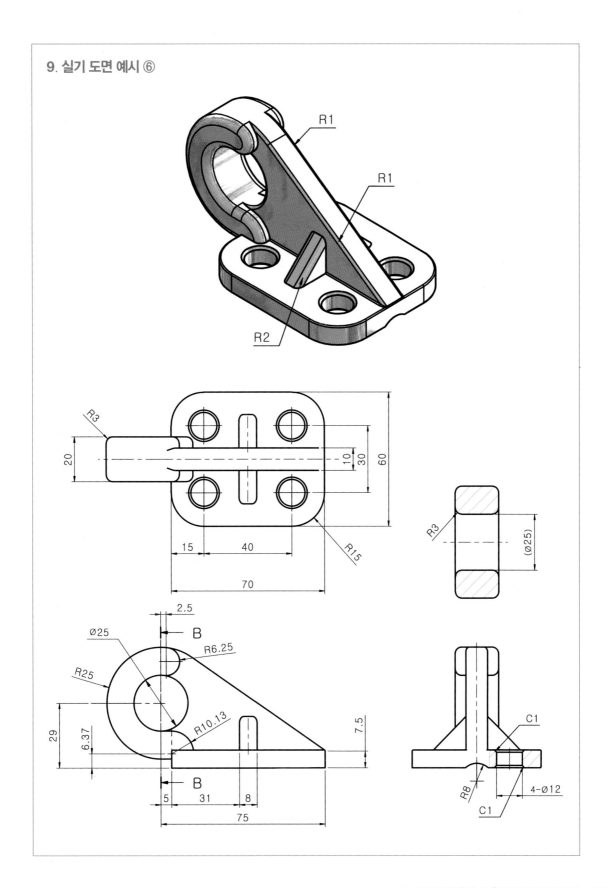

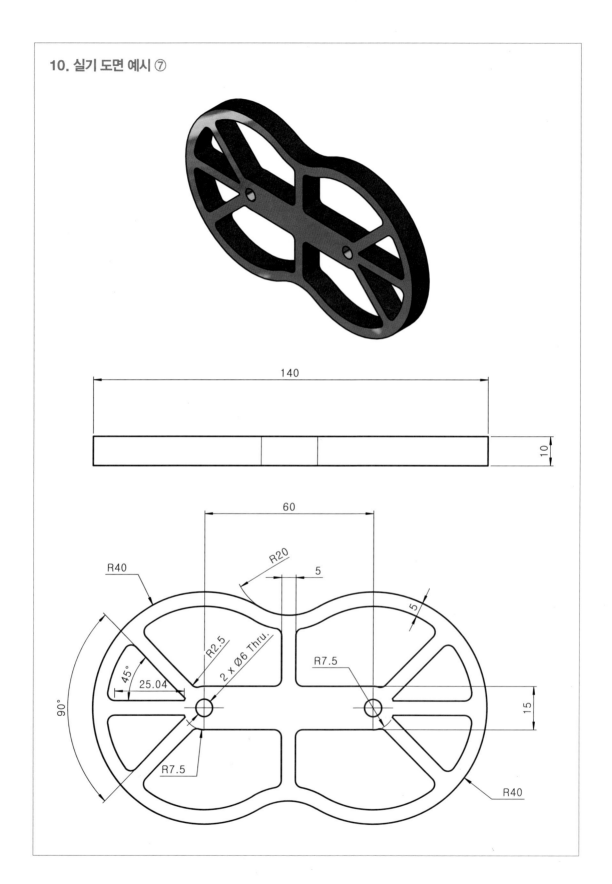

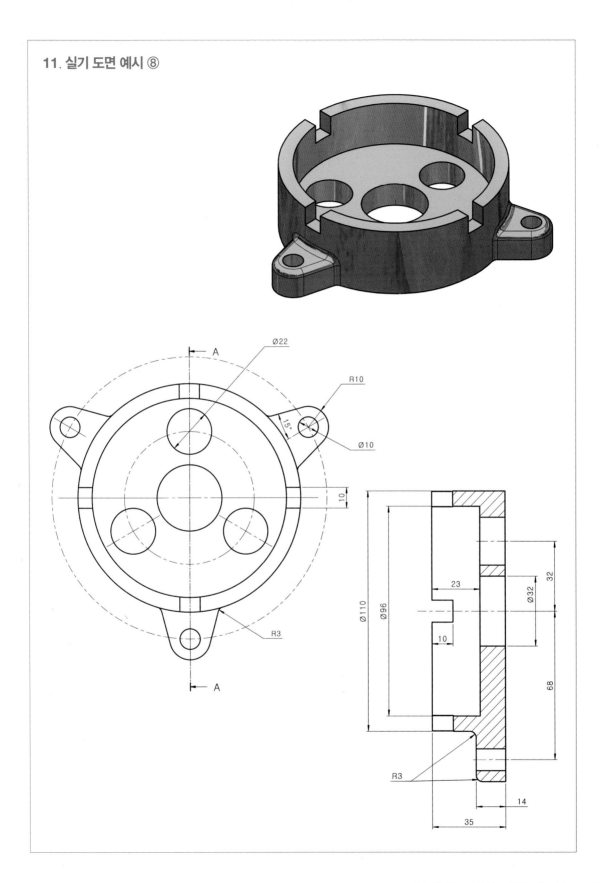

◆ 이 책을 만드신 선생님 ◆

지은이 **노수황** mechapia_com@naver.com

평택기계공업고등학교 기계과

경기과학기술대학교 기계자동화공학과 공학사

아주대학교 경영대학원 MBA 석사

현) 주식회사 메카피아 대표이사

현) NAVER 카페 '메카피아' 매니저

현) 사단법인 3D 프린팅산업협회 수도권지회 부회장

현) 유한대학교 I · M융합산업협의회 디자인 콘텐츠 분과위원장

2015 대한민국 소상공인대회 국무총리 표창

2015 3D 프린터용 제품제작 NCS 및 활용패키지 개발위원

2016 NCS 기업활용 컨설팅 전문가 인증(재직자훈련분야)

2016 NCS 개발 · 개선 퍼실리테이터 인증

2017 3D 프린팅 디자인 NCS 및 활용패키지 개발위원

2017 Smart HRD 콘텐츠 동영상강의 개발 및 집필위원

2018 (사)3D 프린팅산업협회 표창

[주요 저서]

3D 프린터실무활용가이드북

기계설계도표편람 제6판(전면개정판)

전산응용기계제도(CAD)실기 기능사 · 산업기사 · 기사 과제 도면 예제집

Fusion360 3D모델링 & 3D 프린팅

한권으로 끝내는 3D 프린팅 마스터북 입문편 외 다수

지은이 **권현진** www.3gem.kr / gem@3gem.co.kr

울산대학교 경영학과

인덕대학교 건축공학 전문학사

현) 주식회사 지이엠플랫폼 대표이사

현) 춘해보건대학교 3D 프린팅 공동연구소 소장

현) 사단법인 한국 3D 프린팅협회 전문강사

현) 울산테크노파크 창업기업자문 담당(3D TECH 분야)

현) 한국폴리텍 7대학(울산캠퍼스) 3D 프린팅융합디자인과 외래강사

2015. ~ 울산인적자원개발위원회 차세대주력산업 인력양성위원

　　　 국방부 공군.해군 교육사령부 3D 프린팅 기술교육강사

2016. ~ 울산시설관리공단 여성인력개발센터 인력양성위원

2016. 울산광역시장 표창 (제1557호)

- 弁理士 小玉秀男, [3Dプリンターの発明経緯とその後の苦戦] 快友国際特許事務所(2014)

- 테크노공학기술연구소, [재미있는 3D 프린터와 3D스캐너의 세계] 엔지니어북스(2015)

- 노수황, [개정판, 3D 프린터 실무활용 가이드북] 메카피아(2016)

- 노수황, 이원모, [초보자를 위한 3D 프린터 첫걸음] 대광서림(2016)

- KCL, 3D 프린팅(AM)장비 · 소재 · 출력물 품질평가 가이드라인(안)

- 노수황, [개정판, 3D 프린팅 & 모델링 활용 입문서] 메카피아(2017)

- 노모토 겐이치, [최신 개정판, 중고급 프라모델러를 위한 테크닉가이드] (주)에이케이커뮤니케이션즈(2017)

- 김남훈, [차세대 제조 혁명 이끌 '꿈의 기술' DfAM에 주목하라], 세상을 잇(IT)는 이야기 삼성뉴스룸(2018)

- 양원호 [3D 프린팅 유해물질이 건강에 미치는 영향] 대구가톨릭대학교 산업보건학과(2018)

- 과학기술정보통신부, [3D 프린팅 작업환경 쾌적하게 이용하기] 핸디북

- NCS 학습모듈 03.전자기기개발〉11.3D 프린터개발〉02.3D 프린터용 제품제작

[참고 국내외 웹 사이트]

www.reprap.org

www.stratasys.com

www.3dsystems.com

www.all3dp.com

www.fab365.net

www.thingiverse.com

www.3dizingof.com

http://ccl.cckorea.org

http://enablingthefuture.org/

www.sindoh.com

www.3dcubicon.com

https://kr.dmgmori.com/

https://www.xyzprinting.com/

https://ultimaker.com/

https://bigrep.com/

https://colorfabb.com/

https://www.faro.com/ko-kr/

https://www.ncs.go.kr/

www.q-net.or.kr

Sindoh 2X   CUBICON Single Plus   Ultimaker 2

M mechapia

2D & 3D TECHNOLOGY 전문 기업 (주)메카피아

판매 / 대여 / 교육
3D 모델링, 3D 프린팅, 시뮬레이션 전문 기업

문 의 1544-1605(대표) / 영업부 02-861-9045
팩 스 02-861-9040 / 이메일 mechapia@mechapia.com
주 소 서울 금천구 서부샛길 606(가산동 543-1), 대성디폴리스지식산업센터 3층 제331호